高分子合成与
材料成型加工工艺

贺 英 编著

教育部工程科技人才培养研究专项(18JDGC025)

科学出版社
北 京

内 容 简 介

本书以高分子合成工艺和高分子材料成型加工工艺为基本内容，首先介绍了高分子合成原理、合成方法、聚合反应的工艺及设备，然后在穿插介绍高分子材料加工理论基础的前提下，结合高分子工艺学的最新进展，系统介绍了塑料、橡胶等成型物料的组成与配方原理及配料方法，塑料的挤出成型、注射成型、模压成型、压延成型、滚塑成型、中空吹塑成型、热成型、拉幅薄膜成型等加工方法，橡胶的塑炼、混炼、压延、压出及硫化等加工方法，纤维纺丝工艺、高分子复合材料成型加工工艺、高分子材料的增材制造等成型加工工艺，以及成型加工条件、工艺参数与制品质量之间的关系。

本书可作为高等学校高分子材料与工程、高分子化学与物理、高分子化工、高分子合成等相关专业本科生或研究生教材，还可供工程技术和科研人员参考。

图书在版编目(CIP)数据

高分子合成与材料成型加工工艺 / 贺英编著. —北京：科学出版社，2021.5

ISBN 978-7-03-066563-8

Ⅰ. ①高… Ⅱ. ①贺… Ⅲ. ①高分子材料-塑料成型-成型加工-高等学校-教材 Ⅳ. ①TQ320.66

中国版本图书馆 CIP 数据核字（2020）第 208455 号

责任编辑：陈雅娴 李丽娇 / 责任校对：杨 赛
责任印制：吴兆东 / 封面设计：陈 敬

科学出版社 出版
北京东黄城根北街 16 号
邮政编码：100717
http://www.sciencep.com

固安县铭成印刷有限公司印刷

科学出版社发行 各地新华书店经销

*

2021 年 5 月第 一 版 开本：787 × 1092 1/16
2025 年 1 月第四次印刷 印张：19 1/2
字数：499 000

定价：89.00 元

(如有印装质量问题，我社负责调换)

前　言

本书是在多年的课程建设和教学实践中逐渐形成和完善的。编者主讲的“高分子材料成型和加工”课程是高分子材料专业的核心必修课，被认定为上海市一流本科课程和第二批国家级一流本科课程。2013 年在上海汽车工业教育基金资助下出版了《高分子合成和成型加工工艺》，在这本教材的基础上，为了适应新时代新工科教育，探索知识、能力、素质三者的有机融合，编者结合迅速发展的高新技术，以及新时代发展对高分子材料与工程专业教育的新要求，在教育部工程科技人才培养研究专项(18JDGC025)资助下编写了本书。本书兼具研究性和工程性，弥补了以往教材内容较抽象、较难理解的缺憾，更加适应工程科技人才培养的需求。

本书以高分子工艺学原理为基本内容，结合高分子合成工艺、高分子材料成型加工工艺、材料与制品性能三者的关系，介绍材料如何成型为实用性制品，阐述材料产品与合成工艺的关系、成型加工工艺与制品性能的关系、制品性能与材料性质的关系。在编排方式上，以制造高分子材料的成型加工工艺的基本原理为主线，在阐述高分子合成和材料加工方法及原理的同时，结合高分子工业的实际，论述相关工艺适用的高分子材料产品、成型加工技术和工艺手段、成型加工条件、工艺参数与制品质量之间的关系。在相应的章节中穿插介绍高分子合成方法和工艺影响因素，同时密切关注高分子科学的发展方向，介绍高分子合成和材料成型加工工艺的特点和发展，将高分子材料成型加工理论、高分子合成工艺原理与高分子工业的实际相结合。章节安排力求方便读者将所学知识进行交叉融合，使读者能够快速、深入地理解高分子工艺学知识，激发创新材料与工艺改变世界的使命感，树立科技强国信念。

本书的出版得到了科学出版社的支持，责任编辑提出了很多宝贵意见，谨此致谢。

限于编者水平，书中不妥之处在所难免，敬请读者批评指正。

贺　英

2020 年 10 月

于上海大学材料科学与工程学院

目　　录

第二部分 高分子材料成型加工工艺

第一部分　高分子合成工艺

第1章　绪　　论

1.1　高分子合成工业概述

1.1.1　高分子材料

材料是人类赖以生存和发展的物质基础，人们把信息、材料和能源誉为当代文明的三大支柱，又把新材料、信息技术和生物技术并列为新技术革命的重要标志。因此，材料与国民经济建设、国防建设和人民生活密切相关。由于材料多种多样，故有多种分类方法，按照物理化学属性，材料可分为金属材料、无机非金属材料和有机高分子材料。20世纪30年代末，由于玻璃纤维增强塑料的发明，人们将这类由两个或两个以上独立的物理相，包括黏结材料(基体)和粒料、纤维或片状材料所组成的固体物质命名为复合材料，如从古至今沿用的稻草或麦秸增强黏土和已使用上百年的钢筋混凝土等。于是，材料又分为金属材料、无机非金属材料、有机高分子材料和不同类型材料所组成的复合材料四大类(图1-1)。

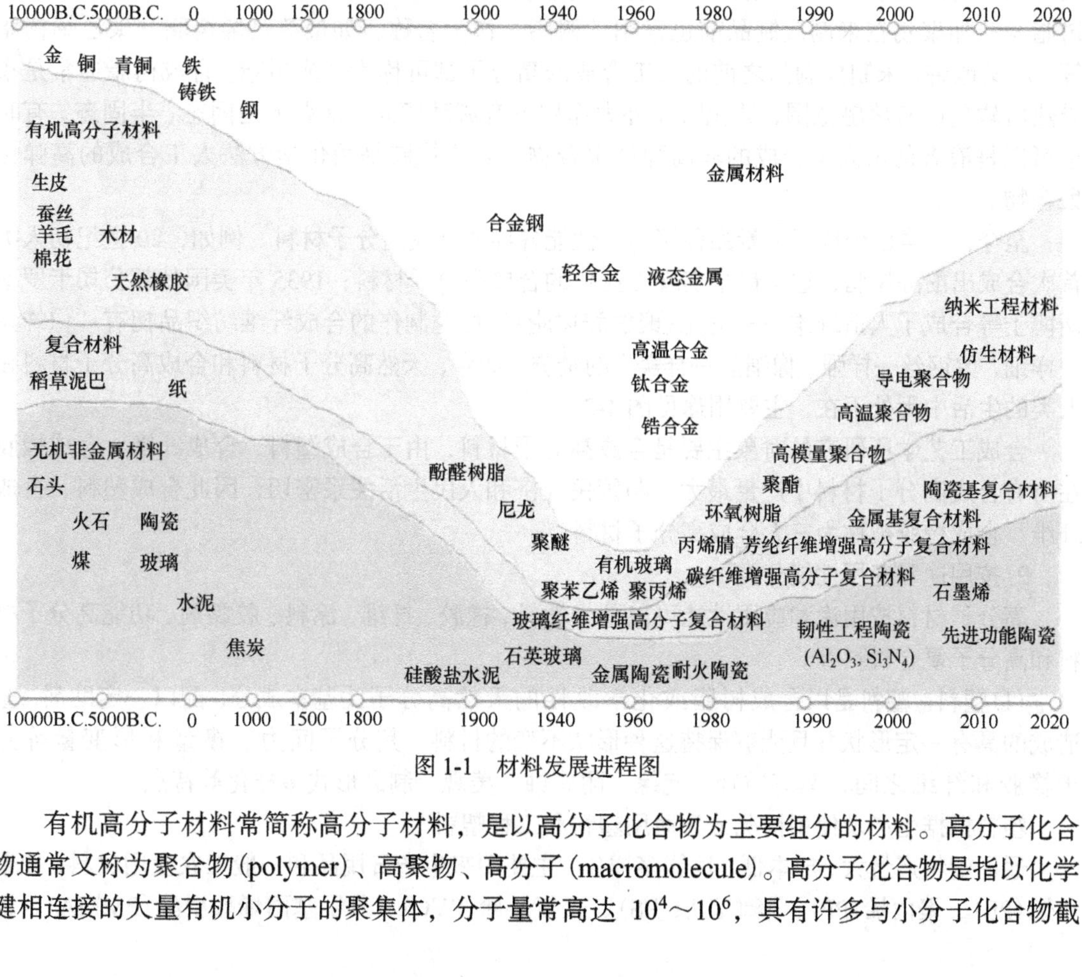

图1-1　材料发展进程图

有机高分子材料常简称高分子材料，是以高分子化合物为主要组分的材料。高分子化合物通常又称为聚合物(polymer)、高聚物、高分子(macromolecule)。高分子化合物是指以化学键相连接的大量有机小分子的聚集体，分子量常高达 10^4～10^6，具有许多与小分子化合物截然不同的性质和性能。人工合成的高分子材料制品是由高分子材料通过成型加工制成的，包括塑料制品、橡胶制品、纤维制品和高分子复合材料制品等。

1. 高分子材料的种类

1) 按来源分类

高分子材料按照其来源可以分为天然高分子材料和合成高分子材料两大类。

(1) 天然高分子材料。人类在长期的生产和生活中获得了利用天然有机材料的丰富知识，这些天然有机材料包括生皮、蚕丝、羊毛、棉花、木材及天然橡胶等。它们都是由天然高分子化合物所组成，因此可统称为天然高分子材料。例如，大约在 11 世纪，南美洲人就已使用天然橡胶球做游戏和做祭祀了。但是橡胶真正成为一种实用材料，是在美国化学家古德伊尔研究成功硫化工艺之后。橡胶硫化后可以制作轮胎，应用于自行车和汽车等。

(2) 合成高分子材料。随着生产的发展和科学技术的进步，天然高分子材料远不能满足需要。通过适当方法可将高分子化合物制成塑料制品、合成纤维制品、橡胶制品等，还可用作涂料、胶黏剂、离子交换树脂等材料。这些用合成高分子化合物为基础制造的有机材料统称为合成高分子材料。由于高分子化合物的系统命名比较复杂，习惯上天然高分子常用俗名，如杜仲胶、琼脂等。合成高分子则通常按其制备方法及原料名称命名。例如，用加聚反应制得的高分子，往往是在原料名称前加“聚”字命名，如聚氯乙烯、聚苯乙烯等；用缩聚反应制得的高分子，则大多数是在简化后的原料名称后加“树脂”二字，如酚醛树脂、环氧树脂等；加聚物在未制成制品前也常用“树脂”作为名称，如聚氯乙烯树脂、聚乙烯树脂等。广义地讲，未制成制品之前的人工合成的高分子都可称为合成树脂。合成树脂通常是指受热后软化或有熔融范围，软化时在外力作用下有流动倾向，常温下是固态、半固态，有时也可以是液态的由人工合成的非高弹性聚合物。合成橡胶是用化学方法人工合成的高弹性聚合物。

至今，人类已合成了大量品种繁多、性能各异的合成高分子材料。例如，20 世纪初人类首次合成出酚醛树脂，这是最早实现工业化的合成高分子材料；1935 年美国杜邦公司卡罗塞斯博士等合成了人造纤维——尼龙(聚酰胺树脂)，尼龙制作的合成纤维纺织品拥有“像蛛丝一样细，像钢丝一样强，像绢丝一样美”的赞誉。如今，天然高分子材料和合成高分子材料在人类的生活中无处不在，主要用途见图 1-2。

合成工艺学所研究的对象主要是合成高分子材料，由于合成塑料、合成纤维、合成橡胶在所有合成高分子材料中产量最大，与国民经济和人民生活关系密切，因此合成塑料、合成纤维、合成橡胶被称为三大合成高分子材料。

2) 按用途和应用性能分类

高分子材料按用途和应用性能可以分为塑料、橡胶、纤维、涂料、胶黏剂、功能高分子材料和高分子复合材料等。

(1) 塑料。塑料是以合成树脂或化学改性的天然高分子为基本成分，配以一定助剂，塑造成的具有一定形状并且能够保持这种形状不变的材料。其分子间力、模量和形变量等介于橡胶和纤维之间，具有质轻、绝缘、耐腐蚀、美观、制品形式多样化等特点。

塑料根据生产及使用情况分为通用塑料和工程塑料。

通用塑料产量大、成本低、性能多样化，主要用来生产日用品和一般工农业用材料，如聚乙烯(PE)、聚丙烯(PP)、聚苯乙烯(PS)、聚氯乙烯(PVC)、聚甲基丙烯酸甲酯(PMMA)、酚醛树脂(PF)、脲醛树脂(UF)等。例如，聚氯乙烯塑料可制成人造革、塑料薄膜、泡沫塑料、耐化学腐蚀用板材、电缆绝缘层等。

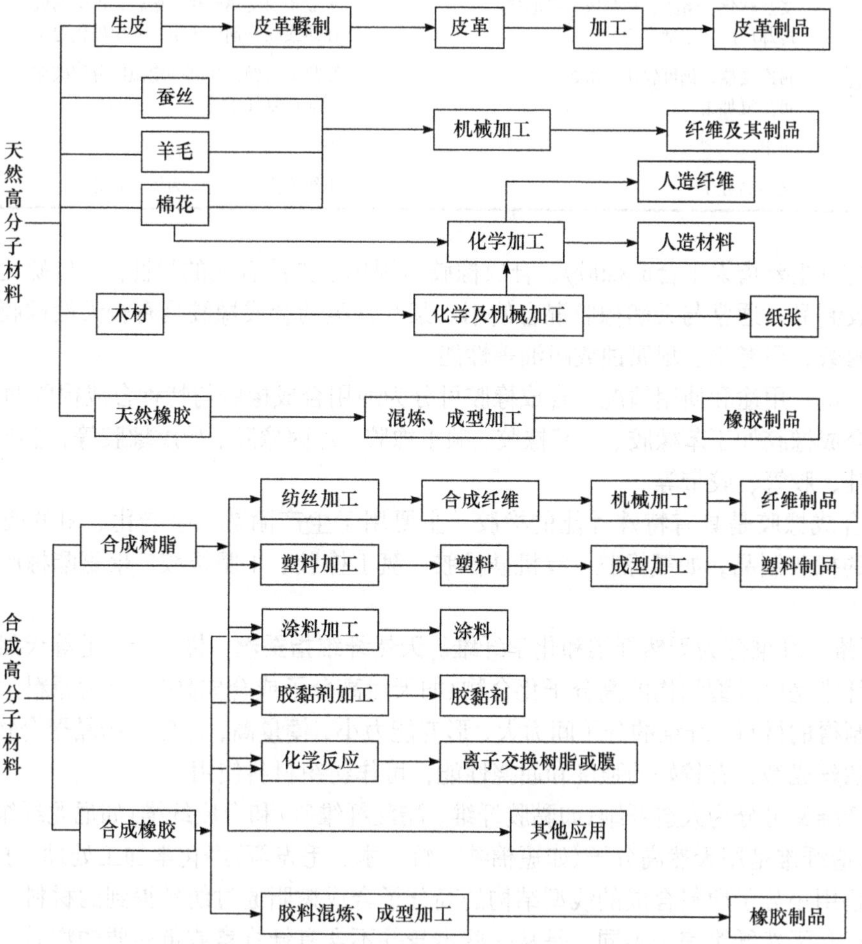

图 1-2 天然高分子材料和合成高分子材料的用途

工程塑料产量不大、成本较高，但具有优良的机械强度或耐摩擦、耐热、耐化学腐蚀等特性，可作为工程材料制成轴承、齿轮等机械零件以代替金属、陶瓷等，如聚酰胺(PA)、聚对苯二甲酸丁二酯(PBT)、聚对苯二甲酸乙二酯(PET)、聚碳酸酯(PC)、聚甲醛(POM)、聚苯醚(PPO)、丙烯腈-丁二烯-苯乙烯共聚物(ABS)、聚酰亚胺(PI)、聚砜(PSF)等。

塑料根据受热后的特性分为热塑性塑料和热固性塑料。热塑性塑料可反复受热软化或熔融，如聚乙烯、聚氯乙烯等；热固性塑料经固化成型后，再受热不能熔化，强热则分解，如酚醛树脂、环氧树脂等。热塑性塑料为线型结构的高分子，受热时可以软化和流动，可以反复多次塑化成型，次品和废品可以回收利用，再加工成产品；一般来说，热塑性塑料的柔韧性好、脆性低，但是刚性、耐热性和尺寸稳定性较差。热固性塑料为体型结构的高分子，一经成型便发生固化，再加热不能软化，不能反复加工成型；热固性塑料通常刚性好、耐热、不容易变形。热塑性塑料和热固性塑料的共同特点是有较好的机械强度(尤其是体型结构的高分子)，可作为结构材料使用。其性能比较见表 1-1。

表 1-1　热塑性塑料和热固性塑料性能比较

项目	热塑性塑料	热固性塑料
加工特性	受热软化、熔融、塑制成一定形状 冷却后固化定型	未成型前受热软化、熔融，可塑制成一定形状 在热或固化剂作用下，一次硬化定型
重复加工性	再次受热，仍可软化、熔融 可反复加工	受热不熔融，达到一定温度分解破坏 不能反复加工
溶剂中情况	可溶	不溶
化学结构	线型高分子	由线型高分子转变为体型高分子

(2)橡胶(主要指人工合成橡胶)。合成橡胶是用化学方法合成的弹性体，经硫化加工可制成各种橡胶制品，通常与天然橡胶混合使用。某些种类的合成橡胶具有较天然橡胶更为优良的耐热、耐磨、耐老化、耐腐蚀或耐油等性能。

根据产量、用途和使用情况，合成橡胶可分为通用合成橡胶与特种合成橡胶两大类。

通用合成橡胶如丁苯橡胶、丁基橡胶、顺丁橡胶、乙丙橡胶、异戊橡胶等，主要用于生产轮胎、胶鞋、胶管、胶带等。

特种合成橡胶是具有特殊性能的橡胶，主要用于生产耐热、耐老化、耐油或耐腐蚀等特殊用途的橡胶制品，如氟橡胶、有机硅橡胶、氯丁橡胶、丁腈橡胶、聚氨酯橡胶、氯醇橡胶等。

(3)纤维。纤维分为天然纤维和化学纤维。天然纤维指蚕丝、棉、麻、毛等天然高分子材料。化学纤维是以线型结构的高分子化合物(如天然高分子或合成高分子)为原料，经过纺丝和后处理制得的材料。纤维的分子间力大、形变能力小、模量高，一般为结晶聚合物。纤维的特点是能抽丝成型，有较好的强度和屈挠性能，可作纺织材料使用。

化学纤维又可分为人造纤维(如黏胶纤维、醋酸纤维等)和合成纤维(如尼龙纤维、涤纶纤维等)。人造纤维是用天然高分子(如短棉绒、竹、木、毛发等)经化学加工处理、抽丝而成。合成纤维是用小分子原料合成的线型结构的高分子合成树脂通过纺丝得到的材料。合成纤维的化学组成和天然纤维完全不同，是从一些本身并不含有纤维素或蛋白质的物质，如石油、煤、天然气、石灰石或农副产品，先合成单体，再用化学合成与机械加工的方法制成纤维，如聚酯纤维(涤纶纤维)、聚丙烯腈纤维(腈纶纤维)、聚酰胺纤维(锦纶纤维或尼龙纤维)、聚乙烯醇缩甲醛纤维(维纶纤维)、聚丙烯纤维(丙纶纤维)、聚氯乙烯纤维(氯纶纤维)等。全世界范围以聚酯纤维、聚丙烯腈纤维和聚酰胺纤维三种合成纤维产量最大。此外，具有耐高温、耐腐蚀或耐辐射的特种用途的合成纤维有聚芳酰胺纤维、聚酰亚胺纤维等。

合成纤维的优点：与天然纤维相比较，合成纤维强度高、耐摩擦、不被虫蛀、耐化学腐蚀等。缺点：不易着色，未经处理时易产生静电荷，多数合成纤维的吸湿性差，因此制成的衣物易污染、不吸汗，夏天穿着时易感到闷热。几种常见纤维的显微外观结构见表 1-2。

表 1-2　常见纤维的显微外观结构

纤维	纵向外观	横截面形状
涤纶、尼龙	表面光滑，平直丰满	圆形
腈纶	一般表面光滑	圆形或哑铃形
维纶	扁平带状，有条纹	肾形，中间有核层
丙纶	表面光滑	圆形

续表

纤维	纵向外观	横截面形状
氯纶	表面光滑	圆形或蚕豆形
黏胶纤维	有条纹	锯齿形
醋酯纤维棉	扁平带状，有条纹，转曲形成天然捻度	三叶草叶片状、肾形或马蹄形，中间有空隙
羊毛	有鳞片	圆形或椭圆形
蚕丝	表面光滑透明	近似三角形
麻	有条纹，呈竹节状	亚麻呈多角形，苎麻呈略扁平的椭圆形

(4)涂料。涂料是指涂布在物体表面能够形成具有保护和装饰作用的膜层材料。一般比塑料、纤维或橡胶用的高分子的分子量低。

(5)胶黏剂。胶黏剂是以合成高分子或天然高分子为主体制成的具有良好黏结能力的物质。要求聚合物能够润湿被黏结物体的表面，在适当条件下(如溶剂蒸发、冷却、压力)转变为固态的高聚物，从而牢固地黏结物体。分为天然胶黏剂和合成胶黏剂两种，应用较多的是合成胶黏剂。

(6)功能高分子材料。功能高分子材料除具有高分子材料的一般力学性能、绝缘性能和热性能外，还具有物质、能量和信息的转换、传递和储存等特殊功能。已实用的有光电磁功能高分子材料、信息高分子材料、生物医用高分子材料、生物降解高分子材料、智能与仿生高分子材料等。

(7)高分子复合材料。高分子复合材料是以有机高分子为黏结材料(基体)，以粒料、纤维或片状材料为增强填料组合而成的多相固体材料。可以根据需要制成各种性能的复合材料，如高强度、质轻、耐温、耐腐蚀、绝热、绝缘等特殊性质的材料。

2. 高分子材料发展简况及发展方向

高分子科学是20世纪30年代才从有机化学中独立出来的一门学科，是近代发展最迅猛的学科之一。它以三大合成高分子材料(塑料、橡胶、纤维)为主要研究对象。

通常所说的高分子材料是指合成高分子材料，是20世纪用化学方法制造的一种新型材料。人们采用物理或化学的方法可使高分子与其他物质相互作用后产生物理变化或化学变化，从而使材料具有特殊功能。因此，高分子材料的性能多样，用途十分广泛，已在相当程度上取代了钢材以及木材、棉花等天然材料。高分子材料虽然是材料领域之中的后起之秀，但在新材料的发展中尤其引人注目，其出现带来了材料领域的重大变革，从而形成了金属材料、无机非金属材料、高分子材料和复合材料共存格局。高分子材料的发展大致经历了以下三个阶段：

(1)天然高分子材料的利用。1826年M. Faraday发现了天然橡胶的组成是C_5H_8。

(2)天然高分子材料的改性。1839年C. Goodyear发现了橡胶的硫化，人们发明了由天然橡胶经过硫化制成橡胶制品的工艺；1869年J. W. Hyatt用硝酸纤维素、樟脑和乙醇制造了第一种半人工合成的高分子材料“赛璐珞”，1870年实现工业化。

(3)人工合成高分子材料的开发和发展。1907年美国L. H. Baekeland发明酚醛树脂(第一种完全人工合成的高分子材料)，1909年实现工业化，开创了塑料的时代。

1925～1935 年人们逐渐明确了有关高分子化合物的定义，高分子的分子量和分子量分布概念，聚合同系物以及合成高分子化合物的缩聚反应和加聚反应等基本概念与原理。在此基础上诞生了“高分子化学”这一新兴学科。20 世纪 30 年代后，随着高分子化学学科的建立，人们阐明了聚合反应机理，掌握了高分子的分子量控制方法。工业上用缩聚反应合成了聚酰胺，用加聚反应合成了丁苯橡胶、氯丁橡胶、聚氯乙烯塑料等，并实现了高压法合成聚乙烯等。由于第二次世界大战中橡胶是战略性物资，合成橡胶工业得以大力发展，并且着眼于石油化工解决原料资源问题，发展了由石油裂解气体生产丁二烯、乙烯与苯乙烯的工业生产方法，奠定了石油化学工业的基础。20 世纪 50 年代以后，K. Ziegler 和 G. Natta 发明了以烯烃、二烯烃为原料的配位定向聚合，实现了聚烯烃工业化生产。由于发现了由有机金属化合物和过渡金属化合物组成的催化剂体系，可以容易地使烯烃、二烯烃聚合为性能优良的高聚物，国际上对原料烯烃、二烯烃的需要量急增。许多以煤和粮食为原料的化工产品纷纷转向石油路线进行生产，石油化学工业迅速发展。20 世纪 60 年代以后，逐渐建立了化学纤维工业、合成橡胶工业和塑料工业。我国也相继建成了若干大型石油化工基地，如中国石化燕山分公司、中国石油兰州石油化工公司、中国石油吉林石化公司、中国石油大庆石化公司、中国石化齐鲁分公司、中国石化上海石油化工股份有限公司、中国石化扬子石油化工有限公司、中国石化上海高桥分公司、中国石油辽阳石化分公司等。这些企业以石油为原料，已成为化学纤维工业、合成橡胶工业、合成树脂与塑料工业、胶黏剂工业、涂料工业的骨干企业，促进了我国高分子材料工业迅速发展。

目前，高分子材料的发展方向是：从结构材料发展到功能材料；从单一的材料向复合材料发展，如用芳族聚酰胺作耐热、耐强材料；从单纯配方调节向预定性能生产发展。另外，随着科学技术的飞速发展，新理论、新技术不断涌现，对材料性能和功能的要求不断提高，新概念材料以及材料的交叉融合已成为发展趋势。

3. 高分子材料的特点

高分子材料的主要特点包括：原料多，生产容易，成本低，加工快；产品多，性能多种多样，用途广泛，适应能力强(通过改性可以得到多种性能)；具有特种功能，如塑性、弹性、韧性、耐腐蚀、防辐射、绝缘。高分子材料的工程特征包括：密度、强度、模量较低，韧性较好；耐久性、耐热性较差，热膨胀系数大，易燃烧；良好的透光性、着色性、化学稳定性和成型加工性；传热系数小，绝缘性优良，可赋予制品特殊的功能。

由于这些特点，高分子材料在尖端技术、国防工业和国民经济各个领域得到了广泛的应用，已成为现代社会生活中衣、食、住、行、用各方面所不可缺少的材料。

1.1.2　高分子合成工业

1. 高分子材料制品的生产过程

高分子合成工业的任务是将基本有机合成工业生产的单体通过聚合反应合成为高分子化合物，为高分子材料成型加工工业提供基本原料。基本有机合成、高分子合成和高分子材料成型加工是高分子材料生产过程中紧密联系的三个过程。

以石油和天然气为原料制备高分子材料制品的过程，需要经过石油开采、石油炼制、基本有机合成、高分子合成、高分子材料成型加工等。基本有机合成工业为高分子合成工业提供主要原料——单体，以及溶剂、塑料添加剂和橡胶配合剂等辅助原料。高分子合成工业生产的合成树脂和合成橡胶用于高分子材料成型加工工业生产塑料制品、合成纤维、橡胶制品、涂料、胶黏剂等。

我国石油、天然气和煤炭资源均较丰富，制造高分子材料制品的最基本的原料既可以采用石油和天然气，也可以采用煤炭。以石油、天然气、煤炭作为基本原料制造高分子材料制品的主要过程见图1-3。

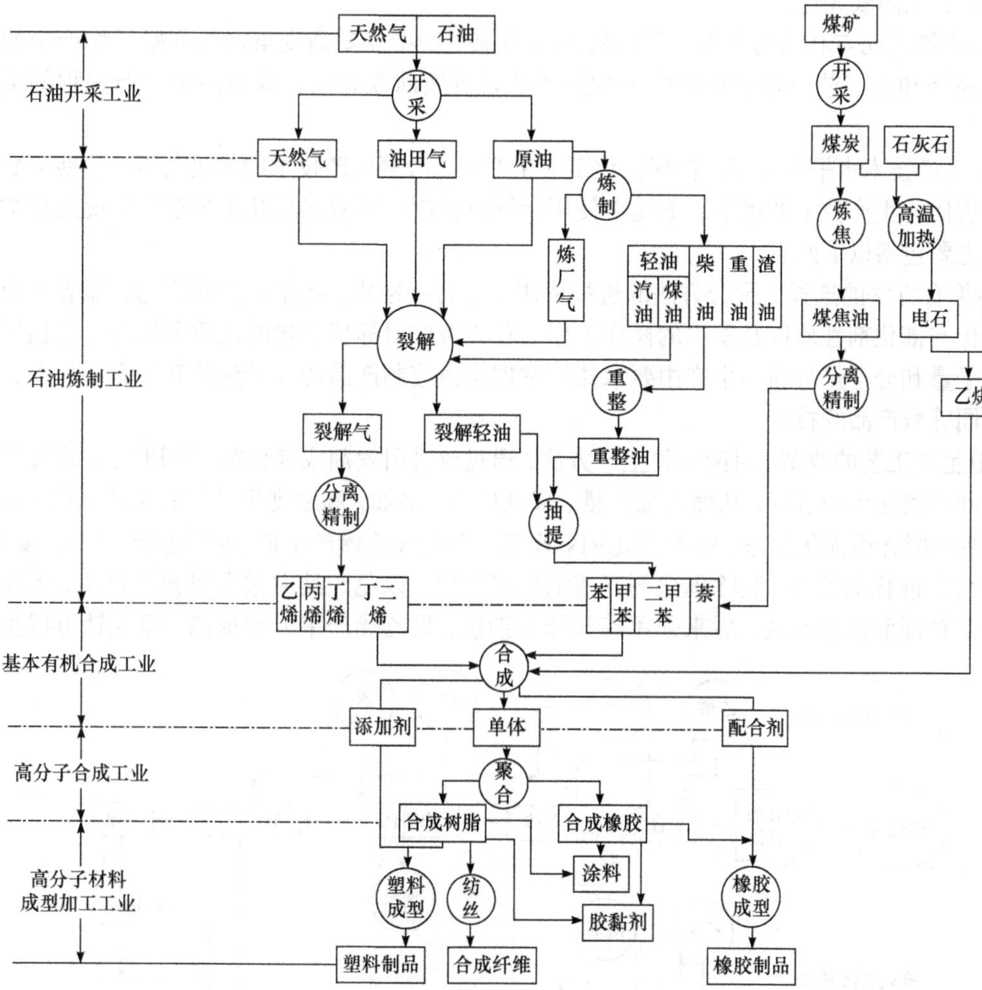

图1-3 制造高分子材料制品的主要过程

2. 新工艺、新产品的开发

开发新工艺、新产品之前要调查了解新产品的用途、性能、原料来源、能量消耗与利用、生产技术水平等。

(1)新产品用途、性能的考察。在进行新产品开发前，应充分考察同类产品和相应的替代产品的技术含量和性能用途，确保所开发产品的先进性或独创性，避免新产品自诞生之日起就被市场淘汰。主要任务在于正确地确定产品最佳总体设计方案、设计依据、产品用途及使用范围、基本参数和主要技术性能指标，以及关键技术解决办法。高分子合成工业生产的高分子主要为高分子材料成型加工工业提供原材料，它的性能好坏直接影响高分子材料制品的性能。

(2)原料来源的考察。高分子合成工业所用主要原料单体的生产路线应当从充分利用天然资源和经济合理性方面进行考察。例如，以乙炔为原料生产氯乙烯单体时，由于乙炔来自电石与水反应，生产电石需要大量电能。而以乙烯为原料生产氯乙烯单体时，由于乙烯来自石油裂解，石油化工路线是当前最重要、最经济的单体合成路线，因此生产氯乙烯单体采用乙烯路线较乙炔路线先进。

(3)能量消耗与利用的考察。节约能源是当前生产中需要高度重视的问题，生产中能量消耗的高低和各工艺过程中释放出来的热能是否有效回收利用，成为评价生产流程的重要条件。

(4)生产技术水平的考察。在现代化工业生产中，考察生产技术的先进与否，不能只着眼于采用现代化生产技术的水平，如是否使用计算机控制，而应当从其工艺经济情况进行综合考察。主要包括以下两点。

(i)聚合方法的选择。聚合方法的选择取决于聚合物性质，要求的产品形态，聚合反应特点，单体与催化剂性质以及基本的操作工序。首先考虑目标聚合物的性质和形态，包括聚合物的分子量和分子量分布。生产中要求能够掌握自由控制产品的分子量及其分布的技术，即生产不同牌号产品的技术。

(ii)生产工艺的改革。对同一种生产方法，通过改进引发剂或催化剂，可以大大缩短聚合反应时间或简化生产过程，从而增加产量、降低成本。例如，高密度聚乙烯的生产如图 1-4 所示。早期采用普通催化剂法，由于催化剂效率低，不仅聚乙烯产率低，而且生产过程较复杂，需要有终止催化剂活性、脱除催化剂残渣的生产工序，以免产品中重金属含量过高，影响聚乙烯产品色泽和热稳定性。后来采用高效催化剂法，聚乙烯产率大幅提高，每克钛可以生产

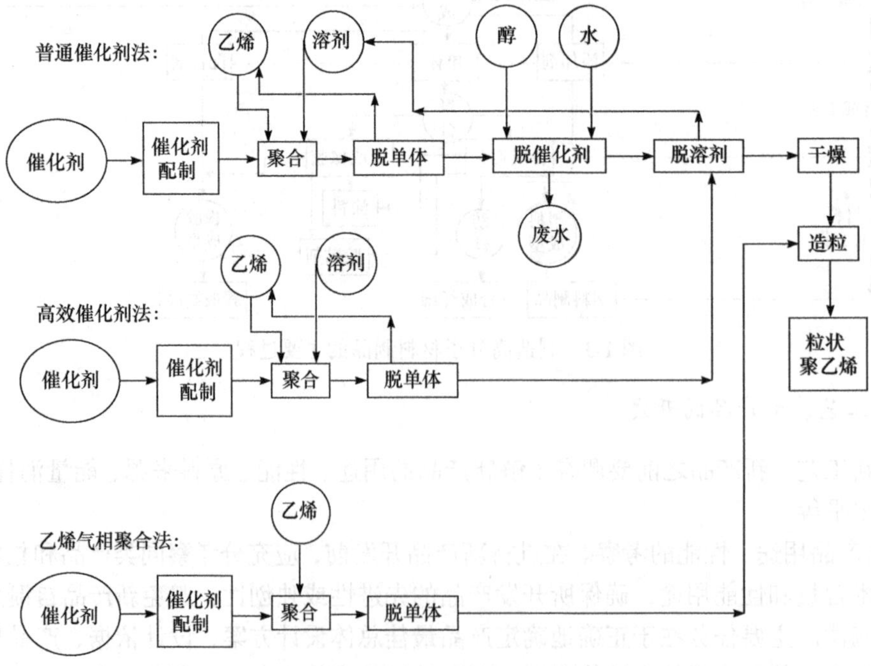

图 1-4　高密度聚乙烯生产工艺比较

数万至数百万克聚乙烯，而且残存的金属盐不会影响产品性能，因此无需终止催化剂活性和脱除催化剂残渣，简化了生产工序。而后又开发了乙烯气相聚合法，该法无需溶剂，进一步大大简化了生产工序，提高了生产能力，降低了生产成本。

综上，开发高分子材料新工艺、新产品的流程如图 1-5 所示。

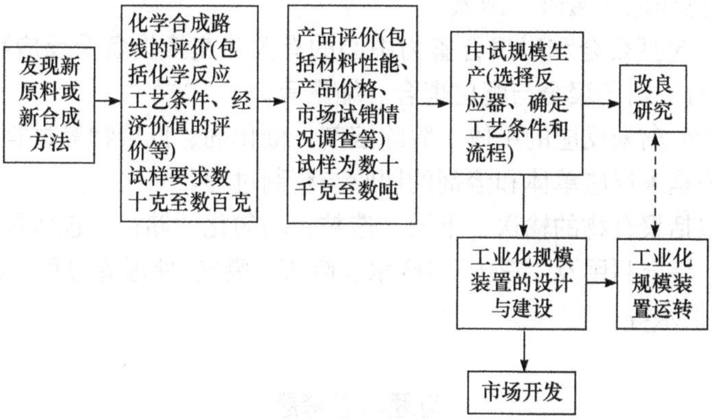

图 1-5　高分子材料新工艺、新产品的开发流程

1.2　高分子化合物的生产过程

合成高分子化合物的工艺流程长，所需工序和设备多。从高分子化学课程中知道，能够发生聚合反应的单体分子应当含有至少两个能够发生聚合反应的活性官能团或原子。在高分子化学中，采用反应式即可表示一种聚合物的聚合过程，但工厂具体实施要经过许多步骤。因此，高分子化合物的生产过程通常首先确定全流程的核心过程即聚合反应过程，然后逐步展开与之相关的工艺过程。向前延伸为原料准备过程，向后延伸为产物及产品后处理过程，并配合相应的“三废”处理过程及其他辅助过程。一般来说，高分子化合物主要经过 7 个生产过程，可用方框图表示，如图 1-6 所示。

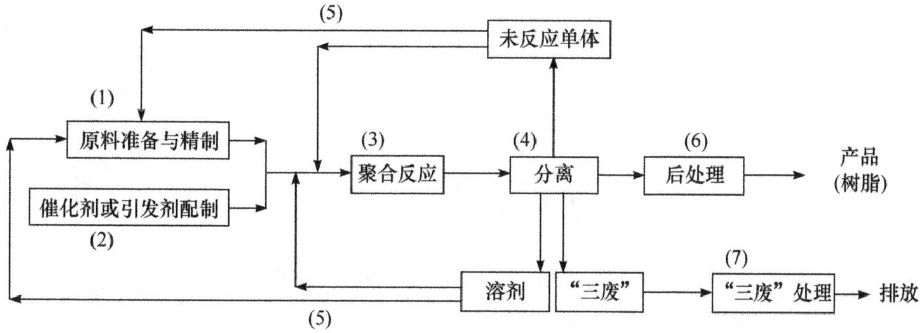

图 1-6　高分子化合物的生产过程

(1) 原料准备与精制。包括单体、溶剂、水等原料的储存、洗涤、精制、干燥、调整浓度等过程。单体在储存运输中添加的阻聚剂以及原料中的杂质可能对聚合反应产生阻聚作用，发生链转移反应，使产品的分子量降低；或对聚合催化剂产生毒害和分解作用，因而使聚合催化作用大大降低；或者使逐步聚合反应过早地封闭端基而降低产品分子量，还可能发生有损聚合物色泽的副反应等，因此原料需要精制。

(2)催化剂或引发剂配制。包括聚合用催化剂、引发剂和助剂的制造、溶解、储存、调整浓度等过程。

高分子合成工厂中最容易发生的安全事故是引发剂分解爆炸、催化剂引起的燃烧与爆炸，以及易燃单体、有机溶剂的燃烧与爆炸事故。为了避免单体或溶剂的浓度积累形成易爆空气混合物，需要加强操作地区通风、排风。

(3)聚合反应。包括聚合和以聚合釜为中心的有关热交换设备及反应物料输送过程和设备，分为自由基聚合、离子聚合与配位聚合、缩聚等。

(4)分离。包括分离未反应的单体，脱除溶剂、催化剂、低聚物等过程。

(5)回收。主要是未反应单体和溶剂的回收与精制过程。

(6)后处理。包括聚合物的输送、干燥、造粒、均匀化、储存、包装等过程。

(7)辅助过程。综合利用及“三废”(废水、废渣、废气)处理等过程，此外还包括公用工程如供电、供气、供水等。

习题与思考题

1. 论述高分子合成工艺学的主要任务。
2. 用方框图表示高分子化合物的生产过程工艺流程，说明每个步骤的主要特点。

第 2 章　原料的来源及精制

2.1　主要原料来源及类型

高分子合成工业所需的主要原料是单体，还包括溶剂这一最重要的辅助原料。其中，单体(monomer)是能与同种或他种分子聚合的小分子化合物的统称，是能发生聚合反应而合成高分子的简单化合物。

高分子合成工业生产的高分子(合成树脂)按其聚合方法的化学反应机理分类，重要的有缩聚型高分子、加聚型高分子。合成缩聚型高分子采用缩聚型单体，一般为含有两个或两个以上官能团的化合物；合成加聚型高分子的原料是加聚型单体，一般为含有双键、共轭双键或环状结构的化合物。图 2-1 列出了根据生产方法、聚合反应和结构对合成树脂的分类。

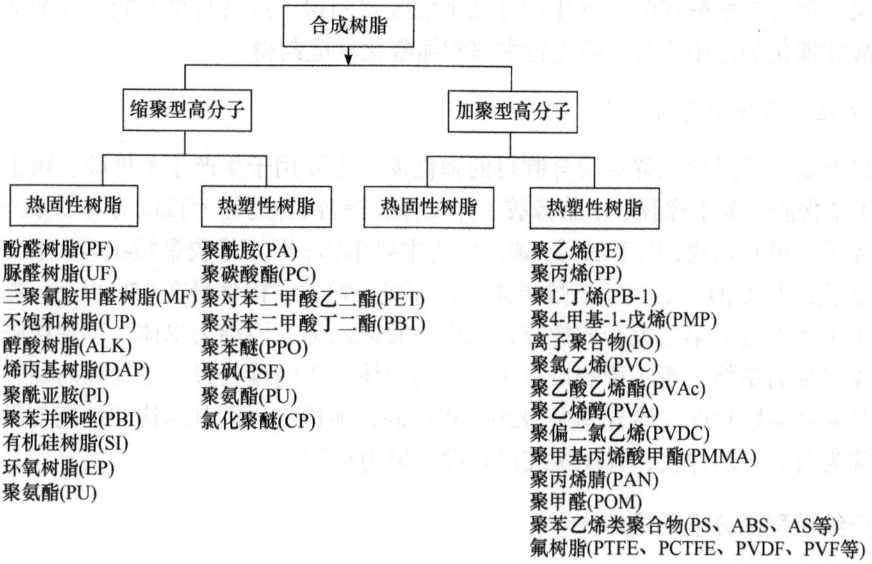

图 2-1　合成树脂分类

2.1.1　生产加聚型高分子所需单体

采用加聚反应制得的高分子，往往其化学命名“聚”字后面就是生产该加聚型高分子所需的原料单体名称。

1. *α*-烯烃高分子所需单体

α-烯烃是指双键在分子链端部的单烯烃，结构式为 R—CH═CH_2，其中 R 为烷基。*α*-烯烃高分子有 PE、PP、PB-1、乙丙橡胶等，采用如下*α*-烯烃单体：乙烯、丙烯、1-丁烯。其中乙丙橡胶是以乙烯、丙烯为主要单体的合成橡胶，依据分子链中单体组成的不同，有二元乙

丙橡胶和三元乙丙橡胶：二元乙丙橡胶为乙烯和丙烯的共聚物，以 EPM 表示；三元乙丙橡胶为乙烯、丙烯和少量的非共轭二烯烃第三单体的共聚物，以 EPDM 表示。两者统称为乙丙橡胶（ethylene propylene rubber，EPR）。

2. 乙烯基高分子所需单体

乙烯基高分子分为以下几类：

(1) 乙烯基烃类高分子。乙烯基烃类高分子有 PS 及其共聚物，采用苯乙烯及其他共聚单体（如二乙烯苯、甲基苯乙烯）。

(2) 卤代烯烃类高分子。卤代烯烃类高分子有聚四氟乙烯（PTFE）、聚三氟氯乙烯（PCTFE）、聚偏氟乙烯（PVDF）、聚氟乙烯（PVF）、PVC、PVDC 等，分别采用四氟乙烯、三氟氯乙烯、偏氟乙烯、氟乙烯、氯乙烯、偏二氯乙烯等单体。

(3) 丙烯酸酯类高分子。丙烯酸酯类高分子有 PAN、聚丙烯酸、聚丙烯酸酯、PMMA、聚丙烯酰胺（PAM），分别采用丙烯腈、丙烯酸、丙烯酸酯、甲基丙烯酸甲酯、丙烯酰胺等单体。

(4) 乙烯醇及其衍生物类高分子。乙烯醇及其衍生物类高分子有聚乙烯醇缩甲醛（维尼纶）、PVA、PVAc、聚乙烯吡啶（PVP）等。PVAc 和 PVP 分别采用乙酸乙烯酯和乙烯吡啶作为单体；PVA 是一种不由单体聚合而通过聚乙酸乙烯酯水解得到的水溶性高分子；聚乙烯醇缩甲醛是由聚乙烯醇与甲醛在酸性催化剂存在下缩醛化制得，或者将聚乙酸乙烯酯溶于乙酸或醇中，在酸性催化剂作用下与甲醛进行水解和缩醛化反应制得。

3. 二烯烃类高分子所需单体

二烯烃类高分子是由二烯烃聚合制得的弹性体，主要用于生产丁苯橡胶、顺丁橡胶、乙丙橡胶、丁基橡胶、氯丁橡胶、丁腈橡胶、异戊橡胶等合成橡胶。例如，丁苯橡胶（SBR），又称聚苯乙烯丁二烯共聚物，以丁二烯、苯乙烯为主要单体；顺丁橡胶是顺-1,4-聚丁二烯橡胶的简称，其分子式为$(C_4H_6)_n$，由丁二烯单体聚合而成，顺式结构含量在 95%以上，顺丁橡胶是产量仅次于丁苯橡胶的第二大合成橡胶；乙丙橡胶以乙烯、丙烯为单体；丁基橡胶以异丁烯和少量异戊二烯为单体；氯丁橡胶以氯丁二烯为单体；丁腈橡胶以丁二烯和丙烯腈为单体；异戊橡胶是顺-1,4-聚异戊二烯含量为 92%～97%的合成橡胶，因其结构和性能与天然橡胶近似，故又称为合成天然橡胶，异戊橡胶以异戊二烯为单体。

2.1.2 生产缩聚型高分子所需单体

1. 聚酯类高分子所需单体

聚酯是由多元醇和多元酸缩聚而得的高分子总称，主要指聚对苯二甲酸乙二酯（PET）、聚对苯二甲酸丁二酯（PBT）、聚碳酸酯（PC）和聚芳酯（PAR）等热塑性树脂。所需单体分别为：PET 采用对苯二甲酸二甲酯和乙二醇为单体；PBT 采用对苯二甲酸二甲酯和 1,4-丁二醇为单体；PC 以双酚 A 和碳酸二苯酯为单体熔融缩聚制得，或以双酚 A 和光气为原料界面缩聚制得；PAR 包括聚对(邻)苯二甲酸二烯丙酯、聚对羟基苯甲酸酯和 U-聚合物三种，其中聚对(邻)苯二甲酸二烯丙酯采用对(邻)苯二甲酸酐和丙烯醇为单体经缩聚而成，聚对羟基苯甲酸酯（poly-*p*-hydroxybenzoate，PHB）又称聚苯酯（polyphenyl ester）、聚氧苯甲酰（polyoxybenzoyl，POB）、聚对羟苯甲酰（poly-*p*-oxybenzoyl，POB）、氧苯甲酰聚酯（oxybenzoyl polyester，OBP），是以对羟基苯甲酸苯酯为单体缩聚而成，U-聚合物是以对苯二甲酰氯或间苯二甲酰氯与双酚

A、酚酞或对苯二酚为单体合成的聚芳酯。

2. 聚酰胺类高分子所需单体

聚酰胺(polyamide, PA)是分子主链上含有重复酰胺基团+NHCO+的热塑性树脂，PA 纤维俗称尼龙(nylon)，锦纶是 PA 纤维的商品名称。PA 合成方法有两种：一种是以二元胺和二元酸为单体缩聚而得，如尼龙 66、尼龙 610、尼龙 1010 等，加在尼龙后的数字表示所用二元胺和二元酸的碳原子数，其中前一数字是二元胺的碳原子数，后一数字是二元酸的碳原子数。例如，尼龙 66，表示它是以己二胺和己二酸为单体缩聚制得；尼龙 610，表示它是以己二胺和癸二酸为单体制得；尼龙 1010，表示它是以癸二胺和癸二酸为单体制得。另一种合成方法是以氨基酸为单体自缩聚或以己内酰胺为单体开环聚合而制得，如尼龙 6。

聚芳酰胺是芳香族聚酰胺。聚芳酰胺的合成方法有两种：①以对氨基甲酰氯盐酸盐、间氨基苯甲酰氯盐酸盐或对亚硫酰胺基苯甲酰氯为单体缩聚而得；②以对氨基甲苯酸为单体缩聚而得。例如，以间苯二胺和间苯二甲酰氯为单体合成的聚间苯二甲酰间苯二胺，国际商品名 Nomex，纺丝成纤后称为 HT-1 纤维；聚对苯甲酰胺(聚对苯二甲酰对苯二胺，简称 PPD-T)是以对苯二胺与对苯二甲酰氯为单体缩聚而成的全对位结构的聚芳酰胺，国际商品名为 Kevlar，中国商品名芳纶，纺丝成纤后称为 B 纤维。

3. 聚醚类高分子所需单体

聚醚类高分子有聚甲醛(POM)、氯化聚醚、氯醇橡胶、聚苯醚(PPO)等。POM 又名缩醛树脂、聚氧亚甲基，所需单体为甲醛(三聚甲醛，又名 1,3,5-三氧杂环己烷)；氯化聚醚是 3,3′-双(氯甲基)环氯丙烷的聚合物，是具有氯甲基侧链的线型聚醚，所需单体为环氧氯丙烷；氯醇橡胶是以环氧氯丙烷为单体均聚或以环氧氯丙烷与环氧乙烷为单体共聚而成的弹性体；聚苯醚化学名称为聚 2,6-二甲基-1,4-苯醚，所需单体为 2,6-二甲基苯酚。

4. 聚氨酯类高分子所需单体

聚氨酯(PU)有聚酯型和聚醚型两大类，可制成聚氨酯塑料(以泡沫塑料为主)、聚氨酯纤维(又称氨纶)、聚氨酯橡胶等，以多元醇(液态二醇聚酯或聚醚)和二异氰酸酯为单体缩聚而成。多元醇可以是低分子二元醇，如 1,4-丁二醇，但常用的是带羟端基的低分子聚酯或聚醚(聚酯二醇或聚醚二醇)。聚酯二醇以乙二醇、丙二醇等二元醇和己二酸等二元酸为单体缩聚而成；聚醚二醇由环氧乙烷、环氧丙烷、四氢呋喃等开环聚合制得。二异氰酸酯由二元胺与光气反应制得，常用的二异氰酸酯有二苯甲烷二异氰酸酯(MDI)、2,4-或 2,6-甲苯二异氰酸酯(TDI)、六亚甲基二异氰酸酯(HDI)、1,5-萘二异氰酸酯(NDI)等。

5. 有机硅类高分子所需单体

有机硅类高分子常简称为有机硅，是分子结构中含有硅元素，且硅原子上连接有机官能团的高分子。按其化学结构和性能可分为三类：①硅油，具有较低分子量的线型结构聚合物；②硅橡胶，具有较高分子量的线型结构聚合物；③硅树脂，含有活性基团、可进一步固化的线型结构聚合物。有机硅类高分子按分子主链分为：聚有机硅氧烷、聚硅烷和杂链有机硅。有机硅类高分子主要单体为甲基硅氧烷。例如，甲基硅树脂以甲基三氯硅烷或甲基三烷氧基硅烷(甲氧基、乙氧基)、甲基三乙酰基硅烷为单体，水解后缩聚而得。

6. 酚醛树脂所需单体

酚醛树脂(PF)采用酚类单体(如苯酚)和醛类单体(如甲醛)在酸性或碱性的催化剂作用下通过缩聚反应制得。因选用催化剂的不同，可分为热固性和热塑性两类。苯酚和甲醛在酸性催化剂作用下，苯酚过量时生成线型热塑性酚醛树脂；在碱性催化剂作用下，甲醛过量时生成体型热固性酚醛树脂。酚类单体中以苯酚为主，其次是甲酚(包括邻、间、对甲酚)、间苯二酚、对苯基苯酚、双酚 A 等苯酚的一元烷基衍生物。醛类单体主要是甲醛，其次为糠醛等。生产中还用苯胺、三聚氰胺、二甲苯等可与甲醛发生缩聚反应的单体，取代部分苯酚以制备改性酚醛树脂，或者采用松香或含有不饱和双键的植物油等天然产物生产改性酚醛树脂。采用六亚甲基四胺可以固化热塑性酚醛树脂。

7. 脲醛树脂所需单体

脲醛树脂(UF)又称脲甲醛树脂，以尿素或三聚氰胺与甲醛为单体在催化剂(碱性或酸性催化剂)作用下缩聚制得。线型脲醛树脂以氯化铵为固化剂时可在室温固化，潜伏性固化剂常用草酸、邻苯二甲酸、苯甲酸、一氯乙酸等。在脲醛树脂合成时加入聚乙烯醇、聚乙二醇、羟甲基纤维素或淀粉等，可以制得初粘性好、收缩性小的改性脲醛树脂；在脲醛树脂合成时加入少量的三聚氰胺、苯酚、间苯二酚、烷基胺或糠醛等，可以制得耐水性好、黏结强度高的改性脲醛树脂。

8. 环氧树脂所需单体

环氧树脂是指分子中含有两个或两个以上环氧基团的一类高分子的总称，是以环氧氯丙烷与双酚 A 或多元醇为单体缩聚而成的一种热固性树脂。环氧树脂种类很多，根据合成路线可分为两类，一类由多元酚或多元氨基苯与环氧氯丙烷为单体反应制得，另一类由分子内碳碳双键经过氧化反应生成。根据分子结构，环氧树脂可分为以下五大类。

(1)缩水甘油醚类环氧树脂：所需单体为酚类、二元醇或多元醇与环氧氯丙烷。这类环氧树脂的环氧基都是以环氧丙基醚连接在苯环或脂肪烃上，以二酚基丙烷型环氧树脂(简称双酚 A 型环氧树脂)为主，其次是酚醛型环氧树脂。双酚 A 型环氧树脂所需单体为双酚 A、环氧氯丙烷；双酚 F 型环氧树脂所需单体为双酚 F(二酚基甲烷)、环氧氯丙烷；酚醛型环氧树脂所需单体为酸法酚醛树脂、环氧氯丙烷。

(2)缩水甘油胺类环氧树脂：采用二胺(伯胺或仲胺)与环氧氯丙烷为单体合成的含有两个或两个以上缩水甘油胺基的环氧树脂。例如，三缩水甘油对氨基苯酚环氧树脂，所需单体为双氨基苯酚和环氧氯丙烷。

(3)缩水甘油酯类环氧树脂：采用有机羧酸与环氧氯丙烷为单体合成的含有两个或两个以上缩水甘油酯基的环氧树脂。例如，邻苯二甲酸双缩水甘油酯型环氧树脂，所需单体为邻苯二甲酸酐和环氧氯丙烷。

(4)线型脂肪族类环氧树脂：所需单体为链状双烯类化合物，通过双键与过氧酸经环氧化而成，这类环氧树脂是由两个或两个以上环氧基与脂肪链直接相连的。

(5)脂环族类环氧树脂：所需单体为环状双烯类化合物，由脂环族烯烃的双键经环氧化而制得。这类环氧树脂的环氧基都直接连接在脂环上。

2.1.3　溶剂

溶剂按化学组成分为有机溶剂和无机溶剂。有机溶剂的种类较多，按其化学结构可分为以下十大类。

(1)芳香烃类：苯、甲苯、二甲苯等。

(2)脂肪烃类：戊烷、己烷、辛烷等。

(3)脂环烃类：环己烷等。

(4)卤代烃类：氯苯、二氯苯、二氯甲烷、三氯甲烷等。

(5)醇类：甲醇、乙醇、异丙醇等。

(6)醚类：乙醚、环氧丙烷等。

(7)酯类：乙酸甲酯、乙酸乙酯、乙酸丙酯等。

(8)酮类：丙酮、甲基丁酮、甲基异丁酮、*N*-甲基吡咯烷酮(NMP)、环己酮、甲基环己酮等。

(9)二醇衍生物：乙二醇单甲醚(又名：2-甲氧基乙醇、乙二醇一甲醚、甲基溶纤剂、甲氧基乙醇、羟乙基甲醚)、乙二醇单乙醚(又名：乙基溶纤剂、乙二醇一乙醚)、乙二醇单丁醚(又名：丁基溶纤剂、丁氧基乙醇、乙二醇一丁醚、乙二醇丁醚、2-正丁氧基乙醇)等。

(10)其他：乙腈、吡啶、苯酚、四氢呋喃(THF)、*N,N*-二甲基甲酰胺(DMF)、二甲基亚砜(DMSO)等。

2.2　单体的生产路线

高分子材料应用广泛，要求原料来源丰富、成本较低，而原料成本中单体占了很大比重，因而要求单体的生产路线简单、经济合理。用于合成高分子的单体多数为脂肪族化合物，少数是芳香族化合物。单体的合成属有机合成工业范畴，这里仅做简单介绍，主要了解其合成路线及在合成过程中由于可能的副反应而引入的杂质。

高分子合成材料所用单体主要的原料来源路线有：石油化工路线、煤炭路线、农副产品路线，另外可以采用生物技术利用可再生资源合成。

2.2.1　石油化工路线

石油化工路线是当前最重要的单体合成工艺路线。该工艺路线利用原油炼制得到汽油、石脑油、煤油、柴油等馏分和炼厂气。用它们作为原料进行 C_2～C_4烷烃的高温裂解，得到的裂解气经分离得到乙烯、丙烯、丁烯、丁二烯等低碳烃。产生的液体经加氢后催化芳构化重整为芳烃，经萃取分离得到苯、甲苯、二甲苯等芳烃化合物，然后将它们直接作为单体或进行进一步加工以生产出一系列单体。相较煤炭路线，石油化工路线具有加工工艺简单、投资低、成本低、能耗低、污染轻的优点。原油经过以下加工过程得到高分子原料单体：先粗馏，除去原油中的水、泥沙、盐分；再采用常压蒸馏(400℃以下)得到石油气、石油醚、汽油、煤油、轻柴油、重柴油；高沸点部分再经减压蒸馏得到柴油、变压器油、含蜡油；最后不能蒸出的剩余部分作为渣油。

表 2-1 列出了各类油品的沸点范围、组成及用途。

表 2-1　各类油品的沸点范围、组成及用途

产品		沸点范围/℃	大致组成	用途
石油气		40 以下	C_1～C_4	燃料、化工原料
粗汽油	石油醚	40～60	C_5～C_6	溶剂
	汽油	60～205	C_7～C_{11}	内燃机燃料、溶剂
	溶剂油	150～200	C_9～C_{11}	溶剂（溶解橡胶、油漆等）
煤油	航空煤油	145～245	C_{10}～C_{15}	喷气式飞机燃料油
	普通煤油	160～310	C_{11}～C_{18}	煤油、燃料、工业洗涤油
柴油		180～350	C_{16}～C_{18}	柴油机燃料
机械油		＞350	C_{16}～C_{20}	机械润滑
凡士林		＞350	C_{16}～C_{22}	制药、防锈涂料
石蜡		＞350	C_{20}～C_{24}	制皂、蜡烛、蜡纸、脂肪酸等
燃料油		＞350		船用燃料、锅炉燃料
沥青		＞350		防腐绝缘材料，铺路及建筑材料
石油焦				制电石、炭精棒等

生产单体的石油化工原料路线流程可以概括为：粗馏→常压蒸馏→减压蒸馏→裂解（处理沸点 350℃以下的液态烃）→生产烯烃（乙烯、丙烯等）；催化重整→芳烃（甲苯等）。其中，通过原油及轻柴油裂解制烯烃的装置称为乙烯装置。裂解后精制分离，得到与高分子合成工业有关的原料，主要是乙烯和丙烯。以轻柴油为原料的裂解产品情况见图 2-2，采用轻柴油裂解生产乙烯和丙烯的流程见图 2-3。

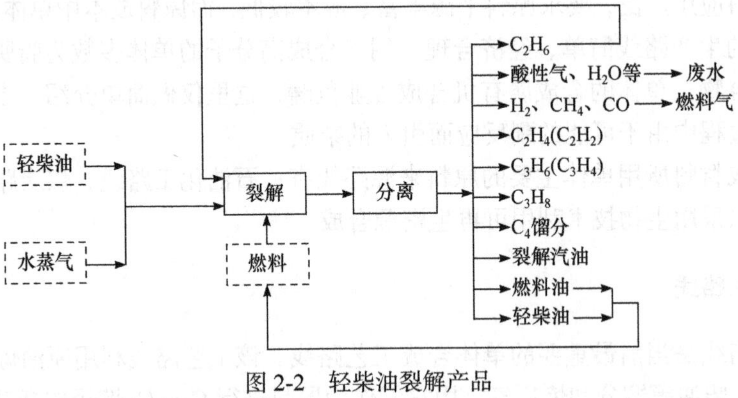

图 2-2　轻柴油裂解产品

采用石脑油（沸点＜220℃的直馏汽油——由原油经常压法直接蒸馏得到的汽油）820℃下裂解，通过催化重整生产苯、甲苯、二甲苯等芳烃的流程见图 2-4。

裂解气 C_4 馏分中主要是丁烷、丁烯和丁二烯的混合物，可以通过丁烷、丁烯氧化脱氢制取丁二烯及 C_4 馏分抽取丁二烯。由 C_4 馏分中抽取丁二烯，一般采用由二甲基甲酰胺、乙腈、二甲基亚砜、*N*-甲基吡咯烷酮组成的特殊萃取精馏溶剂，分离得到高纯度的丁二烯。

石油经上述几种途径裂解分离制得的乙烯、丙烯、丁二烯、苯、甲苯、二甲苯等都是基本有机合成原料，通过一系列的化学反应可以制取大部分高分子合成工业所需要的原料，进而得到各种合成树脂和合成橡胶。

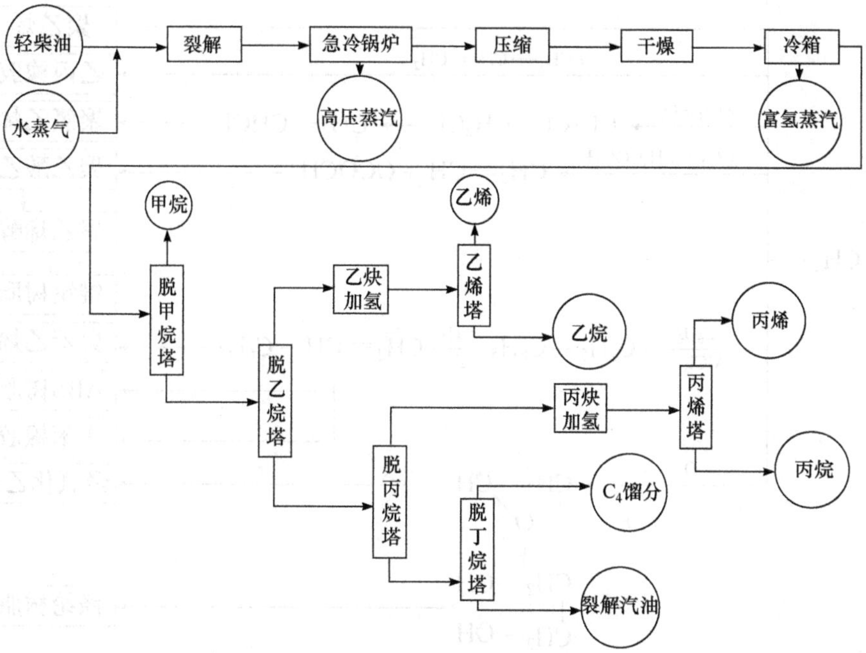

图 2-3　轻柴油裂解生产烯烃流程

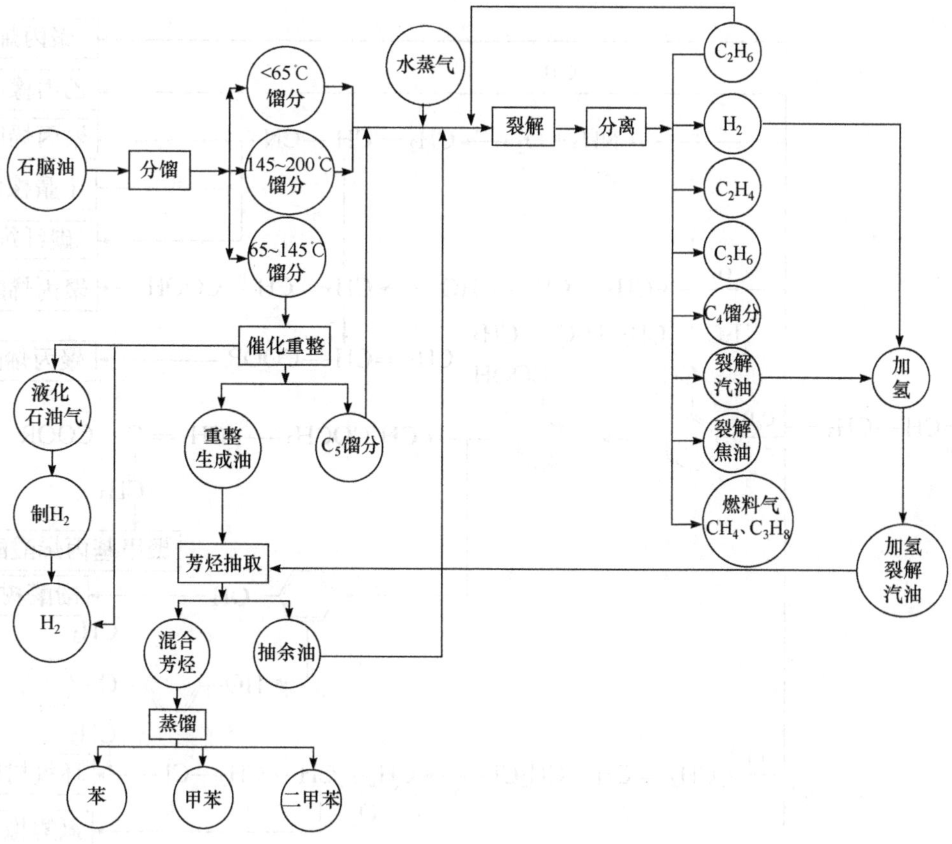

图 2-4　石脑油裂解生产芳烃流程

(1) 以乙烯为基本有机原料制取合成树脂、合成橡胶和合成纤维。

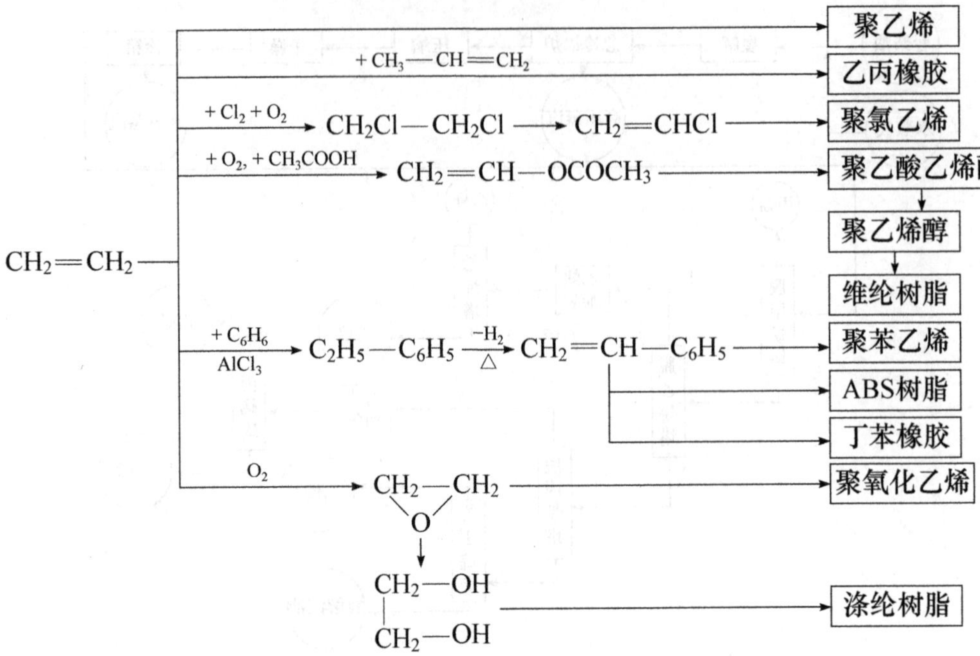

(2) 以丙烯为基本有机原料制取合成树脂、合成橡胶和合成纤维。

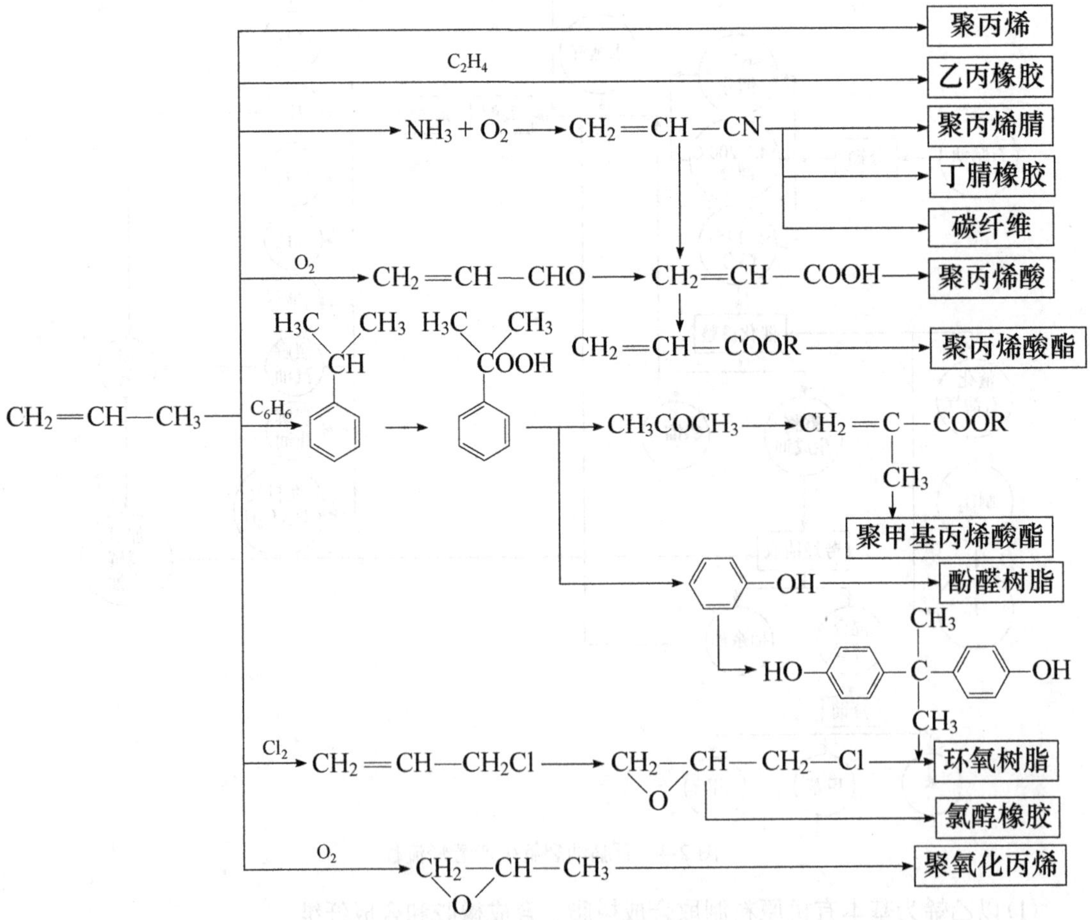

(3) 以丁二烯为基本有机原料制取合成树脂和合成橡胶。

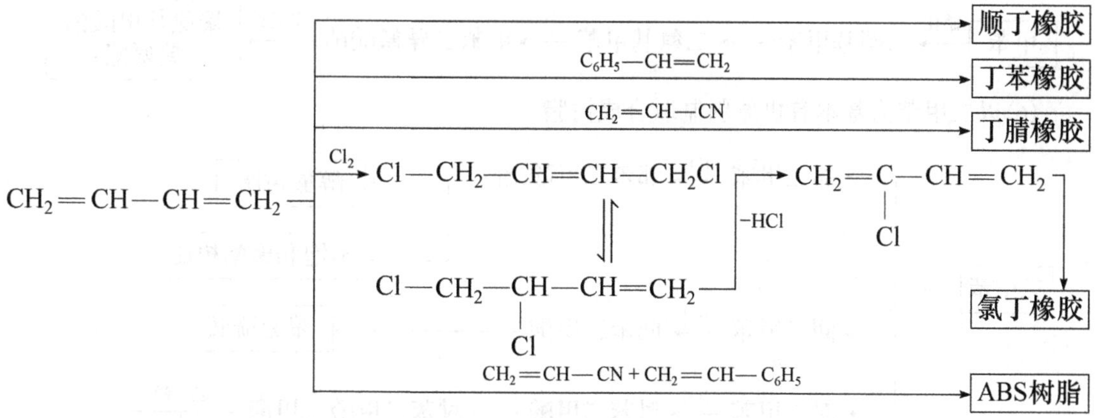

(4) 以苯为基本有机原料制取合成树脂、合成橡胶和合成纤维。

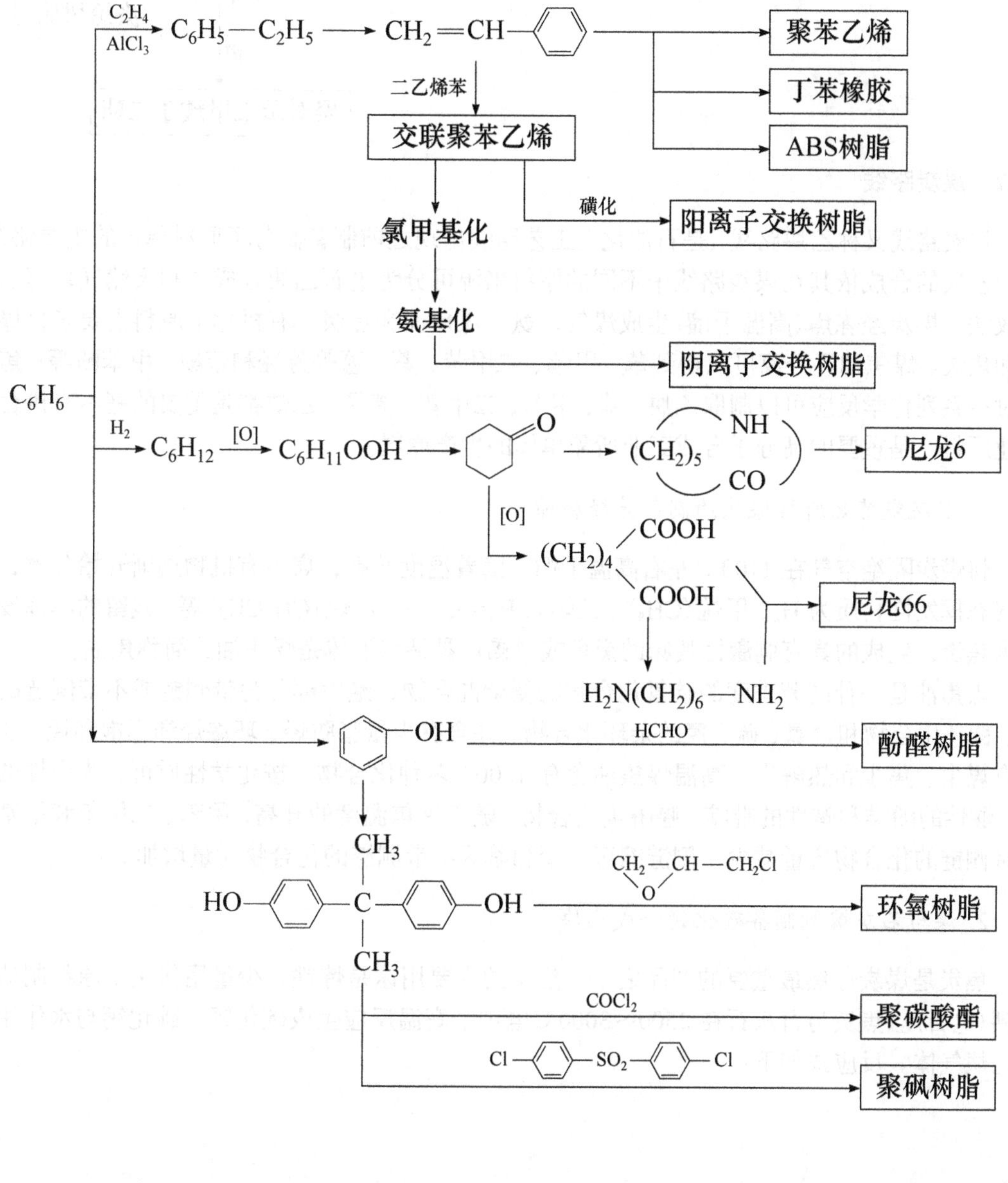

(5) 以甲苯为基本有机原料制取合成树脂。

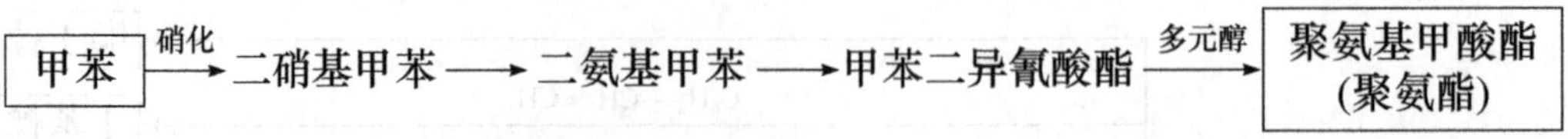

(6) 以二甲苯为基本有机原料制取合成树脂。

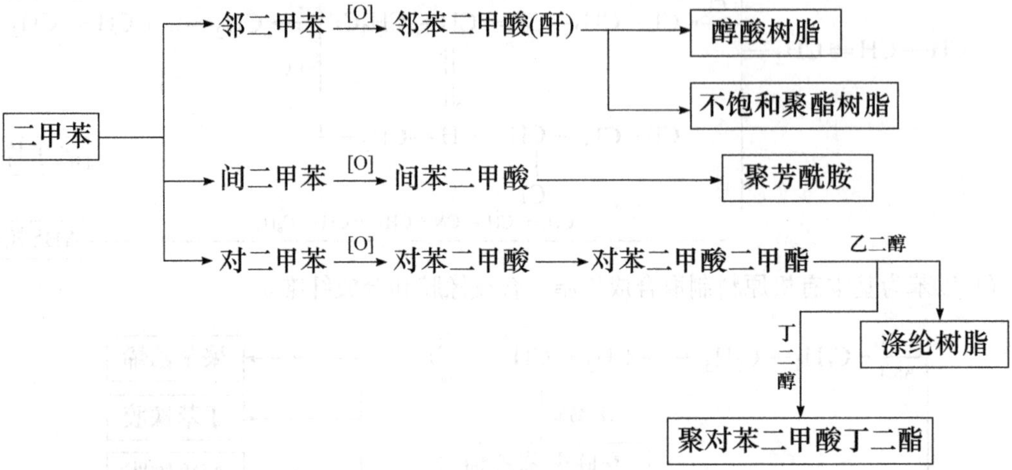

2.2.2　煤炭路线

煤炭路线又称乙炔路线，是石油化工工艺路线出现之前制备高分子原料单体的主要路线，其中乙炔的合成依其在煤炭路线中不同的原料来源可分为电石乙炔合成法和天然气裂解乙炔合成法。煤炭经炼焦（高温干馏）生成煤气、氨、煤焦油和焦炭。有机化工原料主要来自煤焦油和焦炭。煤焦油经分离可以得到苯、甲苯、二甲苯、萘、蒽等芳烃和苯酚、甲苯酚等；焦炭通过一系列化学反应可以制取乙炔。苯、甲苯、二甲苯、芳烃、乙炔都是重要的基本有机合成工业原料，是重要的高分子合成工业所需单体的生产原料。

1. 以煤炭炼焦所得煤焦油制备芳烃和烯烃

将煤炭隔绝空气在 1100℃左右高温干馏，随着温度升高，煤中有机物逐渐开始分解，其中气态挥发性物质为 H_2、甲烷（CH_4）、乙烯（$CH_2{=}CH_2$）、乙烷（CH_3CH_3）等，残留的不挥发产物为焦炭，生成的具有刺激性臭味的黑色或黑褐色黏稠状液体是煤焦油，简称焦油。

煤焦油是一种高芳香度的碳氢化合物的复杂混合物，绝大部分为带侧链或不带侧链的多环、稠环化合物和含氧、硫、氮的杂环化合物，并含有少量脂肪烃、环烷烃和不饱和烃，还夹带有煤尘、焦尘和热解炭。高温煤焦油含有 10000 多种化合物，按化学性质可分为中性的烃类、酸性的酚类和碱性的吡啶、喹啉类化合物。随着炼焦温度的升高，甲苯、二甲苯和甲基萘等带侧链的化合物含量减少、侧链缩短，苯和萘等不带侧链的化合物含量增加。

2. 煤与石灰熔融制备碳化钙合成乙炔

焦炭是煤炭炼焦最重要的产品之一，焦炭的主要用途是炼铁，少量用作化工原料制造碳化钙（电石）。焦炭与石灰石在 2500～3000℃电炉中高温反应生成碳化钙，碳化钙与水作用生成乙炔气体。反应式如下：

$$3C + CaO \longrightarrow CaC_2 + CO$$

$$CaC_2 + 2H_2O \longrightarrow Ca(OH)_2 + CH \equiv CH$$

电石乙炔法工艺因其操作比较简单、产率高、副产物易于分离等特点，最早实现工业化生产。

3. 天然气裂解合成乙炔

天然气是存在于地下多孔隙岩石储集层中以烃为主体的混合气体的统称，包括油田气、气田气、煤层气、泥火山气和生物生成气等。天然气主要成分是烷烃，由甲烷(85%)和少量乙烷(9%)、丙烷(3%)、氮(2%)和丁烷(1%)组成。

天然气热裂解反应如果不控制其反应时间而任其达到平衡，产物主要是碳和氢气。而控制适当的反应条件(温度、压力、反应时间)，可以调节最终的裂解气组成而获得需要的产物。例如，采用甲烷于常压、低压下在 1400～1500℃裂解，反应时间控制在 0.01 s 以下，28%的甲烷转化为乙炔，乙烯微量；1100～1300℃裂解甲烷时，则有一定数量的乙烯生成。采用乙烷、丙烷于 800～900℃下裂解，反应时间约 1 s，可有 49% 乙烷转化为乙烯，仅 0.3% 转化为乙炔；或 34.5% 丙烷转化为乙烯，14.6% 转化为丙烯，仅 0.4% 转化为乙炔。丙烷于 900～1000℃下裂解，反应 0.03 s，乙烯、乙炔总收率可达 50%(910℃时各占一半，而 985℃时乙烯约占 1/3)；丁烷在此条件下裂解，则乙烯、乙炔总收率可达 60%(870℃时乙烯略多，而 990℃时乙炔占多数)。

现代化学工业常以干性天然气作为热裂解制取乙炔或完全裂解制取炭黑的原料，而从湿性天然气分离回收的乙烷、丙烷、丁烷作为裂解生产乙烯的原料。丙烷、丁烷也可加入甲烷裂解炉作为裂解生产乙炔的辅助原料，或单独裂解生产乙炔，同时副产一定量的乙烯。天然气裂解乙炔合成法比电石乙炔合成法更加经济和环保，已成为工业发达国家生产乙炔的主要方法。

以乙炔为基本有机原料可以合成氯乙烯、乙酸乙烯、丙烯腈及其他乙烯基单体或其他有机化工原料，进而制取合成树脂、合成橡胶和合成纤维。

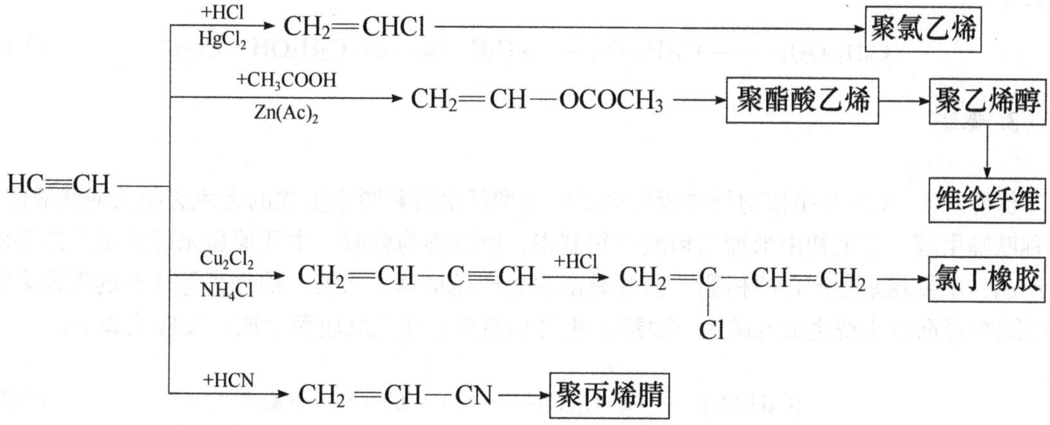

2.2.3　农副产品路线

可以用自然界存在的植物、农副产品来提炼单体，还可以利用天然的高分子化合物为原料经化学加工得到塑料或人造纤维。从农副产品中制取的重要单体有纤维素、淀粉、糠醛等。

1. 纤维素

植物的主要化学成分是天然高分子化合物纤维素$[C_6(H_2O)_5]_n$，所有的植物都含有纤维素，如高粱秆、玉米秆、棉籽壳、花生壳等，其中以棉花纤维的纤维素含量最高。植物中的纤维素经化学处理可以制得黏胶纤维、赛璐珞(硝化纤维塑料)、醋酸纤维素等，其反应流程如下：

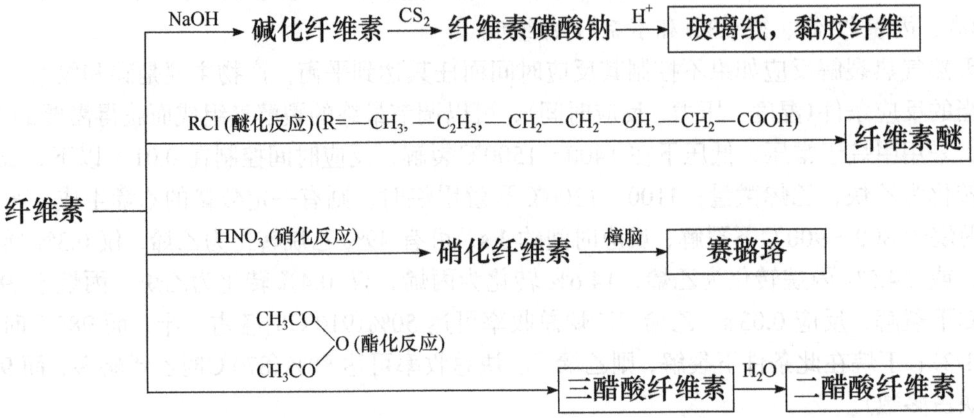

2. 淀粉

淀粉是高分子碳水化合物，由葡萄糖分子聚合而成，分子式为$(C_6H_{10}O_5)_n$。淀粉的植物来源主要有玉米、土豆、木薯、小麦、大米等，其中产量最大的是玉米淀粉(80%)。由淀粉可以生产乙醇、丙醇、丙酮、甘油、甲醇、甲烷、乙酸、柠檬酸、乳酸等一系列化工产品。例如，由淀粉生产乙醇是在无氧环境下，糖类物质淀粉首先水解为二糖(麦芽糖 $C_{12}H_{22}O_{11}$)，再完全水解后分解得到单糖(葡萄糖 $C_6H_{12}O_6$)，最后转化为乙醇和二氧化碳。其化学反应流程如下：

$$(C_6H_{10}O_5)_n \longrightarrow C_{12}H_{22}O_{11} \longrightarrow C_6H_{12}O_6 \longrightarrow C_2H_5OH + CO_2\uparrow \tag{2-1}$$

3. 糠醛

糠醛(CHO)是植物纤维原料中的戊聚糖经水解和脱水生成的无色透明的油状液体，又称呋喃甲醛。它最初由米糠与稀酸共热制得，所以称为糠醛。主要原料来源为玉米芯等农副产品，主要用来生产糠醛树脂。糠醛是由农副产品稻草、米糠、棉籽壳等含有的五碳多糖(戊聚糖)经酸性水解生成五碳糖(戊糖)，再经加热脱水环化反应而生成。反应式如下：

$(C_5H_8O_4)_n \longrightarrow C_5H_{10}O_5 \longrightarrow$ 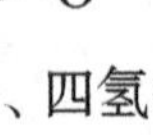 CHO + H_2O　　(2-2)

糠醛可用于制取顺丁烯二酸酐、乙二酸、糠醇、四氢呋喃等有机化工原料，还可用于合成糠醛树脂、呋喃树脂等高分子，其反应流程如下：

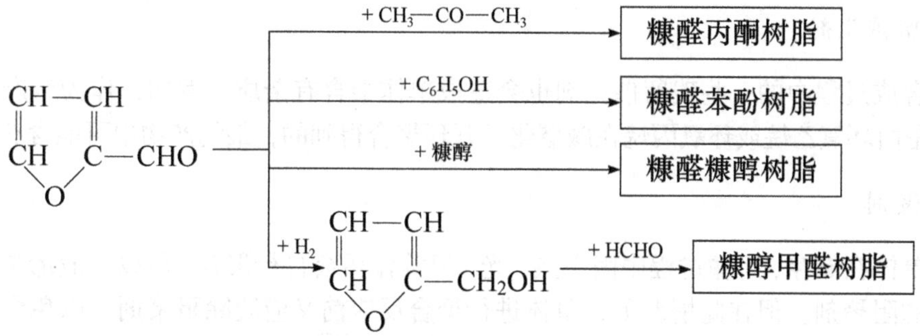

糠醛所制造的糠醛丙酮树脂、糠醛苯酚树脂、糠醇甲醛树脂等糠醛类树脂具有耐化学腐蚀的优良特点，主要用来制造耐酸涂层和耐酸腻子等。

综上，选择单体的生产路线时，应对原料来源有充分的考虑，应考虑到国家的资源、原料的价格、投资、能源、水、“三废”处理等。例如，德国少油多煤，因而主要采用煤炭路线；日本因其国内资源少，主要靠加工。我国是世界煤炭储量最多的国家之一，而且石油储量也很多，因此石油化工路线和煤炭路线两种原料路线都有应用。过去以煤炭路线为主，现在已转向石油化工路线。同种生产高分子所需要的单体可以采用不同的合成方法得到，这主要取决于基本有机化工原料和设备情况。

2.3　单体中杂质对聚合反应的影响

2.3.1　单体中杂质的来源

进行高分子聚合反应的单体一般要求纯度在 99%以上。单体纯度高，聚合反应速率快，产品质量好，生产容易控制。在单体制造过程中，由于合成单体的路线不同，所含杂质也不一样，单体中杂质的存在对聚合反应过程和产品质量有影响。单体中的杂质主要是由以下原因带入的。

1. *副反应产物*

原料生产或加工过程中的副反应产物造成单体中含有杂质，典型示例如下：

(1)石油裂解法制乙烯。由于有些化合物的沸点与乙烯相近，或与乙烯形成共沸，乙烯中可能含有少量的甲烷、乙烷、乙炔、CO_2、CO、H_2S、O_2 等杂质。

(2)苯乙烯的合成方法之一是苯经烷基化成烷基苯，脱氢得苯乙烯。在烷基化过程中可能生成甲苯、乙苯、多乙烯基苯等，因而在最终产物中可能残留少量甲苯、乙苯、甲基苯乙烯、二乙烯基苯等杂质。

(3)氯乙烯。氧氯化法中，乙烯可能氧化成乙醛、氯化成高氯化物，还可能有未完全反应的中间产物二氯乙烷。

(4)丙烯腈。一般由丙烯经氨氧化法生产：

$$CH_2{=}CH{-}CH_3 + NH_3 + \frac{3}{2}O_2 \longrightarrow CH_2{=}CH{-}CN + 3H_2O \tag{2-3}$$

这一反应的副产品为 HCN 和乙腈，也可能残留在丙烯腈中。

(5)其他。对苯二甲酸生产中的副产物为苯甲酸。

2. 残留催化剂

原料合成过程中的一些残留催化剂也会造成单体中含有杂质。例如，作为生产聚氨酯原料的聚醚是由环氧乙烷或环氧丙烷在碱催化下开环聚合得到的，最终产物中可能含有微量碱。

3. 阻聚剂

许多单体在储存、运输过程中因受热、光、氧等作用会自行聚合，所以一般烯类单体都加有一定量的阻聚剂。但在此情况下，单体进行聚合反应前又应脱除阻聚剂，以免影响聚合反应的正常进行。常见的阻聚剂类型有：苯醌类，如O=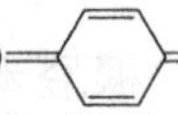=O；芳香胺类，如β-萘胺、硫代二苯基胺；硝基苯类，如硝基苯、二硝基苯；酚类，如苯酚、对苯二酚、双酚 A、对羟基苯甲醚、三硝基苯酚；无机盐类，如氯化亚铜、铁盐($FeCl_3$)。

不同的单体根据其性质差异选用不同的阻聚剂和用量。一般出厂的单体都在产品说明中注明所用的阻聚剂种类及用量。例如，北京东方化工厂的丙烯酸丁酯中用 200 ppm($1\ ppm = 10^{-6}$，下同)的对甲氧基苯酚，丙烯酸中用 400 ppm 的对甲氧基苯酚。

4. 带入的杂质

储存和运输过程中可能造成单体带入的杂质如下：

(1)亲水性单体(如乙二醇、聚醚等)接触空气时吸收空气中的水分，使单体中水分含量增加。

(2)有的单体用铁桶包装，内壁衬破损等造成单体中含有铁离子。

(3)不小心进入单体中的机械杂质。

2.3.2 杂质对聚合物生产过程及产品质量的影响

单体和所需要加入的溶剂中都可能含有杂质。杂质的存在或多或少会对聚合物生产过程及产品质量产生不良影响，如对催化剂产生毒害与分解，因而使聚合催化作用降低。主要体现在以下几个方面。

1. 链转移作用

杂质起链转移剂作用，使聚合反应产生链转移反应，因而使产品的平均分子量降低。例如，乙烯聚合过程中，烷烃、其他烯烃、H_2、丙酮、丙醛的存在都会使产物平均分子量下降。在工业生产中，为了控制产品聚乙烯的熔融指数[标准塑性剂中，加热到一定温度(190℃)，使树脂熔融后承受一定负荷(2160 g)，在规定时间(10 min)内经过规定孔径(2.09 mm)挤压出来的树脂质量]，必须加入一定量的分子量调节剂，最常用的是丙烯、丙烷、乙烷等。在链转移过程中，叔碳上的 H 较活泼，仲碳、伯碳上的 H 活泼，而α-H 最活泼，链转移的活性情况是：丙烯≫丙烷＞乙烷。

苯乙烯中的甲苯、乙苯以及氯乙烯中的二氯乙烷都起链转移作用(表 2-2)。

表 2-2 氯乙烯单体中的二氯乙烷杂质对产品 PVC 平均分子量的影响

二氯乙烷含量/ppm	0	0.29	1.16	4.3	11
PVC 平均分子量 $\overline{M_n}$	58500	50600	50000	48700	34200

2. 阻聚作用

阻聚剂的残留起阻聚作用，使聚合诱导期延长，对聚合时间、产物分子量等都有影响。例如，聚氯乙烯悬浮聚合工艺中氯乙烯单体中乙炔含量对聚合反应及产物的影响见表 2-3。

表 2-3　乙炔含量对氯乙烯聚合速度和产品 PVC 平均分子量的影响

乙炔含量/%	聚合诱导期/h	达到 85%转化率时所需要的时间/h	PVC 平均分子量 $\overline{M_n}$
0.0009	3	11	144000
0.03	4	19.5	62500
0.07	5	21	94000
0.13	8	25	20000

许多无机盐和金属离子也都有阻聚或缓聚作用，如 Fe^{3+}通过电荷转移而阻聚：

$$R\cdot + FeCl_3 \longrightarrow RCl + FeCl_2 \tag{2-4}$$

特别要强调的是，单体中溶解 O_2 的影响：

(1)低温下，$R\cdot + O_2 \longrightarrow R—O—O\cdot$，自由基 $R—O—O\cdot$ 较稳定，无引发能力，使链不能继续增长，而且会产生以下反应：$R—O—O\cdot + \cdot R' \longrightarrow R—O—O—R'$，又消耗掉自由基，其结果是产生阻聚作用，使聚合速度下降。

例如，聚氯乙烯生产中，空气中的氧气对聚合反应转化率的影响见表 2-4。

表 2-4　反应气氛对 PVC 聚合反应转化率的影响

聚合时间/h	转化率/%		聚合时间/h	转化率/%	
	N_2 中	空气中		N_2 中	空气中
3	5.5	2.5	9	36.9	33.5
6	21.5	12	10	57.3	49
7	22.1	18.5	14	77.3	72.4

(2)高温下，$R—O—O—R' \longrightarrow RO\cdot + \cdot OR'$，$RO\cdot$ 和 $\cdot OR'$ 能起引发聚合作用，此时 O_2 又起了引发剂的作用。

3. 加速聚合

某些杂质可以加速聚合，如苯乙烯中所含的α-甲基苯乙烯和二乙烯基苯，因其活性较苯乙烯大，使聚合速度加快。

4. 封端作用

缩聚反应单体中含有的单官能团杂质起封端作用，使逐步聚合反应过早地封闭端基，因而降低产品的平均分子量。

5. 副反应

绝大多数情况下杂质使产品的质量下降。

(1)对产品结构的影响：使之发生支化甚至交联，影响加工性能，如苯乙烯中的二乙烯苯。

(2)影响力学性能：如丙烯腈中的杂质会使纤维耐疲劳性下降。

(3)影响电性能。

(4)影响色泽：产生有损聚合物色泽的副反应，如丙烯腈中含 Fe^{3+}，生成 $Fe(SCN)_3$、$[Fe(SCN)_n]^{3-n}$，使产物呈深红色。

(5)影响耐老化性：如 O_2 存在而产生过氧键，加工时分解成自由基，发生支化甚至交联；使用过程中受热、紫外线等作用，加速老化，氧化后色泽变深。

(6)影响形态：如 PVC 悬浮聚合粒子大小受 O_2 含量影响(表 2-5)。

表 2-5　O_2 含量对 PVC 粒径的影响

O_2 含量/ppm	PVC 平均粒径/mm	O_2 含量/ppm	PVC 平均粒径/mm
0	1.64	100	1.34
50	1.50	150	1.20

因此，高分子合成中要求单体和溶剂具有较高的纯度，纯度要求 99%以上。如果不含有害杂质，而是惰性杂质，则纯度要求可适当降低。

2.4　单体的精制

2.4.1　单体的精制方法

高分子合成工业的最主要原料是单体，单体的纯度对聚合反应有很大的影响。在实际应用中，未处理的单体一般不能直接用于聚合。除了存在于单体的各种杂质外，又因为大多数单体是易燃、有毒的，与空气混合后形成易爆的有机气体或液体，为了保证单体在储存、运输过程中不发生自聚和其他副反应，还往往加入少量阻聚剂。因此，大部分单体进行聚合反应前需要精制以脱除阻聚剂等杂质，以免影响聚合反应的正常进行。

根据聚合方法的不同，对单体的纯度要求也有所区别，对单体中所含的杂质种类也有不同的要求。有的杂质必须控制在很低的水平，而有的杂质允许存在而不影响聚合反应及产品质量。

例如，高压法生产聚乙烯要求单体纯度>99.95%，杂质含量：甲烷、乙烷<500 ppm，CO_2<5 ppm，C_3 以上馏分<10 ppm，H_2<5 ppm，乙炔<5 ppm，S(按 H_2S 计)<1 ppm，氧<1 ppm，H_2O<1 ppm，CO<5 ppm。

又如，乳液法生产丁苯橡胶要求单体丁二烯纯度>99%，对叔丁基邻苯二酚<10 ppm，乙腈、丁二烯二聚物、乙烯基乙炔<10 ppm，单体苯乙烯纯度>99%，醛类、过氧化物、硫化物<50 ppm，隔绝氧气。

因此，原料单体在聚合前必须精制以满足单体纯度要求。目前，常用的精制方法有精馏、洗涤和吸附等。

1. 精馏

精馏是一种利用混合液体或液-固体系中各组分沸点不同，使低沸点组分蒸发，再冷凝以分离整个组分的单元操作过程，是蒸发和冷凝两种单元操作的联合。

一些水溶性单体或在水中溶解度较大的单体应采用精馏的方法，如丙烯酸、甲基丙烯酸、丙烯酸甲酯。精馏包括常压精馏和减压精馏，用得较多的是减压精馏。这是因为许多单体沸点较高，而且对热敏感，采用常压精馏时可能会发生热聚合，如苯乙烯、甲基丙烯酸甲酯。

用精馏方法精制单体时，应考虑到单体中的可能杂质及沸点，以及其与单体的沸程相差情况、精馏塔的塔板数能否保证其分离。

2. 洗涤

洗涤是从被洗涤对象中除去不需要的成分并达到某种目的的过程。在洗涤单体时，通过一些化学物质(如洗涤剂等)的作用以减弱或消除杂质与单体之间的相互作用，使杂质与单体的结合转变为杂质与洗涤剂的结合，最终使杂质与单体脱离。根据洗涤剂性质可以分为碱洗、酸洗、水洗等。碱洗常采用 NaOH 水溶液洗涤，适用于去除水溶性杂质。碱洗方法比较简单，但要求单体不溶于或仅微溶于水，杂质能溶于碱溶液中，一般用 5%～15%的 NaOH 水溶液。

例如，单体中含有氢醌阻聚剂，用 NaOH 水溶液洗涤；苯乙烯、丙烯酸酯类单体中含对苯二酚，即可用此法；丁二烯中含叔丁基邻苯二酚也可用此法。

碱洗后的产物中总是含有水，要特别注意水的影响。若进行悬浮聚合或乳液聚合，水不会影响；若进行离子聚合，则必须严格干燥。

3. 吸附

当流体与多孔固体接触时，流体中某一组分或多个组分在固体表面处产生积蓄，此现象称为吸附。吸附也指物质(主要是固体物质)表面吸住周围介质(液体或气体)中的分子或离子的现象。尤其是表面积大的物质能产生很大的吸附作用，如工业上一般用大口径的强酸型或强碱型离子交换树脂吸附，以最大可能地降低单体中阴、阳离子的含量，达到生产高分子量聚合物的要求。

4. 其他方法

可用活性炭、硅胶、活性氧化铝、分子筛等吸附，用吸水的无机盐类干燥，但必须注意单体必须不与这些吸附剂发生化学反应。例如，四氢呋喃中含有水分，用分子筛吸附以除去水分。对羟基苯甲醚用炭吸附可使水含量降至 5 ppm。一般采用活性炭精制以减少单体中的无电荷有机杂质，以避免聚合时有机杂质与单体发生交联反应和链终止反应；采用离子交换树脂精制以降低单体中带电杂质的含量，提高单体活性。

上述 3 和 4 两种方法仅适用于处理单体中的微量杂质。

选用哪种方法纯化单体要视具体情况而定。一般应考虑对单体的纯度要求、实施聚合的方法、成本、单体所含杂质的种类等。例如，去除苯乙烯中的对苯二酚阻聚剂，可以用上述几种方法：当阻聚剂含量较多时用减压蒸馏；阻聚剂含量中等且苯乙烯量较少时用碱洗；阻聚剂微量且对单体纯度要求较高时用离子交换树脂吸附。

有时候单体中的杂质不去除并不影响聚合反应和产品质量，此时就无需对单体精制。例如，生产丁苯橡胶，丁二烯中含有的 10 ppm 叔丁基邻苯二酚在储存时有很好的阻聚效果。此时，无需精制去除 10 ppm 以下的阻聚剂，其不影响聚合。又如，在许多丙烯酸酯类单体中所用的阻聚剂为 200～400 ppm 的对甲氧基苯酚，这是一种低温阻聚剂，在＜70℃时有较好的阻聚效果，而当温度＞70℃时自动失效，而且由于对位甲基封闭，即使在碱性条件下也不发黄，因而其含量＜300 ppm 时可以不去除。

精制好的单体应尽快使用，即使短期存放也应低温下放在暗处，实验室少量精制好的单体应放在冰箱内，储存时容器不能装满，应留有一定的空间，其作用是利用空间空气中 O_2 的阻聚作用。

2.4.2　单体的质量控制

聚合物的质量与单体的质量密切相关，考虑树脂质量时，首先应考虑单体的质量(纯度)。例如，某工厂生产的氯乙烯中，乙烯＜2 ppm，铁＜0.3 ppm；而另一工厂生产的氯乙烯中，乙烯和铁的含量均约为 100 ppm。可想而知，两者得到的聚氯乙烯的质量差异很大。

每种单体聚合时都对质量有一定的标准要求，下面列出几种单体在相应聚合工艺中所要求的质量控制指标。

1. 聚氯乙烯悬浮聚合

聚氯乙烯悬浮聚合工艺对原料质量的主要指标要求如下：

单体纯度≥99.5%，高沸物含量≤100 ppm，乙炔含量≤0.001%，铁含量≤10 ppm，乙醛含量≤10 ppm。

2. 聚丙烯腈溶液聚合

丙烯腈单体原料中含有的杂质应严格控制，杂质的存在会使聚丙烯腈纤维耐疲劳性下降。聚丙烯腈溶液聚合规定原料中杂质的控制指标如下：

(1)丙烯腈单体中杂质含量：氢氰酸＜5 ppm，乙醛＜50 ppm，铁离子＜0.5 ppm。

(2)溶剂硫氰酸钠中的杂质含量：硫酸钠＜800 ppm，氯化物＜100 ppm，铁离子＜1 ppm。

3. 聚丙烯溶液聚合(溶液配位聚合)

极性杂质尤其是水会破坏催化剂的活性。必须将聚合用的原料和化学助剂中的水含量减小到最低限度。聚丙烯溶液聚合对原料质量的主要指标要求如下：

丙烯纯度＞99.6%(摩尔分数)，水含量＜2.5 ppm(质量浓度，液体下同)，一氧化碳含量＜5 ppm(体积分数，气体下同)，硫含量＜1 ppm，二氧化碳含量＜5 ppm，丁二烯含量＜1 ppm，乙烯含量＜10 ppm，甲醇含量＜0.4 ppm，氧含量＜4 ppm，甲基乙炔和丙二烯含量＜5 ppm。

4. 聚乙烯高压聚合(气相本体聚合)

聚乙烯高压聚合要求原料中杂质的控制指标(以体积计)如下：

乙烯纯度＞99.95%，甲烷、乙烷含量＜500 ppm，一氧化碳含量＜5 ppm，二氧化碳含量＜5 ppm，C_3 以上重馏分含量＜10 ppm，乙炔含量＜5 ppm，H_2 含量＜5 ppm，氧含量＜1 ppm，S 含量(按 H_2S 计)＜1 ppm，H_2O 含量＜1 ppm。

2.4.3　其他原料中的杂质

其他原料指的是聚合反应过程中所使用的分散介质(水、有机溶剂)和助剂等。这些分散介质中的杂质也直接影响聚合反应和产品质量，因而还必须对分散介质中的杂质含量进行控制。下面列出常用分散介质在相应聚合工艺时所要求的质量控制指标。

1. 悬浮聚合中的分散介质

悬浮聚合采用大量的水作为分散介质，工业上常采用经离子交换树脂处理过的去离子水。根据工艺要求，水质主要指标为：pH 6～8，无可见机械杂质，硬度≤5（或无 Ca^{2+}、Mg^{2+}），电阻率 $1\times10^5\sim1\times10^6\ \Omega\cdot cm$，氯离子含量≤10 ppm。

水中铁离子、镁离子、钙离子、氯离子及其他可见杂质会使聚合物带色，并使其力学性能下降，热性能和介电性能变差。氯离子还会破坏悬浮体系的稳定性，使粒径变大。水中的溶解氧会起阻聚作用，延长诱导期，降低反应速率。

2. 乳液聚合中的分散介质

乳液聚合也采用大量的水作为分散介质，所使用的水必须是软水，Ca^{2+}、Mg^{2+}等总含量以 $CaCO_3$ 计应低于 10 ppm。因为 Ca^{2+}、Mg^{2+}可能与乳化剂作用生成不溶性盐，降低乳化剂效能而影响反应速率。同样，溶解氧也起阻聚作用，为去除氧的影响，工业上可加入适量保险粉。此外，水中不能含有有机质，否则乳液放置一段时间后表面会发黑、发臭。

3. 离子聚合与配位聚合中的溶剂

离子聚合和配位聚合常以溶液聚合方法为主，其与自由基聚合方法显著不同之处是不能用水作为分散介质。离子聚合和配位聚合所用的溶剂必须进行干燥，除去水等极性物质，还要避免与空气中的氧接触，这些物质的存在会使催化剂“中毒”而失效。

$$R_3Al + 3H_2O \longrightarrow Al(OH)_3 + 3RH \tag{2-5}$$

$$2R_3Al + 3O_2 \longrightarrow 2\,\begin{matrix} & & OR \\ & & \backslash \\ OR & — & Al \\ & & / \\ & & OR \end{matrix} \tag{2-6}$$

2.5　引发剂和催化剂的配制过程

工业上常将催化剂和引发剂通称为催化剂，而严格讲两者是有区别的。引发剂（initiator）主要是引发自由基聚合的物质，一般是带有弱键、易分解成活性种的化合物，往往一起参加反应并进入聚合物链。催化剂（catalyst）是能改变化学反应速率，而本身结构不发生永久性改变的物质，又称触媒。催化剂仅起催化作用，即降低反应活化能，加快反应速率，其本身并不进入聚合物内。

引发剂：自由基聚合采用引发剂，常用的引发剂有过氧化物和偶氮化合物、过硫酸盐等。

催化剂：离子聚合及配位聚合反应采用催化剂，常用的催化剂有烷基金属化合物（如烷基铝、烷基锌等）、金属卤化物（如 $TiCl_4$、$TiCl_3$）以及路易斯酸（如 BF_3、$SnCl_4$、$FeCl_3$ 等）。

2.5.1　引发剂及其配制过程

自由基聚合反应除个别情况外（如苯乙烯本体聚合），工业上都是在引发剂存在下实现的。引发剂有多种分类方法，工业上常用的有油溶性引发剂、水溶性引发剂和氧化还原引发剂。

1. 油溶性引发剂

油溶性引发剂能溶于油性溶剂及单体中，主要用于本体聚合、溶液聚合和悬浮聚合。

(1)有机过氧化物。通式：R—O—O—R′⟶RO · + · OR′，R、R′为 H、烷基、烯基、碳酸酯等，包括以下种类。

(i)有机过氧化氢。R—O—O—H ⟶ RO · + · OH，通用的有：叔丁基过氧化氢 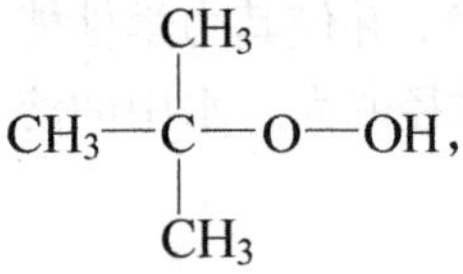，130℃，$t_{1/2}$ = 520 h；异丙苯过氧化氢 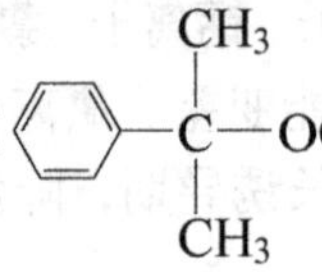，126℃，$t_{1/2}$ = 110 h。属低活性引发剂，常用于不饱和树脂。

(ii)过氧酸。通式：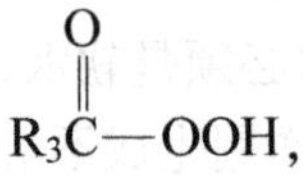，不怕震击，受热易爆炸，常温放置可分解出 O_2，一般很少使用。

(iii)过氧化二烷基(或芳基)。通式：ROOR′，其中 R、R′为烷基、芳基、芳烷基、羟烷基等。常用的有：过氧化二叔丁基 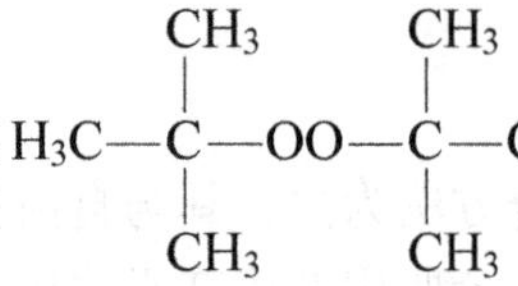，126℃，$t_{1/2}$ = 10 h；过氧化二异丙苯 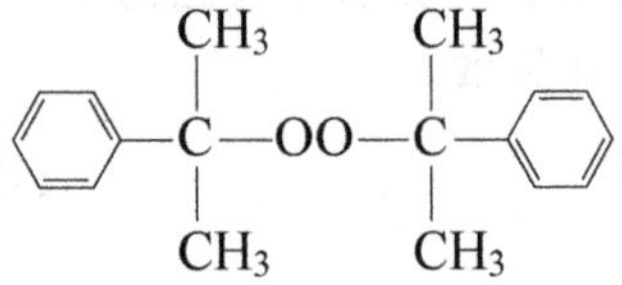，115℃，$t_{1/2}$ = 13 h。

(iv)过氧化二酰。通式：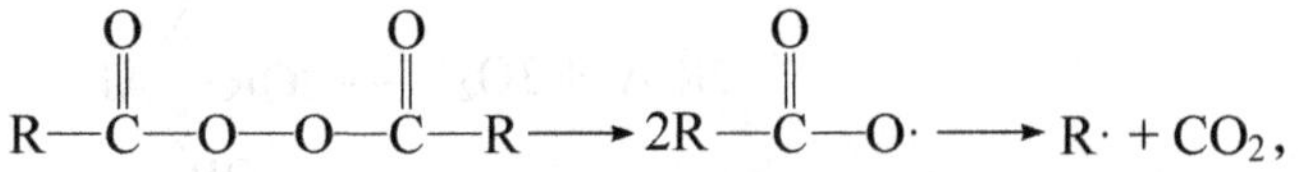，较稳定，在分解时除产生自由基外，还放出 CO_2 气体。最典型的是过氧化二苯甲酰(俗称 BPO) 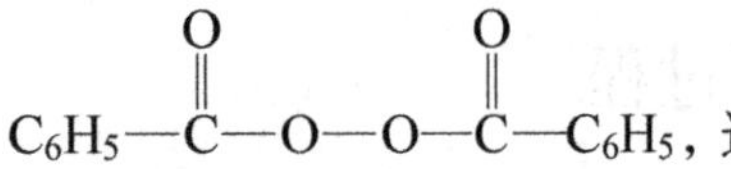，这也是高分子合成工业中最常用的引发剂之一。BPO 在纯粹状态下受热或撞击可引起爆炸，因而在储存时常加入适量的水分或溶于邻苯二甲酸二丁酯等适当溶剂中，以避免分解爆炸。

(v)过氧化酯。通式：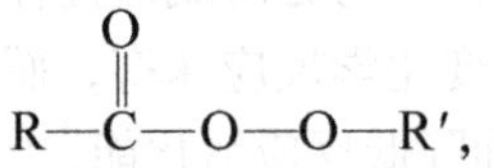，R′为叔丁基、叔戊基、异丙苯基，如过氧乙酸叔丁酯 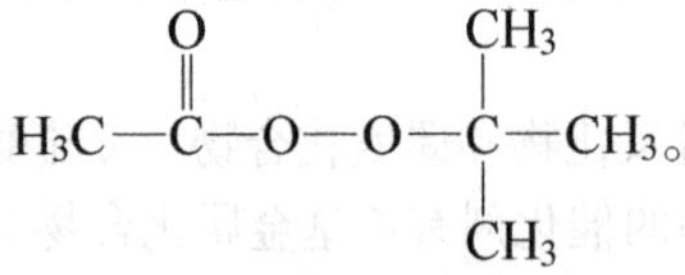。

上述(i)～(v)五类有机过氧化物引发剂的活性都不高，属于低、中活性引发剂。

(vi)过氧化二碳酸酯。通式：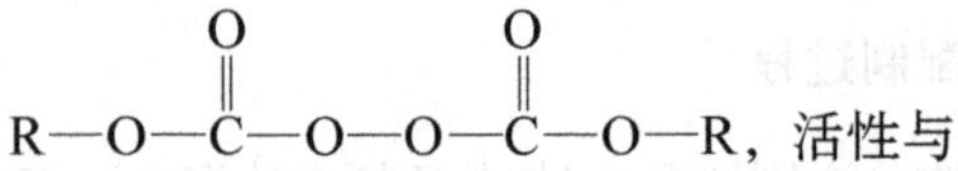，活性与 R 基本无关，但对储存稳定性有影响，R 分子量较小时，储存困难，易爆炸。例如，若 R 为异丙酯、异丁酯，

要求储存在 10℃以下。最常用的是：R 为环己酯基、对叔丁基环己酯基，可以室温储存。

(vii) 过氧化磺酸酯。通式：$R—SO_2—O—O—R'$ 或 $R—S(=O)_2—O—O—C(=O)—R'$。常见的有：

过氧化乙酰基环己烷磺酸(ACSP) 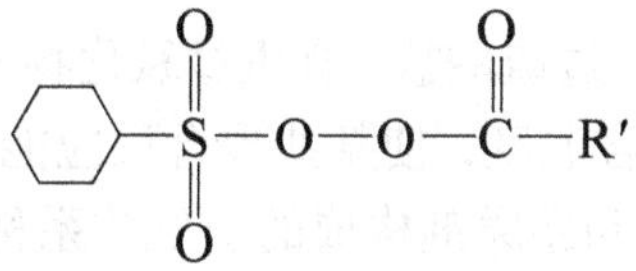，活性很高，属超高活性引发剂，一般不单独使用，只与其他引发剂配合使用。

以上(i)～(vii)七类有机过氧化物引发剂的活性次序一般如下：有机过氧化氢＜过氧酸＜过氧化二烷基＜过氧化酯＜过氧化二酰＜过氧化二碳酸酯＜过氧化磺酸酯。

(2) 偶氮化合物。通式：$R—C(R')(CN)—N{=}N—C(R')(CN)—R \longrightarrow 2R—\dot{C}(R')(CN) + N_2\uparrow$。常用的偶氮化合物有偶氮二异丁腈(AIBN) $H_3C—C(CH_3)(CN)—N{=}N—C(CH_3)(CN)—CH_3$，偶氮二异庚腈(ABVN) $(CH_3)_2CHCH_2—C(CH_3)(CN)—N{=}N—C(CH_3)(CN)—CH_2CH(CH_3)_2$。

CN 基团的存在有利于偶氮化合物的稳定，提高储存稳定性，但偶氮化合物也因 CN 基的存在而毒性较大。与过氧化物相比，偶氮化合物的引发效率较低，因其分解产生 N_2，有时用作制备泡沫塑料的发泡剂。

2. 水溶性引发剂

水溶性引发剂能溶于水中，主要用于乳液聚合。主要种类如下。

(1) 无机过氧化物。例如，双氧水，$H—O—O—H \longrightarrow 2HO\cdot$，分解活化能为 217 kJ/mol，在较高温度下才能分解，一般不单独使用。

(2) 过硫酸盐。通式：$^-O—S(=O)_2—O—O—S(=O)_2—O^- \longrightarrow 2\ ^-O—S(=O)_2—O\cdot$，主要是铵盐、钾盐，多用于乳液聚合和水溶液聚合的场合。但钠盐用得极少，因 Na^+的存在对乳液稳定性影响较大。过硫酸盐类的分解温度一般大于 50℃，可以单独使用。

过硫酸盐类的分解与体系的 pH 关系很大，随着过硫酸盐的分解，体系 pH 下降，会加速其分解。

弱碱性：$$S_2O_8^{2-} \longrightarrow 2SO_4^-\cdot \qquad (2\text{-}7)$$

中性：$$SO_4^-\cdot + H_2O \longrightarrow HSO_4^- + \cdot OH \qquad (2\text{-}8)$$

酸性：$S_2O_8^{2-} + H^+ \longrightarrow HS_2O_8^- \longrightarrow SO_4^- \cdot + HSO_4 \cdot$　(2-9)

$$SO_4^- \cdot \longrightarrow SO_3^- \cdot + 1/2O_2 \quad (2\text{-}10)$$

3. 氧化还原引发剂

在还原剂存在下，过氧化氢、过硫酸盐、有机过氧化物的分解活化能显著降低，从而可以提高引发和聚合速率，或降低聚合温度，使某些聚合反应能在低温或常温下进行，节约能源，改善产品性能。由过氧类引发剂和还原剂构成的引发体系称为氧化还原引发剂。这类引发剂工业上主要用于橡胶生产。

氧化还原引发剂产生自由基的过程是单电子转移过程，即一个电子从一个离子或分子转移到另一个离子或分子上，从而生成自由基。

常用的氧化还原引发剂如下。

(1) 水溶性氧化还原引发剂。这类引发剂的氧化剂为过氧化氢、过硫酸盐、氢过氧化物等，还原剂有无机还原剂(Fe^{2+}、Cu^+、$NaHSO_3$、Na_2SO_3、$Na_2S_2O_3$ 等)和有机还原剂(醇、胺、草酸、葡萄糖等)。常用的水溶性氧化还原引发剂如下。

(i) 过氧化氢-亚铁盐氧化还原引发剂。过氧化氢单独热分解时的活化能为 220 kJ/mol，与亚铁盐组成氧化还原体系后的活化能减少为 40 kJ/mol，可在 5℃下引发聚合。

$$H_2O_2 + Fe^{2+} \longrightarrow HO^- + Fe^{3+} + HO \cdot \quad (2\text{-}11)$$

H_2O_2 还能将 Fe^{3+} 还原成 Fe^{2+}，同时生成 HOO · 自由基：

$$H_2O_2 \rightleftharpoons H^+ + HO_2^- \quad (2\text{-}12)$$

$$Fe^{3+} + HO_2^- \longrightarrow Fe^{2+} + HOO \cdot \quad (2\text{-}13)$$

氧化还原引发体系的反应属于双分子反应，1 分子氧化剂只形成 1 个自由基。例如，还原剂过量时则将进一步与自由基反应，使活性消失。

$$HO \cdot + Fe^{2+} \longrightarrow HO^- + Fe^{3+} \quad (2\text{-}14)$$

因此，还原剂的用量一般较氧化剂少。

(ii) 过硫酸盐-亚硫酸盐氧化还原引发剂。过硫酸盐-亚硫酸盐氧化还原引发体系的反应为

$$S_2O_8^{2-} + HSO_3^- \longrightarrow SO_4^{2-} + SO_4^- \cdot + H\dot{S}O_3 \quad (2\text{-}15)$$

反应过程中生成了硫酸，使反应体系 pH 明显降低；反应之后，形成两个自由基。

(iii) 过硫酸盐-亚铁盐氧化还原引发剂。过硫酸盐-亚铁盐氧化还原引发体系的反应为

$$S_2O_8^{2-} + Fe^{2+} \longrightarrow Fe^{3+} + SO_4^{2-} + SO_4^- \cdot \quad (2\text{-}16)$$

同样使体系 pH 降低；该氧化还原引发体系的反应属于双分子反应，1 分子氧化剂只形成 1 个自由基。同样，如果还原剂过量，则将进一步与自由基反应，使活性消失，因此还原剂的用量一般较氧化剂少。

(iv) 过硫酸盐-硫代硫酸盐氧化还原引发剂。过硫酸盐-硫代硫酸盐氧化还原引发体系的反应为

$$S_2O_8^{2-} + S_2O_3^{2-} \longrightarrow SO_4^{2-} + SO_4^- \cdot + S_2O_3^- \cdot \quad (2\text{-}17)$$

(v)有机过氧化氢-亚铁盐氧化还原引发剂。有机过氧化氢-亚铁盐氧化还原引发体系的反应为

$$ROOH + Fe^{2+} \longrightarrow OH^- + RO\cdot + Fe^{3+} \tag{2-18}$$

反应过程中分解生成 OH^-，使体系 pH 上升，同时 Fe^{3+}的存在也带来许多问题。例如，使聚合物带色，前期反应速率较快，随着 pH 上升，会使 Fe^{2+}反应生成 $Fe(OH)_2$沉淀。

在实际应用时为尽量避免这些缺点，往往还加入许多辅助材料。例如，低温乳液法生产丁苯橡胶配方中，与引发体系有关的配料如下(以单体丁二烯和苯乙烯质量之和为 100 份来考虑其他配合剂的质量比)：

过氧化氢对孟烷(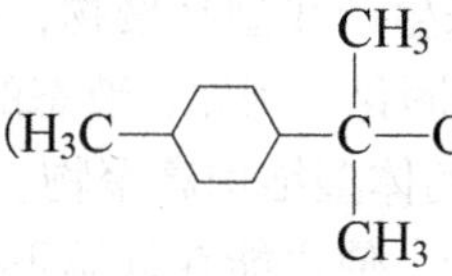

)0.06～0.12，作为氧化剂；硫酸亚铁 0.01，作为还原剂(还原剂的作用在于使过氧化物于低温下分解生成自由基，因此工业上称为活化剂)；吊白块(甲醛合次硫酸氢钠)0.04～0.10，二级还原剂(活化剂)；EDTA 0.01～0.025，络合剂(活化剂)。

反应原理如下：

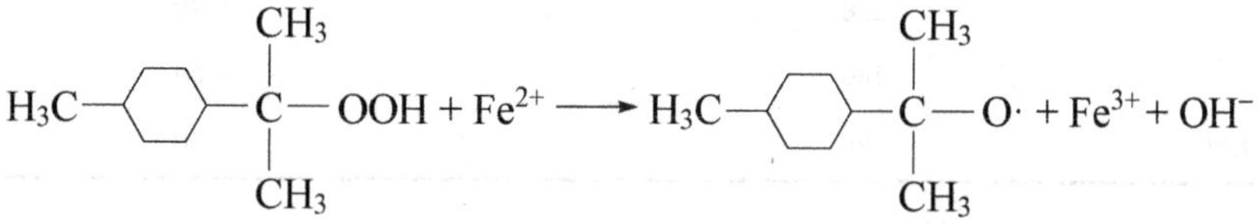

(2-19)

由式(2-19)可知，随着反应的进行，分解生成 OH^-，体系 pH 升高，为了不使 Fe^{2+}在碱性介质中生成 $Fe(OH)_2$沉淀，并使 Fe^{2+}缓慢释出以使反应进行均匀，加入了乙二胺四乙酸钠盐作为络合剂，使之与 Fe^{2+}生成水溶性络合物，由于其离解度较小，可以在较长的时间内保持 Fe^{2+}存在。为了减少 Fe^{2+}的用量，改善产品色泽，工业上又用了吊白块作为二级还原剂，将生成的 Fe^{3+}还原成 Fe^{2+}，这样主要消耗二级还原剂吊白块，从而大大减少了 Fe^{2+}的用量。

整个过程可表示为

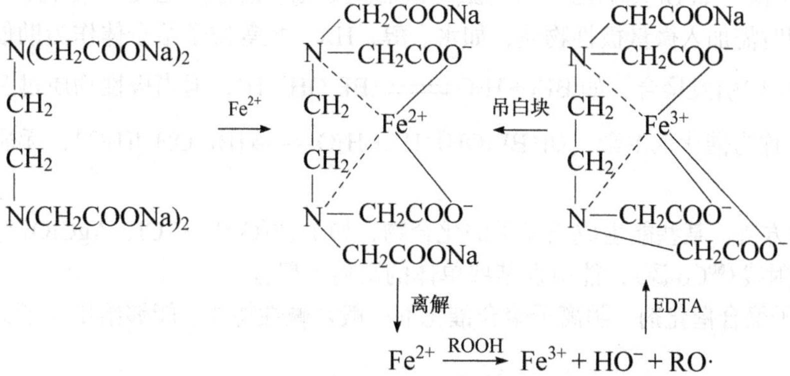

(2-20)

(2)油溶性氧化还原引发剂。这类引发剂的氧化剂主要有氢过氧化物、过氧化二烷基、过氧化二酰等，还原剂有叔胺、环烷酸盐、硫醇、有机金属化合物等。常用的过氧化二苯甲酰-二甲苯胺氧化还原引发剂的反应为

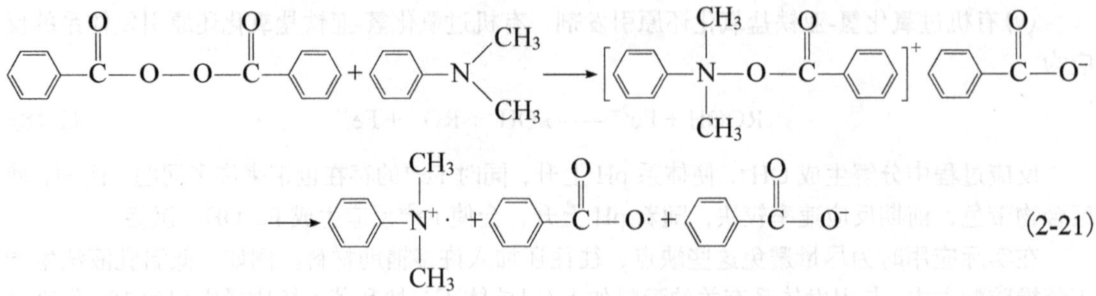

(2-21)

反应首先生成极性络合物，然后分解产生自由基。这类氧化还原引发剂的引发效率较低，而且二甲苯胺的存在会使聚合物泛黄。通常不能用来生产线型高聚物，一般用于分子中含有双键的线型低聚物，主要用于不饱和聚酯树脂的室温固化。例如，液态的不饱和聚酯树脂(通常加有苯乙烯单体)经自由基共聚合反应转变为固态的体型结构高聚物。

氧化还原引发剂主要降低了引发剂的分解活化能，使之能在低温下分解成自由基，从而引发聚合反应(表 2-6)。

表 2-6　不同引发剂的分解活化能

引发剂种类	单独分解活化能 E_d/(kJ/mol)	与 Fe^{2+}构成体系的分解活化能 E_d/(kJ/mol)
H_2O_2	220	40
过硫酸盐	140	50
异丙苯过氧化氢	125	50

2.5.2　催化剂及其配制过程

1. 离子聚合催化剂

(1)阳离子聚合催化剂。阳离子聚合催化剂一般是酸性物质，能释放出质子或碳正离子。重要的阳离子聚合催化剂如下所述。

(i)质子酸，如 HCl、H_2SO_4、H_3PO_4、$HClO_4$、$ClSO_3H$、HBr、HF、CH_3COOH、CCl_3COOH，最常用的是前四者。质子酸通过自身离解释放出质子。

(ii)路易斯酸，如 BF_3、$AlCl_3$、$TiCl_4$、$SnCl_4$、$FeCl_3$、$BeCl_2$、$ZnCl_2$、$SbCl_5$，最常用的是前四种。使用时需加入微量极性物质，如水、醇、HX、醚等质子给予体作为助催化剂，二者作用放出 H^+或 R^+引发聚合，如 $BF_3 + H_2O \rightleftharpoons (BF_3OH)^-H^+$，但当极性物质过多时，又会使其失去活性，称为催化剂中毒，如 $(BF_3OH)^-H^+ + H_2O \longrightarrow [BF_3OH^-]H_3O^+$，无质子放出，无活性。

(iii)其他方法。某些能生成阳离子的化合物，如 I_2、$(C_6H_5)_3CCl$、$AgClO_4$ 等。高能射线如电子束、γ 射线(^{60}Co 源)，能引发某些单体的阳离子聚合。

(2)阴离子聚合催化剂。阴离子聚合催化剂一般是碱性物质，能够给出电子。主要有如下几种。

(i)碱金属及其烷基化合物，如 K、Na、Li、$NaNH_2$、C_2H_5Na、$(C_2H_5)_3Al$、C_2H_5MgBr、C_6H_5Li、C_4H_9Li 等。

(ii)碱土金属烷基化合物，如 R_2Ca、R_2Sr 等。

(iii) 碱金属氢氧化物，如 KOH、NaOH。

(iv) 钠化合物，如 CH_3ONa、$(C_6H_5)_2NNa$、$(C_6H_5)_3CONa$、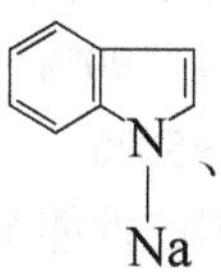、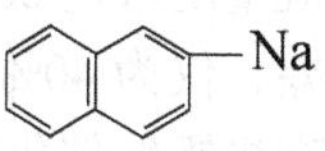等。

(v) 碱金属烷氧基化合物，如 ROLi。

(vi) 弱碱性化合物，如 NH_3、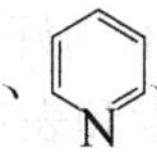、NR_3、ROR、H_2O 等。

阴离子聚合催化剂最常用的是 Na、K、KOH、RLi 等。

2. 配位聚合催化剂

配位聚合催化剂又称 Ziegler-Natta 催化剂，一般由三部分组成：主催化剂，第Ⅳ B～Ⅷ B 族过渡金属化合物，通常是 Ti、W、V、Cr、Ni、Co 的卤化物；助催化剂，第Ⅰ A～Ⅲ A 族金属的有机化合物或氢化物；第三组分，含有给电子性的 N、O、S 等化合物。

目前工业上配位聚合催化剂主要用于 HDPE、PP 和聚丁二烯橡胶的生产。

(1) 乙烯聚合催化剂。高密度聚乙烯(HDPE)的生产分为低压法和高压法两种。

低压法(0.1～1.0 MPa，50～90℃)生产 HDPE 的催化剂一般由 $TiCl_4$、$(C_2H_5)_2AlCl$ 组成，室温下二者均为液体，配制后络合形成固体络合催化剂，不溶于聚合反应溶剂庚烷或汽油，是非均相催化体系。

高压法(2～10 MPa，80～100℃)生产 HDPE，主要使用载体化的催化剂，常用的有两种：①CrO_3 载于 SiO_2-Al_2O_3 上，CrO_3 含量为载体量的 2%～3%，SiO_2 与 Al_2O_3 比例为 9∶1；②MoO_3 载于活性氧化铝(γ-Al_2O_3)上。

以上催化剂体系制得的 PE 产率为 2000～3000 g PE/g Ti 或 Cr 或 Mo。

20 世纪 60 年代后期开始，开发出高效催化剂，可使 PE 产率提高至 30 万～60 万 g PE/g Ti。采用的方法一种是载体化，即在原来的 $TiCl_4$-R_3Al 体系上改进以提高效率，简化工序，降低成本，目前高效催化剂已占主导地位。这方面工作做得较多、成效较好的主要有比利时的索尔维(Solvay)公司。另一种方法是选用高活性助催化剂。

表 2-7 列出了各种高效催化剂的活性及组成比例。

表 2-7　各种高效催化剂的活性及组成比例

催化剂体系	产率/(g 聚合物/mg 过渡金属)	产率/(g 聚合物/g 固体催化剂)	聚合物中残余过渡金属含量/ppm
固体 Ti 化合物 + R_3Al	30～15	10～1000	300～1700
固体 Ti/V 化合物 + 金属有机化合物	4000～5000	30000	12
$TiCl_4$ + Mg 化合物 + R_2AlX^*	3000～30000	3000～12000	2～15
Zr(π-丙基)$_4$/Al_2O_3	>6000	>3000	1
CrO_3/SiO_2 + Al_2O_3(g PE/g Cr)	5000～50000		
CrO_3/SiO_2(g PE/g Cr)	约 500000		
有机 Cr 化合物/SiO_2	30000	2000	2(美国联合碳化物公司)

*表示卤素。

(2) 丙烯聚合催化剂。最基本的是 $TiCl_3$-R_3Al 加入第三组分体系，最常用的是 $TiCl_3$-$(C_2H_5)_2AlCl$。

$TiCl_3$有四种晶形：α、β、γ、δ。晶形与催化剂性能有关，α、γ、δ活性较大，定向性较好，规整度可达80%～90%。尤其是δ-$TiCl_3$与$AlCl_3$的共晶物，反应速率很快。β-$TiCl_3$定向性较差，仅为40%～50%。

有机铝助催化剂的性能与R基团有关，R基团对聚丙烯立构规整度的影响如下：C_2H_5—(79.4%)＞i-C_4H_9—(74.5%)＞n-C_3H_7—(71.8%)＞C_6H_5—(65.4%)＞C_6H_{13}—(64.0%)＞$C_{16}H_{33}$—(59.0%)。显然，R_3Al或R_2AlCl中R以—C_2H_5为好，其中$(C_2H_5)_2AlCl$更好。

加入第三组分对提高催化剂活性、产物立构规整度和表观密度及提高生产能力起决定性作用。第三组分采用含O、N、S、P的有机化合物，如有机胺、季铵盐等，常用的有三甲胺、吡啶、一缩二醇二甲醚、六甲基磷酸三酰胺、硫醇盐、硫代磷酸酯等。

(3) 丁二烯聚合催化剂。自由基聚合反应常需要采用引发剂，常用的有过氧化物和偶氮化合物、过硫酸盐等；离子聚合及配位聚合反应采用催化剂，常用的有烷基金属化合物(如烷基铝、烷基锌)、金属卤化物(如$TiCl_4$、$TiCl_3$等)，以及路易斯酸(如BF_3、$SnCl_4$、$FeCl_3$等)。

2.5.3 引发剂和催化剂的安全问题

高分子合成工业所使用的引发剂和催化剂多数是易燃、易爆危险物品，引发剂和催化剂的储存地点应与生产区隔有适当的安全地带。

多数引发剂受热后有分解爆炸的危险，其稳定程度因种类的不同而有不同。干燥、纯粹的过氧化物最易分解，因此工业上过氧化物采用小包装，储存在低温环境中，并且防火、防撞击。固体的过氧化物(如过氧化二苯甲酰)为了防止储存过程中产生意外，而加适量水分使之保持潮湿状态。液态的过氧化物通常加适当溶剂使之稀释以降低其浓度。

催化剂中以烷基金属化合物最危险，它对空气中的氧和水极为敏感。例如，三乙基铝接触空气则自燃，遇水发生强烈反应而爆炸；烷基铝的活性因烷基的碳原子数目的增大而减弱。低级烷基的铝化合物应当制备为惰性溶剂(如加氢汽油、苯和甲苯)的溶液，便于储存和输运。其浓度范围为15%～25%，并且用惰性气体(如氮气)予以保护。

过渡金属卤化物如$TiCl_4$、$TiCl_3$、$FeCl_3$及BF_3络合物等，接触潮湿空气易水解生成腐蚀性烟雾，因此它们所接触的空气或惰性气体应当十分干燥，要求露点低于−37℃。$TiCl_3$是紫色结晶物，易与空气中的氧反应，因此储存与输运过程中应当严格防止接触空气。

缩聚反应过程有时也需要加入催化剂，但这一类催化剂多数不是危险品，储存、运输较安全。

习题与思考题

1. 简述从三烯(乙烯、丙烯、丁二烯)、三苯(苯、甲苯、二甲苯)、乙炔出发制备高分子材料的主要单体的合成路线(可用方程式或图表表示，并注明基本工艺条件)。
2. 当前主要的生产单体的原料路线有哪些？
3. 为什么单体在进行聚合反应前要精制？

第 3 章 高分子合成工艺设备

3.1 高分子聚合过程基本特点

高分子合成工业以合成高分子物质为目的，由于高分子物质分子量大且有分布，形态为坚硬固体、高黏度的熔体或溶液，无法用蒸馏、结晶、萃取等常规手段精制提纯等，因此在高分子合成工业中对聚合反应工艺条件和设备有严格的要求。高分子聚合过程的特点表现在以下方面。

1. 原料

高分子聚合过程对原料的纯度要求高，不仅对单体的纯度要求高，而且对其他原料如分散介质(水、有机溶剂)、助剂等都有严格的高纯度要求，不能含有有害于聚合反应的杂质和影响聚合物色泽的杂质。为了保证产品质量的稳定，要求各种原料的规格一致。

2. 反应条件

聚合反应条件的波动与变化对产品质量有很大影响，反应条件的波动与变化将影响产品的平均分子量和分子量分布，为了控制产品规格，要求反应条件稳定，以防止阻碍聚合、影响产品质量和颜色等，为此需要采取高度自动化控制。例如，PVC 生产中对温度的控制非常严格，要求反应温度恒定在 51.2℃ ±0.2℃。因为氯乙烯单体非常活泼，在氯乙烯聚合过程中，形成大分子的主要方式是向单体的链转移，而向单体的链转移反应非常依赖于温度，所以 PVC 生产中采取高度自动化控制设备来控制聚合温度。

高分子合成工业不仅要通过聚合反应生产出某一种高分子产品，而且要通过反应条件的调控来生产不同牌号(主要是不同平均分子量)的产品。调控反应条件以生产不同牌号产品的主要方法如下。

(1)改变反应条件。因为聚合反应温度、压力等聚合反应工艺条件不仅影响聚合反应总速率，而且影响链增长、链终止和链转移反应速率，因而改变反应条件可以改变高分子产品的平均分子量。例如，工业上利用氯乙烯单体的链转移反应对温度的依赖关系，通过改变反应温度生产不同牌号的 PVC 树脂。

(2)采用分子量调节剂。有时在聚合过程中添加适量的链转移剂，将高分子产品平均分子量控制在一定范围。因此，链转移剂也称为分子量调节剂。

3. 聚合方法

合成高分子的化学反应根据反应机理的不同分为加聚反应和缩聚反应，而加聚反应又分为自由基聚合反应、离子聚合反应和配位聚合反应。聚合方法多种多样，从而使得高分子产品的形态、性能、用途、成本等各异。例如，自由基聚合反应中的四大合成方法：本体聚合、悬浮聚合、乳液聚合和溶液聚合都可用于氯乙烯单体生产聚氯乙烯(表 3-1)，但由于所用原料的种类不同，产品的形态、性能、用途、成本等不同。

表 3-1 自由基聚合方法生产 PVC 所用的原料及产品形态、性能、用途、成本

聚合方法	所用原料				产品形态	性能	用途	成本
	单体	引发剂	反应介质	助剂				
本体聚合	√	√			粒状树脂、粉状树脂、板、管、棒材等；树脂颗粒较规整，表面无皮膜	纯度高，绝缘性好，分子量分布宽，增塑剂吸收快，加工流动性好	制透明制品，适合生产软、硬制品	生产成本低，但生产中传热困难
悬浮聚合	√	√	H_2O	分散剂等	产品为粒状树脂(约 100 μm)，树脂颗粒不规整，表面有皮膜	产量大，增塑剂吸收较快，加工流动性较好	制硬质产品(如硬管)，也可生产软质产品	
乳液聚合	√	√	H_2O	乳化剂等	产品为粉状树脂(20～30 μm)，树脂颗粒细小，表面有乳化剂	与增塑剂形成糊状物	制软质产品，如搪塑制品、人造革	
溶液聚合	√	√	有机溶剂	(分子量调节剂)	聚合物溶液，粉状树脂	纯度较高，分子量小	制涂料、胶黏剂、纺丝液	生产成本最高

4. 生产操作方式

聚合反应的操作方式可以是间歇操作，也可以是连续操作。间歇操作适于小批量生产各种型号的产品；连续操作适于大型生产，成本低。

(1)间歇操作。间歇操作是聚合物在聚合反应器中分批生产，即在反应器中加入单体、引发剂(或催化剂)、反应介质等原料后，控制反应条件，使之进行聚合反应，当反应达到要求的转化率后，将产物自反应器卸出进行后处理，如此周而复始：进料→反应→出料→清理。

显然，在每个反应周期中只有一部分时间是用来进行聚合反应的，而且要经过升温、恒温、降温三个阶段，整个周期中反应条件是变化的，不易实现操作过程全自动化；每批次产品的规格难以控制完全一致；反应器利用率不高。但优点是反应条件易控制，也便于改变工艺条件。所以，间歇操作灵活性较大，特别适合小批量生产，容易改变产品品种和牌号。

(2)连续操作。连续操作是原料连续加入聚合反应器，产物连续不断地流出反应器。因此聚合反应条件稳定，容易实现操作过程全自动化、机械化，产品质量、规格稳定，设备密闭，减少了污染，适合大规模生产，劳动生产率高，成本较低。但缺点是不宜经常改变产品牌号，不便于小批量生产。

5. 聚合反应热

高分子聚合反应大多是放热反应，放热量较大，表 3-2 列出了常见单体的聚合热。聚合过程中为了控制产品的平均分子量，要求反应体系的温度波动不能太大。因此，需要有足够的排热设施来及时排除聚合反应放出的热量，以保持规定的反应温度并防止爆聚。

表 3-2　几种常见单体的聚合热

单体	聚合热/(kJ/mol)	单体	聚合热/(kJ/mol)	单体	聚合热/(kJ/mol)
乙烯	106.17～108.26	丙烯酸	62.7～77.33	乙烯基丁基醚	58.59
异丁烯	41.8～53.5	甲基丙烯酸	66.04	氯乙烯	96.14
苯乙烯	66.88～73.15	丙烯酸甲酯	78.17～84.44	偏二氯乙烯	60.19
丙烯腈	72.31	甲基丙烯酸甲酯	54.34～56.85	1,3-丁二烯(1,2-加成)	72.73
乙酸乙烯酯	85.69～89.87	甲基丙烯酸正丁酯	56.43	1,3-丁二烯(1,4-加成)	78.17

6. 反应物料形态

高分子合成工业中的物料往往是黏稠熔体或高黏度溶液，物料黏度大，传质、传热相对较困难，需配以合适的搅拌使反应物料强烈流动，使聚合反应器内各部分的物料温度均匀，加速热交换作用，防止产生物料局部过热现象，并使反应物料始终保持分散状态，防止发生物料结块现象。

高分子合成工业中聚合反应器中的物料形态可归纳为以下 6 种。

(1)高黏度熔体，始终是均相，如本体聚合、熔融缩聚。

(2)高黏度溶液，始终是均相，如自由基溶液聚合、离子及配位溶液聚合、溶液缩聚。

(3)固体粒子-液体分散体系，非均相，如自由基悬浮聚合、离子及配位溶液聚合。

(4)胶体分散体系，非均相，如自由基乳液聚合。

(5)粉状固体，非均相，如自由基本体聚合、离子及配位本体聚合。

(6)固体制品(直接制得)，如本体浇铸聚合(有机玻璃的生产)。

聚合反应过程中往往伴随着相转变过程。表 3-3 列出了各种聚合方法中物料的相变化情况。

表 3-3　各种聚合方法的聚合反应器中的物料形态

聚合方法	原料	聚合反应器中物料形态 初期→中期→后期	最终产物形态
自由基聚合反应			
本体聚合	单体(引发剂)	易流动→黏稠液→高黏度熔体(均相) 易流动→固体分散液→粉状固体(非均相) 易流动→黏稠液→固体型材(均相)	粒状树脂 粉状树脂 板、管、棒等
乳液聚合	单体、引发剂、 水、乳化剂等	液-液乳液→固-液胶体乳液(非均相) 液-液乳液→固-液胶体乳液(非均相)	粉状树脂、胶乳液 粒状胶粒
悬浮聚合	单体、引发剂、 水、分散剂	液-液分散体系→黏稠液→固体粒-液体分散体系 (非均相)	粉状树脂 珠状树脂
溶液聚合	单体、引发剂、 溶剂	易流动→黏稠液→高黏度溶液(均相) 易流动→聚合物沉淀→液体分散体系(非均相)	聚合物溶液 粉状树脂

续表

聚合方法	原料	聚合反应器中物料形态 初期→中期→后期	最终产物形态
离子聚合与配位聚合反应			
本体聚合	单体、催化剂	气体→粉状固体（非均相） 液体→粉状固体（非均相）	粉状固体 粉状固体
溶液聚合	单体、催化剂、有机溶剂	易流动→黏稠液→高黏度溶液（均相） 易流动→聚合物淤浆液（非均相）	粒状胶粒 粉状树脂
缩聚反应			
熔融缩聚	单体（催化剂）	熔融液体→高黏度熔体（均相）	片材 粒状树脂
溶液缩聚	单体、溶剂	易流动溶液→高黏度溶液	粉状树脂
固相缩聚	单体（催化剂）	固体（单体或预聚物）→固体（高聚物）	固体树脂
界面缩聚（非均相）	单体、溶剂、水	两相液体→固体	固体树脂

3.2　聚合反应设备

高分子聚合反应设备是影响聚合反应的重要因素之一，主要涉及聚合反应器的大小、结构和配套搅拌器的形式。

3.2.1　聚合反应器

进行聚合反应的设备称为聚合反应器，根据聚合反应器的形状和基本结构可分为：釜式反应器、管式反应器和塔式反应器等类型。此外，还有特殊形式的聚合反应器，如螺旋挤出机式反应器、板框式反应器等。

1. 常用聚合反应器类型

聚合反应器的类型很多，常用的主要有釜式反应器、管式反应器和塔式反应器。

(1) 釜式反应器。适用于有液相参与的反应，又称为聚合反应釜。釜式反应器的特点是：既可间歇操作也可连续操作（如多釜串联实现连续乳液聚合），物料在釜内停留时间可长可短，温度、压力调节容易（调节范围可大可小），操作相对灵活，在停止操作时易于开启进行清理。因此，在聚合物生产中普遍采用这种聚合反应器。

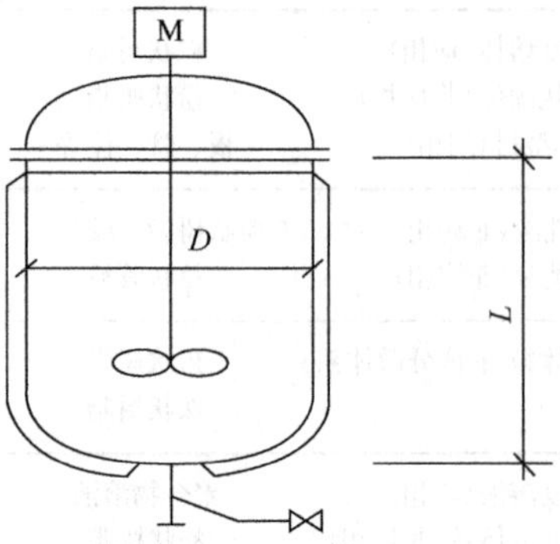

图 3-1　釜式反应器

例如，PVC 悬浮聚合中多采用釜式反应器（图 3-1），材质为搪玻璃或不锈钢，聚合釜的长度与内径之比即长径比 $L/D = 1.1$，容积 $V = 13.7～127\ m^3$。一般来说，细长型釜式反应器（$L/D = 4～20$）径向传质效果好，矮胖型釜式反应器（$L/D = 1.1～3$）轴向传质效果好。

(2)管式反应器。管式聚合反应器由单根连续管或者多根管平行排列构成，反应流体通过细长的管子而进行反应。管式反应器的特点是：单位体积的传热面积较大，传热系数较高，流体流速较快。因此，反应物料停留时间短，便于分段控制以创造最适宜的温度梯度和浓度梯度。此外，管式反应器还具有结构简单、耐高压、高温等优点，适用于大规模、气体聚合物单体或某些液体单体，有强烈放热和吸热的高温、高压装置。近年来，管式反应器在化工生产中使用得越来越多，而且越来越趋向大型化和连续化。

在管式聚合工艺中，环管式工艺已成功地应用于制备聚丙烯，在合成聚二烯烃橡胶方面也有尝试，所得高分子的分子量分布窄、凝胶含量少。环管式聚合工艺的循环泵可采用齿轮泵或螺杆泵。环管周围可设冷却夹套，以保持聚合恒温。例如，HDPE、PP 的生产多采用管式反应器。图 3-2 是典型的双环式管式反应器，具有聚合物在器壁上沉积少、设备清理次数少的优点。

双环式管式反应器设计关键是温度控制，对于环管的直径也有一定的限制。管径增大时，温度不易控制，容易造成聚合物的沉积。生产 PP 所用的环式反应器管径略小于生产 HDPE 用的，因为丙烯的聚合热比乙烯低，而且 PP 具有较高的一级转变温度，沉积堵塞问题比 HDPE 稍轻。

图 3-3 是可提高锦纶 66 树脂分子量的固相缩聚管式反应器。

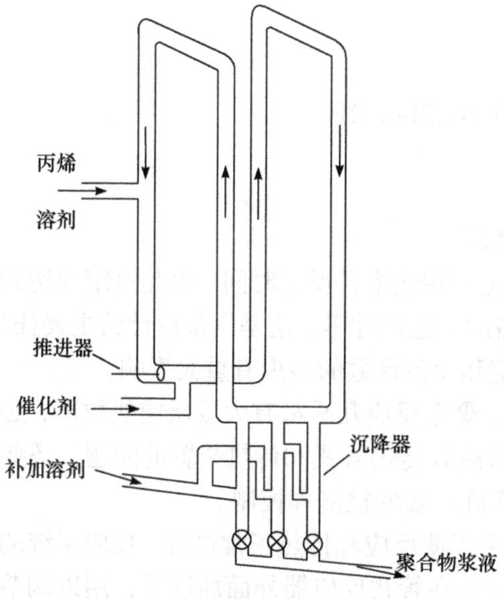

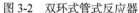

图 3-2　双环式管式反应器

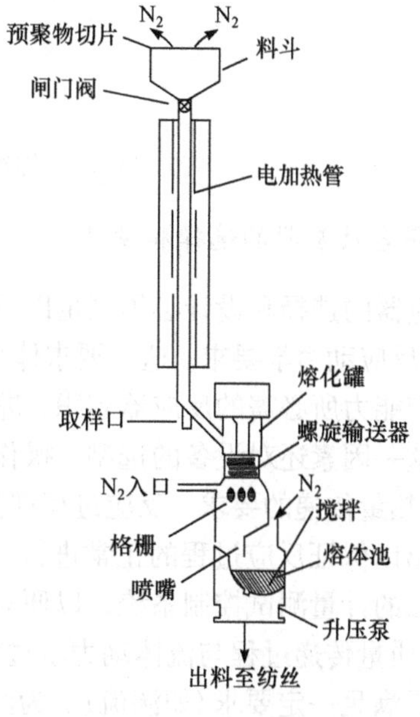

图 3-3　提高锦纶 66 树脂分子量的管式反应器

(3)塔式反应器。塔式反应器是适用于气-固之间或气-液之间传热量大的反应器。例如，生产锦纶 66 树脂的塔式预缩聚设备(图 3-4)。塔式反应器的特点是：气-固或气-液之间传热、传质面积大，传热、传质系数高，便于实现聚合过程连续化和自动化。整个塔从上到下可划分为三个区域：精馏区、蒸发区和预聚区，各区之间物料停留时间分布和温度分布明显不同。

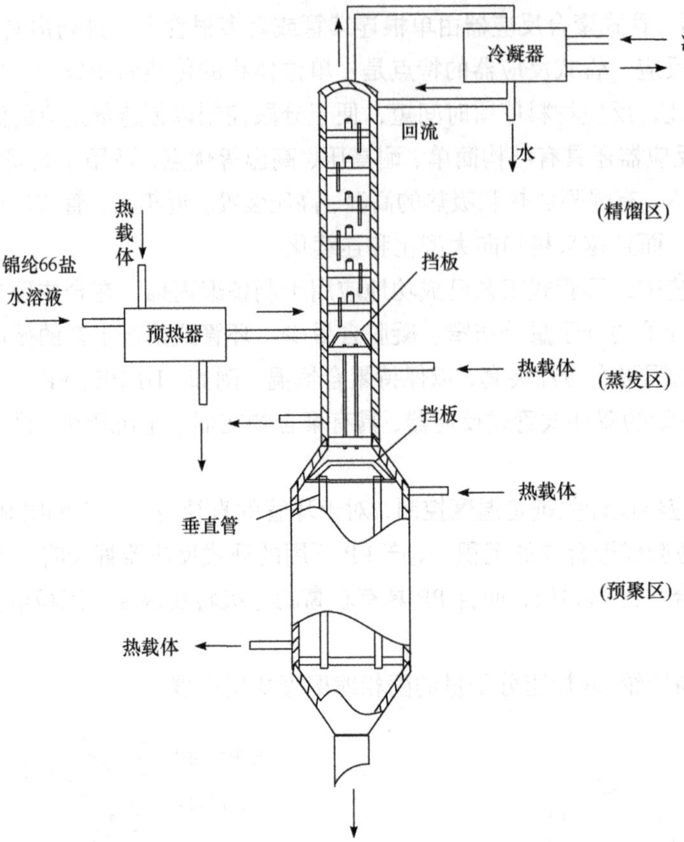

图 3-4　锦纶 66 树脂预缩聚塔结构示意图

2. 聚合反应器的选择和设计

反应器的选择和设计必须满足以下 6 项工艺要求。

(1) 反应动力学要求。这一要求体现在保证一定的转化率和反应时间。由此决定为达到一定的生产能力所必需的反应器容积，进而确定设备的工艺尺寸等，这是设备设计的主要任务。此外，这一因素还对设备的选型、操作方式的确定和设备台数的多少有重大影响。

(2) 热量传递的要求。反应过程都伴随热效应，聚合反应几乎都有大量反应热放出，必须及时移出以保证反应过程的正常进行。为此，要解决好传热方式和传热装置的问题，还要设计出可靠的计量测试控制系统，以便对反应温度实施有效的检测和控制。

(3) 质量传递过程与流体动力学过程的要求。为了使反应和传热正常进行，反应系统的物料流动需满足一定要求(如湍流)。为此，设计时采取在管式反应器外面加设泵，用以调节流量和流速，或在釜式反应器内设置搅拌等措施。

(4) 工程控制的要求。要保证生产稳定、可靠、安全地进行。偶然的操作失误或者意外的故障都会导致重大损失，因此，设计反应器时必须重视安全操作和自动控制。例如，设置防爆膜、安全阀、自动排料阀，以及快速终止聚合反应等措施。为此目的而设计的工艺接管和辅助设备等均需仔细考虑，此外还要尽量采用自动控制。很多大型聚合釜(如氯乙烯聚合釜)采用计算机数字控制系统进行全自动化生产。

(5) 机械工程的要求。要保证反应设备在操作条件下有足够的强度、足够的传热面积，并易于制造。

选定反应器的材质时要求所用材料必须耐腐蚀，对反应介质具有稳定性，不参与反应。聚合反应器一般都不用碳钢制造，以防止铁离子渗入反应体系干扰反应或污染产品，常采用搪瓷或搪玻璃的材质。此外，所选用的材质应力求价廉易得，尽量立足于国内。

(6)技术经济的要求。综合考虑成本、投资、生产率、对设备材料和结构要求是否苛刻等情况。在保证工艺要求的前提下，尽量精简设备、简化流程。

3.2.2　搅拌

为了使釜式反应器中的传质、传热过程正常进行，聚合反应釜中必须安装搅拌器。当聚合反应釜内的物料是均相体系时，随着单体转化率的提高，物料的黏度明显增大，此时搅拌器的作用非常重要，搅拌主要是使反应物料强烈流动，以免产生局部过热现象。当聚合反应釜内的物料是非均相体系时，搅拌器不仅具有上述加速热交换并使物料温度均匀的作用，还可使物料保持分散状态，以免产生结块现象。

1. 搅拌的作用

搅拌的作用是使传质和传热过程能正常进行，提高反应速率。具体有以下作用：

(1)使物料形成一个混合均匀的分散体系。

(2)传热，使体系温度均一，防止局部过热。

(3)传质，使体系物料均匀，使反应物料表面不断更新。

(4)防止物料黏变或沉淀。

2. 搅拌器的形状及选择原则

常用搅拌器有推进式、桨式、涡轮式、锚式或框式、螺杆式、螺带式等。搅拌器的形式和转速会对物料的传质、传热和粘壁造成影响，因此，要根据工艺要求与介质物性合理选择搅拌器。

常用搅拌器的材料及结构如表 3-4 所示。

表 3-4　常用搅拌器的材料及结构

形式		通用尺寸及转速	材料及简图	结构说明
推进式	船舶型	$S/D=1$ $Z=3$ $n=5\sim15$ m/s 与电动机直联的最大周速为 25 m/s	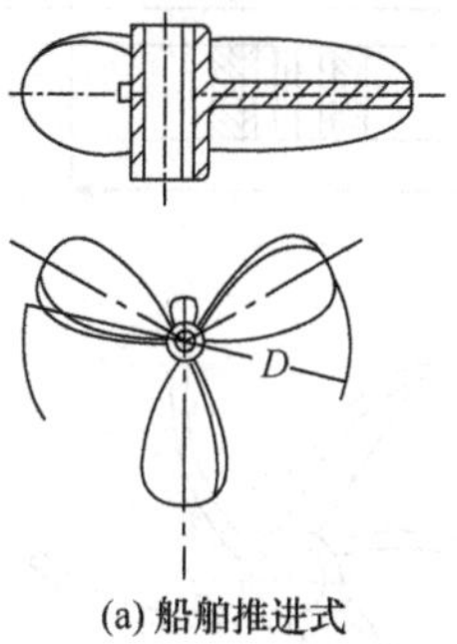 (a) 船舶推进式 材料：$HT_{15\text{-}33}$、$HT_{20\text{-}40}$、$ZG_{15}B$、ZG_1Cr_{13}、$ZG_1Cr_{18}Ni_9$、ZL_7、ZL_5、陶瓷、硬木	搅拌器用铸造方法制造，加工比较方便；如果用焊接方法制造，模锻后需再与轴套焊接，加工不方便。轴套以平键和止动螺钉与轴相连

续表

形式		通用尺寸及转速	材料及简图	结构说明
桨式	平桨式	$D/B=4\sim10$ $Z=2$ $n=1.5\sim3$ m/s	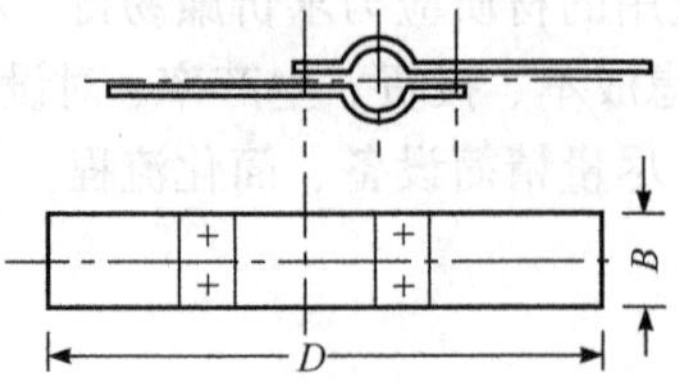 (b) 平桨式 材料：A_3F、$_1Cr_{13}$、$_1Cr_{18}Ni_9Ti$、L_1、L_2、硬木	搅拌器一般以扁钢制造，强度不够时需要加筋。单面加筋效果较好，双面加筋会使桨叶翘曲不易校正。角钢制的桨叶亦可 与角钢制的相比，扁钢加筋的桨叶产生的湍流强度略大，故效果好 需耐腐蚀时可用合金钢或有色金属制成，但桨叶应尽量避免焊接，因焊缝处易腐蚀，尤其离轴中心远的焊缝腐蚀速率更大（有的用衬胶或树脂、酚醛玻璃布等防腐方法） 与轴相连的方法：轴径<50 mm，螺栓对夹，止动螺钉固定；轴径≥65 mm，螺栓对夹，带孔销固定
	旋桨式	$D/B=4\sim10$ $Z=2$ $n=1.5\sim3$ m/s	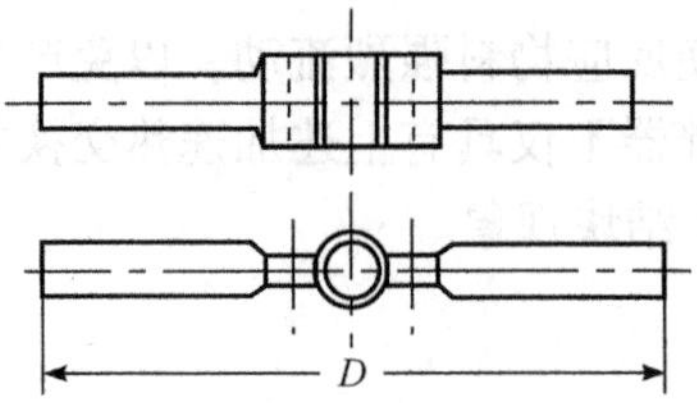 (c) 旋桨式 材料：A_3F、$_1Cr_{13}$、$_1Cr_{18}Ni_9Ti$、L_1、L_2、硬木	
涡轮式	开启平直叶	$D/B=5\sim8$ $Z=6$ $n=3\sim8$ m/s	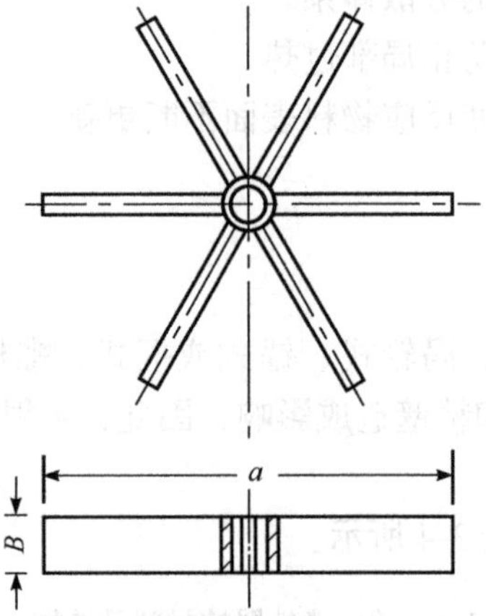 (d) 开启平直叶涡轮式 材料：A_3F、$_0Cr_{13}$、$_1Cr_{18}Ni_9Ti$、ZG_1Cr_{13}、$ZG_1Cr_{18}Ni_9$、L_1、L_2、硬木、$HT_{15\text{-}33}$	搅拌器一般采用扁钢和轴套焊接 铸造制成的桨叶厚薄较均匀，稳定性好，表面硬度大，能适用于磨损低的场合，但铸造比焊接复杂，质量大 叶片需耐腐蚀时用"桨式" 轴套以平键和止动螺钉与轴相连接
	开启弯叶	$D/B=5\sim8$ $Z=6$ $n=3\sim8$ m/s	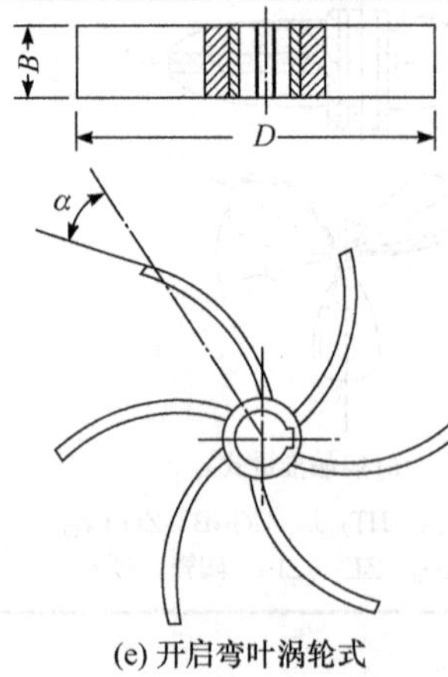 (e) 开启弯叶涡轮式 材料同开启平直叶涡轮式	同上

续表

形式		通用尺寸及转速	材料及简图	结构说明
涡轮式	开启折叶	图(f)另有： $D/B=1/4$ $Z=4$ $n=3\sim8$ m/s	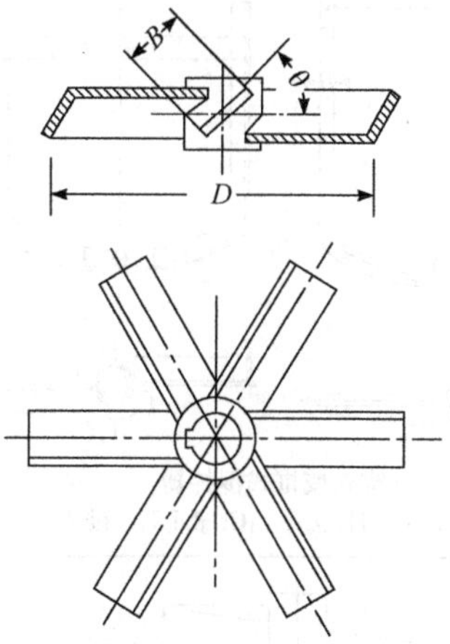 (f) 开启折叶涡轮式 材料同开启平直叶涡轮式	同上
	圆盘平直叶	$D:L:B=20:5:4$ $Z=6$ $n=3\sim8$ m/s	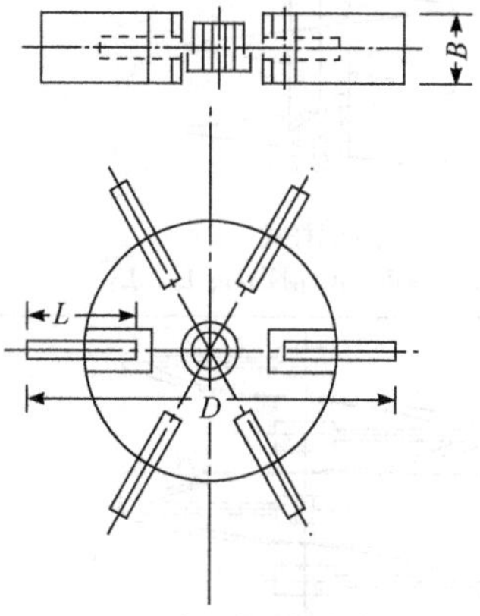 (g) 圆盘平直叶涡轮式 材料：A_3F、$_0Cr_{13}$、$_1Cr_{18}Ni_9Ti$、L_1、L_2	搅拌器一般和圆盘焊接或螺栓连接，圆盘焊接在轴套上。 处理耐腐蚀问题同桨式。 轴套以平键和止动螺钉与轴连接
	圆盘弯叶		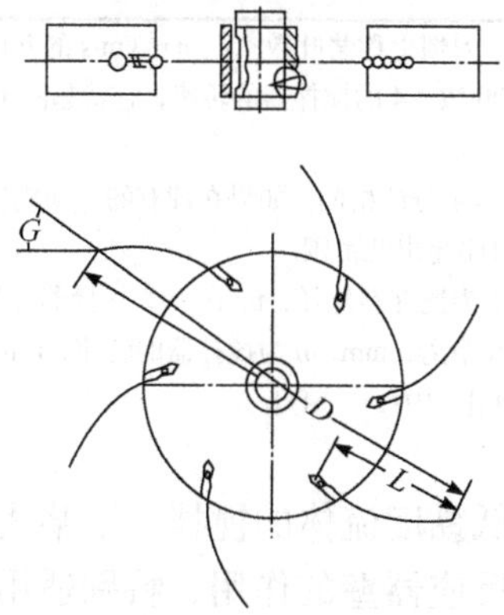 (h) 圆盘弯叶涡轮式 材料：A_3F、$_0Cr_{13}$、$_1Cr_{18}Ni_9Ti$、L_1、L_2	同上

续表

形式	通用尺寸及转速	材料及简图	结构说明
锚式或框式	$C/D_0 = 0.05 \sim 0.08$ $B/D_0 = 1/12$ $n = 0.5 \sim 1.5$ m/s	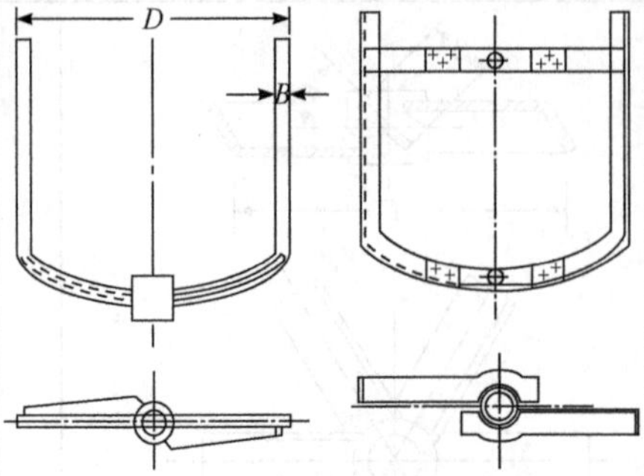 (i) **锚式或框式搅拌器** 材料：A_3F、$HT_{15\text{-}33}$、$_1Cr_{18}Ni_9Ti$、硬木	搅拌器可采用扁钢或角钢制造，并与轴套一起全部焊接；也可用螺栓连接，还可用整体铸造的方法 处理耐腐蚀问题同桨式 轴套与轴连接可用平键和止动螺钉，也可采用桨式的连接方法
螺杆式 （有导流筒，也可不用导流筒而用挡板）	$S/D=1$ $Z \geqslant 1$	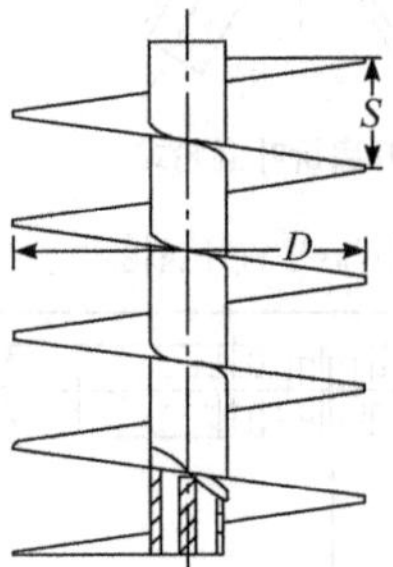 (j) **螺杆式** 材料：A_3F、$_1Cr_{18}Ni_9Ti$、L_1、L_2	搅拌器以具有一定螺距的螺旋片焊在轴上制成 处理耐腐蚀问题同桨式 一般用于层流区
螺带式	$S/D=1$ $B/D_0= 0.1$ $Z=1 \sim 2$	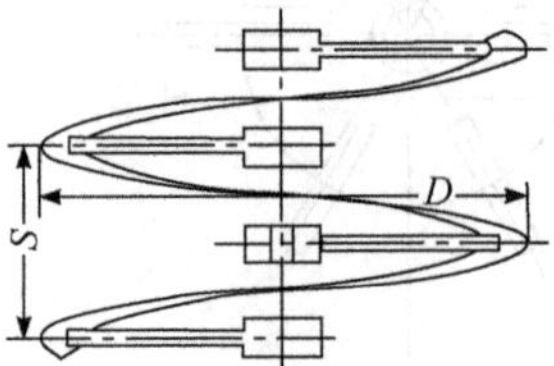 (k) **螺带式** 材料：A_3F、$_1Cr_{18}Ni_9Ti$、L_1、L_2	搅拌器是螺距一定的螺旋带。带上沿周每一螺距均焊有 2 或 3 个支撑，支撑的另一端与轴套焊接，轴套数量与支撑相同 处理耐腐蚀问题同桨式 一端的轴套用平键，其他的轴套用止动螺钉与轴固定 螺带按加工条件尽量与内壁接近 一般用于层流区

注：(1) 桨式与开启涡轮式在外形上并无区别。习惯上称桨叶数<4、$n<3$ m/s 的开启式搅拌器为桨式，而桨叶数>4、$n>3$ m/s 的开启式搅拌器称为涡轮式。事实上，如果提高桨叶数<4 的搅拌器的转速，它就起涡轮式搅拌器的作用；反之，如降低桨叶数>4 的搅拌器的转速，就起桨式搅拌器的作用。

(2) 表中所列的通用尺寸及转速 n 的数值都不是十分严格的。如果在现有的传动机构上无法获得表中所列的转速，实际生产对此速度要求不很严格且能耗并不浪费的情况下，可略超出此范围。

(3) 符号说明：D_0 为搅拌反应釜内径，mm；D 为搅拌器外径，mm；B 为搅拌器叶片宽度，mm；Z 为单个搅拌器叶片数，个；L 为搅拌器叶片长度，mm；C 为搅拌器与反应釜底距离，mm；n 为搅拌器的转速，r/min，r/s；α 为搅拌器叶端切线与轴向半径的夹角[表中 (e)、(h)]；θ 为搅拌叶与旋转平面的夹角[表中 (c)、(f)]。

旋桨式和涡轮式搅拌器适用于低黏度流体的搅拌。平桨式和锚式搅拌器适用于较高黏度流体的搅拌。螺带式搅拌器具有刮反应器壁的作用，特别适用于黏度很高、流动性差的合成橡胶溶液聚合反应釜的搅拌。搅拌器的选型与流体黏度密切相关，总体可归纳为：

黏度小的体系：桨式（包括平桨式、旋桨式），涡轮式，锚式（工业上最常用）。

黏度大的体系：框式，螺带式，螺杆式。

3.3　聚合反应热排除设备

由于聚合过程的热效应一般相当高，聚合物的导热性能比较差，而且聚合产品的性能对热状态的依赖性特别大，因此，探讨聚合反应器的传热问题，对聚合物生产实现优质高产、低耗、安全十分重要。聚合反应中如无反应热排除设备，则容易发生爆聚、冲料、爆炸等安全事故。

聚合反应器中属管式聚合反应器排热最高效便捷。由于管式聚合反应器结构简单，单位体积所具有的传热面较大，只要用冷却水夹套即可满足传热要求，且能耗较低，因此管式聚合反应器主要依靠在套管内流动的冷却介质排除反应热。

釜式聚合反应器排热方式多样，主要分为夹套、蛇管、外冷(有物料外循环和溶剂蒸发回流两种)等。选择时需考虑：传热面是否容易被沾污而需要清洗；所需传热面积的大小；传热介质泄漏可能造成的损害；传热介质的温度和压力。釜式聚合反应器的排热方式有 7 种(图 3-5)：①夹套冷却；②夹套附加内冷管冷却；③内冷管冷却；④反应物料釜外循环冷却，需用泵使反应物料通过冷却器进行循环，对于大多数聚合物的生产都不太适用；⑤釜顶回流冷凝，主要用于缩聚反应，不仅可以排除部分反应热，还可以脱除反应生成的水分；⑥反应物料部分闪蒸，适用于易汽化的低沸点单体的聚合反应(如丙烯聚合)；⑦反应介质预冷，将单体或溶剂于进料前预冷至较低的温度，然后进入聚合反应釜，以吸收部分聚合热，类似④。前三种冷却方法采用较多。

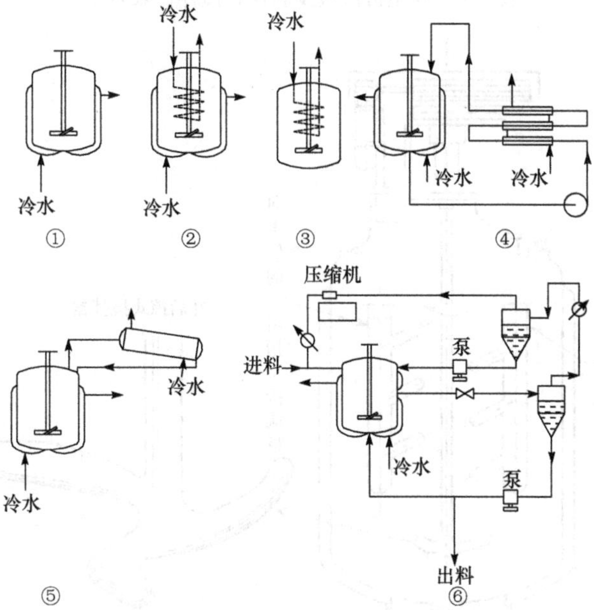

图 3-5　釜式聚合反应器的排热方式

例如，聚氯乙烯的悬浮聚合。最早采用带有夹套和搅拌器的细长型釜式反应器，比表面积相对较大，仅用夹套冷却就够了。当反应釜容积放大以后，仅靠夹套的传热面积不够，需要增加内冷管、挡流板以增加传热面积(如 D 型、指型折流板，见图 3-6、图 3-7)。而且，在悬浮聚合过程中，当聚合热增大时，常使单体的汽化量增大，可将单体的蒸气引出釜体外冷凝回流，以增加传热面积(体外循环)。

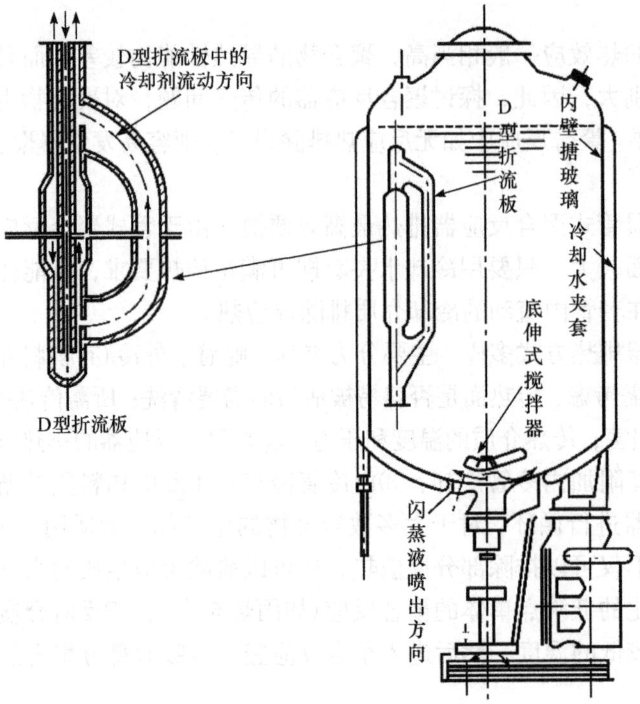

图 3-6　D 型折流板及底伸式搅拌器聚合釜

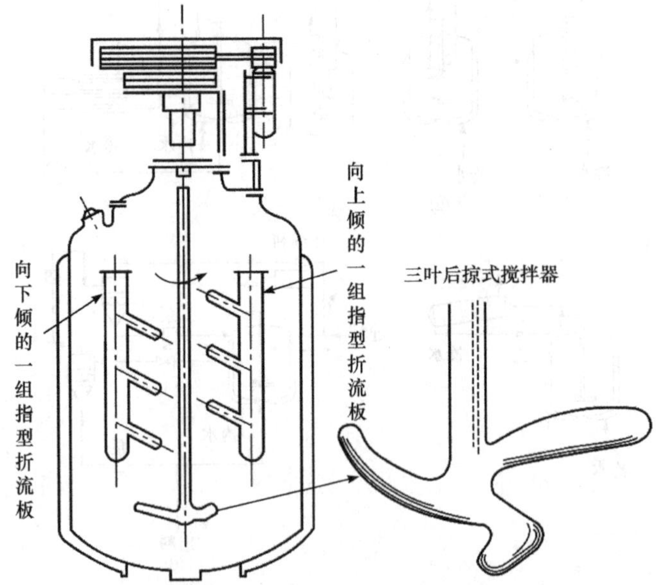

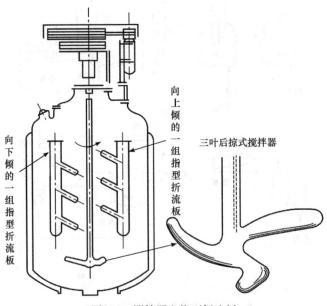

图 3-7　搅拌器和指型折流板

随着大型釜的发展，搅拌器也出现了变化。例如，采用三叶后掠式搅拌器搅拌时，不会产生不必要的涡流，可以节省能量；同时，高分子黏结釜壁程度轻，比较容易清洗；再配合上下指型或 D 型折流板，则效果更好。

3.4　聚合反应加热方法

在高分子工业中，所有化学反应都遵从化学反应动力学，换言之，反应温度、反应浓度等是决定聚合反应速率快慢的重要因素。而一般化学工业中，反应物的浓度是按照比例配好的，或者是通过物料及能量的计算来获取最佳的物料进取顺序及配比。聚合反应大部分在高于室温的情况下进行，反应温度决定了聚合反应的聚合程度，反应温度的控制主要依靠反应釜的加热设施进行调节。加热的方式分为直接加热和通过流体介质间接加热两种，常见的加热方法有以下 5 种。

3.4.1　炉灶加热

炉灶加热法是用煤、焦炭、天然气、煤气、燃油等燃料燃烧进行加热。该方法温度调节、控制麻烦，有明火较危险，但升温快，能较快得到很高温度。该方法属于直接加热法，在很多需要精细控制温度的高分子工业中作为辅助加热方式。例如，小作坊生产 106 胶水(以α-氰基丙烯酸乙酯为主)、107 胶水(聚乙烯醇缩甲醛胶黏剂)。由于醇酸树脂的合成采用缩聚反应，放热量小，但反应温度要求高，可采用炉灶加热法。

3.4.2　电加热

电加热是将电能转变成热能以加热物体。电加热器是一种加热效率高、速度快，低耗节能环保型的感应加热设备，应用范围十分广泛。与一般燃料加热相比，电加热可获得较高温度(如电弧加热，温度可达 3000℃以上)，易于实现温度的自动控制和远距离控制，可按需要使被加热物体保持一定的温度分布。电加热能在被加热物体内部直接生热，因而热效率高，升温速度快，并可根据加热的工艺要求实现整体均匀加热或局部加热(包括表面加热)，容易实现真空加热和控制气氛加热。因此，电加热广泛用于生产和科研等领域中。

电加热主要适用于小型或要求控制标准很高的场合。电能是高档能源，无任何污染问题，可以单独作为一种热源，也可以与其他换热设备一起作为二级加热设备。虽然电能是可利用率较高的清洁能源，但缺点是造价较高。

根据电能转换方式的不同，用于高分子聚合反应的电加热器通常分为高频电感加热器和电阻加热器两种。

1. 高频电感加热器

高频电感加热利用交变电场产生交变磁场涡流发热。感应加热可对物体进行整体均匀加热和表层加热；改变加热线圈(又称感应器)的形状，还可进行任意局部加热。多用于涤纶厂，特点是无明火，较安全，控制温度方便，效率高，但耗电量较大。

2. 电阻加热器

电阻加热器即电阻丝加热，特点同上，但不如高频电感加热法安全。电阻加热是利用电流的焦耳效应将电能转变成热能以加热物体。加热需由专门的合金材料或非金属材料制成发热元件(如电阻丝)，由发热元件产生热能，通过辐射、对流和传导等方式传到被加热物体上。

由于被加热物体和发热元件分成两部分，因此被加热物体的种类一般不受限制，操作简便。但使用电阻加热器时温度最好不要超过 350℃，否则可能会烧坏电热管。

3.4.3　饱和水蒸气加热

蒸汽是一种清洁、安全和廉价的热源，主要用于间接换热的设备中。经过换热设备进行传导传热，放出显热后成冷凝水排出。蒸汽压力高时温度较高。例如，0.6～0.8 MPa 的蒸汽，加热温度为 150～160℃。利用锅炉产生的蒸汽加热，最高允许温度为 180℃。

饱和水蒸气的热量来自汽化潜热。其特点是热含量大、导热效率高、成本低、压力和温度容易调节。因此，饱和水蒸气是目前比较好的、应用最广的加热方式。

3.4.4　热水加热

如果热水的温度达到 90～100℃，则主要作为预热的辅助性热源，通过换热的形式能使被加热介质达到 50～90℃的温度。一般利用蒸汽冲入冷水后进入夹套加热，此法平稳，控制方便，成本低，安全。

热水加热方式在高分子合成工业生产中用得不多，仅用于少数不耐温、容易腐败变质的生物医用材料或制品的加热。这是由于工业生产用水未经深加工处理，通常含有较多可溶性钙镁化合物，这种“硬水”加热到 80℃以上时水中所含矿物质会附着在设备器壁或容器底部逐渐形成水垢，水垢的导热能力很差，导致设备传热效率降低。

3.4.5　导热油加热

有机热载体俗称导热油，是用于间接传递热量的一类热稳定性较好的专用油品。其加热均匀，调温控制准确，能在低蒸汽压下产生高温，传热效果好，节能，输送和操作方便，近年来被广泛使用。

有机高温热载体加燃烧炉是常用的换热设备，这种被称为导热油炉的换热器具有其他工业炉不能比拟的优点，可以在更宽的温度范围内满足不同温度加热、冷却的工艺需求，或在同一个系统中用同一种导热油同时实现高温加热和低温冷却的工艺要求，而且在几乎常压的条件下，可以获得很高的操作温度。例如，当生产工艺要求在 180～260℃的高温下加热时，若采用蒸汽加热，则饱和水蒸气压力 4 MPa 时工作温度也仅能达到 260℃，但采用导热油炉，压力在小于 0.7 MPa 时就可以达到 280℃。因此，导热油炉加热具有低压高温的特点。

利用高沸点的矿物油作为加热介质，最高加热温度可达 250℃。但矿物油易老化，黏度会越来越大，且会有腐蚀性产物生成。

工业上最常用的是道生油。道生油是由 26.5%联苯和 73.5%二苯醚混合制成的低熔点混合物，沸点 258℃，凝固点 12℃，在<380℃可长期使用；也有用部分氢化处理的二联苯与三联苯混合物作为载热体的，其沸点更高，可在常压下加热至 340℃使用。液相加热温度可达 255℃，气相可达 255～380℃（0.53 MPa）。这种道生油使用温度高，热稳定性好，传热系数大，压力低。但由于其沸点为 258℃，在 260℃以上使用时必须带压操作，而且高温下渗透性强，有特殊难闻气味和毒性，污染环境，所以要求相应设备和管道的密封性能好，而且需要专门的载热体系。为此，国内外都在开发新型高温热载体以取代道生油。

国产有机热载体大部分以石油产品为原料，这是由于石油的比热较大，并可选择适当馏分，资源也比较充足。一般选用环烷基或芳烃混合基原料，加入抗氧化耐热添加剂而制得。

习题与思考题

1. 聚合反应设备的种类及其特点分别是什么？
2. 聚合反应热排除设备的种类及其特点分别是什么？
3. 聚合反应加热设施的种类及其特点分别是什么？
4. 论述高聚物生产过程的基本特点。

第 4 章　聚合反应实施方法及工艺控制

高分子合成工艺学的基础是聚合反应，聚合反应是高分子化合物生产过程中最重要、最关键的环节，分为自由基聚合、离子聚合和配位聚合、缩合聚合(简称缩聚)等。

4.1　自由基聚合实施方法

4.1.1　自由基聚合工艺基础

自由基聚合反应主要适用于乙烯基单体和二烯烃类单体的聚合或共聚，所得的均聚物或共聚物都是碳-碳主链的线型高分子量聚合物，在纯粹状态下通常是固体。自由基聚合所得的高聚物分子结构的规整性较差，所以多数是无定形聚合物，广泛应用于合成橡胶、塑料、合成纤维、涂料等的原料。自由基聚合反应分为本体聚合、溶液聚合、悬浮聚合和乳液聚合 4 种实施方法。自由基聚合实施方法比较见表 4-1。

表 4-1　自由基聚合实施方法比较

实施方法	本体聚合	溶液聚合	悬浮聚合	乳液聚合
配方主要成分	单体、引发剂	单体、引发剂、溶剂	单体、引发剂、分散剂、水	单体、引发剂、乳化剂、水
聚合场所	单体内	溶剂内	单体内	胶束内
聚合机理	自由基聚合一般机理，聚合速率提高，聚合度下降	容易向溶剂转移，聚合速率和聚合度都较低	类似本体聚合	能同时提高聚合速率和聚合度
生产特征	设备简单，易制备板材和型材，一般间歇法生产，热不容易导出	传热容易，可连续生产，产物为溶液状	传热容易，间歇法生产，后续工艺复杂	传热容易，可连续生产，产物为乳液状，制备成固体的后续工艺复杂
产物特征	聚合物纯净，分子量分布较宽	分子量较小，分布较宽；聚合物溶液可直接使用	较纯净，留有少量分散剂	留有乳化剂和其他助剂，纯净度较差

1. 自由基的反应

自由基聚合反应是借助于光、热、辐射、引发剂的作用，单体分子活化为活性自由基，再与单体连锁聚合形成高聚物的化学反应。自由基通常能发生以下 5 种反应。

(1) 自由基的结合反应。$X\cdot + Y\cdot \longrightarrow X—Y$，又称偶合反应。自由基活性较大，一旦相互碰撞极易结合。若发生两个链自由基结合反应，则高分子的链反应终止。

引发剂分解的初级自由基也会发生这一反应，主要是受到周围介质的影响。例如，溶液中的自由基被溶剂分子所包围，两个自由基未能扩散分离，从而发生偶合终止，消耗掉引发剂，使引发效率降低，这种效应称为“笼蔽效应”。过氧化物和偶氮化合物都有这一反应，偶氮类引发剂的笼蔽效应较过氧化物类更严重。

(2) 自由基的碎裂反应。$YZ\cdot \longrightarrow Y\cdot + Z$，自由基的碎裂反应往往是加成反应的逆反应。对聚合物来说，解聚反应大多按此形式进行。

(3) 自由基的转移反应。$X\cdot + Y{-}Z \longrightarrow X{-}Y + Z\cdot$，最重要的是 H 原子的提取反应 (Y = H)。自由基可以从溶剂分子或已生成的聚合物分子中夺 H，从而降低分子量或生成支化结构。还可以与未分解的引发剂作用，使之发生诱导分解，如 $R\cdot + (R'COO)_2 \longrightarrow R'COO\cdot + R'COOR$。

以上反应中自由基虽无增减，但消耗了一个引发剂分子，降低了引发效率。过氧化二酰最易发生这一反应。

(4) 自由基的加成反应。$X\cdot + Y{=}Z \longrightarrow X{-}Y{-}Z\cdot$，这实际上是聚合反应中的链增长反应。

(5) 自由基的歧化反应。$X\cdot + Y{-}Z{-}W\cdot \longrightarrow X{-}Y + Z{=}W$，是生成高分子的另一种链终止方式。有时也可以是单个自由基自身终止，此时虽然自由基数目不变，但产生了小分子副产物。例如：

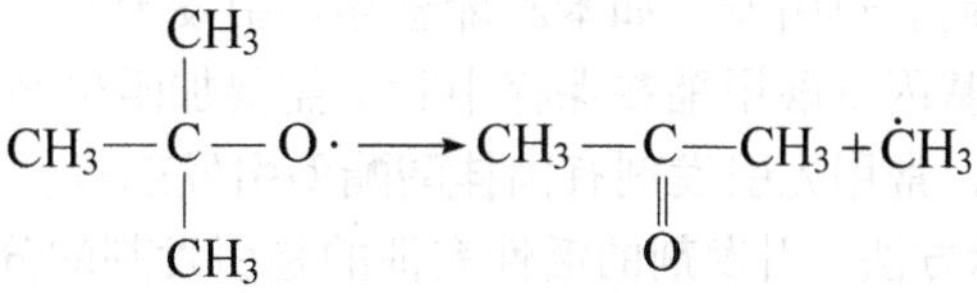

2. 自由基聚合反应的特征

自由基聚合反应的特征主要在于其产物和工艺的特点，可概括如下：自由基聚合反应合成的高分子主链基本上都是 C—C 链，如 PE、PVC；高分子的规整性较差，多数属于无定形高分子，如 PE、PVC、丁苯橡胶，但顺丁橡胶为结构规整的结晶形橡胶；多数采用引发剂引发聚合，常用的引发剂有过氧化物和偶氮化合物、过硫酸盐等，多数引发剂受热易分解爆炸；合成过程中工艺操作条件不苛刻、不复杂，适用于生产通用型、量大面广的高分子。

3. 自由基聚合反应及其机理

自由基聚合反应的活性中心是带孤电子的自由基，自由基的种类有原子自由基、分子自由基、离子自由基及共价键均裂形成的自由基，如 $A:B \longrightarrow A\cdot + \cdot B$。

自由基聚合反应机理主要是链引发、链增长和链终止 3 个基本反应。

1) 链引发

链引发反应是形成单体自由基活性种的反应。用引发剂引发时，链引发反应由下列两步反应组成：

引发剂 I 分解，形成初级自由基 R·

$$I \longrightarrow 2R\cdot \qquad (4\text{-}1)$$

初级自由基与单体加成，形成单体自由基

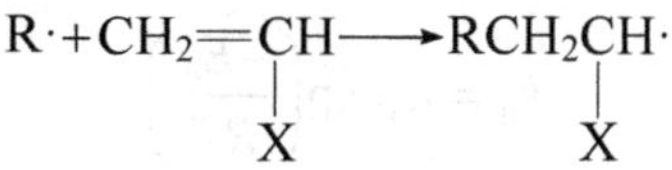

(4-2)

(1) 产生自由基所需能量。C—C 键能为 345.3 kJ/mol，C—H 键能为 412.6 kJ/mol，O—O 键能为 146.3 kJ/mol，C═C 键能为 613.6 kJ/mol，C—O 键能为 356.1 kJ/mol。根据键能数值可知，烷烃分子中的键能高，不易断裂产生自由基，所以自由基聚合反应一般要在加热下进行。但聚合反应大多是放热反应，放热量较大，而聚合物的导热性能又比较差，因此，控制聚合反应温度十分重要。

(2) 自由基产生方式。自由基产生方式有：引发剂引发(通过引发剂分解产生自由基)，热引发(通过直接对单体进行加热，打开乙烯基单体的双键生成自由基)，光引发(在光的激发下，某些烯类单体形成自由基)，辐射引发(通过 γ 高能辐射线，单体吸收辐射能而分解成自由基)，等离子体引发(等离子体可以引发单体形成自由基进行聚合，也可以使杂环开环聚合)，微波引发(微波可以直接引发有些烯类单体进行自由基聚合)。常用的有引发剂引发、热引发和光引发。

引发剂引发包括热分解型引发剂和氧化还原型引发剂。热分解型引发剂有过氧化物、偶氮化合物。在还原剂存在下，过氧化物分解为自由基的反应温度低于单独受热分解的温度，因此，当要求低温或常温条件下进行自由基聚合时，常采用过氧化物-还原剂的混合物作为引发剂，称为氧化还原引发剂。热引发，如苯乙烯悬浮热引发聚合、甲基丙烯酸甲酯本体热引发聚合，因此苯乙烯、甲基丙烯酸甲酯在保存中除了需要加阻聚剂以外，还要求低温。光引发，如光敏树脂、光刻胶，常用光引发剂有肉桂酸酯型引发剂等。

(3) 引发剂活性的表示方法。引发剂的活性表征的是引发剂的分解能力，一般常用的表征参数是分解速率常数、半衰期和分解活化能等。

绝大多数引发剂的分解反应属于一级反应，即分解速率与其浓度成正比

$$-\frac{d[I]}{dt}=k_d[I] \tag{4-3}$$

式中，$[I]$为引发剂浓度；k_d为分解速率常数。显然分解速率常数 k_d 值越大，引发剂活性越大。

用$[I_0]-[I]$表示在时间 t 时引发剂浓度的降低量，将式(4-3)积分得到：

$$\ln\frac{[I_0]-[I]}{[I_0]}=-k_d t \tag{4-4}$$

式中，$[I_0]$为起始引发剂浓度。

当引发剂分解掉一半时，$[I]=\frac{1}{2}[I_0]$，代入式(4-4)，可以得出引发剂分解一半所需要的时间：

$$t=\frac{\ln 2}{k_d} \tag{4-5}$$

将这一时间定义为引发剂的半衰期，用 $t_{1/2}$ 表示。显然 $t_{1/2}$ 值越小，引发剂活性越大。在手册上可以查到引发剂的 k_d 值和 $t_{1/2}$ 值，但必须注意其测定条件，因为外界因素对其数值有影响。

另一种表征活性的参数是分解活化能 E_d，其与 k_d 的关系可用阿伦尼乌斯方程表示：

$$k_d=A_d\exp\left(\frac{-E_d}{RT}\right) \tag{4-6}$$

式中，A_d为频率因子；E_d为分解活化能；R为摩尔气体常量；T为热力学温度。E_d值越小，引发剂活性越大。

工业上通常用半衰期$t_{1/2}$衡量引发剂的活性：$t_{1/2}>6$ h，低活性；1 h$<t_{1/2}<$6 h，中活性；$t_{1/2}<1$ h，高活性。工业上有时还用$t_{1/2}=10$ h时的分解温度来表征引发剂的活性。这一温度越高，活性越低。

(4)影响引发剂活性的因素。影响引发剂活性的因素主要有温度、反应介质、引发剂的化学结构。

温度对引发剂活性的影响主要体现在温度对引发剂分解速率的影响。化学反应一般受温度的影响，引发剂的分解也不例外。分解速率常数与温度的关系可用阿伦尼乌斯方程式(4-6)表示，则温度T_1和T_2时的分解速率常数k_{d1}和k_{d2}之间有如下关系：

$$\ln\frac{k_{d2}}{k_{d1}}=\frac{E_d}{R}\left(\frac{T_2-T_1}{T_1\cdot T_2}\right) \tag{4-7}$$

即

$$\lg\frac{k_{d2}}{k_{d1}}=\frac{E_d}{2.303R}\left(\frac{T_2-T_1}{T_1\cdot T_2}\right) \tag{4-8}$$

由式(4-7)或式(4-8)可从一个温度下的k_d，求出另一温度下的k_d。

引发剂的分解活化能E_d为正值，所以温度升高，k_d值增大，即引发剂活性随温度上升而增大。大多数引发剂在温度升高10℃时，$t_{1/2}$缩短1/4～1/3。

工业上部分常用的引发剂活性和温度的关系还可用经验公式表示，如下面几种：

过氧化二苯甲酰(氯乙烯中)：

$$k_d=3.0\times10^{13}\exp(-29600/RT)\quad(\mathrm{s}^{-1})$$

$$\lg t_{1/2}=6.52\times10^3/T-17.5\quad(\mathrm{h})$$

过氧化特戊酸叔丁酯 $(CH_3)_3C—\overset{\displaystyle O}{\overset{\|}{C}}—O—O—C(CH_3)_3$(氯乙烯中)：

$$\lg t_{1/2}=6.48\times10^3/T-18.8\quad(\mathrm{h})$$

过氧化碳酸二异丙酯(IPP)(氯乙烯中)：

$$\lg t_{1/2}=6.23\times10^3/T-18.45\quad(\mathrm{h})$$

AIBN(芳烃中)：

$$k_d=1.0\times10^{15}\exp(-30450/RT)\quad(\mathrm{s}^{-1})$$

$$\lg t_{1/2}=7.03\times10^3/T-19.87\quad(\mathrm{h})$$

引发剂活性还受反应介质的影响，因而手册或文献中的数据都是注明在特定介质中的情况，要注意区别。常用引发剂的分解速率常数k_d和分解活化能E_d见表4-2。

表 4-2　常用引发剂的分解速率常数和分解活化能

引发剂种类	溶剂	温度/℃	分解速率常数 k_d/s^{-1}	分解活化能 E_d/(kJ/mol)
偶氮二异丁腈	苯	40	5.44×10^{-7}	128.4
偶氮二(2-异丙基)丁腈	硝基苯	80	2.55×10^{-4}	128.9
偶氮二(2,4-二甲基)戊腈	甲苯	59.7	8.05×10^{-5}	121.3

续表

引发剂种类	溶剂	温度/℃	分解速率常数 k_d/s^{-1}	分解活化能 E_d/(kJ/mol)
过氧化二叔丁基	苯	80	7.8×10^{-8}	142.3
过氧化二异丙苯	苯	115	1.56×10^{-5}	170.3
过氧化二苯甲酰	苯	60	2.0×10^{-6}	124.3
过氧化十二酰	苯	60	1.51×10^{-5}	127.2
叔丁基过氧化氢	苯	154.5	4.29×10^{-6}	170.7
环己基过氧化氢	苯/苯乙烯(50/50)	70	1.27×10^{-3}	
异丙苯过氧化氢	白油(石蜡油)	150	1.34×10^{-4}	121.3
过氧化碳酸二异丙酯	苯	54	5.0×10^{-5}	
过硫酸钾	0.1 mol/L NaOH	50	9.5×10^{-3}	140.2

引发剂的活性大小与其本身的化学结构有关，判断一个引发剂的活性大小可以从以下三方面考虑：生成自由基的稳定性，生成的自由基越稳定，引发剂活性越大；空间效应，引发剂分子空间效应越大，分解后使空间效应变小，则引发剂的活性越大；电子效应，供电子基的存在使过氧化物易分解，而吸电子基的存在使过氧化物稳定性提高。

(5)引发剂的选择原则。在高分子合成工业中，正确合理地选择和使用引发剂对于提高聚合反应速率、缩短聚合反应时间、提高生产率具有重要意义。选择引发剂可以从以下四个方面考虑。

(i)根据聚合方法、场所等选择引发剂的类型和用量。聚合实施方法不同，聚合引发中心所处区域不同。例如，本体聚合无溶剂，所以选择油溶性引发剂；悬浮聚合在单体液滴中进行，所以选择油溶性引发剂；溶液聚合在单体液滴中进行，所以选择油溶性引发剂；乳液聚合在胶束中进行，所以选择水溶性引发剂。

(ii)根据聚合操作方式和反应温度选择适当分解速率的引发剂。由于连续操作和间歇操作物料在反应区域停留时间相差很大，因此根据操作方式来选择引发剂。例如，氯乙烯悬浮聚合采用间歇操作，反应物料在反应区域停留数小时(50℃)；乙烯本体聚合采用连续操作，反应物料在反应区域停留时间极短，以秒计(200℃)。又因为引发剂分解速率随温度变化，所以还应根据反应温度来选择引发剂。例如，丁苯橡胶乳液聚合，冷法(生产“软丁苯”橡胶)在5℃聚合，不能选择偶氮化合物引发剂，应选择氧化还原引发剂；热法(生产“硬丁苯”橡胶)在50℃聚合，选择过硫酸盐引发剂。

(iii)根据聚合时间、半衰期 $t_{1/2}$ 选择引发剂。工业生产中不希望在聚合物中残留有未分解的引发剂。残存的过氧化物引发剂可能使聚合物发生氧化反应而变黄，或在连续操作过程中物料离开反应区域继续发生非控制性反应。因此，在间歇操作中聚合时间一般在 $t_{1/2}$ 的两倍以上。例如，氯乙烯悬浮聚合反应时间为 $t_{1/2}$ 的三倍(同一温度)；苯乙烯悬浮聚合反应时间为 $t_{1/2}$ 的6～8倍。当需要在一定温度下在限定的时间内完成聚合反应时，可以根据引发剂的半衰期来选择引发剂。例如，要求8 h完成氯乙烯悬浮聚合时，则选在给定聚合温度下半衰期为 $t_{1/2}=8/3\ \text{h}\approx 3\ \text{h}$ 的引发剂。若没有合适的引发剂，则可用复合引发剂，即由两种或多种引发剂配合使用。复合引发剂的半衰期 $t_{1/2}$ 可按下式进行计算：

$$t_{\frac{1}{2}\text{m}}[I_{\text{m}}]^{\frac{1}{2}} = t_{\frac{1}{2}\text{A}}[I_{\text{A}}]^{\frac{1}{2}} + t_{\frac{1}{2}\text{B}}[I_{\text{B}}]^{\frac{1}{2}} \tag{4-9}$$

式中，$t_{\frac{1}{2}\text{m}}$、$t_{\frac{1}{2}\text{A}}$、$t_{\frac{1}{2}\text{B}}$ 分别为复合引发剂 m、引发剂 A 和引发剂 B 的半衰期；$[I_{\text{m}}]$、$[I_{\text{A}}]$、$[I_{\text{B}}]$分别为复合引发剂 m、引发剂 A、引发剂 B 的浓度(mol/L)。

采用复合引发剂可以使聚合反应的全部过程保持在一定的速度下进行。例如，在 50℃进行氯乙烯悬浮聚合时，采用过氧化碳酸二异丙酯(IPP)和过氧化十二酰(LPO)的复合引发剂。IPP 的分解速度是 LPO 的 2 倍，若单独使用 IPP，则在尚未达到规定转化率前，催化效能迅速降低，必须延长反应时间以提高转化率。加入 LPO 后可提高后期的反应速率，从而缩短总的反应时间。

在连续聚合过程中，若 $t_{1/2}$ 远小于单体物料在反应器中的平均停留时间，则引发剂在反应器内近于完全分解。若二者接近，则有较多引发剂未分解，随同反应物料流出反应器，这样在反应器外仍有聚合的可能，且会使单体的转化率降低。因此，连续聚合过程中应根据物料在反应器中的平均停留时间选择合适 $t_{1/2}$ 的引发剂。在搅拌非常均匀的反应器中，未分解的引发剂含量与停留时间有如下经验公式：

$$V = \frac{\ln 2}{\dfrac{t}{t_{1/2}} + \ln 2} \tag{4-10}$$

式中，V 为残留的引发剂含量(%)；t 为物料在反应器中的平均停留时间；$t_{1/2}$ 为引发剂半衰期。如果 $t_{1/2} = t$，则有约 40%未分解的引发剂带出反应器。一般 $V = 10\%$ 为较经济合理的数值，此时 $t = 6\,t_{1/2}$。

(iv)根据分解活化能选择引发剂。具有高分解活化能的引发剂比具有低活化能的引发剂的分解温度范围窄，即具有高分解活化能的引发剂在一定的温度下产生的自由基数目比低活化能者多。因此，如要求引发剂的分解温度较窄，则选用高分解活化能引发剂；如要求引发剂的分解温度宽，即要求引发剂缓慢分解，则选择低分解活化能引发剂。此外，还可以选择复合引发剂，使反应过程始终在平稳状态下进行。

2)链增长

在链引发阶段形成的单体自由基仍具有活性，能打开第二个烯类分子的π键，形成新的自由基。新自由基活性并不衰减，继续和其他单体分子结合成单元更多的链自由基。这个过程称为链增长反应，实际上是加成反应。

$$\text{R—H}_2\text{C—}\underset{\displaystyle\text{X}}{\underset{|}{\dot{\text{C}}\text{H}}} + \text{H}_2\text{C}{=}\underset{\displaystyle\text{X}}{\underset{|}{\text{CH}}} \longrightarrow \text{R—H}_2\text{C—}\underset{\displaystyle\text{X}}{\underset{|}{\text{CH}}}\text{—CH}_2\text{—}\underset{\displaystyle\text{X}}{\underset{|}{\dot{\text{C}}\text{H}}} \longrightarrow \cdots \longrightarrow \sim\sim\text{CH}_2\text{—}\underset{\displaystyle\text{X}}{\underset{|}{\dot{\text{C}}\text{H}}} \tag{4-11}$$

链增长反应有两个特征：一是放热反应，烯类单体聚合热为 55～95 kJ/mol；二是增长活化能低，为 20～34 kJ/mol，链增长反应速率极快，在 0.01 s 至几秒内，聚合度就可以达到数千甚至上万。这样高的速率是难以控制的，单体自由基一经形成立刻与其他单体分子加成，增长成活性链，而后终止成高分子，自由基聚合反应具有瞬时高速特性。因此，聚合体系内往往由单体和聚合物两部分组成，不存在聚合度递增的一系列中间产物。

对于链增长反应，除了应注意反应速率以外，还需研究对高分子微观结构的影响。在链增长反应中，结构单元间的结合可能存在“头-尾”和“头-头”(或“尾-尾”)两种形式。经实验证明，链增长反应主要以“头-尾”形式连接。这一结果可由电子效应和空间位阻效应解释。一些取代基共轭效应和空间位阻都较小的单体在聚合时“头-头”结构会稍多，如乙酸乙烯酯、偏二氟乙烯等。聚合温度升高时，“头-头”结构将增多。

由于自由基聚合的链增长活性中心——链自由基周围不存在定向因素，很难实现定向聚合，即单体与链自由基加成由 sp^2 杂化转变为 sp^3 杂化时，其取代基的空间构型没有选择性，是随机的，得到的常常是无规立构高分子，因此自由基聚合物往往是无定形高分子。

3) 链终止

自由基活性高，有相互作用而终止的倾向。链终止方式有两种：偶合终止和歧化终止。

链自由基的孤电子相互结合成共价键的终止反应称为偶合终止(双基终止)。偶合终止的结果是高分子的聚合度为链自由基重复单元数的 2 倍。用引发剂引发并且无链转移时，高分子两端均为引发剂残基。

$$\sim\sim CH_2-\underset{\displaystyle X}{\underset{|}{C}}H\cdot + \cdot H\underset{\displaystyle X}{\underset{|}{C}}-CH_2\sim\sim \xrightarrow{\text{偶合}} \sim\sim CH_2-\underset{\displaystyle X}{\underset{|}{C}}H-\underset{\displaystyle X}{\underset{|}{C}}H-CH_2\sim\sim \tag{4-12}$$

某链自由基夺取另一自由基的氢原子或其他原子的终止反应称为歧化终止。歧化终止的结果是高分子的聚合度与链自由基中单元数相同，每个高分子只有一端为引发剂残基，另一端为饱和或不饱和基团，两者各半。

$$\sim\sim CH_2-\underset{\displaystyle X}{\underset{|}{C}}H\cdot + \cdot H\underset{\displaystyle X}{\underset{|}{C}}-CH_2\sim\sim \xrightarrow{\text{歧化}} \sim\sim CH_2-\underset{\displaystyle X}{\underset{|}{C}}H_2 + H\underset{\displaystyle X}{\underset{|}{C}}=CH\sim\sim \tag{4-13}$$

链终止方式与单体种类和聚合条件有关。一般单取代乙烯基单体聚合时以偶合终止为主，而二元取代乙烯基单体由于空间位阻难以双基偶合终止。由实验确定，60℃下聚苯乙烯以偶合终止为主；聚合温度增高，苯乙烯聚合时歧化终止比例增加。甲基丙烯酸甲酯在 60℃以上聚合时，以歧化终止为主；在 60℃以下聚合时，两种终止方式都有。

任何自由基聚合都有上述链引发、链增长、链终止三步反应。其中链引发速率最小，成为控制整个聚合反应速率的关键，自由基聚合反应可以概括为慢引发、快增长、速终止。

4) 链转移

在自由基聚合过程中，链自由基有可能从单体、溶剂、引发剂等低分子或聚合物分子上夺取一个原子而终止，并使这些失去原子的分子成为自由基，继续新链的增长，使聚合反应继续进行下去。这一反应称为链转移反应。链转移方式有 4 种：向单体转移，向活性溶剂转移，向引发剂转移，向聚合物分子转移。向聚合物分子转移一般发生在叔氢原子或氯原子上，结果使叔碳原子上带上孤电子，形成高分子自由基。单体在其上进一步增长，形成支链物或交联物。向低分子链转移的反应式示意如下，自由基夺取 YS 中结合较弱的原子 Y(氢或卤原子等)而发生终止，而 YS 失去 Y 后成为新的自由基 S·。向低分子 YS 转移使得聚合物分子量降低。

$$\sim\sim CH_2-\underset{\displaystyle X}{\underset{|}{C}}H\cdot + YS \longrightarrow \sim\sim CH_2-\underset{\displaystyle X}{\underset{|}{C}}H-Y + S\cdot \tag{4-14}$$

4. 阻聚和缓聚

自由基向某些物质转移后，形成稳定的自由基，不能再引发单体聚合，最后只能与其他自由基双基终止。结果，初期无聚合物形成，出现了所谓“诱导期”。这种现象称为阻聚作用。具有阻聚作用的物质称为阻聚剂(inhibitor)，按机理可分为加成型阻聚剂(如苯醌)、链转移型阻聚剂(如 DPPH)和电荷转移型阻聚剂(如 $FeCl_3$)等，一般通过减压蒸馏除去阻聚剂。

阻聚剂是能使每个活性自由基消失而使聚合停止的物质。缓聚剂(retarder)是指部分消灭活性自由基或使聚合减慢的物质。阻聚剂与缓聚剂并无严格区分，只是作用的程度不同，并且对不同的单体其作用也会不同。一般杂质自由基多时起阻聚作用，可作为聚合反应终止剂；杂质自由基少时起缓聚作用。阻聚杂质或缓聚杂质对聚合的影响如图 4-1 所示。阻聚剂会导致聚合反应存在诱导期 t_i，但在诱导期过后，不会改变聚合反应速率。缓聚剂并不会使聚合反应完全停止，不会导致诱导期，只会减慢聚合反应速率。但有些化合物兼有阻聚作用与缓聚作用，即在一定的反应阶段充当阻聚剂，产生诱导期，反应一段时间后其阻聚作用消失，转而成为缓聚剂，使聚合反应速率减慢。

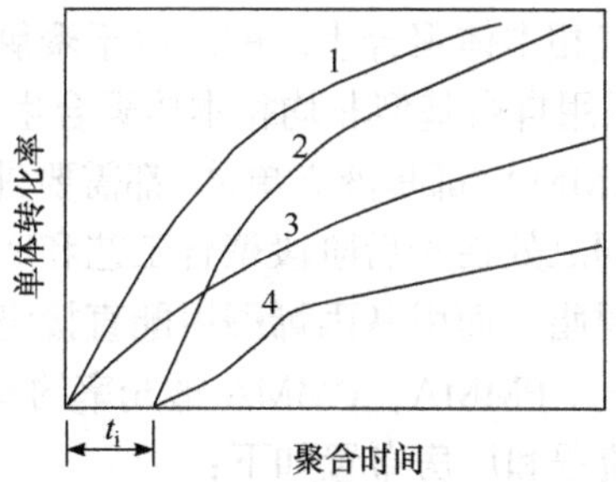

图 4-1 阻聚杂质或缓聚杂质对聚合的影响

1. 正常聚合曲线(无阻聚剂和缓聚剂)；2. 具有阻聚剂的聚合曲线(有诱导期)；3. 具有缓聚剂的聚合曲线；4. 兼具阻聚作用和缓聚作用的聚合曲线

4.1.2 本体聚合工艺

本体聚合是单体中加有少量引发剂或不加引发剂依赖热或光引发，而无其他反应介质存在的聚合方法。本体聚合的引发剂多为油溶性引发剂，油溶性引发剂主要有偶氮类引发剂和过氧类引发剂，偶氮类引发剂有偶氮二异丁腈、偶氮二异庚腈、偶氮二异戊腈、偶氮二环己基甲腈、偶氮二异丁酸二甲酯等。相对于过氧类引发剂，采用偶氮类引发剂的聚合反应更加稳定。

1. 本体聚合的特点

本体聚合的主要特点是聚合过程中无其他反应介质，配方由单体和引发剂组成，选择性加入少量色料、增塑剂、润滑剂、分子量调节剂等，无分散介质。因此，工艺过程较简单，省去了回收工序，而且所得高分子产品纯度高。

(1)本体聚合的类型。本体聚合的类型有均相和非均相两种。生成的聚合物能溶于各自的单体中，为均相聚合，如聚苯乙烯、聚甲基丙烯酸甲酯等；生成的聚合物不溶于它们的单体，在聚合过程中不断析出，为非均相聚合，又称沉淀聚合，如聚乙烯、聚氯乙烯等。

(2)本体聚合的优点。工艺上，生产流程简单，三废少，无后处理工序。产品性能上，聚合产物纯净，产品纯度高，电绝缘性能好，耐老化性好，产品透明性好。

(3) 本体聚合的缺点。工艺上，由于本体聚合时无其他介质存在，随着聚合反应的进行，体系黏度增加，聚合反应热散发困难，可能发生局部过热，发生爆聚；生产过程温度控制困难，如聚乙烯放热量大，快速达到分解温度，造成体积增大，在密闭容器中易爆炸，所以需要有防爆装置。产品性能上，热量不易排除造成分子量分布宽，虽然分子量分布宽的高分子加工容易，但高分子质量不稳定。

(4) 解决传热的方法。解决本体聚合传热的方法主要有 4 种措施：分段聚合，即先预聚合达到一定的转化率后，再进行下一阶段的后聚合；冷进料，利用其热量预热单体；降低转化率，如高压聚乙烯转化率控制在 10%～20%；设备上加强排热、搅拌。

2. 本体聚合的主要产品

本体聚合适用于产品纯、放热少、自由基活性小的均相聚合反应。本体聚合的主要产品有高压法聚乙烯(低密度、支链多)、聚氯乙烯、聚苯乙烯、聚甲基丙烯酸甲酯(PMMA)。乙烯和氯乙烯单体常温下都是气体，但是乙烯常温下高压压缩仍为气态不能够液化。目前工业上只有聚乙烯是采用自由基型气相本体聚合生产的。由于聚氯乙烯不溶于其液态单体中而呈粉状物析出，因此聚氯乙烯可采用自由基型非均相本体聚合生产，但这种生产方法采用较少。苯乙烯(ST)和甲基丙烯酸甲酯(MMA)都是液态单体，都需要进行预聚合且单体的转化率都很高，所以不需要脱除单体，不同之处在于后阶段聚合工艺和产品形态，苯乙烯是热聚合，不需要引发剂，聚合后生产粒状树脂，而甲基丙烯酸甲酯直接浇铸聚合生产有机玻璃。本体浇铸聚合主要用于生产有机玻璃——PMMA，PMMA 透光率约 92%，光学性能比无机玻璃好，多用作航空玻璃，其聚合工艺流程和厂房布置如下：

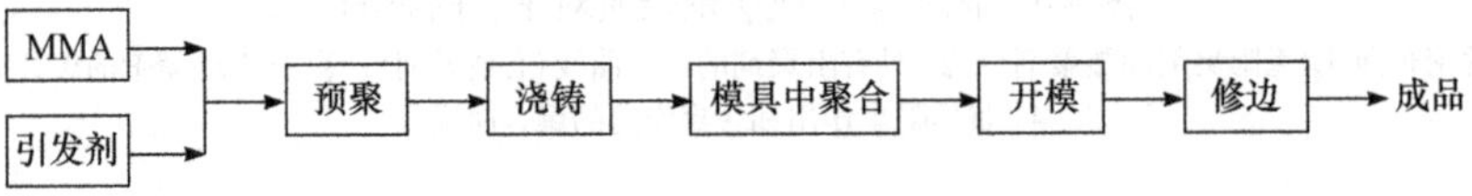

MMA 聚合特点：聚合过程中 MMA 体积收缩大(在 25℃时体积收缩率为 21%)，遇热易聚合(聚合热为 54 kJ/mol)，散热困难，易产生气泡等，因此常采用分段聚合，即先预聚再进行模具中浇铸聚合。

1) 预聚

预聚是将 MMA、引发剂 BPO 或 AIBN 等在搅拌釜中于 90～95℃下聚合至 10%～20%转化率，成为黏稠的液体(黏度可达 1 Pa·s)，然后用冰水冷却，使聚合反应暂时停止，备用。预聚阶段体系黏度不高，凝胶效应并不严重，传热并无困难。聚合至 10%～20% 转化率以后，物料体积已部分收缩，聚合热已部分排出，有利于以后的聚合。

进行预聚的目的在于：①减少在模具中聚合时的体积收缩；②排除一部分反应热，提高物料黏度，由于物料黏稠从而减少了物料在模具中的泄漏；③缩短物料在模具中的聚合反应时间；④克服溶解在单体中的 O_2 的阻聚作用；⑤减小自由基聚合特有的自动加速效应出现的可能性，从而减少发生事故的可能。

2) 浇铸聚合

预聚完成后，将浇有预聚浆液并完全密闭的模具置于热空气烘房或热水槽中进行浇铸聚合，最后固化成型，变成与模具内腔形状相同的制品。

浇铸聚合的工艺控制因素如下：①温度。由于聚合反应放热，温度增加，PMMA 分子量减小，反应速率加快，所以应严格控制升温速度，不使模具温度局部过热。控制热空气或热水随单体转化率的提高而逐步升温。一般聚合开始时的温度为 45℃左右，聚合后期升温到 90℃左右或更高。②压力。随着浇铸成型施加压力的增加，产品收缩痕减小。③引发剂。引发剂增加，反应速率加快，但产物分子量减小。④单体中不能有 O_2，O_2 的阻聚作用会使产物分子量减小。⑤单体不能含有易挥发组分，以免产生气泡。⑥聚合时间。PMMA 本体聚合过程中凝胶效应出现早，转化率为 20% 时反应速率就大大下降，90% 时就基本不聚合了。一般采取低温缓慢聚合以与散热速度相适应。如果聚合过快，来不及散热，将影响产品分子量分布和强度。转化率达 90% 之后，进一步升高温度至 PMMA 玻璃化转变温度以上（100～120℃）进行高温热处理，使残余单体聚合完全，这样 PMMA 分子量可达 10^6。

4.1.3　悬浮聚合工艺

悬浮聚合是以水为分散介质，加悬浮剂，在机械搅拌下使不溶于水的单体分散为油珠状悬浮于水中，经引发剂引发聚合的工艺方法。悬浮聚合相当于无数个本体聚合的组合，每个小油珠相当于一个本体聚合。

1. 悬浮聚合的特点

(1) 悬浮聚合的类型。悬浮聚合以水为分散介质，分为均相聚合与非均相聚合两种类型。例如，PS 和 PMMA 的悬浮聚合为均相聚合，聚合产物为透明、圆滑的小珠；PVC 的悬浮聚合为非均相聚合，聚合产物为不透明、不规整的小珠。20 世纪末发展出了以有机溶剂为分散介质制备亲水性高分子材料的新型悬浮聚合方法，称为反相悬浮聚合。例如，反相悬浮聚合制备的聚丙烯酸高吸水性树脂可用于制作高分子卫生用品。

(2) 悬浮聚合的优点。成本低；聚合反应容易；生产操作安全（以水为分散介质）；体系黏度低且黏度变化小，聚合热易扩散，聚合反应温度易于控制；聚合产物分子量分布窄；聚合产物分子量比溶液聚合高，杂质比乳液聚合少，产品纯度小于本体聚合而大于乳液聚合；聚合产物为固体颗粒，易分离、干燥，粒状树脂可以直接用来加工。

(3) 悬浮聚合的缺点。存在自动加速作用；必须使用分散剂，且在聚合完成后分散剂很难从聚合产物中除去，会影响聚合产物的性能（如外观、老化性能等）；聚合产物颗粒会包埋少量单体，不易彻底清除，影响聚合产物性能；后期产品脱水、干燥工序多。

2. 悬浮聚合的主要产品

悬浮聚合的主要产品有 PVC、PS、PMMA 及其共聚物、聚四氟乙烯（PTFE）、聚三氟氯乙烯和聚醋酸乙烯酯等。

PVC 采用四种自由基聚合方法都可以生产，但产品各有特点。本体聚合生产的 PVC，质量好，但黏附性、加工性不好；悬浮聚合生产的 PVC，质量好、成本低，并且生产操作安全；乳液聚合生产的 PVC，产品粉末细、强度好，但性能不太好，有杂质；溶液聚合生产的 PVC，所用溶剂昂贵且有毒，产物分子量小，易老化。目前悬浮聚合生产的 PVC 产量最大，占 80%～90%。

3. 悬浮聚合机理

悬浮聚合反应机理与本体聚合相似，需要研究的是单体液滴的形成和稳定、悬浮剂的分散和稳定作用、悬浮聚合物成粒机理。

(1) 单体液滴的形成和稳定。物料在进行悬浮聚合时，单体大液滴在反应器中受搅拌的切应力作用先被拉成长条形，然后被击散成小珠滴。小珠滴也可以受搅拌影响，互相碰撞而成为大液滴。因此，搅拌作用能保持小珠滴和大液滴之间的分散和聚集状态的动态平衡。图 4-2 为悬浮单体液滴分散-聚并模拟。

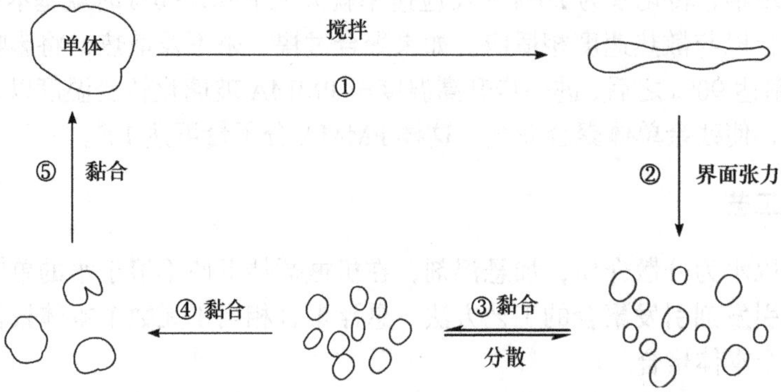

图 4-2　悬浮聚合过程中的悬浮单体液滴分散-聚并模拟

(2) 悬浮剂的分散和稳定作用。为了使悬浮聚合过程安全地渡过液滴黏结危险期，而得到质量良好的产品，水相中必须加入悬浮剂。工业生产中使用的悬浮剂分为两种类型。

(i) 水溶性高分子化合物，又称保护胶，如明胶、聚乙烯醇、甲基纤维素，以及甲基丙烯酸或顺丁烯二酸酐与苯乙烯共聚物的碱金属钠盐等。

用作悬浮剂的水溶性高分子化合物通常不是表面活性剂，但它们的分子中具有亲水基团和亲油基团，当单体相与水相界面层存在更多的悬浮剂时，则形成凝胶状保护层，因而使液滴分散，防止它们相互黏结。另外，由于吸附作用，悬浮剂分子的亲水基团和亲油基团可能发生定向排列而有助于分散作用。例如，部分水解的聚乙酸乙烯酯，其未水解的酯基团成亲单体相排列，其水解后的羟基则成亲水相排列，所以它的分散作用主要取决于水解程度，其次是其聚合度，也就是亲油相链段的长度和数目。因此，具有良好分散作用的高分子化合物，其亲水基团和亲油基团的比例应恰当。珠粒的大小正比于反应开始时的界面张力大小，所以加入极少量的表面活性剂使界面张力降低，可达到减小珠粒直径的目的。

(ii) 不溶于水的高分散性无机粉状物，如碳酸镁、磷酸钙、碳酸钙、碳酸钡、硅藻土和滑石粉等。

用不溶于水的无机粉状物为悬浮剂时，其用量应该完全遮盖单体液滴的表面，通常为水量的 0.1%～1%，根据要求生产的珠粒直径而有变化，起机械隔离作用。其作用机理在于粉状物被水润湿后存在于珠粒之间，当两个珠粒接近时，表面被粉状物所隔绝而防止黏结。具有良好分散作用的无机粉状物应当是高度分散的。在水中能够形成胶体分散液的粉状物具有良好的分散能力。悬浮剂的分散作用机理见图 4-3。

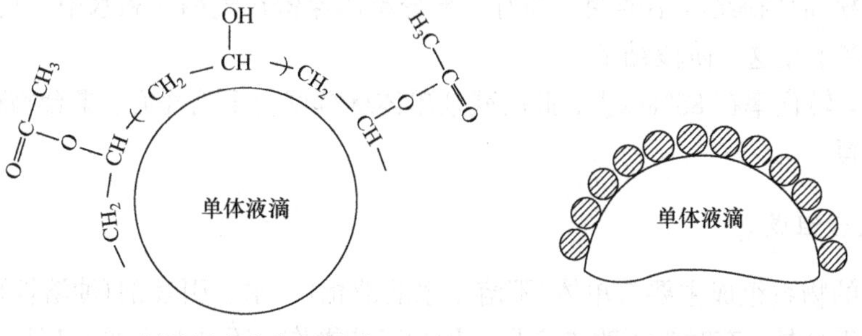

(a) 水溶性有机高分子化合物　　(b) 不溶于水的无机粉末

图 4-3　悬浮剂的分散作用机理

(3)悬浮聚合物成粒机理。若聚合物溶于单体，属均相反应，最后产品为透明、圆滑、坚硬的小圆粒，称“珠状聚合”，如聚苯乙烯、聚甲基丙烯酸甲酯。若聚合物不溶于单体，属非均相反应，最后产品为不透明、外形极不规则的小粒子，称“粉状聚合”，如聚氯乙烯。这两类聚合物的粒子形成过程不同，分述如下。

(i)均相粒子的形成过程分为三个阶段。

聚合反应初期。单体在搅拌下形成小液滴，在悬浮剂的保护和适当的分解温度下，引发剂分子分解为自由基，单体分子开始链引发、链增长，经链终止生成高分子化合物。

聚合反应中期。由于生成的聚合物能溶于自身单体中，故仍能使反应液滴保持均相。但随着聚合物增多，液滴黏度增大，这一阶段液滴内放热量增多，黏度上升很快，液滴间黏结的倾向性增大，同时液滴体积开始减小。此时，如果散热不良，单体会因局部受热气化，使液滴内产生气泡。当转化率达 70% 以后，反应速率开始下降，单体浓度开始减小，液滴内大分子越来越多，活动也愈加受限制，黏性逐渐降低，弹性相对增加。

聚合反应后期。转化率达 80% 时，单体显著减少，液滴体积收缩，聚合物大分子链紧紧地黏结在一起。在粒子中未聚合的单体继续转化为大分子链，此时可提高温度使残余的单体进行聚合，使液滴全部为大分子所占有，由液相转变为固相的过程全部完成，最终形成均匀坚硬的透明固体的球粒。

(ii)非均相粒子的形成过程分为五个阶段。

第一阶段。转化率为 0～0.1%，单体经搅拌分散为微小液滴，此时水溶性悬浮剂在液滴表面形成保护膜，当链增长至 10 个分子以上的聚合体时，就从单体液滴中沉淀出来。

第二阶段。转化率为 0.1%～1%，是粒子形成阶段。在单体液滴中，沉淀出来的链自由基或大分子合并起来并悬浮分散形成初级粒子，它是许多个大分子的聚集体。液滴逐渐由液态均相变为单体和聚合物(被溶胀的聚合物)组成的非均相体系。

第三阶段。转化率为 1%～70%，为粒子生长阶段。初级粒子形成后，合并成次级粒子，随着反应的进行，液滴内初级粒子逐渐增多，次级粒子逐渐增大，次级粒子又相互凝结而形成一定的颗粒骨架。同时有小部分的链自由基从液滴中扩散至表面，而与保护液滴的悬浮剂分子发生链转移，导致与悬浮剂接枝。当转化率达 50%以后，反应因产生“自动加速”效应而增快，至转化率达 60%～70% 时，反应速率达最大值，液滴中的单体消失，反应器内的压力突然下降。

第四阶段。转化率为 70%～85%，在这个阶段中，只有被聚合物溶胀的单体继续消耗至完，粒子由疏松而变得结实不透明，尚有一部分单体保留在气相中和水中，转化率只可能达 85%，生产上多半在这一阶段结束。

第五阶段。转化率在 85%以上，此时残余单体继续聚合至消耗完，聚合物粒子变得坚实，但反应速率很慢。

4. 悬浮聚合组成

悬浮聚合的物系组成主要有单体(不溶于水的液相)、水、引发剂(油溶性)和分散剂。除了这四种基本组分外，有时为了改进产品质量和工艺操作，还可能添加 pH 调节剂、分子量调节剂、表面活性剂(作为助分散剂)、消泡剂(如丁烷和已烷)等多种助剂。

5. 悬浮聚合工艺主要控制因素

(1)单体纯度。单体纯度高，聚合反应速率快，产品质量高，生产容易控制。因此，要求单体必须有一定的纯度才能进行聚合。

(i)不能有阻聚、缓聚的物质，如单体中不能含 O_2、金属离子，PVC 生产时氯乙烯单体不能含乙炔杂质。

(ii)不能有加速聚合的物质。例如，采用苯烷基化制得的苯乙烯中，含有甲苯、乙苯、甲基苯乙烯和二乙烯基苯等杂质。其中，甲基苯乙烯和二乙烯基苯比纯苯乙烯活泼，会使聚合反应速率增加。

(iii)不能有发生链转移的物质，否则会降低产物的分子量或生成交联聚合物。例如，氯乙烯中的高氯化物、乙醛、二氯乙烷等，苯乙烯中的甲苯、乙苯等，都是链转移剂。

(iv)不能有发生支化、交联的物质，否则会使产品分子量增大，熔融指数降低，加工性能变差，甚至产品不能使用。例如，苯乙烯中含有二乙烯基苯，聚合产物将是凝胶状，表面粗糙而不透明，熔融指数可能下降至零，产品无法使用。

(v)不能有使聚合物最终带上双键的物质，否则最终聚合物易色深、老化。

(2)水油比。水油比是水的用量与单体质量之比。

水油比较大时，生产便于控制，传热效果好，聚合物粒子均匀，分子量分布窄，但设备利用率不高；水油比较小时，散热困难，生产不易控制。一般水油比为(1～2.5)：1，其中生产紧密型 PVC 树脂的水油比为(1.2～1.26)：1，生产疏松型 PVC 树脂的水油比为(1.5～2)：1。聚苯乙烯树脂悬浮聚合反应的水油比为低温工艺(1.4～1.6)：1，高温工艺(2.8～3)：1。

(3)聚合温度。聚合温度增加，产物分子量下降，反应速率上升。

当聚合配方确定之后，聚合温度就是反应过程中最主要的参数，影响聚合反应的速率、聚合物分子量及聚合物的微观结构。

当引发剂分解时，其分解速度与温度密切相关。随温度升高，半衰期缩短，分解速率常数增大，链引发、链增长速率随之增加。聚合速率提高后，聚合反应时间缩短。在相同的反应时间内较高的温度下能获得较高的转化率，如图 4-4 所示。

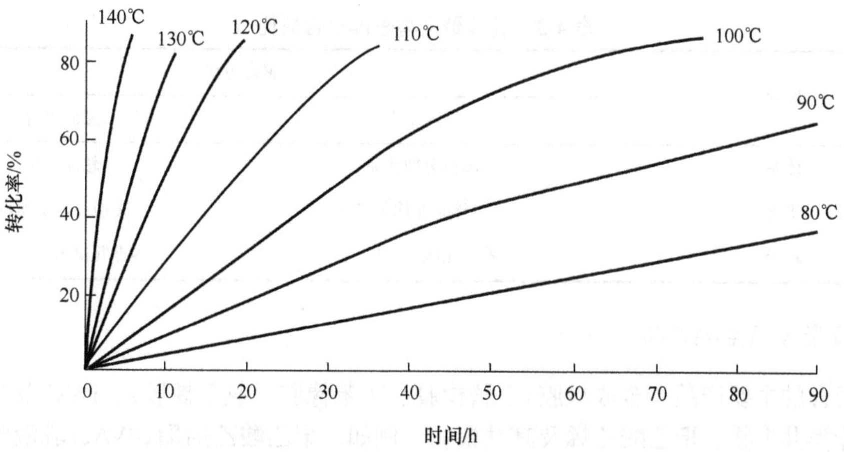

图 4-4　聚合温度和时间对苯乙烯悬浮聚合转化率的影响

(4) 聚合时间。聚合时间增加，单体转化率上升，但设备利用率下降，不经济。因此，生产中一般采用在聚合反应后期升高温度的方法，促使剩余单体加速聚合，以取得较高的转化率而又不延长太多的时间。聚合时间主要考虑两点：①通过升高反应温度，缩短聚合时间；②通过终止反应，缩短整个反应时间。

(5) 聚合装置。高分子聚合反应的主要设备是聚合釜，要使聚合产物分子量均匀、珠径均匀，则必须散热均匀，所以悬浮聚合用的聚合釜需有排热、搅拌装置。搅拌对液体产生的剪切力的大小直接决定了形成粒子的大小和产品质量。

4.1.4　乳液聚合工艺

乳液聚合是液态的乙烯基单体或二烯烃单体在乳化剂存在下分散于水中成为乳状液，然后被水溶性引发剂引发聚合的工艺方法。

1. 乳液聚合的特点

乳液聚合的主要特点是聚合反应速率快，所得聚合物分子量大、粒径小(1 μm 以下)。

(1) 乳液聚合的优点。聚合反应在胶束中进行，聚合速率快，产物分子量大(如分子量大的合成橡胶)，可以在较低的温度下聚合；生成的聚合物粒子小，约 0.1 μm；反应体系黏度低，流动性好，传质方便；以水为分散介质，比热容大，传热方便，无毒、无污染，不会产生火灾危险，反应过程易控制；体系稳定性好(而悬浮聚合稳定性差)，可连续操作，也可间歇操作；设备可大可小，适用性广，生产能力可达万吨级，也可几百千克，制出的乳液可直接用作乳胶漆、胶黏剂、织物处理剂等。

(2) 乳液聚合的缺点。需要固体产物时，乳液需要经过破乳、洗涤、脱水、干燥等工序，后处理复杂，生产成本较悬浮聚合高；聚合产物分离过程较复杂，并且产生大量的废水；采取喷雾干燥生产固体粉状合成树脂时，耗能大；聚合产物组成复杂，杂质多、纯度低，电绝缘性能不好，初粘力差(需采用增稠、增黏法改进)。

(3) 乳液聚合与悬浮聚合的区别。乳液聚合与悬浮聚合的区别见表 4-3。

表 4-3　乳液聚合与悬浮聚合对比

区别	聚合方法	
	乳液聚合	悬浮聚合
体系	胶体分散体系	悬浮体系
机理	无搅拌时亦均匀稳定	无搅拌时会沉淀
粒径	零点几微米～1 μm	零点几毫米～数毫米

2. 乳液聚合的主要产品

乳液聚合的主要产品有合成橡胶(丁腈橡胶、丁苯橡胶、氯丁橡胶)、PVC 及其共聚物、聚丙烯酸酯类共聚物、聚乙酸乙烯及其共聚物。例如，聚乙酸乙烯酯(PVAc)乳液胶黏剂是以乙酸乙烯酯(VAc)为反应单体在分散介质中经乳液聚合而制得的，也称聚醋酸乙烯酯乳液，俗称白乳胶或白胶，是合成树脂乳液中产量最大的产品之一，其产量仅次于聚丙烯酸酯乳液胶黏剂，位居水基胶黏剂产量的第二位。

3. 乳液聚合组成

乳液聚合的物系组成主要有单体(一般为不溶于水或微溶于水的液相)、引发剂(大多为水溶性)、分散介质和乳化剂。

(1)单体。适用于乳液聚合的单体范围较宽，可以是液态的乙烯基单体或二烯烃单体(油溶性)，分别用于生产合成树脂或合成橡胶。

(2)引发剂。引发剂主要采用氧化还原引发剂，氧化还原引发剂中的氧化剂为有机过氧化物或水溶性过硫酸盐，如过氧化氢对孟烷、异丙苯过氧化氢、过氧化氢、过硫酸钾等。这些有机过氧化物在水中的溶解度较低，不在水相中配制。还原剂主要为亚铁盐，如硫酸亚铁。还原剂的作用在于使过氧化物于低温下分解生成自由基，因此工业上也称为活化剂。

(3)分散介质。分散介质一般采用水，水和单体的质量比为 70：30～40：60。

(4)乳化剂。用作乳化剂的表面活性剂分子中都含有亲水基团和亲油基团，种类很多，有离子型、非离子型、两性离子型，乳液聚合常用水包油型阴离子表面活性剂作乳化剂。常用的有含碳原子 12～18 的烷基硫酸盐、磺酸盐或脂肪酸盐。

4. 乳化剂的作用、类型和选择

乳化剂是可以使不溶于水的液体与水形成稳定的胶体分散体系——乳化液的物质。乳化剂都是表面活性剂，分子中具有亲水和亲油基团两部分。在选择乳化剂时，要考虑其临界胶束浓度、亲水亲油平衡值及离子类型。

(1)乳化剂的作用。乳化剂的作用在于：①降低界面张力，使单体分散成细小液滴；②在液滴表面形成紧密的表面膜(液滴保护层)，阻止粒子在接触中互相兼并，防止聚集，使乳液得以稳定；③形成胶束，具有增溶作用，使部分单体溶于胶束内。

此外，常用的保护胶体有聚乙烯醇、动物胶、明胶、甲基纤维素、羧甲基纤维素、阿拉伯胶、聚丙烯酸钠等。PVAc 乳液常采用 PVA 作为保护胶体，用量为 1%～4%。将保护胶体和乳化剂并用，可以控制乳胶粒的粒径大小及其分布，提高反应稳定性和储存稳定性。

临界胶束浓度(CMC)是表征乳化剂性能指标的重要参数。乳化剂从分子分散的溶液状态到开始形成胶束时的临界浓度称为 CMC。CMC 是表面活性剂表面活性的一种度量。CMC 越小，形成胶束所需要的浓度越低，达到表面饱和吸附的浓度越低，使表面张力降到最低值所需浓度越低，也就是表面活性越高。在使用表面活性剂时，浓度一般比 CMC 稍大，否则表面性能不能充分发挥。在乳液聚合中，乳化剂浓度约为 CMC 的 100 倍，因此大部分乳化剂分子处于胶束状态。CMC 取值与表面活性剂结构的关系见表 4-4。

表 4-4　CMC 取值与表面活性剂结构的关系

表面活性剂	取值范围	亲水基团影响	亲油基团影响	结论
离子型表面活性剂	0.0001～0.02 mol/L	小	大	碳原子个数越多，CMC 取值越小 双键或支链越多，CMC 取值越大
非离子型表面活性剂	＜0.0001 mol/L	大	小	$(CH_2CH_2O)_n$越长，CMC 取值越大

单体在水中溶解度很低，形成液滴后表面吸附了许多乳化剂分子，因此可在水中稳定存在。部分单体进入胶束内部，宏观上溶解度增加，这一过程称为“增容”，即增加油相在水相的溶解能力。增容与乳化剂类型、用量有关。

(2) 乳化效率。乳液的形成一靠搅拌，二靠乳化剂，其中主要是靠乳化剂。乳化剂的 CMC 越低，乳化能力越强。衡量乳化剂的乳化效率可以用亲水亲油平衡值(HLB)。HLB 与亲水、亲油基团的形成和大小有关。乳化剂的亲水、亲油基团示意图见图 4-5。

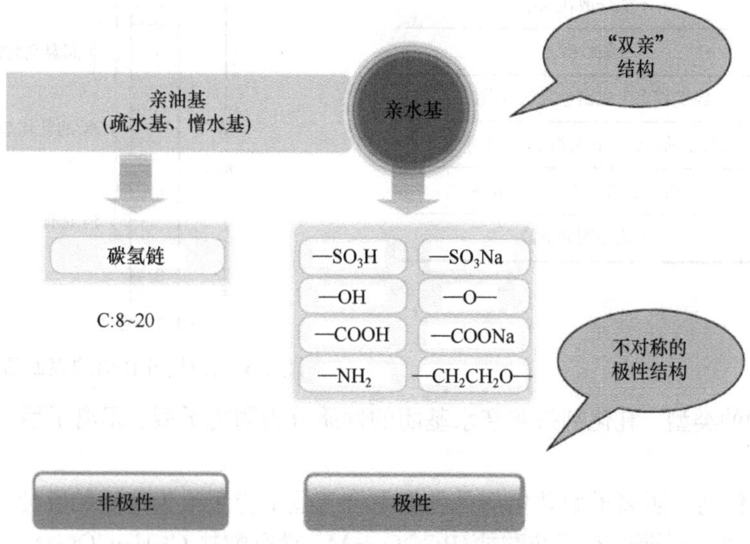

图 4-5　乳化剂的亲水、亲油基团示意图

乳化剂(表面活性剂)的 HLB 值可以根据表面活性剂分子的亲水、亲油基团值进行粗略的理论计算：

$$HLB = 7 + \sum 亲水基团值 - \sum 亲油基团值 \tag{4-15}$$

或

$$HLB = 10 \times \sum 亲水基团值 / \sum 亲油基团值 \tag{4-16}$$

亲水或亲油基团值见表 4-5，表中数值为正表示基团为亲水性，数值为负表示基团为亲油性，计算时应代入数值的绝对值。各种 HLB 值的表面活性剂在水中的性质见表 4-6，各种 HLB 值的表面活性剂的应用见图 4-6。

表 4-5 亲水或亲油基团值

亲水基团值		亲油基团值	
—SO_4Na	38.7	═CH—	−0.475
—COOK	21.1	—CH_2—	−0.475
—COONa	19.1	CH_3—	−0.475
—N（叔胺）	9.4	>CH—	−0.475
—COOR	2.4	⁅CH_2—CH_2—O⁆	0.33
—COOH	2.1	⁅CH_2—CH_2—CH_2—O⁆	−0.15
—OH	1.9		
—O—	1.3		

表 4-6 各种 HLB 值的表面活性剂在水中的性质

HLB 值	性质
1～4	不能分散在水中
3～6	分散性较差
6～8	经搅拌后生成白色乳状分散液
8～10	生成稳定的白色乳状分散液（上部半透明）
10～13	生成半透明至透明的分散液
>13	生成透明分散液

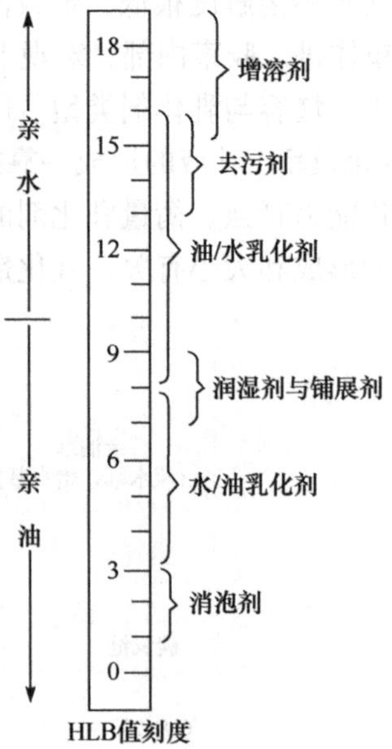

图 4-6 各种 HLB 值的表面活性剂的应用

（3）乳化剂的类型。乳化剂按照亲水基团的性质分为阴离子型、阳离子型、非离子型和两性离子型四种。

（i）阴离子型乳化剂。阴离子型乳化剂是乳液聚合工业中应用最为广泛的乳化剂，通常在 pH >7 的条件下使用。重要的有脂肪酸盐 $(RCOO)_n$M、松香酸盐 $C_{19}H_{29}$COOM、烷基硫酸盐 RO—SO_3—M、烷基磺酸盐 R—SO_3—M。工业上采用的乳化剂多数是含碳原子 12～18 的烷基硫酸盐（如十二醇硫酸钠）、磺酸盐（如十六烷基磺酸钠）或脂肪酸盐（如硬脂酸钠）。极性基团为—COO—、—SO_3^-、—SO_4^- 等，乳化能力强。

（ii）阳离子型乳化剂。主要是胺盐类化合物，通常在 pH<7 的条件下使用，如脂肪胺盐 $RNH_3^+X^-$、季铵盐［如 $C_{16}H_{33}N^+(CH_3)_3Br^-$］。极性基团为—$N^+R_3$ 等。因乳化能力不足，并对引发剂有分解作用，故在自由基聚合中不常用。

(iii) 非离子型乳化剂。分子中含有在水溶液中不离解的醚基为主要亲水基的表面活性剂，其表面活性由中性分子体现出来。非离子型乳化剂对醇类稳定，分子中不含阴、阳离子，如脂肪酸甘油酯、多元醇、聚氧乙烯型乳化剂。典型代表为环氧乙烷聚合物或与环氧丙烷的共聚物，如壬基酚聚氧乙烯醚(NP-10)、辛基酚聚氧乙烯醚(OP)类、脂肪醇聚氧乙烯醚(OS)类非离子型乳化剂等。这类乳化剂由于不含离子，对 pH 不敏感，所制备的乳液化学稳定性好，但乳化能力略低于阴离子型。常与阴离子型乳化剂共用，也可单独使用。

非离子型乳化剂具有很高的表面活性，可应用 pH 范围比一般离子型乳化剂更宽，也可与其他离子型乳化剂共同使用，在离子型乳化剂中添加少量非离子型乳化剂，可使该体系的表面活性提高。非离子型乳化剂按照亲水基的结构可以分为聚氧乙烯型、多元醇型、烷醇酰胺型、聚醚型、氧化胺型等。

(iv) 两性离子型乳化剂。两性离子型乳化剂的极性基团兼有阴、阳离子基团，主要是卵磷脂、氨基酸型 $R—N^+H_2—CH_2CH_2COO—$、甜菜碱型 $R—N^+(CH_3)_2—COO—$。两性离子型乳化剂在酸性及碱性条件下均具有优良的稳定性。

常用阴离子型乳化剂与非离子型乳化剂的性能对比见表 4-7。

表 4-7　乳化剂性能对比

性质	乳化效率	对单体选择性	聚合速度	乳胶粒径	粒子电荷	储存稳定性	化学稳定性	机械稳定性	冻融稳定性	发泡	与颜料混合性
阴离子型	大	大	快	小	阴	好	不良	良	不良	多	不良
非离子型	小	小	慢	大	中	差	良	不良	良	少	良

(4) 乳化剂的作用原理。乳化剂的作用原理主要在于抑制或阻碍分散相的聚集。

(i) 使界面张力降低，降低表面自由能，从而使液滴自然聚集的能力大大降低。

(ii) 表面活性剂分子在分散相液滴表面形成规则排列的表面层，好似形成了稳定的界面薄膜，从而防止液滴聚集。

(iii) 液滴表面带有相同的电荷产生静电和位阻排斥效应，从而阻止液滴聚集。

(iv) 增加界面黏度，阻止自身位移。

(5) 乳化剂的选择。根据聚合物的用途选择，根据乳化剂的 CMC 值、HLB 值选择。例如，产品直接使用乳液的，选择稳定性好、不易破乳的乳化剂；作为胶黏剂使用，一般选择阴离子型乳化剂或非离子型乳化剂。

非离子型乳化剂在水溶液中的溶解度随温度上升而降低，在升至一定温度值时出现浑浊。加热非离子型乳化剂溶液发生浑浊的现象称为起昙，此时的温度称为浊点或昙点(cloud point)。产生昙点的原因是这类乳化剂以其醚键中的氧原子与水中的氢原子以氢键形式结合而溶于水。氢键结合力较弱，随着温度升高，非离子型乳化剂与水之间的氢键断裂，因而使得乳化剂在水中的溶解度逐渐降低，达一定温度时转为不溶而析出，出现浑浊液；冷却时，氢键重新形成，浑浊液又澄明。昙点是非离子型乳化剂应用温度的上限，在昙点以上，非离子型乳化剂沉出，无胶束存在，因此选用非离子型乳化剂时，乳液聚合温度应在昙点以下。

5. 乳液的变型和破乳

乳液的稳定主要在于乳化剂的存在抑制或阻碍了分散相的聚集。在乳液聚合过程中，在外界条件的影响下，乳液体系可能会发生变型和破乳现象。

(1) 变型。乳液变型是指乳化体系由固/水乳化体系转变为水/固乳化体系，影响因素主要是水油比。乳化体系有如下两种类型：水包油(O/W)，即油/水型，水是分散介质，油是分散相；油包水(W/O)，即水/油型，油是分散介质，水是分散相。O/W 型乳液和 W/O 型乳液的区别见表 4-8。

表 4-8　O/W 型乳液和 W/O 型乳液的区别

性能	O/W 型乳液	W/O 型乳液
外观	乳白色	油状色近似
稀释	可用水稀释	可用油稀释
导电性	导电	不导电或几乎不导电
水溶性颜料	外相染色	内相染色
油溶性颜料	内相染色	外相染色

在乳液聚合过程的初期，反应物料是油/水乳化体系，后期转变为固/水乳化体系。在外界条件影响下，后期的固/水乳化体系可能发生变型现象，即由固/水乳化体系转变为水/固乳化体系。此时物料呈现黏稠的雪花膏状态，如不处理易造成生产事故。乳液变型的原因如下。

(i) 水油两相体积比。水油两相体积比应在一定范围，一般当分散相的体积为总体积26%～74% 时，可以形成油/水或水/油乳化体系；分散相的体积与总体积占比＜26% 时一般不变型，分散相的体积与总体积占比＞74% 时则发生乳液变型。

(ii) 乳化剂的影响。改变乳化剂的类型、浓度会引起乳液变型。例如，采用一价金属皂为乳化剂制得的乳液，若改变为多价金属皂为乳化剂，则可使乳液由油/水型转变为水/油型。

(iii) 其他条件的影响。除以上条件外，改变温度、搅拌速度(太快可能破乳或凝聚)、pH、电解质的用量等，都可能使乳液发生变型。

(2) 破乳。破乳是指乳液完全破坏，成为不相混溶的两相。破乳实质上就是消除乳液稳定化条件，使分散的液滴聚集、分层的过程。经乳液聚合生产的合成橡胶胶乳或合成树脂胶乳是固/水体系乳液，如果直接用作涂料、胶黏剂、表面处理剂或进一步化学加工的原料时，要求胶乳具有良好的稳定性。如果要求由胶乳获得固体的合成树脂或合成橡胶，则应当采取适当的处理方法。通常采用“破乳”的方法，使胶乳中的固体微粒聚集凝结成团粒而沉降析出，然后进行分离、洗涤，以脱除乳化剂等杂质。破乳的方法有如下几种，工业生产中采用的破乳方法主要是在胶乳中加入电解质并且改变 pH。

(i) 加入电解质。例如，丁苯橡胶中加入少量电解质以增大胶乳粒径，降低黏度。但用量超过临界值时，则胶乳微粒凝结而产生破乳的作用。

(ii) 改变 pH。适用于离子型乳液体系，通过破坏双电层，使δ电位下降，从而达到两相分离的目的，导致破乳。

(iii) 冷冻破乳。多数胶乳冷冻后会发生破乳，这是因为水相冻住，水相首先析出冰晶，使乳化剂分子吸附到冰晶表面和溶于油相中，减少了油水界面膜上的表面活性剂的浓度，从而达到破乳的目的。加入占乳液质量 2%～10% 的甲醇、乙二醇、甘油等作为冻融稳定剂，可以防止乳液在低温下冻结或者冻融后稳定性受到破坏。

(iv)机械破乳。乳液受到强烈搅拌剪切力，由于粒子的碰撞速度加快，促使粒子聚结而破乳。

(v)稀释破乳。稀释破乳是由于稀释造成乳化剂的浓度降低，低于临界胶束浓度。

(3)影响乳化体系稳定性的因素。

(i)乳化剂的类型及用量。在乳液聚合中，阳离子乳化剂不常应用，常用阴离子或非离子型乳化剂进行聚合反应。阴离子型乳化剂用量少，形成的胶乳粒子小；非离子型乳化剂用量多，形成的胶乳粒子大，靠醚键与水形成氢键亲水。乳化剂的用量与其分子量、单体用量、要求生产的胶乳粒子的粒径大小等因素有关，一般为单体量的 2%～10%。增加乳化剂用量，反应速率加快，但回收未反应单体时容易产生大量泡沫，造成操作困难。因此，乳化剂用量最好在 5%以下。

(ii)水。乳液聚合通常以水作为分散介质，起保护胶体、增加膜的强度的作用。水的用量影响乳液的变型和破乳，为了保证乳液的稳定性，通常每百份单体用水 170～200 份。

(iii)引发剂的类型及用量。乳液聚合多数采用水溶性引发剂，引发剂接在聚合物上，使聚合物带有极性，在水中稳定。无皂乳液聚合采用极性单体进行共聚，利用可离子化的引发剂或极性单体，将极性或可电离的基团化学链接在聚合物上，使聚合物本身就具有表面活性。引发剂浓度与极性单体的含量对乳液的稳定性具有极大的影响。

(iv)单体类型、各种单体配比、单体加料顺序及方式(一次加料、分批加料)。与乙烯基单体乳液聚合不同，二烯烃单体乳液聚合时由于共聚物分子中含有双键，各种单体配比如果控制不当，则可能产生支链和交联结构，因而表现为不易溶解的凝胶。理论上共聚物的组成与两种单体的进料比和它们的竞聚率有关。丁二烯与苯乙烯于 5℃进行乳液共聚反应时，丁二烯的竞聚率为 1.38，苯乙烯的竞聚率为 0.64，丁二烯比苯乙烯更容易加成到大分子自由基上。因此，进料组成中苯乙烯的含量应高于共聚物中要求的含量(23%～25%)。对于丁苯橡胶乳液共聚反应，由于两种单体在水相中的溶解度不同，乳化剂对两种单体溶解度的影响不同，单体自液滴中扩散出来的速度不同，以及单体在聚合物颗粒中的溶解度不同等因素的影响，共聚物的组成与单体的配比偏差较大。进料中丁二烯/苯乙烯值为 73/28 时，在单体转化率达到 60% 之前，共聚物中结合的苯乙烯量几乎不受转化率的影响，所得丁苯橡胶中苯乙烯含量约为 23%。

(v)搅拌速度。乳液聚合中搅拌速度都不快，因为搅拌速度过快会引起粒子间保护膜破裂，导致兼并，因而破乳。

(vi)介质的 pH。不同的乳化体系要求介质的 pH 不同。例如，氯丁橡胶乳液聚合要求碱性介质环境。

(vii)电解质的用量。加入少量电解质可使胶乳粒径增大，但电解质加入太多时，δ电位下降，乳液稳定性下降。电解质用量一般为每百份单体用 0.3～0.5 份。

(viii)交联型乳液聚合中交联剂的用量。胶乳粒径随交联剂用量增大而减少，这是因为交联密度增大，胶乳分子网络增加，链自由基平移和重排困难，链终止速率下降，因而有更多的初级自由基和低聚物自由基进入胶束，形成更多的胶乳粒子，使得胶乳粒子数目增多而粒径减少。但交联剂用量过多，胶乳粒子会凝聚成团沉降出来，乳液不稳定。

(ix)单体的转化率。在储存中，若单体转化率低，则残存单体过多，储存或受热时单体可能发生自聚，影响稳定性。例如，丁苯橡胶一般控制单体转化率在 60%，在乳液聚合中，当单体转化率达 60%～70% 时，游离的单体液滴消失，残余的单体进入聚合物胶乳粒子中，此时如继续进行聚合反应则易产生交联，使凝胶量增加，丁苯橡胶性能下降。

(x) 胶乳粒子的大小及分布。乳液聚合产物用作皮革填充剂时，胶乳粒子不能太细；用作表面光亮剂时，要求胶乳粒子越细越好，结成紧密的膜；用作涂料基料时，也要求胶乳粒子越细越好。丁苯橡胶在胶乳中以不能够沉降的胶体微粒状态存在，要求生产丁苯橡胶块胶时，必须进行破乳，使微粒凝聚成团粒沉淀析出。

6. 乳液聚合的进展

为了满足生产生活需要，人们开发了许多新型乳液聚合技术，如无皂乳液聚合 (emulsifier-free emulsion polymerization)、种子乳液聚合 (seeded emulsion polymerization)、反相乳液聚合 (inverse emulsion polymerization)、微乳液聚合 (micro emulsion polymerization) 等。

(1) 无皂乳液聚合是指在反应过程中完全不加乳化剂或仅加入微量乳化剂 (其浓度小于 CMC)，而是利用可离子化的引发剂或极性单体进行共聚，将极性或可电离的基团链接在聚合物上，使聚合物本身就具有表面活性的乳液聚合过程，又称为无乳化剂乳液聚合。无皂乳液聚合克服了传统乳液聚合中乳化剂的存在而引起的聚合物在电性能、光学性能、表面性能及耐水性等方面的缺陷。除此之外，无皂乳液聚合还可以用来制备粒径在 0.5～1.0 μm、单分散、表面清洁的聚合物粒子以用于一些特殊的场合，可以制备高性能的涂料和胶黏剂。由于普通乳胶膜中有残留的低分子乳化剂，当其与水或溶剂接触时，低分子物质可能被萃取出来而使乳胶膜中留下微孔，造成耐水性和耐溶剂性不好。而无皂乳胶膜中不含或只有微量的乳化剂，因此可以提高乳胶膜的耐水性和耐溶剂性。另外，无皂乳液聚合制备乳胶漆可以减少消泡剂用量。无皂乳液还有利于改善涂膜光泽。目前，无皂乳液聚合研究的主要问题是提高乳液的稳定性和固含量。

(2) 种子乳液聚合是为了获得粒径达到或超过 1 μm 的聚合物微粒而发展起来的一种乳液聚合方法。种子乳液聚合是指在已生成的聚合物乳胶粒子存在下，将单体加入该体系中作为种子进行聚合，即先将少量单体按一般乳液聚合方法制得种子胶乳 (100～150 nm)，然后将少量 (1%～3%) 种子胶乳加入种子乳液聚合的配方中，种子胶乳粒被单体所溶胀并吸附水相中产生的自由基而引发聚合，逐步使聚合物粒子增大，最终粒径可达 1～2 μm。在种子乳液聚合中，乳化剂要限量加入并严格控制乳化剂的补加速度，这是因为乳化剂在该体系中仅是为了保护和稳定长大粒子，需要防止新胶束或新乳胶粒子的形成。利用种子乳液聚合法可以制造具有核/壳结构、互穿网络 (IPN) 等异形结构乳胶粒的聚合物乳液，这将赋予聚合物乳液特殊的功能和优异的性能。

(3) 反相乳液聚合是将水溶性单体分散在油溶性的溶剂中，以水溶性单体的水溶液作为分散相、与水不混溶的有机溶剂作为连续相，在油溶性乳化剂作用下，经油溶性引发剂引发聚合反应形成油包水 (水/油) 型聚合物胶乳的工艺方法。反相乳液聚合常用的单体有丙烯酰胺、丙烯酸、甲基丙烯酸、苯乙烯磺酸钠、*N*-乙烯基吡啶、甲基丙烯酸乙酯基三甲基氯化铵等。通常单体以水溶液的形式进行聚合，浓度一般为 10%～50%。反相乳液聚合采用的溶剂有三类：①非溶剂化作用的溶剂，如乙二醇等，在这类溶剂中可以形成与水溶液相同的正相胶束；②形成反相胶束的溶剂，如烷烃、芳烃、环烷烃等；③不形成胶束的溶剂，如甲醇、乙醇和二甲基甲酰胺等。反相乳液聚合主要用于各种水溶性高分子的生产，其中以聚丙烯酰胺的生产最重要。

(4)微乳液聚合是一种制备小粒径乳胶的乳液聚合方法。通常的乳液聚合是油相单体在乳化剂存在下于水相介质中进行的聚合，水溶性单体如丙烯酰胺可在油相介质中进行所谓的“反相乳液聚合”，但得到的胶乳稳定性差，容易凝结。如果水溶性单体在大量乳化剂存在时在油相介质中进行乳液聚合，则单体全部溶于胶束，不存在单体颗粒，聚合后可以得到粒径非常细的胶乳，这就是微乳液聚合或称反相微乳液聚合。

利用微乳液聚合可以进行光化学反应、光引发聚合、载体催化反应，以及药物的微胶囊化、纳米材料的制备、石油开采。微乳液聚合获得的聚合物胶乳可以作为涂料、胶黏剂、浸渍剂及油墨等制品对木器、石料、混凝土、纸张、织物及金属制品等进行高质量的加工和高光泽涂装。

4.1.5 溶液聚合工艺

溶液聚合是单体和引发剂溶于适当溶剂中进行的聚合反应。溶液聚合的聚合场所在溶液中，分为均相溶液聚合和非均相溶液聚合两种。均相溶液聚合生成的聚合物能溶于溶剂，广泛用于胶黏剂、涂料、纤维生产等直接应用溶液的场合。非均相溶液聚合生成的聚合物不溶于溶剂，又称为沉淀聚合。例如，丙烯腈以二甲基甲酰胺作为溶剂的溶液聚合为一步法均相溶液聚合，而以水溶液作为溶剂的溶液聚合为二步法非均相溶液聚合。

1. 溶液聚合的主要产品

溶液聚合的主要产品有聚丙烯腈(腈纶纤维的原料)、聚乙酸乙烯酯(维纶纤维的原料)、聚乙烯醇等。例如，聚乙酸乙烯酯用作涂料和胶黏剂时，多采用乳液聚合，如果要进一步醇解成聚乙烯醇，则采用溶液聚合。以乙酸乙烯酯为单体、甲醇为溶剂、AIBN 为引发剂，聚合温度为 50～65℃，转化率控制在 60%左右(转化率过高将产生支链)，可得聚乙酸乙烯酯。聚乙酸乙烯酯的甲醇溶液可以进一步醇解成聚乙烯醇。合成纤维用聚乙烯醇要求醇解度 98%～100%，分散剂和织物上浆剂用的聚乙烯醇则要求醇解度 80%左右。合成纤维用聚乙烯醇可用作内衣材料(吸湿性好)、帘子线(强度高)、绳索、帆布(耐日晒、老化性好)、渔网(耐碱、耐腐蚀)、滤布(耐腐蚀)。

2. 溶液聚合组成

溶液聚合的物系基本组成为单体、引发剂、分散介质，有的溶液聚合体系还使用调节剂(如异丙醇)等。

(1)单体。自由基溶液聚合所用单体有丙烯酸酯类、丙烯腈、丙烯酰胺、乙酸乙烯酯等。

(2)引发剂。自由基溶液聚合所用引发剂有过氧化物(如 BPO)、AIBN、过硫酸铵及氧化还原引发剂等。

(3)分散介质。自由基溶液聚合所用分散介质有芳烃、烷烃、醇类、醚类、胺类，以及 *N*,*N*-二甲基甲酰胺和二甲基亚砜等强极性溶剂。

3. 溶液聚合的特点

溶液聚合的特点主要在于其溶剂的作用。

(1)溶剂对溶液聚合工艺的影响。

(i)溶液聚合的优点。溶液聚合体系黏度低，混合和传热较容易，聚合温度易于控制，较少凝胶效应，可以避免局部过热；产品分子量分布和结构易调节。

(ii) 溶液聚合的缺点。由于使用的溶剂需要分离回收、纯化，增加了回收、纯化工序。溶剂分离回收费用高，除尽聚合物中残留溶剂困难，因此溶液聚合多用于聚合物溶液直接使用的场合，如胶黏剂、涂料、浸渍剂、合成纤维纺丝液等。

(2) 溶剂对聚合物的影响。溶剂对聚合反应速率、聚合物的分子量、分子量分布和性能都有重要影响。自由基溶液聚合中单体浓度较低，聚合反应速率较慢；向溶剂的链转移使聚合物分子量较低，单体转化率不高。

4. 溶剂的作用和选择

(1) 溶剂在聚合过程中的作用。溶剂对聚合活性有很大影响，因为溶剂难以做到完全惰性，所以对引发剂有诱导分解作用，对自由基有链转移反应。

(i) 溶剂对引发剂分解速率的影响。溶剂不是对所有的引发剂都有影响，如对偶氮二异丁腈无诱导作用；对过氧化物可诱导分解，加速聚合反应速率。溶剂对引发剂分解速率依如下次序递增：芳烃、烷烃、醇类、酚类、醚类、胺类化合物。

(ii) 溶剂的链转移作用。溶剂在聚合反应中存在链转移作用，所以应选择链转移常数小的溶剂

$$\frac{1}{\overline{DP}}=\frac{1}{\overline{DP_0}}+C_s\frac{[S]}{[M]} \tag{4-17}$$

式中，$\overline{DP}$ 为有链转移时的聚合物的平均数均聚合度；$\overline{DP_0}$ 为无溶剂存在、无链转移时的聚合物的平均数均聚合度；C_s 为向溶剂的链转移速度常数；[S]为溶剂浓度；[M]为单体浓度。

同一种溶剂对不同大分子自由基有不同的链转移常数；不同溶剂对同一种自由基链转移能力为：异丙苯＞乙苯＞甲苯＞苯。也可选用混合溶剂，混合溶剂既作为分散介质，又作为分子量调节剂。因此，利用溶剂的链转移作用可以调节分子量，而且根据活性不同，具有阻聚、缓聚作用。

(iii) 溶剂链转移的应用。虽然溶剂的链转移作用对制备高分子量的聚合物不利，但可利用其调节分子量，合成低聚物。溶剂对聚合物的分子结构(支化、构型)有影响，能控制生长着的链分子的分散状态和构型。聚合物向溶剂的转移，减少了大分子支链的形成。

(2) 溶剂的选择。

(i) 对聚合反应无阻聚或缓聚等不良影响，即单体 M 与聚合物自由基 $M_x\cdot$ 的反应速率常数 k_p 约等于单体与溶剂自由基 A · 的反应速率常数 k_{ps}。

$$k_p \approx k_{ps} \tag{4-18}$$

(ii) 所选溶剂的链转移常数不能很大，否则得不到所要求的平均分子量，即分子活性链与单体的加成能力要远大于分子活性链与溶剂的链转移能力，$k_p \gg k_{trs}$。

(iii) 考虑聚合物是否可溶于所选溶剂中。例如，沉淀聚合所得聚合物分子量分布窄，而且聚合物沉淀析出便于分离。

(iv) 考虑溶剂的来源、毒性、成本、安全性等，应选择污染小、价廉易得的溶剂。

4.2　离子聚合与配位聚合实施方法

4.2.1　离子聚合与配位聚合工艺基础

离子聚合也称为离子型连锁聚合，是活性中心为离子的连锁聚合。离子聚合包括阴离子聚合、阳离子聚合和配位阴离子聚合。

配位聚合是指单体分子首先与催化剂中连有烷基的过渡金属原子配位，形成络合物(常称σ-π络合物)，而后插入的聚合反应，故又可称为络合引发聚合或插入聚合。由于配位聚合是离子过程，称为配位离子聚合更为确切。按增长链端的电荷性质，可分为配位阴离子聚合和配位阳离子聚合。实际上增长的活性链端所带的反离子经常是金属(如锂)或过渡金属(如钛)，而单体经常在这类亲电性金属原子上配位，因此配位聚合大多属于阴离子聚合。

离子聚合和配位聚合反应与自由基聚合反应比较，其相同点是同属连锁聚合，反应历程有链引发、链增长、链终止；不同点在于离子聚合的活性中心是带正、负电荷的离子，配位聚合的活性中心是催化剂中连有烷基的过渡金属原子的 d 轨道，而自由基聚合的活性中心是带孤电子的自由基。由于离子聚合大多使用高纯有机溶剂，成本较高，因此一般可以采用自由基聚合工艺时都不采用离子聚合工艺。

1. 离子聚合和配位聚合的意义

某些乙烯基单体、二烯烃单体、环氧单体在阳离子或阴离子和络合催化剂的作用下，可以经离子聚合反应和配位聚合反应转变为高分子量合成树脂或合成橡胶。

离子聚合和配位聚合的意义在于：使二烯烃单体聚合成为可能；使环氧、环状化合物单体聚合成为可能；使需要高温高压的聚合反应(如 PE 自由基本体聚合)可以在常温、常压下进行；使不能自由基聚合的单体如丙烯可以聚合成为结构规整的聚丙烯；使人工合成天然橡胶成为可能，人工合成的天然橡胶中，顺 1,4-异戊二烯结构约占 98%，$\bar{M}_n$ 可达 80 万～100 万。

2. 离子聚合和配位聚合的特点

(1) 反应活性中心是带电荷的离子。离子聚合和配位聚合的反应活性中心是离子或离子对，离子周围有相反离子作平衡离子(称为离子对)，离子对的紧密程度(相对强弱)受溶剂的影响。聚合反应程度与离子对种类有关，一般按聚合反应程度由高到低排序为：自由离子＞松离子＞紧密离子。

(2) 离子聚合和配位聚合对单体的纯度要求很高、聚合条件控制严格。离子聚合和配位聚合一般要求单体纯度＞99%，因为杂质的存在极易发生链转移或链终止反应，造成聚合物分子量下降或结构发生改变。离子聚合和配位聚合反应速率比自由基聚合大，有的单体甚至在低温下就能迅速反应。通常，温度对反应速率和聚合物的分子量有较大影响。聚合温度高、反应速率快，分子量则随温度升高而降低。因此，必须严格控制聚合温度。温度的调节可采用夹套或内冷管通入冷却水、冷冻盐水、液氨、液氮及其他载热体进行冷却或加热，也可利用单体和溶剂的汽化并冷凝回流而除去多余的热量。此外，也可引出部分聚合物溶液或淤浆，经冷却后再返回到聚合釜中，以移去部分热量。

在离子聚合和配位聚合中，有些单体沸点很低，如乙烯、丙烯、丁二烯、异戊二烯等在常温下均为气体，必须在加压下才能进行聚合。聚合压力越高，聚合速率越大，产物分子量也越高。

有些催化剂如烷基铝与空气接触即发生冒烟或燃烧，$TiCl_4$遇到空气中的水即发生分解。在采用此类催化剂时，聚合反应必须在隔绝空气下操作，一般在氮气流下进行。为防止空气进入聚合系统，在聚合前，聚合装置和管路内要用干燥氮气或原料溶液清洗，排净反应系统中的空气和水分，通常采用气体吹扫法。

(3) 离子聚合和配位聚合的引发反应活化能低，一般小于 41.8 kJ/mol，所以聚合温度低（如丁基橡胶在−100℃聚合，乙烯能在常温常压下聚合），在低温聚合即能得到高分子量聚合物。由于本体聚合时聚合热不易导出，控制低温有困难，离子聚合和配位聚合的聚合方法常以溶液聚合为主。

(4) 催化剂在整个反应过程中都起作用，反应终止后脱下的催化剂仍具有催化作用，不会衰老。若催化剂残留于聚合物内，会对聚合物的色泽、电性能有影响，必须除去。根据催化剂种类采用不同的分离除去方法。例如，配位催化剂可用醇、HCl 或 H_2O 等破坏，使其转变为可溶性物质，再用 H_2O 或醇洗净，或用离心分离和过滤的方法除去。

(5) 聚合实施方法只有本体聚合和溶液聚合。离子聚合和配位聚合反应体系遇极性物质，如水、醇、酮、醚，都会使增长链终止，催化剂怕水、怕氧，所以聚合条件苛刻，聚合实施方法只有本体聚合和溶液聚合，不能采用以水为介质的乳液聚合和悬浮聚合。离子聚合和配位聚合所用的聚合催化剂对水的作用极为敏感，因此，不仅不能用水作为反应介质，而且单体和聚合反应介质的含水量应严格控制；有些催化剂还要避免与空气中的氧接触，以免空气中的氧与催化剂反应，使之失去活性。

3. 离子聚合和配位聚合的主要产品

离子聚合和配位聚合得到的高分子通常是结构规整的聚合物，其性能优异。因此，离子聚合和配位聚合不仅对高分子合成工业有重要意义，也促进了高聚物空间结构理论的研究。

阴离子聚合产品有聚丁二烯、聚苯乙烯；阳离子聚合产品有聚异丁烯、丁基橡胶、聚甲醛；配位阴离子聚合产品有聚丙烯、高密度聚乙烯，以及聚丁二烯橡胶（顺丁橡胶）、聚异戊二烯橡胶、乙丙橡胶、氯醇橡胶（包括共聚胶）等合成橡胶产品。

4.2.2 阴离子聚合工艺

阴离子聚合为反应活性中心是带负电荷离子的聚合反应。阴离子聚合反应通式可表示如下：

$$B^-A^+ + M \longrightarrow BM^-A^+ \xrightarrow{M} \cdots\cdots \xrightarrow{M} \text{—}M_n\text{—} \tag{4-19}$$

或

$$R^-\text{—}X^+ + H_2C\text{=}\underset{\displaystyle Y}{\underset{|}{CH}} \longrightarrow R\text{—}CH_2\text{—}\underset{\displaystyle Y}{\underset{|}{\bar{C}H}}\cdots X^+ \xrightarrow{\text{单体}} \cdots\cdots \xrightarrow{\text{单体}} \text{聚合} \tag{4-20}$$

式中，R^-表示阴离子活性中心，一般由亲核试剂提供；X^+为反离子，一般为金属离子。活性中心可以是自由离子、离子对，或处于缔合状态的阴离子活性种。

1. 阴离子聚合的主要产品

阴离子聚合的主要产品有聚丁二烯、甲基丁二烯橡胶、聚苯乙烯(根据阴离子聚合是无终止的活反应，可以合成分子量均一的聚合物，用作测定分子量时的标样)、苯乙烯类嵌段共聚物(星型嵌段)[如$(SB)_nR$热塑性弹性体]。

2. 阴离子聚合的主要单体

阴离子聚合的单体必须含有能使链增长活性中心稳定化的吸电子基团，主要包括带吸电子取代基的乙烯基单体、具有共轭体系的单体，如烯类、羰基化合物、异氰酸酯类和一些杂环化合物(含氧三元杂环、含氮杂环)等。虽有吸电子基而非π-π共轭的烯类单体不能进行阴离子聚合，如氯乙烯、乙酸乙烯酯，这类单体的p-π共轭效应与诱导效应相反，削弱了双键电子云密度下降的程度，因而不利于阴离子聚合。

3. 阴离子聚合的催化剂

阴离子聚合催化剂是电子给体，属于亲核试剂，一般为碱性物质或广义碱，可分为以下几类。

(1)碱(碱金属氢氧化物)：NaOH、KOH。

(2)碱金属：锂、钠、钾等碱金属。聚合过程中通常把碱金属与惰性溶剂加热到碱金属的熔点以上，剧烈搅拌，然后冷却得到碱金属微粒，再加入聚合体系。

(3)碱金属烷基化物：如$(C_2H_5)_3Al$、C_4H_9Li、C_2H_5Na等，是最常用的阴离子聚合催化剂。

(4)钠化合物、碱金属烷氧基化合物和碱土金属烷基化物：如$(C_6H_5)_2NNa$、$(C_6H_5)_3CONa$、ROLi、C_6H_5OLi、R_2Ca、R_2Sr。

(5)电化学方法，如γ射线等辐射引发。

4. 阴离子聚合的溶剂

阴离子聚合常用烃类(烷烃和芳烃)作溶剂，也可以用四氢呋喃、二甲基甲酰胺及液氨作溶剂，但不能用酸性物质(如无机酸、乙酸和三氯乙酸)、水和醇作溶剂，因这类物质易与增长着的阴离子反应，造成链终止。

溶剂不同可造成反应活性中心形态和结构改变，使聚合机理发生变化，因此，在不同的极性溶剂中单体聚合活性顺序有可能不同。例如，在极性溶剂四氢呋喃中，反应活性顺序是：苯乙烯＞丁二烯＞异戊二烯，而在非极性溶剂中的反应活性顺序则是：丁二烯＞异戊二烯＞苯乙烯。

5. 阴离子聚合的特点

(1)形成活性聚合物，链不终止。阴离子聚合一般不会自行终止，要终止须加入极性物质。主要原因是从活性链上脱除氢负离子困难。另一方面，抗衡阳离子为金属离子，碳负离子难以与其形成共价键而发生链终止。因此，对于理想的阴离子聚合体系，如果不外加链终止剂或链转移剂，一般不存在链转移反应与链终止反应，但有些极性单体聚合时存在链转移与链终止反应。例如，甲基丙烯酸甲酯阴离子聚合，其增长链阴离子烯醇化后发生“尾咬”亲核取代反应，而离去基团CH_3O^-对甲基丙烯酸甲酯无引发活性，可使聚合反应终止。

(2)单体转化率可达 100%。在无终止聚合的情况下，当单体全部作用以后，常加入水、醇、酸、胺等链转移剂使活性聚合物终止。如果在活性聚合末期有目的地加入二氧化碳、环氧乙烷、二异氰酸酯，使形成末端带羧基、羟基、异氰酸根等基团的聚合物，则可以进一步用来合成嵌段、遥爪聚合物等。

(3)聚合条件苛刻，怕水、怕氧，所用仪器要净制。微量杂质如水、氧、二氧化碳都易使增长链终止，因此阴离子聚合须在高真空或惰性气氛下、试剂和玻璃器皿非常洁净的条件下进行。玻璃器皿表面吸附水通常要用抽真空、火焰烘烤或活性聚合物溶液洗涤等方式除去。

(4)有些共轭碳负离子有颜色。

4.2.3 阳离子聚合工艺

亲核性或杂环单体通过引发产生阳离子活性种，并在其后加聚过程中反复进行阳离子活性链端加成单体的反应称为阳离子聚合，其反应活性中心是带正电荷离子。阳离子聚合反应通式可表示如下：

$$A^+B^- + M \longrightarrow AM^+B^- \xrightarrow{M} \cdots\cdots \xrightarrow{M} —M_n— \tag{4-21}$$

1. 阳离子聚合的主要产品

(1)聚异丁烯。以异丁烯为单体，以 $AlCl_3$ 作催化剂，反应温度为−100℃，经阳离子聚合反应制得，分子量＞15 万，气密性、耐候性和耐水性好，可作胶黏剂和涂料基料。

(2)丁基橡胶。由异丁烯和少量异戊二烯(用量为异丁烯的 1.5%～4.5%)以 $AlCl_3$ 作催化剂，经阳离子聚合反应制得。

(3)氯化聚醚。用 3,3′-双氯甲基丁氧烷，以三异丁基锂作催化剂，经阳离子聚合反应制得。耐磨性、耐腐蚀性好。

(4)聚甲醛。以甲醛为单体，以 BF_3 作催化剂，反应温度为 65℃，经阳离子聚合共聚反应制得。力学性能类似尼龙，可制轴承、可纺丝。

2. 阳离子聚合的主要单体

阳离子聚合的主要单体是羰基化合物、含氧杂环，阳离子聚合的烯类单体只限于带有供电子基团的异丁烯、乙烯基烷基醚，以及有共轭结构的苯乙烯类、二烯烃等少数几种。

(1)具有供电子基的单体，如异丁烯、乙烯基烷基醚。

异丁烯同一个 C 原子上含两个供电子甲基，双键电子云密度大，易受阳离子进攻；能生成稳定的三级碳正离子。异丁烯是至今为止唯一具有实际工业价值和研究价值的能进行阳离子聚合的α-烯烃单体，且它只能进行阳离子聚合。聚合物链中 $—CH_2—$ 受到四个甲基保护，减少了副反应，因此产物稳定，可得高分子量的线型聚合物。

乙烯基烷基醚是容易进行阳离子聚合的另一类单体。其中，烷氧基的诱导效应使双键的电子云密度降低，但氧原子上的未共有电子对与双键形成 p-π共轭，双键电子云密度增加。相比之下，共轭效应占主导地位，形成的碳正离子上的正电荷分散而稳定。因此，乙烯基烷基醚容易进行阳离子聚合。

(2)具有供电子基和烷基共轭体系的单体，如苯乙烯、丁二烯。

苯乙烯、丁二烯、异戊二烯等共轭烯的 π 电子活动性强，易诱导极化，因此能进行阴、阳离子聚合和自由基聚合。但其阳离子聚合活性远不及异丁烯和乙烯基烷基醚，故往往只作为共聚单体应用，如异丁烯与少量异戊二烯共聚制备丁基橡胶。

3. 阳离子聚合的催化剂

阳离子聚合催化剂是电子受体，属于亲电试剂，一般为酸性物质，能释放出氢质子或碳正离子，可分为以下几类。

(1)质子酸，如 HCl、H_2SO_4、H_3PO_4、$ClSO_3H$、HBr、HF、CH_3COOH、CCl_3COOH 等，常用硫酸、磷酸、次氯酸。这些酸能通过自身离解释放出氢质子，引发聚合。

(2)路易斯(Lewis)酸，如 BF_3、$AlCl_3$、$TiCl_4$、$SnCl_4$、$FeCl_3$、$BeCl_2$、$ZnCl_2$、$SbCl_5$ 等，常用 BF_3、$AlCl_3$、$TiCl_4$、$SnCl_4$。路易斯酸的特点是没有质子，本身不能引发单体聚合，须用微量的水、醚活化，才能释放出氢质子或碳正离子，引发聚合。

(3)其他能生成阳离子的化合物，如 I_2、$(C_6H_5)_3CCl$、$AgClO_4$ 等。

(4)光或高能射线，如乙烯基醚的聚合、*N*-乙烯基咔唑的聚合。

4. 阳离子聚合的特点

(1)阳离子聚合的链引发反应速率常数远大于其链增长反应速率常数，即 $k_i \gg k_p$。与阴离子聚合比较，阳离子聚合的链转移活化能比链增长大，在高温下易发生链转移反应，聚合实施困难，如欲获得较高分子量的聚合产物必须采取低温，故阳离子聚合一般为低温聚合反应。

(2)一般催化剂酸性强、单体碱性强(双键电子云密度大)时，较易进行阳离子聚合；溶剂介电常数大时，聚合速率大、产物分子量大。

(3)碳正离子稳定顺序为叔碳离子＞仲碳离子＞伯碳离子。所以，阳离子聚合发生异构化最终变成稳定的叔碳离子。

4.2.4　配位聚合工艺

配位聚合的概念最初是 Natta 在解释α-烯烃聚合机理时提出的。1953 年德国 Ziegler 发现，在催化剂 $TiCl_4$-$AlEt_3$(Ziegler 催化剂)作用下，采用ⅣB～ⅧB 族过渡金属化合物和ⅠA～ⅢA 族金属烷基化合物可使乙烯单体在常温常压下聚合生成支链少、密度大、分子量大的高密度聚乙烯。1951～1956 年，德国 Natta 用α-$TiCl_3$-$AlEt_3$ 作催化剂得到高产率、高分子量、高结晶性、耐 150℃的聚丙烯。

1. 配位聚合的主要产品

配位聚合大多属于阴离子型，配位阴离子聚合产品有聚丙烯、顺丁橡胶、高密度聚乙烯以及乙烯与α-烯烃的共聚物等立构规整性较好的聚合物。

2. 配位聚合的催化体系

配位聚合催化体系主要由两部分组成：主催化剂、助催化剂。为了提高催化体系的活性，还常加入含有供电子基的第三组分。

(1)主催化剂。主催化剂为ⅣB～ⅧB 族过渡金属卤化物，如 Ti、W、V、Cr、Ni、Co 的卤化物，常用 $TiCl_3$、VCl_5 等。

(2) 助催化剂。助催化剂又称活化剂，为ⅠA～ⅢA 族金属烷基化合物，如 Al、Cd、Mg、Be、Zn、Li 等的烷基化合物，常用的有 Et_3Al、$(i\text{-}Bu)_3Al$、$AlEt_2Cl$、$AlEtCl_2$。

由ⅣB～ⅧB 族过渡金属卤化物和ⅠA～ⅢA 族金属烷基化合物组成的络合催化剂常称为齐格勒-纳塔(Ziegler-Natta)催化剂，具有较高的活性，应用最为广泛。

(3) 第三组分。用于提高络合催化剂的催化活性、产物分子量和立构规整度，但使得聚合速率略有下降。第三组分为含有供电子基团的 N、O、S、P 四种原子的有机化合物，如有机胺类、季铵盐类，常用的有三甲胺、吡啶等；醚类，如一缩二醇二甲醚；磷化合物，如六甲基膦酸三酰胺；有机硫化合物，如硫醇盐、硫代磷酸酯等。也可以用载体作第三组分，如碱金属或碱土金属的卤化物，Cu、Ag、Al 等的卤化物，无机化合物 NaF、MgO、BF_3、K_2TiF_6、K_2SnO_6 等。第三组分的选择原则是：有利于活性中心的形成；能提高催化剂活性；能除去催化剂表面杂质；本身稳定性好，使用安全，成本低。

目前高效催化剂多为载体型催化剂，可使催化剂的催化性提高十万倍以上。常用载体为含 Mg 的化合物，如 MgO、$MgCl_2$、$MgSO_4$、$Mg(OH)_2$、$MgCl_2 \cdot 6H_2O$、$4MgCO_3 \cdot Mg(OH)_2 \cdot 5H_2O$ 等，还有采用 CaO、ZnO 或聚乙烯、聚丙烯粉末的。某些载体固相催化体系为 CrO_3-Al_2O_3-SiO_2，是载于铝胶和硅胶上的氧化铬固相催化剂，需经活化处理后才呈现活性，用于中等压力下的乙烯聚合，其活化方法为 400～800℃温度下，于干燥空气中进行活化，使铬离子处于 Cr^{6+} 状态。

3. 配位聚合催化机理

配位聚合的活性中心是催化剂中连有烷基的过渡元素的 d 轨道。配位阴离子聚合的链增长反应可分为两步：第一步单体在活性点(如空位)上配位而活化，第二步活化后的单体在金属-烷基键(M—R)中间插入。这两步反应反复进行形成大分子长链。其反应式示意如下：

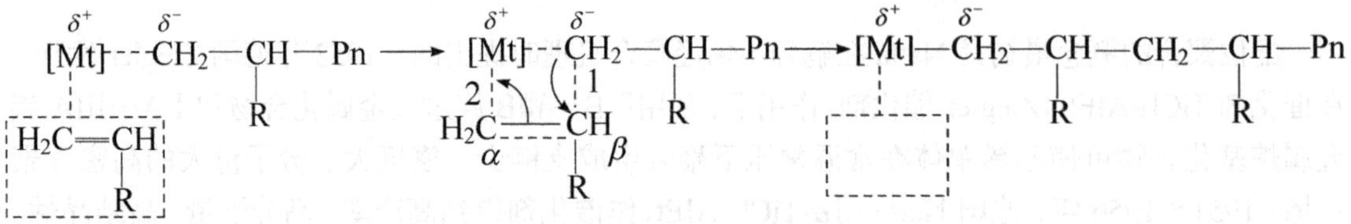

(4-22)

式中，[Mt]为过渡金属；虚方框为空位；Pn 为增长链。

配位阴离子聚合的特点是有可能制得立构规整聚合物，但其立构规整化的能力取决于催化体系的类型、催化体系各组分的配比、单体种类、聚合条件等因素。例如，$TiCl_3$-$AlEt_3$ 催化体系，生产不同产品时，Al/Ti 不同。生产高密度聚乙烯时，Al/Ti = 0.8～2，催化体系为 β-$TiCl_3$ - $AlEt_3$；生产聚丙烯时，Al/Ti = 2～3，催化体系为 α、γ、δ- $TiCl_3$-$AlEt_3$；生产异戊二烯时，Al/Ti = 1，催化体系为 β-$TiCl_3$ - $AlEt_3$。$TiCl_3$ 是配位聚合催化剂的主要组分之一，有 α、β、γ、δ 四种晶形。其中，紫色的 α、γ、δ 型结晶 $TiCl_3$ 具有较大的活性和定向性，褐色的 β- $TiCl_3$ 的定向性较差。

根据核磁共振谱证实，配位聚合的催化本质是烷基交换反应，要有 Ti-C 八面体结构，否则不能定向聚合。关于 Ziegler-Natta 催化剂的活性中心结构及聚合反应机理有双金属机理和单金属机理两种理论，以丙烯聚合为例说明如下。

(1)双金属机理。有机金属化合物(如烷基铝 AlR_3)与 $TiCl_3$ 形成缺电子四元环桥形络合物(Ⅰ)活性中心。聚合时，单体首先插入钛原子和烃基相连的位置上，这时 Ti—C 键打开，单体的 π 键即与钛原子新生成的空 d 轨道配位，生成 π 配位化合物(Ⅱ)，后者经六元环状配位过渡状态(Ⅲ)变成一种新的活性中心(Ⅳ)。如此配位、移位交替进行，每一个过程可插入一个单体(增长一个链节)，最终可得聚丙烯。双金属机理的特点是在 Ti 上引发，单体在 Al—C 键中间插入增长。

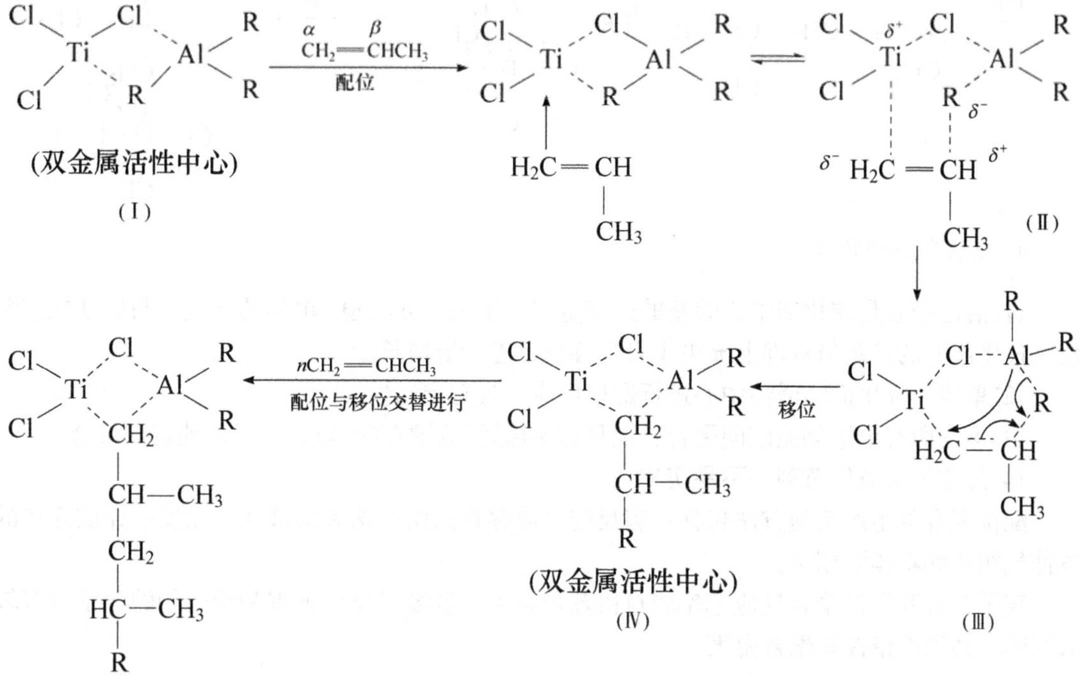

(2)单金属机理。对于(α、γ、δ)-$TiCl_3$-AlR_3 引发体系，活性种是以钛原子为中心的带有一个空位的五配位正八面体。聚合时，定向吸附在 $TiCl_3$ 表面的丙烯在空位处与 Ti^{3+} 配位(或称π-络合)，形成四元环过渡状态，然后和单体发生顺式加成(重排)，结果使单体在 Ti—C 键间插入增长，同时空位重现，但位置改变。如果按这种方式再增长，将得到间同聚合物。空位“飞回”到原来位置上，才能继续增长成全同聚合物。这是容易引起疑问的地方。实际上，当单体在 Ti 的空位上配位后，单体双键的 π 电子的供电子作用使 Ti—C 键极化，$Ti^{\delta+}$—$C^{\delta-}$ 极化后，通过碳负离子 σ 电子和双键 π 电子的转移，完成单体的插入反应。单体与 Ti^{3+} 配位，随后在 Ti—C 键间插入，这就是配位阴离子聚合单金属机理的特点。Ziegler-Natta 定向聚合的两个显著特征是每步增长都是 R 基连接在单体的 β-碳原子上(这与自由基、阴离子、阳离子聚合活性种总是进攻单体的 α-碳原子不同)，是顺式加成。Al 不包括在活性种中，只起使 Ti 烷基化的作用，只在 Ti—C 键形成中起作用，只在形成空轨道中起作用。

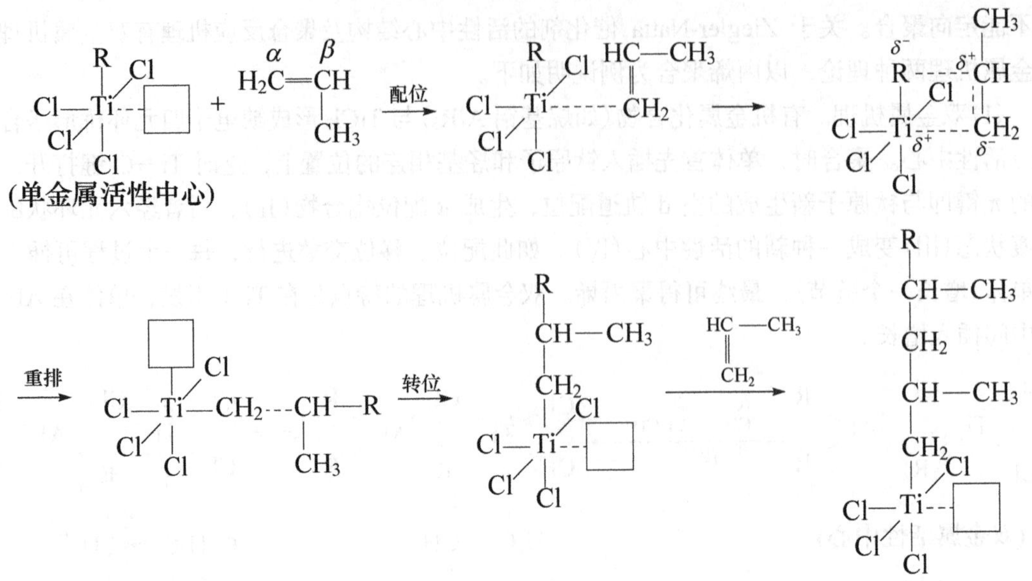

(单金属活性中心)

4. 配位聚合的特点

(1)活性中心是催化剂中连烷基的过渡金属原子的空 d 轨道。单体的 π 电子与空 d 轨道配位，催化剂上的烷基与双键上 π 电子发生移位，进行链增长。

(2)单体与催化剂的活性中心进行配位反应，具有定向性。

(3)不是所有单体都能定向聚合，现只有α-烯烃(双键在端基)、二烯烃能定向聚合。

(4)配位聚合条件苛刻，不易实施。

配位聚合的生产实施方法包括：有反应介质存在的淤浆法和溶液法，无反应介质存在的本体气相法和本体液相法。

离子聚合和配位聚合反应速率较自由基聚合大，温度对反应速率和聚合物的分子量有较大影响，必须严格控制聚合温度。

4.2.5　基团转移聚合工艺

基团转移聚合(group transfer polymerization，GTP)是指单体的加成增长反应伴随着基团转移的聚合反应，按亲核加成聚合机理进行，可归为一类新型的离子聚合和配位聚合反应。这是 20 世纪 80 年代才发现的新聚合反应。基团转移聚合属于链式聚合，按亲核加成聚合机理反应。该工艺被认为是自 Ziegler 发明采用络合催化剂使烯烃实现定向聚合以来最重要的新的聚合工艺。采用基团转移聚合可精确地调节聚合物的分子量及分子链的长度，准确地引入官能团，控制端基的结构。

1. 基团转移聚合的主要产品

能进行基团转移聚合的单体有甲基丙烯酸甲酯、α,β-不饱和酮、腈类和酰胺类等极性不饱和单体(主要是不对称取代α-烯烃)。其中，甲基丙烯酸甲酯类单体具有最高的反应活性。某些对自由基聚合较为敏感的单体尤其是丙烯酸酯类，可采用基团转移聚合。

基团转移聚合是主要由含硅有机物引发的以丙烯酸酯类为代表的乙烯类极性单体在室温下的活性聚合反应，可引入各种大位阻基团，合成具有液晶性能的高聚物，甲基丙烯酸长链酯的聚合物，具有主链螺旋结构的聚甲基丙烯酸三苯甲酯控制聚合产物，具有光学活性的大侧链高分子；采用多官能团单体可合成互穿网络聚合物，主链中含共轭双键的不饱和酯类聚合物，双官能团单体可以进行环状加成聚合或生成梯形聚合物。

基团转移聚合可以得到窄分子量分布的活性聚合物，并可合成嵌段共聚物和不同端基的遥爪聚合物。其产物可用于橡胶、塑料、纤维、涂料及胶黏剂的制备。

2. 基团转移聚合的引发剂

在基团转移聚合中，引发剂和催化剂必须同时加入，这是基团转移聚合区别于其他聚合体系的一个显著标志。基团转移聚合要求特殊的引发剂，用作引发剂的一般为硅烷类，如二甲基乙烯酮缩甲醛三甲基甲硅醚，并在适当的催化剂存在下进行聚合。聚合时，单体加成一步，引发剂的三甲基硅基向单体(如 MMA)的羰基上转移一次。作为基团转移聚合的引发剂，由于含有较活泼的 $R_3Si—C$ 键或 $R_3Si—O$ 键，极易被含活泼氢的化合物分解，所以与阴离子聚合的工艺要求一样，整个反应体系必须避免质子化合物如水、醇、酸等。所有的仪器、设备和试剂都要经过严格的干燥预处理，然后在抽排空气和高纯氮充气条件或真空中进行。

3. 基团转移聚合的催化剂

基团转移聚合的催化剂有两大类。一类是阴离子型催化剂，如 $[(CH_3)_2N]_3SHF_2$、$[(CH_3)_2N]_3SCN$、$[(CH_3)_2N]_3SF_2Si(CH_3)_3$ 等，其通式一般写成 TAS^+X^-，其中 X 为 HF_2^-、CN^-、F_2SiMe_3 等阴离子，TAS^+ 代表 $[(CH_3)_2N]_3S^+$，这类催化剂须在 THF、乙腈等极性溶剂中使用。另一类是路易斯酸型催化剂，如 ZnX_2 (X = Cl, Br , I)、AlR_2Cl 等，这类催化剂须在甲苯、卤代烃等弱极性溶剂中使用。催化剂用量极少，阴离子型催化剂用量低于引发剂用量的 1%(摩尔比)时，引发剂就有相当大的活性。路易斯酸型催化剂的用量虽然是阴离子型的几倍，但也应低于引发剂用量的 10%。烷基铝催化剂在室温下存在竞争的分解反应，因此一般须在低温(−78℃)下使用。

基团转移聚合的催化剂主要采用催化效率高的阴离子型催化剂，常用含硅有机化合物作为引发剂，在适当催化剂作用下，使 α,β-不饱和羰基酯、酮、腈类等极性单体聚合。例如，以 HF_2^- 为催化剂，以二甲基乙烯酮甲基三甲硅氧基缩醛为引发剂，MMA 在室温下的聚合。当选用阴离子型催化剂时，使用供电子体的溶剂，如 THF、CH_3CN、$CH_3O—CH_2CH_2—OCH_3$ 和 $CH_3CH_2O—CH_2CH_2—OCH_2CH_3$。当选用路易斯酸型催化剂时，使用卤代烃和芳烃作为溶剂，如甲苯、CH_3Cl 和 $ClCH_2CH_2Cl$。

4. 基团转移聚合的特点

基团转移聚合的特点是以引发剂作为活性中心，由极性不饱和单体对其进行加成，之后通过基团转移使单体不断在活性链上加成，而硅烷基不断换位，始终位于活性链端基部位。这一特点有些类似于定向催化聚合。从加成方式看，基团转移聚合和迈克尔(Micheal)加成反应(由活泼亚甲基化合物形成的碳负离子，对 α,β-不饱和羰基化合物的碳碳双键的亲核加成)有类似之处。

基团转移聚合通过控制单体与引发剂的投料比例即可控制聚合物的分子量，并获得很窄的分子量分布，而且聚合产物的立构规整性受溶剂的影响不大。因此，基团转移聚合有很多优点：

(1) 无明显的终止反应，产物是“活性聚合物”。因此，进一步处理可获得具有各种结构的聚合物(如嵌段共聚物、梳形共聚物等)。

(2) 可以精确地控制聚合物末端结构，可以在聚合物链端引入特定的取代基。通过改变引发剂的末端官能团，即可方便地合成末端含 100% 特殊官能团的聚合物，如烃基、羧基、酯基、胺基等。

(3) 聚合反应可以在较宽的温度范围内进行，如−100～110℃。

(4) 可以获得结构均一、分子量分布很窄的聚合物。

(5) 可有效地控制聚合物的立构规整性，使产物具有高度有序的空间构型。

4.3 缩聚实施方法

4.3.1 缩聚工艺基础

缩聚反应是具有两个或两个以上官能团的单体通过官能团的相互作用而形成高分子的聚合反应。发生缩聚反应的单体所含的反应性官能团数全部为 2 时，经缩聚反应生成的最终产物为线型聚合物。为了与加成聚合所得线型聚合物有所区别，简称为线型缩聚物。线型缩聚反应中形成的大分子链向两个方向增长，而在体型缩聚中，参加反应的单体至少有一种单体含有两个以上的官能团，形成的大分子链向三个方向增长。

1. 缩聚反应的主要产品

缩聚工艺生产的产品很多，近 20 年来出现的新型聚合物中，缩聚类高分子占大多数，说明缩聚反应形式和产物结构的多样化。工业生产中利用缩聚工艺生产的线型缩聚物主要有以下几种：

聚酯类：包括聚对苯二甲酸乙二醇酯(PET)、聚对苯二甲酸丁二醇酯(PBT)、双酚 A 型聚碳酸酯(PC)等。

聚酰胺类：包括聚酰胺 66、聚酰胺 610、聚酰胺 1010、聚酰胺 6 等。

聚砜类：产量最大的是双酚 A 与 4,4′-二氯二苯基砜缩聚生成的聚砜，此外还发展了耐高温的聚苯醚和聚苯硫醚等。

芳香族聚酰亚胺类：最主要的是均苯四甲酸二酐与 4,4′-二氨基二苯醚缩聚生成的聚酰亚胺，此外还发展了其他芳香族四元酸与芳二胺合成的聚酰亚胺，以及芳香族三元酸与二元胺合成的聚酰胺-酰亚胺等。

芳香族聚杂环类：包括经缩聚反应合成芳杂环从而得到的各种产品，如聚苯并咪唑、聚苯并噻唑、聚苯并咪唑吡咯酮等。

2. 缩聚反应的单体

缩聚反应的单体是带有两个或两个以上官能团的低分子化合物。可供缩聚的官能团类型很多，如羟基(—OH)、胺基($—NH_2$)、酯基(—COOR)、酰卤基(—COCl)、酰胺基($—CONH_2$)、羧基(—COOH)、异氰酸酯基(—N═C═O)等。

(1) 反应能力。

(i) 分子链端具有不同官能团时，反应活性不同。官能团反应活性大小顺序为：酰卤＞羧酸＞酯基，羧基＞胺基＞羟基。

(ii) 官能团所处位置不同，由于电子效应、位阻效应的影响，其反应活性不同。一般诱导效应只能沿碳链传递 1～2 个碳原子，例如，二元酸 $HOOC(CH_2)_nCOOH$，$n = 1$、2 时，诱导效应和超共轭效应才对羧基起活化作用。碳链增长后活化作用减弱，因而羧基活性相近。

(2) 官能团数目。官能度 $f = 2$ 时，生成线型结构缩聚物；官能度 $f > 2$ 时，生成体型结构缩聚物。

3. 缩聚反应的类型

缩聚反应按参加反应单体的种类分为均缩聚、混缩聚和共缩聚。①均缩聚：同一种单体分子中含有两种可发生缩聚反应的官能团，其缩聚反应称为均缩聚。例如，由己内酰胺经缩聚反应生成尼龙 6。②混缩聚(异缩聚)：分别具有两种官能团的单体进行的缩聚反应。③共缩聚：由两种以上聚合物或聚合物与单体进行的缩聚反应。工业生产中通过缩聚反应以生产线型缩聚物的主要方法有熔融缩聚、溶液缩聚、界面缩聚和固相缩聚四种方法。

4. 缩聚反应的特点

(1) 聚合反应是通过单体官能团之间的反应逐步进行的平衡反应。随着反应的深入，缩聚物由二聚物、三聚物逐步发展为高聚物，反应体系始终由单体和分子量递增的一系列中间产物组成，单体以及任何中间产物两分子间都能发生反应，每一步反应都是可逆平衡反应。聚合产物的分子量逐步增大，反应逐步进行，反应的中间产物可分离出来。

(2) 单体转化率的高低对产品的平均分子量有重要影响。工业生产中为了获得高分子量线型缩聚物，必须使缩聚反应的单体转化率接近 100%，但随着转化率的提高反应速率明显变慢，为了促进缩聚反应速率，常加入催化剂。

(3) 原料配比显著影响产品分子量。两种二元官能团单体的物质的量应控制严格相等。当两者的物质的量完全相等时，如果缩聚反应充分进行，理论上可以得到分子量无限大的产品。事实上，即使两者原始配比相等，由于微量杂质的存在，称量的精确性问题，在反应过程中可能少量官能团受热分解，以及反应过程可能部分单体挥发逸出等，两者配比会发生变化，从经济上考虑，不可能过分延长反应时间，因而反应不会进行完全，工业生产中所得产品分子量是有限的。

(4) 缩聚物端基的活性基团影响成型时的熔融黏度和分子量。两种单体的物质的量相等时，理论上平均每个大分子两端各存在一个可以互相发生缩合反应的活性基团。例如，聚酯分子的端基为—OH 和—COOH，聚酰胺分子的端基为—NH_2 和—COOH。当这些缩聚物进行塑料成型加工或熔融纺丝时，受热温度高而且在压力下进行，两种活性基团之间可能进一步发生缩合反应，缩聚物分子量成倍提高，熔体黏度急剧增加，使成型过程难以顺利进行。

为了使具有活性端基的线型缩聚物熔融成型时黏度稳定，通常在其原料配方中加入适量的单官能团单体，使它与端基中的一个活性基团发生化学反应，从而使缩聚物熔融成型时黏度不再发生变化。线型缩聚物生产过程中加入的单官能团单体称为黏度稳定剂。例如，生产聚酰胺树脂时，原料中加入少量一元酸如乙酸，则聚酰胺树脂的—NH_2 端基发生乙酰化反应而失去活性。黏度稳定剂不仅能使黏度稳定，而且具有控制产品分子量的作用。

(5) 反应析出的小分子化合物必须及时脱除。为了使缩聚反应向生成高聚物的方向顺利进行，在生产过程中必须使反应生成的小分子化合物及时脱离反应区。工业生产中多采取薄膜蒸发、溶剂共沸高温加热、真空脱除或通惰性气体带出等措施。由于反应后期物料处于高黏度熔融状态，而且小分子化合物浓度很低，需抽真空脱除。

4.3.2 熔融缩聚工艺

1. 熔融缩聚的基本原理

熔融缩聚是在反应体系中不加溶剂，只有单体和少量催化剂，反应温度高于原料单体和缩聚产物熔化温度10～20℃条件下(一般反应温度在200～300℃)进行的缩聚反应，即反应器中的物料始终保持在熔融状态下进行缩聚反应的方法。熔融缩聚在工业中采用得最多、最广泛，主要用于聚酯、聚酰胺及聚碳酸酯等的生产。熔融缩聚的特点如下。

(1) 是可逆平衡反应。熔融缩聚一般为放热反应，升高温度有利于反应进行，但热效应不大，温度越高平衡常数越小；需减压脱除副产物。

(2) 反应温度高。熔融缩聚在单体和聚合物熔点以上的温度进行，要求单体和缩聚物在反应温度下不分解。

(3) 反应时间长，延长聚合时间主要目的在于提高产物分子量，而不是提高转化率。缩聚早期，单体转化率就很高，但分子量很低。因此，一般用反应程度描述缩聚反应的深度。单体配比影响聚合产物的分子量，所以聚合反应时要严格控制单体等当量配比。

(4) 反应物料黏度高，小分子不易脱除。熔融缩聚大部分时间内产物的分子量和黏度都不大，物料的混合和传热不困难。但在聚合后期(反应程度＞97%～98%)产物的分子量很高，反应物料黏度高，小分子不易脱除，需减压才能脱除。

(5) 对聚合设备密闭性要求高。缩聚反应需要减压抽真空脱除小分子及其副产物。

2. 熔融缩聚的工艺因素

(1) 影响分子量的因素。影响缩聚产物分子量的主要因素是配料比、反应程度和平衡常数。

(i) 配料比 r。配料比 r 应为两单体的官能团总数之比

$$r=\frac{N_a}{N_b}$$

式中，N_a为A分子中官能团总数；N_b为B分子中官能团总数。配料比 r 与聚合度 $\overline{X_n}$ 的关系式为

$$\overline{X_n}=\frac{1+r}{1-r} \tag{4-23}$$

式(4-23)表明，当单体完全等当量比时($r=1$)，聚合度将变成无穷大，可以获得分子量较大的高分子产品，所以工业上要严格控制配料比在反应区域为等摩尔比。

(ii) 反应程度 p。反应程度 p 是参加反应的官能团总数(N_0–N)占起始官能团总数 N_0 的分率

$$p=\frac{N_0-N}{N_0}\times 100\% \tag{4-24}$$

式中，N_0为体系中起始官能团总数；N 为反应时间为 t 时刻体系中残留的官能团总数。聚合度 $\overline{X_n}$ 与反应程度的关系式为

$$\overline{X_n}=\frac{1}{1-p} \tag{4-25}$$

式(4-25)表明，高分子聚合度随反应程度而增加。

(iii)平衡常数 K。在开口非密闭反应体系中，平衡常数 K 与聚合度的关系式为

$$\overline{X_n}=\sqrt{\frac{K}{n_a}} \tag{4-26}$$

式中，n_a 为残留于平衡体系内的低分子副产物的浓度。式(4-26)表明，聚合度 $\overline{X_n}$ 与平衡常数 K 的平方根成正比，与低分子副产物浓度的平方根成反比。K 大时，产物分子量大；K 小时，低分子副产物浓度 n_a 对产物分子量的影响大。

由 $\overline{X_n}$ 与 K 在不同 n_a 的情况下作图，可得缩聚反应中在不同低分子副产物浓度 n_a 下平衡常数 K 与聚合度 $\overline{X_n}$ 之间的关系(图 4-7)。

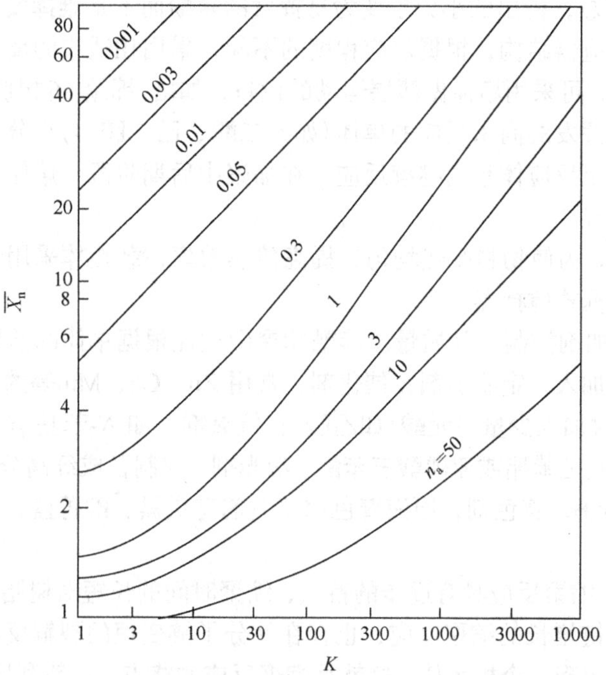

图 4-7　缩聚反应平衡常数 K 与聚合度 $\overline{X_n}$ 之间的关系

(2)影响反应速率的因素。影响缩聚反应速率的主要是反应温度、反应压力、催化剂、反应设备和搅拌等因素。提高反应温度可以加快反应速率，减压提高真空度也可以加快反应速率。一般缩聚反应速率慢，常需加入催化剂以提高反应速率。例如，二元酸和二元醇的聚酯化反应速率较慢，为了加速反应，往往另加酸作为聚酯化反应的催化剂，催化作用包括自催化和酸催化两种作用。外加酸催化聚酯化反应速率常数比自催化反应速率常数大 2 个数量级。因此，对于由二元酸和二元醇生产聚酯的缩聚反应，总是外加酸作催化剂以加速反应。是否使用催化剂分下列几种情况。

(i)无催化剂就能达到一定速率的聚合，如二元胺和二元酸合成聚酰胺。

(ii)必须加酸或碱作催化剂的聚合，如酚、尿素或三聚氰胺与甲醛反应。

(iii) 催化剂可用或不用的聚合，如聚氨酯的合成。碱是该反应的催化剂，但为了避免副反应往往不用。

(3) 熔融缩聚的工艺措施。熔融缩聚的共性工艺问题及采取的工艺措施如下。

(i) 配料比。如前所述，熔融缩聚对单体配料比敏感，需要尽可能等当量比。控制配料比的方法有：把异缩聚反应转变为均缩聚反应；易挥发组分适当过量，以弥补高温下易挥发组分的逸出。

(ii) 小分子副产物的除去。大多数熔融缩聚是可逆平衡反应，小分子副产物的除去有利于提高产物的分子量。除去小分子副产物可采用如下一些工艺措施：抽真空；通入惰性气体(如氮气、二氧化碳气体等)带走小分子副产物，这种方法多用在预缩聚阶段体系不太黏稠的情况；加强搅拌，以加大小分子副产物的扩散面积；采用扩链剂，在分子量增加的同时，产生更易于扩散的小分子副产物，如涤纶树脂的合成，在熔融缩聚后期小分子副产物乙二醇排除困难，此时加入少量二元羧酸二苯酯(如草酸二苯酯)作为扩链剂，用量为单体对苯二甲酸二甲酯的0.5%～1.0%(摩尔分数)，析出的小分子变为易挥发的苯酚而不是难挥发的乙二醇，产物分子量大幅提高；改善反应器结构，根据反应程度的不同，采用相适应的反应装置。例如，初缩聚阶段，体系黏度低，可采用熔体做薄层运动的设备，如塔(锦纶 66 树脂预缩聚塔)，以提高蒸发面积，同时使易挥发的尚未反应的单体(如乙二醇、己二胺)与小分子副产物(如水等)进行分离，前者可回流至反应体系内继续反应。在缩聚中后期阶段，熔体黏度较大，可采用装有搅拌器的卧式缩聚釜。

(iii) 传热，供热。为使物料受热均匀，提高传热效率，载热体采用强制循环流动，且反应釜内多采用锚式或框式搅拌器。

(iv) 加入一定添加剂控制产品质量。熔融缩聚中往往根据单体的活性、反应历程、产品结构、性能与用途而加入一定添加剂：催化剂，常用 Zn、Co、Mn 等的乙酸盐；分子量调节剂，如合成锦纶 66 时加入少量一元酸(如乙酸)；抗氧剂，如 *N*-苯基-β-萘胺；热稳定剂，常用含磷化合物，如磷酸三苯酯或亚磷酸三苯酯；消光剂，如制备成纤高分子(如聚酯、聚酰胺)时常需加入消光剂 TiO_2；着色剂，原液着色用着色剂有炭黑、酞菁蓝、酞菁绿、还原艳紫、花红、永固黄等。

(v) 终点的控制。缩聚反应具有逐步的特点，缩聚时间的长短对树脂质量的影响很大。反应过程既存在使分子链增长的缩聚反应，也存在使分子链变短的裂解反应，两种反应竞争的结果使反应体系黏度出现一个极大值，这就是缩聚反应的终点。一般利用黏度变化控制终点，在黏度达到极大值后，应尽快出料。

4.3.3　溶液缩聚工艺

溶液缩聚是单体加适当催化剂在溶剂(包括水)中的缩聚。溶液缩聚的温度较低，要求单体具有较高的活性。采用溶液缩聚生产的高分子产品有聚砜和聚苯醚等。

1. 溶液缩聚的基本原理

当单体或缩聚产物在熔融温度下不够稳定而易分解变质时，为了降低反应温度，可使缩聚反应在适当溶剂中进行，这就是溶液缩聚。溶液缩聚反应体系中除单体外还有溶剂，条件缓和，热交换容易，可避免局部过热。因此，溶液缩聚适用于熔点过高、单体或缩聚物熔融易分解的产品的生产，主要是一些产量少、具有特殊结构或特殊性能的缩聚物的生产，如聚芳杂环树脂、聚芳砜、聚芳酰胺等。

在溶液缩聚过程中单体与缩聚产物均呈现溶解状态时称为均相溶液缩聚；在均相溶液缩聚过程的后期，通常将溶剂蒸出后继续进行熔融缩聚，此情况也属于熔融缩聚。若产生的缩聚物沉淀析出，则称为非均相溶液缩聚。

溶液缩聚的特点为：在溶剂存在下可降低反应温度，避免单体和产物分解；溶液缩聚反应平稳易控制；溶剂可与产生的低分子副产物共沸或与之反应而脱除低分子副产物；聚合物溶液可直接用作产品。缺点是溶剂可能有毒、易燃，提高了成本；增加了缩聚物分离、精制、溶剂回收等工序；生产高分子量产品时须将溶剂蒸出后进行熔融缩聚，如尼龙 66 合成前期采用溶液缩聚，后期将溶剂蒸出后进行熔融缩聚。

2. 溶液缩聚的工艺主要影响因素

(1) 配料比。溶液缩聚与熔融缩聚一样，单体的配料比对缩聚物分子量有显著影响。单官能团化合物的存在同样可以终止分子链的增长，改变其加入量可调节产物分子量的大小。由于活性大的单体易发生副反应，因此，溶液缩聚在较低的温度下可采用二元酰卤单体，而熔融缩聚不可以采用二元酰卤单体。

(2) 反应程度。高分子聚合度随反应程度而增加，溶液缩聚在高沸点溶剂存在下，随着反应程度 p 增大，会发生降解、副反应，其分子量低于熔融产物。

(3) 反应温度。反应温度增加可加快达到反应平衡的时间，在一定时间内分子量增加，如聚酯缩聚反应。然而，对活泼性较大的单体如酰氯与二元胺的反应、酸酐与二元胺的反应等，通常都是在较低的温度下，如室温或更低温度时，才能得到较高的分子量与较好的收率，温度高时易发生副反应而导致产物分子量与产率下降。

(4) 单体浓度。单体浓度增加，产物分子量增加；但单体浓度太高时，反应体系黏度太大，可能使缩聚反应难以正常进行，产物分子量可能降低。

(5) 物料的相态。在均相溶液缩聚中选择聚合物的优良溶剂，则所得聚合物的分子量较大；可采用不同配比的优良溶剂和不良溶剂，制成各种复合溶剂来调节分子量。在非均相溶液缩聚中，当溶剂对聚合物有一定溶胀能力时，分子量才能增长。

(6) 溶剂。在溶液缩聚中，溶剂的选择非常重要。溶剂的主要作用在于：①溶解原料单体，使正在增长的缩聚物溶解或溶胀，以利于增长反应的继续进行。②溶剂能降低反应物料的黏度，有利于热交换，使反应过程平稳。③选择溶剂时可考虑能与缩聚反应中生成的低分子副产物形成共沸物而及时带走低分子副产物。此外，也可以选用沸点与低分子副产物相差较大者作为溶剂，这样可在反应中不断蒸出低分子副产物而溶剂仍保留在体系内。④在释放低分子副产物卤化氢的非可逆溶液缩聚过程中，溶剂的碱性及其对卤化氢的结合能力起着重要作用。对于合成聚酰胺，反应放出的卤化氢会与增长链的胺端基生成盐而使链终止。对于合成聚酯，可能发生卤代反应，置换出羟基而导致链终止。作为卤化氢接受体的物质，可以是碱性化合物，也可以是溶剂本身。⑤溶剂有时可兼起溶剂和缩合剂的作用。例如，多聚磷酸、浓硫酸等，特别是多聚磷酸，在合成主链为环状结构或梯形结构的耐热高分子方面用得较多。⑥溶剂的极性或溶剂化效应对反应机制、反应速率、产物分子量大小及分布等有很大的影响。

4.3.4　界面缩聚工艺

1. 界面缩聚的基本原理

界面缩聚是将两种可以互相作用而生成高聚物的反应活性高的单体分别溶于两种互不混溶的液体中，在界面附近迅速发生缩聚反应而生成高聚物的方法。界面缩聚属于不可逆聚合，是非均相反应体系，要求单体的活性高。例如，二元酰氯与二元胺合成聚酰胺、光气与双酚盐合成聚碳酸酯等。适用于气-液相、液-液相界面缩聚和芳香酰氯、芳香酰胺等特种性能聚合物的生产。

界面缩聚的特点是反应条件缓和，反应不可逆，对单体的配料比要求不严格，但必须使用高活性单体(如酰氯)，需要大量溶剂，产品不易精制。界面缩聚的主要工艺条件及特点如表 4-9 所示。

表 4-9　界面缩聚主要工艺条件及特点

工艺条件及操作参数		工艺及特点
工艺条件	反应时间	5 min 至数小时
	反应温度	0～100℃
	反应压力	101.3 kPa
	设备要求	较简单，可敞口，但用于气-液相反应时需密闭
	搅拌要求	低速至高速
所得聚合物特征	结构	变化范围小
	分子量范围	低至高
	共聚物	稍受限制
产品回收操作	聚合物分离	需加入沉淀剂，经过滤、洗涤、干燥等处理过程
	聚合物收率	低至高收率
	副产物与溶剂	需要进行回收或处理

2. 界面缩聚工艺的主要影响因素

(1) 两相单体的比例。界面缩聚产物分子量对原料单体等当量比的要求，不像熔融缩聚那样严格。由于扩散因素的影响，分子量最高的缩聚物是在反应区域内原料等物质的量比条件下得到的。扩散速度小的单体，其浓度要大些；扩散速度大的单体，其浓度要小些。对于副反应较少的场合，扩散因素作用明显。例如，界面缩聚生产聚碳酸酯时，单体光气与双酚 A 的物质的量比通常控制在(1.2～1.3)：1。

(2) 单官能团化合物。界面缩聚与熔融缩聚类似，单官能团化合物的加入会降低产物的分子量。在界面缩聚中，单官能团化合物对产物分子量的影响既取决于其活性大小，又取决于其向反应区域的扩散速度。当单官能团化合物较多地进入反应区域中时，缩聚物分子量的下降明显。由于大多数界面缩聚反应的反应区域位于两相界面上靠近有机相一侧，因此，易溶于有机相的单官能团化合物比水溶性单官能团化合物对缩聚物分子量的影响显著。

(3) 反应温度。界面缩聚所用单体的活性较高，通常在室温下反应速率就很大，因此反应大多在室温左右进行。进一步提高温度虽然可加快主反应速率，但副反应如酰氯的水解变得严重，会导致产物分子量与产率明显下降。但在不良有机溶剂中应采取较高的反应温度，此时主要考虑缩聚过程中增长链在有机相中的溶解度大小：温度高时，溶解性增大，对链增长有利；温度低时，溶解度下降甚至缩聚物会沉析出来，不利于链增长反应。

(4)溶剂。溶剂决定反应物在两相中的分配系数、扩散速度及反应速率等，从而影响产物的分子量。有机溶剂的用量要适当，在一定范围内，产物分子量随有机溶剂用量的减少而增高。选择溶剂时，除考虑反应物在两相的分配系数外，更重要的是满足如下的一些要求：①溶剂对缩聚物要有良好的溶解性或充分的溶胀性，否则得不到高分子量的产物。因为如果反应过程中生成的树脂在尚未达到较高的聚合度就沉淀析出，则会限制增长链的扩散及链段的运动，阻碍链增长反应。②采用酰氯单体进行界面缩聚时，溶剂对酰氯要有良好的溶解性，但与水不互溶，并对碱稳定，以减少酰氯的水解作用。③溶剂中均不能含有单官能团杂质，因其往往是链终止剂。

(5)搅拌速度及混合效果。工业生产大多采用动态(带搅拌)界面缩聚，为了保证两相充分混合，增大两相的接触面并使之不断更新，就要提高反应物系的搅拌速度，但转速过高会给工业生产带来困难，而且当搅拌速度增至一定值后并无明显的效果，界面更新处于稳定状态。在界面缩聚中加入少量乳化剂(如十二烷基磺酸钠)可使界面反应速率加快，并得以降低搅拌速度、提高产率，反应的重现性也较好。一般，产物分子量随乳化剂用量变化也会出现一个最大值。

4.3.5 固相缩聚工艺

在单体或预聚物熔融温度以下进行的缩聚反应称为固相缩聚(solid state polycondensation，SSP)。

1. 固相缩聚的基本原理

固相缩聚是指反应物和原料在固体状态下的缩合反应。在高分子合成领域，固相缩聚特别适合于可结晶的高分子，适用于提高已生产的缩聚物如聚酯、聚酰胺等的分子量及难溶的芳族聚合物的生产。

固相缩聚的特点是反应温度低，反应条件缓和，因此适用于稳定性不好的单体或高温熔融时易于分解的聚合物。固相缩聚产物杂质少，热稳定性和耐光降解性较好，产物分子量比熔融缩聚更高。缺点是原料需充分混合，要求粉碎达到一定细度，再进行固相缩聚；固相缩聚反应的活化能较大，反应速率低；小分子不易扩散脱除。

2. 固相缩聚的工艺因素

固相缩聚方法主要应用于两种情况：由结晶性单体进行固相缩聚，由某些预聚物进行固相缩聚。在四种缩聚方法中，固相缩聚主要用于提高缩聚物产品的分子量。

1)结晶性单体的固相缩聚

(1)反应单体。适于固相缩聚的单体为环状二元酰胺、α-或ω-氨基酸等。

(2)反应温度。通常低于结晶单体熔点 5～40℃，熔点低的单体不适宜采用固相缩聚制备缩聚物，因为此情况下反应温度过低不易进行反应。固相缩聚适用于熔点高的结晶性单体。

(3)反应时间。反应时间与单体种类和反应温度有关，可为数小时、数天甚至更长，但反应时间过久无实际应用意义。为了促进反应可加入催化剂，经固相缩聚得到的聚合物多为单晶或多晶聚集态。

(4) 低分子副产物脱除。固相缩聚过程中产生的低分子副产物应及时脱除以使平衡反应向生成聚合物的方向进行。脱除低分子副产物的方法为真空脱除、通惰性气体、共沸脱除等。

2) 预聚物的固相缩聚

(1) 原料。以半结晶预聚物为起始原料，在其熔点以下进行固相缩聚从而提高预聚物的分子量。采用一般的熔融缩聚难以得到所要求的高分子量时，可将一般熔融缩聚得到的适当分子量范围的产品出料后，粉碎至一定细度，再进行固相缩聚，则可获得比熔融缩聚时分子量更高的产物，且所用的反应设备简单。

(2) 反应温度。反应温度一般采用低于产品熔点 20～30℃为宜。

(3) 主要产品。主要用来生产高分子量和高质量的涤纶树脂、聚对苯二甲酸丁二酯树脂、尼龙 6 和尼龙 66 树脂等。

(4) 生产工艺。预聚物固相缩聚工艺是将具有适当分子量范围的预聚物粒料或粉料，在反应设备中于真空下或惰性气流中加热到高于缩聚物的玻璃化转变温度而低于其熔点的某温度，使预聚物的活性官能团发生反应，同时析出低分子副产物。

习题与思考题

1. 以苯乙烯的本体聚合为例，说明本体聚合的特点。
2. 说明悬浮聚合与反相悬浮聚合的特点。
3. 分别说明乳液聚合、无皂乳液聚合、种子乳液聚合、反相乳液聚合和微乳液聚合的特点。
4. 高压聚乙烯的主要用途有哪些？可以采用哪些方法改进它的性能，开发新用途？
5. 离子型聚合与自由基型溶液聚合对溶剂的要求有什么区别？
6. 比较顺丁橡胶与丁苯橡胶的合成工艺。
7. 写出下列缩聚物的合成反应式，并说明缩聚方法。

(1) 由对苯二甲酸和乙二醇经酯交换法合成涤纶。

(2) 由己内酰胺开环聚合合成尼龙 6。

(3) 由癸二胺和癸二酸经成盐合成尼龙 1010。

(4) 由双酚 A 和光气合成聚碳酸酯。

(5) 由顺丁烯二酸酐和二元胺经双马来酰亚胺合成聚酰亚胺。

(6) 由对苯二甲酰氯和双酚 A 合成聚芳酯。

8. 比较熔融缩聚、溶液缩聚、界面缩聚的工艺特点。

第 5 章　高分子生产的后处理过程

5.1　分 离 提 纯

经聚合反应得到的物料多数情况下不单纯是聚合物，还含有未反应的单体、催化剂残渣、反应介质(水或有机溶剂)等，因此必须将聚合物与未反应单体、反应介质等进行分离。分离方法与聚合反应所得到物料的形态有关。

物质的分离是指将混合物中的不同物质分开，而且各物质要保持原来的化学成分和物理状态。物质的提纯是指将混合物净化除去杂质，得到混合物中的主体物质，提纯后的杂质不必考虑其化学成分和物理状态。

5.1.1　分离提纯原则

在进行物质的分离提纯时，选择试剂和实验措施应遵循以下四个原则：①不增，不能引入新杂质；②不减，不减少被提纯的物质；③易分离，被提纯物与杂质容易分离；④易复原，被提纯物质要复原。具体来说，分离提纯时引入的试剂一般只与杂质反应；不能引进新物质；杂质与试剂反应生成的物质易与被提纯物质分离；过程简单，现象明显，纯度高；尽可能将杂质转化为所需物质；除去多种杂质时要考虑加入试剂的合理顺序；如遇到极易溶于水的气体时，要防止倒吸现象的发生。

5.1.2　分离提纯方法

分离提纯方法主要有离心过滤、结晶、减压蒸馏、萃取、沉淀法、色谱技术等。对于不同的高分子合成工艺需要酌情选用不同的分离提纯方法，将未反应的单体、溶剂和催化剂分离除去，并将生成的聚合物从反应系统中分离开来。

1. 本体聚合和熔融缩聚的分离提纯方法

本体聚合与熔融缩聚得到的高黏度熔体几乎不含有反应介质，当单体转化率较高时，通常不需要经过分离过程，可直接进行聚合物后处理。

本体聚合得到的物料通常含有少量未反应单体或低聚物，如果要求生产高质量的本体聚合产品，则应当采取措施脱除产品中所含有的未反应单体。在熔融状态脱除单体时，聚合物熔体的黏度增加迅速，要求更高的温度才能脱除完全，此时可能会引起聚合物分解。为了降低温度应当采用高真空脱除单体的方法(真空压力最好在 133 Pa 以下)，应使聚合物熔体呈薄层或线状流动，这时其表面积加大，而且单体扩散出表面的距离大大缩短，有利于脱除未反应单体和可挥发的低聚物。

2. 自由基乳液聚合的分离提纯方法

自由基乳液聚合得到的胶乳液中一般含有约 40%的未反应单体，需要回收循环利用。乳液聚合得到的聚合物溶液如果直接用作涂料、胶黏剂，不需要经过分离过程，但是有时需要浓缩或适当脱除一些未反应的单体以调整其浓度或减少产品中单体的不适气味。

单体回收过程中处理的物料是含有乳化剂的胶乳，受热和减压沸腾时容易产生大量泡沫，回收用的闪蒸槽宜采用卧式以加大蒸发面积，必要时加硅油或聚乙二醇类消泡剂，或装设泡沫捕集器。回收过程中胶乳粒子可能凝聚成团或黏附于器壁上，必须周期性地清洗。此外，单体在管道中或器壁上可能产生爆聚物，可加入药剂破坏已生成的爆聚物，或加入抑制剂(如亚硝酸钠、碘、硝酸等)到单体回收系统或反应系统中。

3. 自由基悬浮聚合的分离提纯方法

自由基悬浮聚合得到固体状聚合物在水中的分散体系，悬浮聚合产物中可能含有少量未反应单体和分散剂。分离提纯时应首先脱除未反应单体，方法是对于压力下液化的单体进行闪蒸(迅速减压)，对沸点高的单体则进行蒸汽蒸馏，使单体与水共沸以脱除之。然后用离心机过滤，使水与固体状聚合物进行分离。得到的聚合物应当用净水洗涤，以脱除可能附着的分散剂等杂质。

4. 离子聚合与配位聚合的分离提纯方法

经离子聚合与配位聚合反应得到的固体聚合物在有机溶剂中的淤浆液通常含有较多的未反应单体和催化剂残渣，要首先进行闪蒸以脱除未反应单体。当催化剂的效率达到 1 g 钛可生产数万克或几十万克以上的聚合物时，聚合物中含有的催化剂残渣浓度很低，对聚合物的颜色和性能不会产生影响，此情况下不需要脱除催化剂残渣，可将聚合物直接与溶剂进行分离。如果催化剂是低效的，则应当进行脱除催化剂的操作，以提高聚合物产品性能，否则催化剂残留于聚合物内，对聚合物的色泽、电性能均有影响。应按照催化剂种类选用不同的分离方法。例如，离子配位聚合催化剂可加入醇、HCl 或 H_2O 等，使之转变为可溶性物质，再用 H_2O 或醇洗净，或用离心分离和过滤的方法除去。

5.2 干 燥

经分离过程得到的聚合物中通常含有少量水分或有机溶剂，必须经干燥以脱除水分和有机溶剂，得到干燥的合成树脂或合成橡胶。一般情况下，粉状的合成树脂不直接用作塑料成型原料，必须添加稳定剂(热稳定剂、光稳定剂)、润滑剂、着色剂等组分，经混炼、造粒以制得粒状料，再作为商品包装出厂。例如，合成橡胶的后处理干燥流程可简单表示如下：

潮湿的粒状合成橡胶→干燥→压块→包装→合成橡胶商品

干燥装置通常采用沸腾床干燥器、气流干燥器和回转式圆筒干燥器(转筒干燥器)。当挥发物是有机溶剂时，热载体采用氮气，即在封闭系统中用加热后的氮气进行闭路循环干燥，而不能用热空气进行干燥。

5.2.1 合成树脂常用干燥方法

根据树脂与水的亲和能力，可将树脂分为两大类：非吸湿性树脂和吸湿性树脂。树脂中湿分的吸附和解析与树脂的种类、环境温度和湿度有关。某些情况下，树脂在环境中只放置几分钟便会对树脂产生不利的影响。在干燥之前，必须了解水对聚合物的渗透性和平衡湿含量，这对于聚合物的安全储存很重要。树脂的干燥程度依赖于成型加工过程的特性。

聚乙烯、聚苯乙烯和聚丙烯属于非吸湿性树脂。这类树脂只在表面吸湿，这些湿分有时在送入铸模前适度加热便可除去。在某些情况下，只要通风或者让热空气穿过料层便可除去湿分，干燥设备比较简单，包括空气过滤器、风机和电加热器。

PET、ABS 等属于吸湿性树脂，湿分的去除需干燥的热空气。此类树脂的干燥需要正确选取或设计干燥器，常用脱湿干燥器。

常见高分子乳液和树脂的干燥方法如下。

1. 聚氯乙烯乳液的干燥方法

采用喷雾干燥器干燥聚氯乙烯乳液。由于快速蒸发的同时仍能保持较低的雾滴温度，因而可以采用高的干燥气体温度，不会对聚合物品质产生影响。另外，干燥过程中可回收一部分尾气，并利用排出的废气对从大气中补给的空气进行预热。

为了提高热效率，可使用“喷雾—流化床”二级干燥系统，流化床作为后级干燥器。经喷雾干燥后，颗粒状产品仍具有较高的湿含量，但料温较低，将其送入流化床干燥器，通过控制停留时间，可以将产品干燥成所需的湿含量。

2. ABS 树脂的干燥方法

ABS 树脂通常使用单级、并流、直流传热式转筒干燥器，可以采用间接加热闭循环操作、惰性气体加热或液体加热方式的干燥器。这些干燥器减少了苯乙烯单体的排放和聚合物的氧化，整体热效率高。ABS 树脂是易燃物，会发生自燃和粉尘爆炸，处理时不仅要控制热空气温度，而且要消除“火源”，如原料中存在的金属异物、超量静电荷等。

5.2.2　合成纤维常用干燥方法

1. 聚酰胺纤维的干燥方法

聚酰胺是主链上含有许多重复酰胺基的聚合物的总称。聚酰胺的初始湿含量高，需要长时间干燥，通常采用流化床干燥器。聚酰胺的另一特点是，在低湿含量下发生氧化降解，在高温下发生褪色。干燥时间延长会使纤维变色和品质下降，因此一般在氮气环境下采用立式移动床干燥器干燥。立式移动床干燥器是一种利用被干燥物料的自重，使其在干燥器中垂直向下运动的干燥设备。

2. 聚酯纤维的干燥方法

聚酯纤维是主链上含有许多重复酯基的一大类长链聚合物，如广泛使用的 PET。聚酯的初始湿含量约为 0.4%，在干燥之前需要完成结晶过程，以提高其软化点及韧性。PET 的特点是，温度为 70～80℃时变软发黏，在 90～100℃时其内部结构发生重整，从玻璃态转化为晶体状态。因此，聚酯的干燥系统分为两级，第一级完成结晶和预热，通常使用流化床，第二级用立式移动床进行干燥。现在一般采取间歇式流化床和桨叶搅拌式干燥器组合使用。

5.3 溶剂回收

溶剂回收主要是回收溶剂进行精制，然后循环使用。高分子合成工业中使用有机溶剂最多的是离子聚合与配位聚合反应的溶液聚合方法。分离出高分子后的溶剂通常含有其他杂质，大致可以分为合成树脂和合成橡胶两种情况。

5.3.1 合成树脂生产中溶剂的回收

合成树脂生产中未反应的单体及溶剂经精制后可回收使用，通常是经离心分离、过滤和高分子分馏得到。其中可能含有少量单体、破坏催化剂用的甲醇或乙醇等，还可能溶解有聚合物，如聚丙烯生产中得到的无规立构聚合物。采用配位聚合的溶液淤浆法生产聚丙烯过程中的溶剂回收操作最复杂，因此以其为例进行介绍。聚丙烯生产中的回收工艺包括对未反应丙烯单体、溶剂、分解剂和洗涤溶剂的回收。

(1)丙烯单体。聚丙烯合成时，精制的丙烯单体和溶剂己烷，以及浆状的络合催化剂在带夹套的压力釜反应器中聚合。生成的聚丙烯不溶于己烷溶剂而析出，反应物料呈淤浆状。聚合物淤浆进入闪蒸釜(脱气器)，脱出的气体主要是未反应的单体丙烯，可循环使用。

(2)溶剂、分解剂。闪蒸釜底出来的滤液用泵输送至分解槽，加入分解剂甲醇使催化剂分解。已分解的浆液进入分解闪蒸槽，蒸出甲醇和己烷。将这些甲醇和己烷混合液送精馏塔精馏，精制后的甲醇和己烷又可循环使用。分解闪蒸槽出来的淤浆再经水洗后，至离心机分离，分离出的聚合物经干燥、造粒即为聚丙烯产品。

(3)洗涤溶剂。在溶剂回收中，由于溶剂中含有少量(2%～4%)无规立构聚合物，这些无规立构聚合物在蒸发器中浓缩后呈絮棉状析出，易附着在蒸发器与管道上，造成堵塞。为克服此缺点，一般采用高沸点溶剂己烷在高温下溶解这些无规立构聚合物，从而在防止黏附的条件下回收溶剂。离心分离聚合物和溶剂时，滤饼中可能尚含有少量的无规立构聚合物，可用高沸点溶剂洗涤除去。这些洗涤溶剂分离液主要含己烷，送入精馏塔精馏，精制后的己烷可循环使用。

需要注意的是，(1)～(3)各种混合液中如果带有未除净的聚丙烯粉末，应先在汽提塔中进行汽提，再精馏。

5.3.2 合成橡胶生产中溶剂的回收

合成橡胶生产中回收的溶剂通常是在橡胶凝聚釜中同水蒸气一同蒸出来，因此不含不挥发物，而含有可挥发的单体和终止剂(如甲醇等)。经冷凝后，水与溶剂通常形成二层液相，水相中为可溶于水的组分如醇类，溶剂层中则可能含有未反应的单体、防老剂、填充油等。一般用精馏的方法使单体与溶剂分离，防老剂等高沸点物则可作为废料处理。以聚丁二烯橡胶配位阴离子聚合的溶液聚合工艺为例介绍如下。

聚丁二烯橡胶是由 1,3-丁二烯在烷基铝和过渡金属化合物组成的络合催化剂存在下经配位阴离子聚合而制得的。聚合反应终止后得到的胶液中除含橡胶外，还含有大量的溶剂和未反应的丁二烯、少量的催化剂残渣和终止剂等，必须将橡胶和丁二烯分离，并回收利用丁二烯。工业上常采用蒸汽凝聚法分离回收聚丁二烯橡胶生产中的溶剂和未反应的单体，将聚丁二烯聚合反应终止后得到的胶液喷入由蒸汽加热的热水中，用水蒸气汽提，蒸去溶剂及未反应的单体，橡胶凝聚成小颗粒。经几个凝聚釜充分除净溶剂后得橡胶粒淤浆，送入后处理。

凝聚法分离的具体操作过程为：在装有搅拌器的压力釜中注入热水，使之达到溶剂沸点(或溶剂与水的共沸点)以上，通入蒸汽，当向凝聚釜中喷入胶液时，胶液中未反应的单体与溶剂急剧汽化，橡胶则呈颗粒状析出，分散于水中。水的存在可防止橡胶结块，也可把橡胶溶液中的终止剂和催化剂等杂质萃取入水中，以保证橡胶质量。另外，水是传热介质，由于水温较高，橡胶中溶剂受热后迅速蒸发，从而达到分离目的。凝聚操作可根据溶剂的性质采用一个或几个凝聚釜串联，直至溶剂全部蒸除为止。汽提时的温度、压力因溶剂性质而异，一般采取减压水蒸气蒸馏。在连续汽提的情况下，胶液在凝聚釜内的停留时间就成为脱溶剂的重要影响因素。停留时间长，有利于溶剂和单体的蒸发，也有利于催化剂等杂质的去除，但生产能力降低。因此，应在保证橡胶挥发分和灰分合格的前提下，尽量减少胶液的停留时间。如需增加停留时间，可将凝聚釜串联起来，或在凝聚釜内壁加挡板。

将蒸汽凝聚法蒸出的溶剂和未反应的单体送入精馏塔进行精馏，精制后的溶剂汽油和未反应的单体丁二烯可循环使用。终止剂选用低沸点的乙醇或甲醇时，需要用水洗去终止剂，操作在水洗塔中进行。经水洗后塔顶得到的轻组分含有丁二烯、少量溶剂和其他杂质。重组分大部分是汽油和杂质，分别进入丁二烯回收塔和脱重组分塔。回收的丁二烯和溶剂返回原料系统再循环使用。

习题与思考题

1. 论述聚合物生产的后处理过程中各种后处理方法的目的和方法。
2. 对比聚合物生产的后处理过程中各种分离提纯方法的特点。

第二部分　高分子材料成型加工工艺

第6章　高分子材料成型加工工艺基础

6.1　高分子材料加工理论

6.1.1　高分子材料加工简述

高分子工业包括高分子合成工业和高分子材料成型加工工业。高分子材料成型加工简称高分子材料加工，是将高分子合成工业生产的合成树脂和合成橡胶等通过各种加工成型技术来生产塑料制品、纤维制品、橡胶制品、涂料、胶黏剂等高分子材料制品。成型加工的目的是根据物料的原有性能，利用一定方法使物料成为具有一定形状而又可以应用的产品。高分子材料制品的性能不仅与高分子材料本身有关，更与高分子材料成型加工方法、工艺条件有关。

1. 高分子材料加工的定义和任务

高分子材料加工是将高分子(有时还加入各种添加剂、助剂或改性材料等)转变成实用的高分子材料或制品的一种工程技术。研究高分子材料加工方法及所获得的产品质量与各种因素(材料的流动和形变的行为，以及其他性质、各种加工条件参数及设备结构等)的关系，就是高分子材料加工这门技术的基本任务。它对推广和开发聚合物的应用有十分重要的意义。

材料制品的性能不仅与材料本身有关，更与成型加工方法、工艺条件有关，学习高分子材料成型加工应把握材料、加工工艺、性能三者的逻辑关系。高分子材料成型加工的研究内容为：①高分子材料如何通过成型加工制成具有一定性能的实用制品；②材料品种与成型加工方法的关系；③成型方法与制品性能的关系，即同样的材料采用不同的成型加工方法或加工工艺条件，所得制品的性能为何不同；④制品性能与材料本身性质的关系。

2. 高分子材料加工的特点

高分子材料加工过程中聚合物的形状、结构和性质等方面都会发生变化。聚合物形状的转变往往是为满足使用要求而进行的，大多通过聚合物流动或变形来实现形状的转变。材料结构的转变包括聚合物组成、组成方式、材料宏观与微观结构的变化等，结构转变的目的主要是满足对成品内在质量的要求，一般通过配方设计、原材料的混合、采用不同加工方法和成型条件来实现。加工过程中材料结构的转变有些是材料本身所固有的，抑或是有意进行的，如聚合物的交联或硫化、生橡胶的塑炼降解等，有些则是不正常的加工方法或加工条件引起的、不希望发生的，如高温引起的分解、交联或烧焦等。

另外，大部分塑料制品由于部分结晶或有填料等添加剂而呈半透明或不透明，大多数橡胶制品也因为有炭黑填料而呈黑色。大多数塑料制品和纤维制品可以自由着色，只有少数有相对固定的颜色。

3. 高分子材料加工的过程

高分子材料加工通常包括两个过程：①使原材料产生变形或流动，并取得所需要的形状；②设法保持取得的形状(固化)。实现这两个过程一般包括四个步骤：混合、熔融和均化作用；输送和挤压；拉伸或吹塑；冷却和固化(包括热固性聚合物的交联和橡胶的硫化)。

并不是所有制品的加工成型过程都必须完全包括以上四个步骤。例如，注射与模压成型通常不需要经过拉伸或吹塑，热固性聚合物交联硬化(交联硬化与热塑性聚合物的冷却固化均统称硬化)成型后也不需要冷却。

4. 高分子材料加工与成型的主要形式

高分子材料加工与成型按照物料形态通常主要分为以下六类形式：

(1)聚合物熔体的加工。例如，挤出、注射、压延或模压等方法制取热塑性聚合物型材和制品，模压、注射或传递模塑制取热固性聚合物；橡胶制品的加工；挤出法熔融纺丝。这些是使用最广泛的重要加工技术。

(2)类橡胶状聚合物的加工。例如，真空成型、压力成型或其他热成型技术等制造各种容器、大型制件和某些特殊制品。薄膜或纤维的拉伸也属于这一技术范围。

(3)聚合物溶液的加工。例如，流延法制薄膜、溶液纺丝、涂料和胶黏剂等也往往采用溶液方式制造。

(4)低分子聚合物或预聚物的加工。例如，采用丙烯酸酯类、环氧树脂、不饱和聚酯树脂及聚酰胺等制造各种整体浇铸制件或增强材料。

(5)聚合物悬浮体的加工。例如，采用橡胶胶乳、聚乙酸乙烯酯胶乳或其他胶乳及聚氯乙烯糊等生产多种胶乳制品、涂料、胶黏剂、搪塑塑料制品等。

(6)聚合物的机械加工。例如，采用车、铣、刨等机械加工方法加工坚硬的玻璃态聚合物。

根据聚合物在加工过程中是否有物理或化学变化可将高分子材料加工技术分为三大类：

(1)加工过程主要发生物理变化。热塑性聚合物的加工属于此类，如注射成型、挤出成型(包括吹塑成型、纤维纺丝)、压延成型、热成型、搪塑成型和流延薄膜等。加工过程中聚合物必须加热到软化温度或流动温度以上，通过塑性形变或流动而成型，并通过冷却固化而得成品。

(2)加工过程只发生化学变化。例如，铸塑成型中单体或低聚物在引发剂或热的作用下因发生聚合反应或交联反应而固化。

(3)加工过程中兼有物理和化学变化。热固性聚合物的模压成型、注射成型和传递模塑成型及橡胶的成型等，在过程中同时存在加热流动和交联固化作用。

6.1.2　高分子材料的加工性质

1. 高分子的热力学特征

高分子在加工过程中所表现的许多性质和行为主要与高分子的长链结构和缠结及聚集态所处的力学状态有关。不同状态下的高分子具有不同的力学性质，不同的加工与成型方法适应于不同的状态(图 6-1)。当高分子及组成一定时，在一定外力作用下，聚集态的转变主要与温度有关。高分子材料的成型加工性主要与材料的温度特性有关。

高分子材料的成型加工性是指可挤压性、可模塑性、可纺性和可延性。

(1)可挤压性。可挤压性是指高分子通过挤压作用形变时获得形状和保持形状的能力。高分子的可挤压性不仅与高分子的流变性(剪应力或剪切速率对黏度的关系)、分子结构、分子量和分布有关，而且与温度、压力等成型条件有关。

高分子在加工过程中常受到挤压作用，如高分子在挤出机和注塑机料筒中、压延机辊筒间，以及模具中都受到挤压作用。

熔融指数是评价热塑性高分子可挤压性的最简单而实用的指标,特别适用于聚烯烃类物质。它是在熔融指数仪中测定的。熔融指数仪的结构如图 6-2 所示。定温下 10 min 内从出料孔挤出的高分子质量(g)数值称为熔体流动指数(melt flow index)，通常称为熔融指数，简写为 MI。

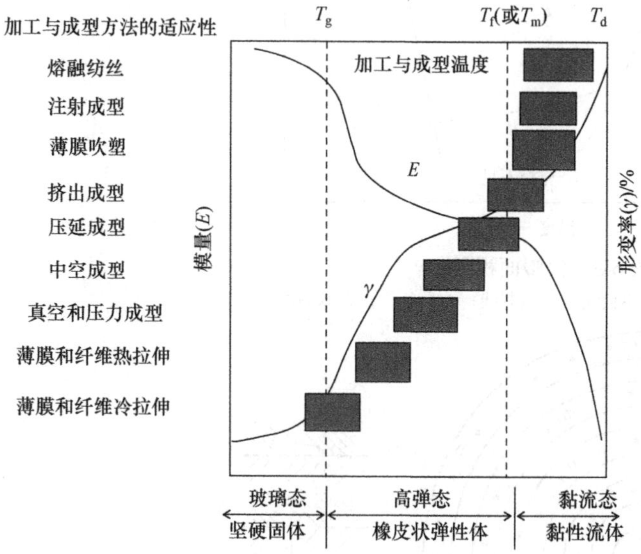

图 6-1　线型高分子的聚集态与成型加工的关系

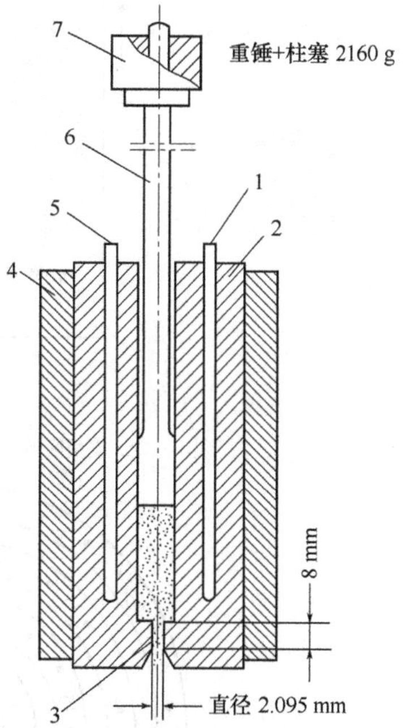

图 6-2　熔融指数仪结构示意图

1. 热电偶测温管；2. 料筒；3. 出料孔；4. 保温层；5. 加热器；6. 柱塞；7. 重锤

(2) 可模塑性。可模塑性是指高分子材料在温度和压力作用下发生形变和在模具中模制成型的能力。具有可模塑性的材料可通过注射、模压和挤出等成型方法制成各种形状的模塑制品。

可模塑性主要取决于高分子材料的流变性、热性质和其他物理力学性质，对于热固性高分子，还与其化学反应性有关。从图 6-3 可以看出，温度过高时，虽然熔体的流动性大，易于成型，但会引起分解，制品收缩率大；温度过低时，熔体黏度大，流动困难，成型性差；且因弹性发展，制品形状稳定性变差。适当增加压力通常能改善高分子的流动性，但过高的压力将引起溢料(熔体充满模腔后溢至模具分型面之间)和增大制品内应力；压力过低则造成缺料(制品成型不全)。因此，图 6-3 中四条线所构成的 A 部分才是模塑的最佳区域。模塑条件不仅影响高分子的可模塑性，且对制品的力学性能、外观、收缩率，以及制品中的结晶和取向等都有广泛影响。

除了流变性外，加工过程广泛用来判断高分子可模塑性的方法是螺旋流动试验。它是通过一个有阿基米德螺旋形槽的模具来实现的。模具结构如图 6-4 所示。高分子熔体在注射压力推动下，由阿基米德螺旋形槽的中部注入，伴随流动过程熔体逐渐冷却并硬化为螺旋线。螺旋线的长度反映不同种类或不同级别高分子流动性的差异。螺旋线越长，高分子的流动性越好。螺旋流动实验可以帮助人们了解高分子的流变性质，确定压力、温度、模塑周期等最佳工艺条件，反映高分子的分子量、配方中各助剂的成分和用量，以及模具结构、尺寸对高分子可模塑性的影响。

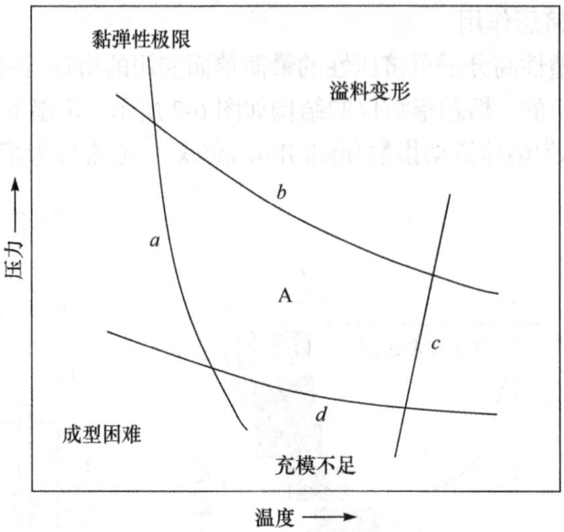

图 6-3　模塑面积图

A. 成型区域；*a*. 表面不良线；*b*. 溢料线；*c*. 分解线；*d*. 缺料线

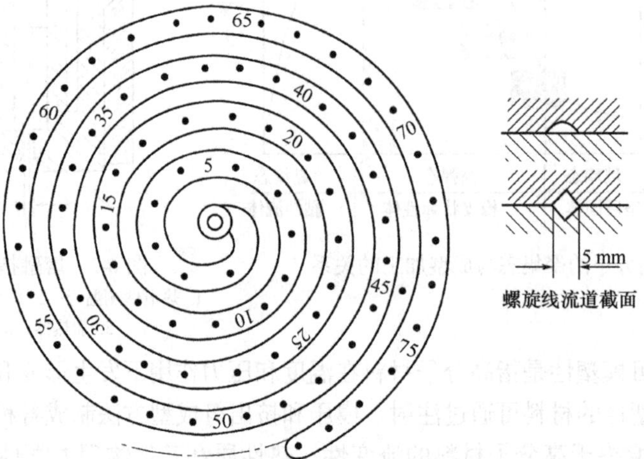

图 6-4　螺旋流动试验模具示意图(入口处在螺旋中央)

(3)可纺性。可纺性是指高分子材料通过成型加工形成连续的固态纤维的能力。它主要取决于材料的流变性质、熔体黏度、熔体强度及熔体的热稳定性和化学稳定性等。作为纺丝材料，首先要求熔体从喷丝板毛细孔流出后能形成稳定细流。纺丝过程中，拉伸定向及冷却作用可以提高熔体细流的稳定性。

(4)可延性。可延性表示无定形或半结晶固体高分子在一个方向或两个方向上受到压延或拉伸时变形的能力。利用高分子的可延性，可通过压延或拉伸工艺生产薄膜、片材和纤维。

线型高分子的可延性来自于高分子的长链结构和柔性，所以塑性形变以高分子链的解缠和滑移为主。高分子在 T_g～T_m(或 T_f)温度区间在一定拉应力作用下能产生塑性形变。随着压延或拉伸的进行，高分子结构单元的取向程度提高，高分子间作用力增大，引起高分子黏度升高，使高分子形变趋于稳定的现象称为应力硬化。高分子的可延性取决于材料产生塑性形变的能力和应力硬化作用。

2. 高分子在加工过程中的黏弹行为

(1) 高分子的黏弹性形变与加工条件的关系。线型高分子在加工过程中的总形变γ由普弹形变γ_E、推迟高弹形变γ_H和黏性形变γ_ν三部分组成，可用下式表示：

$$\gamma = \gamma_E + \gamma_H + \gamma_\nu = \frac{\sigma}{E_1} + \frac{\sigma}{E_2}\left(1 - e^{-\frac{E_2}{\eta_2}t}\right) + \frac{\sigma}{\eta_3}t \tag{6-1}$$

式中，σ为作用外力；t 为外力作用时间；E_1 和 E_2 分别表示高分子的普弹形变模量和高弹形变模量；η_2 和 η_3 分别表示高分子高弹形变和黏性形变时的黏度。

普弹形变γ_E是外力使高分子键长和键角或高分子晶体中处于平衡状态的粒子间发生的形变和位移。高弹形变γ_H是外力较长时间作用于高分子时，处于无规热运动的高分子链段的形变和位移(构象改变)，形变值较大且具有可逆性。黏性形变γ_ν是高分子在外力作用下沿力作用方向发生的高分子链之间的解缠和相对滑移，表现为宏观流动，具有不可逆性。形变-时间曲线形象地表示了这三种形变的性质(图 6-5)。在外力作用时间 t 内 $(t = t_2 - t_1)$，普弹形变γ_E、高弹形变γ_H和黏性形变γ_ν如图中 ABC 曲线所示。当外力于时间 t_2 解除时，普弹形变γ_E立刻恢复(图中 CD 线段)，经过一定时间高弹形变γ_H也完全恢复(图中 DE 线段)，而黏性形变γ_ν则作为永久形变存留于高分子材料中。

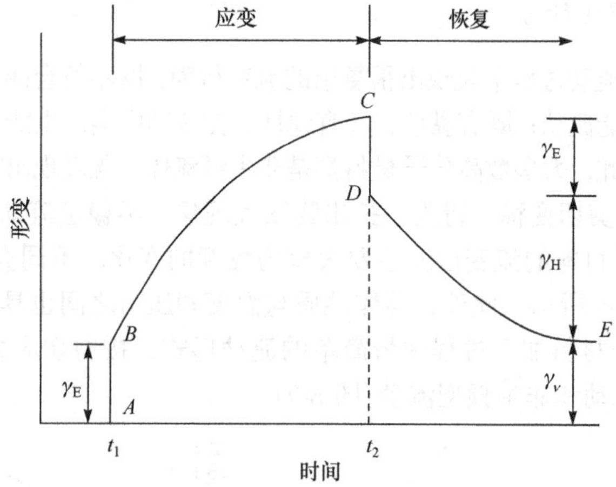

图 6-5　高分子在外力作用下的形变-时间曲线

从式(6-1)可知，增大外力σ或延长外力作用时间 t，黏性形变γ_ν 能迅速增加，在此条件下可逆形变能部分地转变为不可逆形变。高分子在 T_g～T_f温度范围以较大的外力和较长时间作用下产生的不可逆形变常称为塑性形变，其实质是高弹态下高分子的强制性流动。利用这一性质进行的加工方法有：中空容器的吹塑、真空成型、压力成型，以及纺丝纤维或薄膜的热拉伸等。

(2) 黏弹性形变的滞后效应。由于高分子形变松弛过程的存在，材料的形变必然落后于应力的变化，高分子对外力响应的这种滞后现象称为滞后效应或弹性滞后。其关系式如下：

$$\gamma = \frac{\sigma}{E_1} + \frac{\sigma}{E_2}\left(1 - e^{-\frac{t}{t^*}}\right) + \frac{\sigma}{\eta_3}t \tag{6-2}$$

式中，t^*为推迟高弹形变松弛时间，$t^* = \eta_2/E_2$。

滞后效应在高分子材料加工成型过程中是普遍存在的，如塑料注射成型制品的变形和收缩。当注射制品脱模时，高分子形变并未停止，在储存和使用过程中，制品中高分子的进一步形变会使制品变形。制品收缩的主要原因是熔体成型时急冷(骤冷)使高分子堆积得较松散，在储存和使用过程中，高分子的重排运动使堆积逐渐紧密，以致制品密度增加体积收缩。能结晶的高分子则因逐渐形成结晶结构而使成型制品体积收缩。制品体积收缩的程度随冷却速度增大而变得严重，所以加工过程急冷对制品质量通常不利。

在 T_g～T_f 温度范围对成型制品进行热处理，可以缩短高分子形变的松弛时间，加速结晶高分子的结晶速度，使制品的形状能较快地稳定下来。某些制品在热处理过程辅以溶胀作用(在水或溶剂中热处理)或将制品置于溶剂蒸气中热处理更能缩短松弛时间。通过热处理不仅可以使制品内应力降低，还能改善高分子材料的力学性能，这对于链段刚性较大的高分子如聚碳酸酯、聚苯醚、聚苯乙烯等非常重要。

6.1.3 高分子材料的流变性质

高分子材料的成型加工几乎都是依靠外力作用下高分子的流动与变形来实现从高分子材料到制品的转变。高分子材料流变学正是研究高分子熔体和溶液流动及变形规律的科学。研究高分子材料的流变性质，对材料的选择和使用、加工时最佳工艺条件的确定、加工设备和成型模具的设计，以及提高产品质量等都有极重要的指导作用。

1. 高分子材料的流变行为

高分子材料在加工流动过程中表现出很复杂的流变行为，既不符合胡克弹性体，也不符合牛顿流体；既能变形，又能流动；既有黏性，又有弹性；在流动中会产生能量损耗，又会有类似固体的弹性记忆效应。因此，大多数高分子材料都是非牛顿流体，既表现出黏性行为，又表现出弹性行为，如高黏度与“剪切变稀”行为、挤出物胀大现象、不稳定流动和熔体破裂现象等。

加工过程中高分子材料的流变性质主要表现为黏度的变化。不同类型流体的表观黏度与剪切速率的关系如图 6-6 所示。此外，熔体性质与温度和压力之间也具有强烈的依赖关系。

剪切流动是高分子材料加工过程中最简单的流动形式，按剪切应力 τ 与剪切速率 $\dot{\gamma}$ 的关系，可以分为牛顿型流动和非牛顿型流动(图 6-7)。

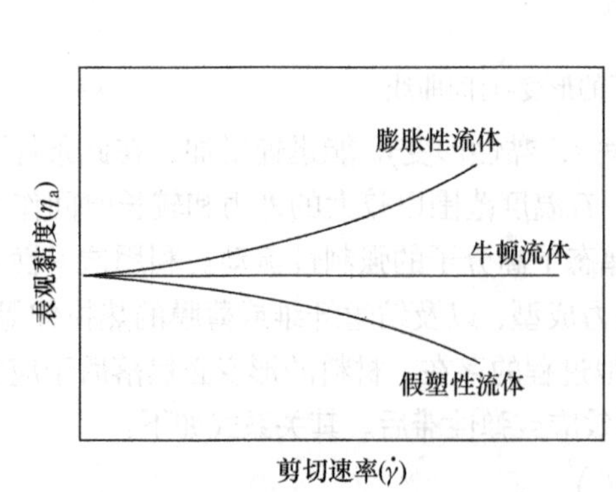

图 6-6 不同类型流体的表观黏度 η_a 与剪切速率 $\dot{\gamma}$ 的关系

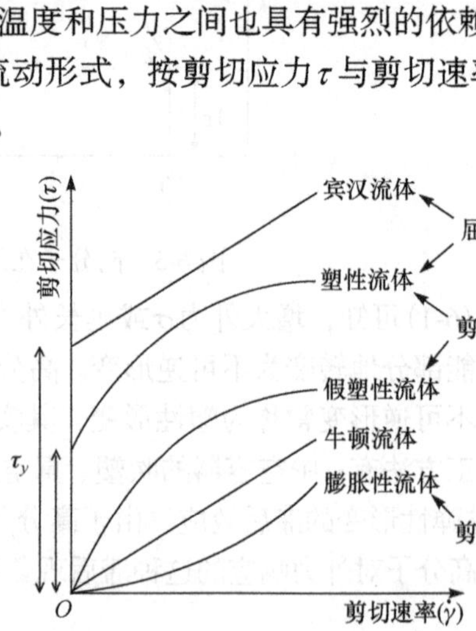

图 6-7 不同类型流体的流动曲线

1)牛顿型流动

流体黏度不随剪切速率或剪切应力而变化的黏性流体称为牛顿流体，其流动行为称为牛顿型流动，流变方程为

$$\tau = \eta\dot{\gamma} \tag{6-3}$$

牛顿流体是纯黏性流体，黏度与温度相关。低分子化合物的气体、液体或溶液属于牛顿流体。牛顿流体中的应变具有不可逆性质，应力解除后应变以永久形变保持下来。

2)非牛顿型流动

流体黏度随剪切速率或剪切应力而变化的黏性流体称为非牛顿流体，其流动行为称为非牛顿型流动。非牛顿流体包括宾汉流体、假塑性流体、膨胀性流体和塑性流体。

(1) 宾汉流体。流体静止时内部有凝胶性结构，使得流动前存在剪切屈服应力τ_y。其流变方程为

$$\tau - \tau_y = \eta_p\dot{\gamma} \quad (\tau > \tau_y) \tag{6-4}$$

高分子浓溶液和凝胶性糊属于宾汉流体。

(2) 假塑性流体。黏度随剪切速率或剪切应力的增大而降低的剪切变稀流体。其流变方程为

$$\tau = K\dot{\gamma}^n = \eta_a\dot{\gamma} \quad (n<1) \tag{6-5}$$

式中，K 和 n 均为常数，是非牛顿性参数。K 相当于牛顿流体的流动黏度η，是液体黏稠性的一种量度，称为黏度系数。液体越黏稠，K 值越高。n 称为流动行为特性指数，简称流动指数，用来表征液体偏离牛顿型流动的程度。流动指数 n 与表征固体材料性质的模量(E 或 G)或表征牛顿液体性质的黏度η相似，是表征液体真实性质的量纲为一的量，有时也称为结构黏度指数。K、n 和表观黏度η_a与温度有关。

橡胶、大部分塑料的熔体和溶液属于假塑性流体。流动指数 $n<1$。

(3) 膨胀性流体。黏度随剪切速率或剪切应力的增大而升高的剪切增稠流体。其流变方程为

$$\tau = K\dot{\gamma}^n = \eta_a\dot{\gamma} \quad (n>1) \tag{6-6}$$

膨胀性流体的 K、n 和η_a与温度有关。高固含量悬浮液、高浓度高分子分散体、高填充塑料熔体属于膨胀性流体，高速剪切使悬浮液中的颗粒产生碰撞，无法保持颗粒表面的充分润滑，流动阻力增大；同时粒子也不能再保持紧密堆砌状态，悬浮体系的总体积增加。例如，剪切增稠流体防刺服、PVC 增塑糊等。流动指数 $n>1$。

(4) 塑性流体。在受到外力作用时并不立即流动而要待外力增大到某一程度时才开始流动的流体，是存在屈服值的假塑性流体。存在屈服值的原因是分散体系在静止时能形成分子间或颗粒间的键合力网络，呈现出黏度无穷大的固体特性。因此，对剪切应力的响应表现为：若外力小于网络键合力，固体网络仅发生弹性形变；若外力大于网络键合力，固体网络解体产生假塑性流动，如油墨、果酱、牙膏、化妆品等。

2. 高分子材料流变性质与温度和压力之间的关系

高分子材料的加工成型大多在黏流态下进行。从宏观看，黏流态的主要特征是在外力场作用下熔体会产生不可逆的永久变形；从微观看，黏流态是高分子能产生整链相对流动。从结构看，高分子熔体内自由体积的尺寸远比分子整链的体积小，而与链段体积相当，所以高

分子的整链运动是通过链段相继跃迁、分段位移实现的。运动形态如同蚯蚓的蠕动。因此，分子量越大的高分子，黏流温度越高；高分子链柔顺性越好，黏流温度和黏流活化能越低；高分子的极性越大，相互作用越强，黏流温度和黏流活化能越高，甚至有些高分子材料的黏流温度比流动温度都高，以至于根本不存在黏流态，如交联高分子材料(不溶、不熔)。

高分子流体在外力作用下，能够表现出既非胡克弹性体、又非牛顿黏性流体的奇异流变性质。高分子流体的奇异流变现象如下。

1)高黏度与剪切变稀效应

剪切变稀效应是高分子流体最典型的非牛顿流动性质。在高分子材料成型加工时，随着成型工艺方法的变化及剪切应力或剪切速率的不同，物料黏度往往会发生 1～3 个数量级的大幅度变化。

2)魏森贝格效应

与牛顿流体不同，盛在容器里的高分子液体，当插入其中的圆棒旋转时，没有因为惯性作用而甩向容器壁附近，反而环绕在棒附近，出现沿棒向上爬的“爬杆”现象，高分子液体的液面呈现凸形(图 6-8)。这种现象称为魏森贝格效应(Weissenberg 效应)，也称法向应力效应，又称“爬杆”或“包轴”效应。出现这一现象的原因是高分子液体为具有弹性的液体，在旋转时具有弹性的高分子链会沿着圆周方向取向并出现拉伸变形，从而产生朝向轴心的压力，迫使液体沿棒爬升。

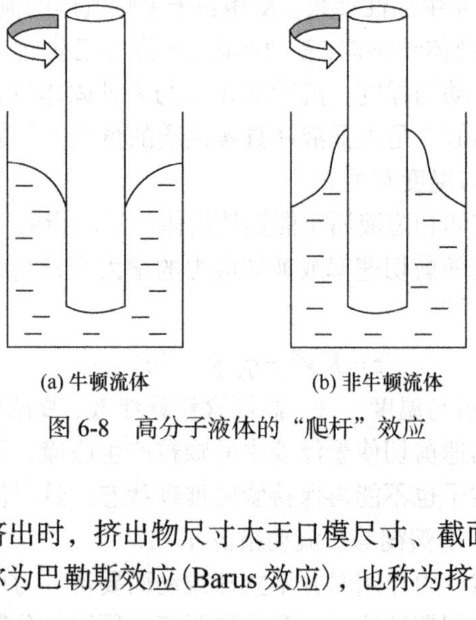

(a) 牛顿流体　　(b) 非牛顿流体

图 6-8　高分子液体的“爬杆”效应

3)巴勒斯效应

当高分子熔体从口模挤出时，挤出物尺寸大于口模尺寸、截面形状也发生变化。高分子熔体具有的这种记忆特性称为巴勒斯效应(Barus 效应)，也称为挤出胀大、出口膨胀或离模膨胀现象。

在挤出成型中，挤出物膨胀使其尺寸大于相应的口模尺寸，这是由黏弹性高分子熔体在露出塑型口模时应力变化所引起的，是高分子熔体特有的现象。

4)不稳定流动与熔体破裂

熔体破裂是挤出成型中高分子熔体从口模挤出时，挤出速率太大或材料温度过低，当挤出速率超过某一临界剪切速率后，随着挤出速率的增大，挤出物可能先后出现波浪形、鲨鱼皮形、竹节形和螺旋形畸变，最后导致完全无规则的挤出物断裂的现象。这也是高分子熔体弹性行为的表现。

熔体破裂现象发生的原因是高分子材料流出口模时速度过大，不能形成平行线流，或者熔体黏度过高，内应力松弛时间要求过长，这些使高分子熔体各点所表现的弹性应变不一样，从而使挤出物在弹性恢复过程中出现畸变或断裂现象。此外，在流出口模时的角度不适当或口模流路有死角也可能发生该现象。

5) 无管虹吸与无管侧吸

将管子插入盛有高分子流体的容器，并将流体吸入管中，在流动过程中，将管子从容器中缓慢提起，当管子离开液面后仍有液体流入管子(图 6-9)。该现象称为无管虹吸效应。

将一杯高分子溶液侧向倾倒流出，若将烧杯的位置部分恢复，使杯中平衡液面低于烧杯边缘，然而高分子液体仍能沿壁爬行，继续维持流出烧杯，直至杯中的液体全部流光为止(图 6-10)。该现象称为无管侧吸效应。

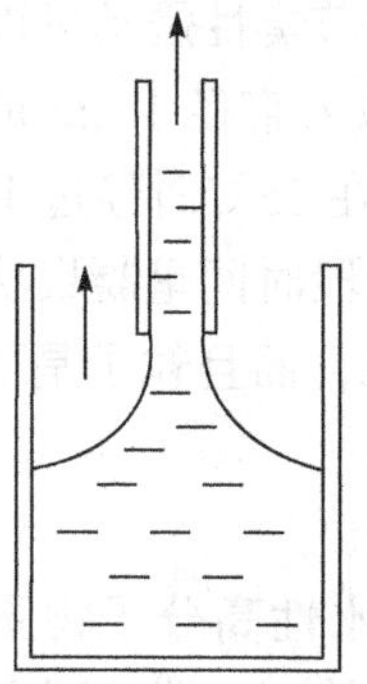

图 6-9　高分子液体的无管虹吸效应

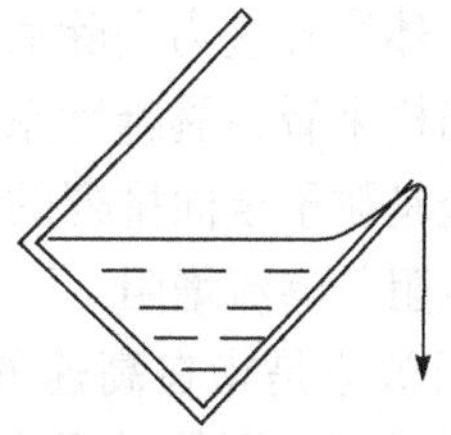

图 6-10　高分子液体的无管侧吸效应

对于牛顿流体，在虹吸实验时，如果将虹吸管提离液面，虹吸马上就会停止。但对于高分子液体，如聚异丁烯的汽油溶液或聚酯在水中的轻微凝胶体系等，具有无管虹吸与无管侧吸的特性，这是合成纤维具备可纺性的基础。

无管虹吸与无管侧吸的现象与高分子流体的弹性行为有关，这种高分子液体的弹性令拉伸流动的自由表面相当稳定，容易产生拉伸流动。高分子浓溶液和熔体都具有这种性质，因而能够产生稳定的连续拉伸形变，具有良好的纺丝和成膜能力。

6) 次级流动

当高分子流体在均匀压力梯度下通过非圆形管道流动时，除了纯轴向流动外，可能出现局部区域性的环流，称为次级流动或二次流动。高分子流体在通过截面有变化的流道时，有时也发生类似现象。

一般认为牛顿流体旋转时的次级流动是离心力造成的，而高分子液体的次级流动方向往往与牛顿流体相反，是由黏弹力和惯性力综合形成的。这种反常的次级流动在流道与模具设计中十分重要。

7) 触变性和震凝性

触变性和震凝性是指某些液体的流动黏度随外力作用时间的长短而发生变化的性质。黏度变小的称为触变性(thixotropy)，而黏度变大的称为震凝性(rheopexy)，这两种流体均为非牛顿流体。

在恒定的温度下，如果剪切速率保持不变，流体的剪切应力和表观黏度会随时间的延长而减小，或者称它们的流变性受剪切应力作用时间的制约，这种流体称为触变性流体(thixotropic fluid)。绝大多数时间依赖性流体是触变性流体。触变性流体内的质点间形成结构，流动时结构破坏，停止流动时结构恢复，但结构破坏与恢复都不是立即完成的，需要一定的时间，因此系统的流动性质有明显的时间依赖性。触变性可以看成高分子液体在恒温下在“凝胶-溶胶”之间的相互转换过程的表现。更确切地说，物体在外力作用下产生变形，若黏度暂时性降低，则该物体具有触变性。在实际生产中有许多触变性问题，如油漆和油墨的质量常取决于是否具有良好的触变性。在刷油漆时，人们希望油漆的流动性要好，刷时省力，易于涂匀，且可使油漆光滑明亮。但是当刷子一离开，就要求油漆黏度很快升高，油漆不致流下来造成厚薄不匀。又如，钻井泥浆也要求具有良好的触变性，钻井时希望泥浆黏度低，这样泥浆冲刷力强，泵效率高，有利于提高钻井速度。但是一旦停钻以后，就希望泥浆黏度迅速升高，不然泥浆所携带的矿屑等杂质就要沉到井底而形成卡钻事故。

震凝性流体是溶胶在外界有节奏的震动下变成凝胶。这种节奏性震动可以是轻轻敲打、有规则的圆周运动或搅拌等。例如，将 1.3%的蒙脱土悬浮体放入直径 1 cm 的试管内，加一滴饱和 NaCl(或 KCl)溶液，用橡皮棒有节奏地轻轻敲打试管，在 25℃时经过 15 s 就凝结成凝胶。震凝性流体当外应力去除后，仍保持凝固状态，至少有一段时间呈凝聚状态，然后再稀化。从微观结构来看，震凝性系统固体含量低，仅为 1%～2%，而且粒子是不对称的，因此形成凝胶完全是粒子定向排列的结果。

8) 湍流减阻与渗流增阻

湍流减阻效应是指在高速的湍流管道中，若加入少许亲水性高分子物质，如聚氧化乙烯或聚丙烯酰胺等，则管道阻力显著减小的现象，又称 Toms 效应。湍流减阻效应与高分子长链柔性分子的拉伸特性有关。具有弹性的高分子链的取向改变了管流内部的湍流结构，使流动阻力大大减少。湍流减阻效应在石油开采、输运、抽水灌溉、循环水等工农业生产中具有重要意义。利用高分子稀溶液的湍流摩擦阻力比纯溶剂的阻力明显减小的湍流减阻效应，可降低流体机械和流体输送过程的能量消耗，已成为近代流体力学的热门研究课题。

渗流增阻现象是指当聚氧化乙烯或聚丙烯酰胺等高分子的稀溶液流经多孔介质时，渗流可使亲水高分子链经历拉伸流动，产生较大的拉伸黏度，从而起到阻流作用。

6.2 塑料成型物料的组成及添加剂的作用

高分子材料是以高分子为主体的多相复合体系，即很少用纯高分子制造产品，大多要加添加剂。塑料成型加工行业用到的塑料原料通常是以高分子树脂为主体并添加各种助剂组成的复合物，这种复合物的形态可以分为粒状、粉状、溶液和悬浮分散体四大类。一般成型加工工艺多采用粒料和粉料。

成型物料的组分除了作为主体的高分子外，常加有各类助剂，如增塑剂、防老剂、填料、润滑剂、着色剂、交联剂、阻燃剂、发泡剂、抗静电剂、防霉剂等。助剂的加入主要有两个目的，一是改善塑料的成型加工性能，二是赋予塑料制品好的使用性能。配方反映了各种添加剂与聚合物质量的比例关系。添加剂的种类繁多，而各种添加剂在高分子材料中的功能不一。添加剂按其特定性能可分为以下几类：改进加工性能的助剂，如增塑剂、润滑剂、脱模剂等；改进力学性能的助剂，如增塑剂、补强填料、增韧剂、固化剂等；改进表面性能的助剂，如抗静电剂、润滑剂、耐磨剂等；降低成本的助剂，如增容填料、稀释剂等；改进光学性能的助剂，如着色剂、颜料和染料等；改进抗老化性能的助剂，如抗氧剂、热稳定剂、光稳定剂、杀菌剂等防老剂；使制品轻质化的助剂，如发泡剂；使制品难燃化的助剂，如阻燃剂。

6.2.1 高分子基材

高分子基材是物料的主要组分，赋予制品基本的力学性能。高分子基材对加工性能和制品使用性能影响很大，主要的影响因素如下。

(1)分子量的影响。高分子的分子量增大，大多有利于提高制品的强度，但加工温度升高、加工时流动性下降。

(2)分子量分布的影响。高分子的分子量分布不能过大，否则制品的力学性能、热性能将下降；同时，分子量分布也影响配料过程和材料的加工性能。生料就是高分子的分子量分布过大造成的，配料过程中低分子量级分已经充分塑化，而高分子量级分因尚未塑化还是生料。如果这些生料带入制品中，会使制品产生硬粒子，并影响其他助剂与高分子的混合，最终影响制品质量。

(3)颗粒结构的影响。颗粒结构影响增塑剂的吸收。表面粗糙、不规则、疏松多孔的粒子易于吸收增塑剂。

(4)粒度的影响。粒度主要影响混合的均匀性。高分子粒度过大，容易造成混合不均，影响制品性能。但过细的粒子容易造成粉尘飞扬和容积计量困难。

(5)其他因素的影响。例如，高分子中的水分、挥发物含量、结晶度、密度、杂质等均对配料和制品性能有一定影响。

6.2.2 增塑剂

增塑剂是添加到高分子材料中用于削弱高分子分子间的次价键，从而增加高分子材料塑性的物质。增塑剂大多数是液体，少数是熔点低的固体，可渗入高分子之间，增加高分子的活动性，从而增加塑料制品的柔韧性，降低塑料的脆性。在使用过程中表现柔软的高分子材料往往在加工过程中具有良好的可塑性，这与高分子的玻璃化转变温度 T_g 有关。增塑剂能够降低高分子的 T_g 并提高其塑性，既可用于塑料，也可用于橡胶。

1. 增塑剂的作用

加入增塑剂的作用主要是增加高分子材料的可塑性，改进其柔软性、延伸性和加工性，并提高制品的耐寒性。例如，通过加入增塑剂降低高分子的熔融温度，从而降低加工温度。增塑剂用量对聚氯乙烯力学性能和加工性能的影响见图 6-11。

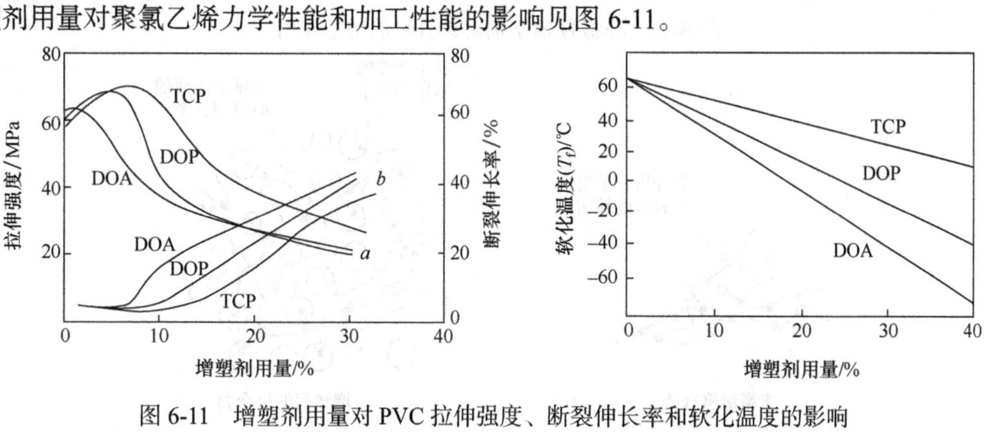

图 6-11　增塑剂用量对 PVC 拉伸强度、断裂伸长率和软化温度的影响

TCP：磷酸三甲酚酯；DOP：邻苯二甲酸二辛酯；DOA：己二酸二辛酯；线 *a* 代表断裂伸长率；线 *b* 代表拉伸强度

增塑剂在高分子中的作用有：

(1)使添加剂与高分子容易混合。高分子都较硬，有些添加剂也是固体，因此两者不易混合，而加入增塑剂后，高分子变软，易与添加剂混合均匀。

(2)使混合物变软，加工工艺改善。加入增塑剂后，高分子间相互作用力下降，高分子材料的 T_g、T_f、T_m、T_b 降低，流动性提高，有利于成型加工。

(3)使制品在常温下表现柔软。增塑剂降低了材料的 T_g，所以制品表现柔软。例如，PVC 中添加 40～50 phr DOP 后，可制成软板、软管。

(4)使制品的耐寒性增强。增塑剂降低了高分子材料的 T_g 和脆化温度 T_b，使制品的耐低温性提高。

2. 增塑剂的作用机理

一般认为，具有强极性基团的分子间作用力大，而具有非极性基团的分子间作用力小。因此，要使强极性基团的高分子易于挤出或压延成型等，则需降低分子间的作用力，可借助于升高温度或加入增塑剂来实现，这就是增塑剂的作用机理。按照增塑剂的作用方式有外增塑剂和内增塑剂两种。

1)外增塑剂

外增塑是将低分子量的有机化合物或聚合物添加到需要增塑的聚合物中，削弱高分子链间的引力，增加高分子链的移动性，降低高分子链的结晶度，从而增强高分子材料的塑性，以改善高分子材料加工时的流动性。外增塑剂的优点是性能较全面，增塑作用可调范围大；缺点是耐久性较差，易挥发、迁移和抽出。外增塑剂分为非极性增塑剂和极性增塑剂，其作用机理分别见图 6-12 和图 6-13。外增塑剂通常为高沸点的油类或低熔点的固体。

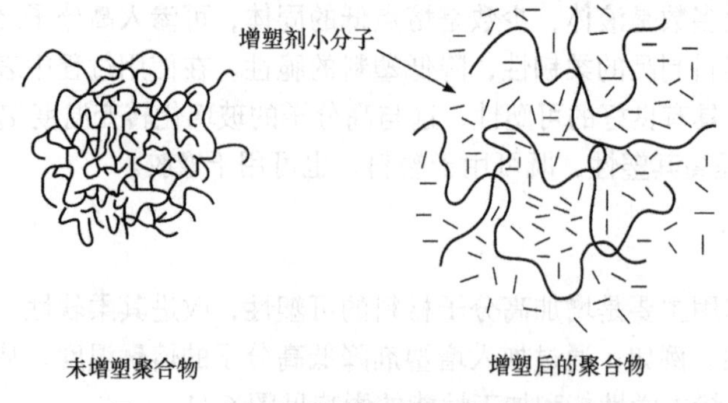

图 6-12　非极性增塑剂对聚合物的增塑作用

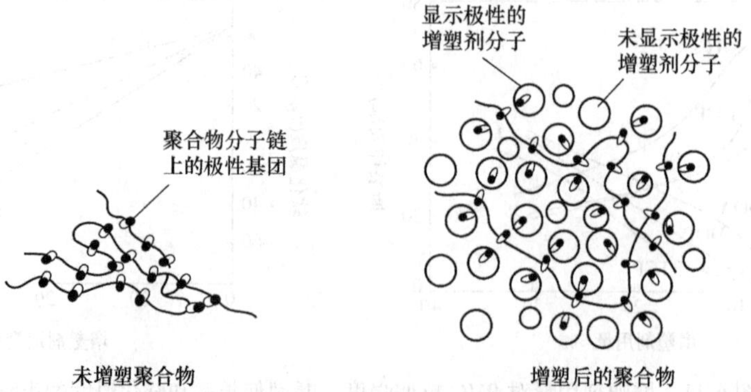

图 6-13　极性增塑剂对极性聚合物的增塑作用

(1)非极性增塑剂。非极性增塑剂起溶剂化作用，增大了高分子聚合物分子之间的距离，降低了聚合物分子间的作用力。非极性增塑剂的增塑效果用ΔT_g衡量，其与体积分数V成正比：

$$\Delta T_g = KV \tag{6-7}$$

式中，K为比例常数；V为增塑剂的体积分数。

非极性增塑剂的溶解度参数低，用于增塑非极性聚合物，如液体石蜡增塑 PS。非极性增塑剂对非极性聚合物的 T_g降低的数值ΔT_g直接与增塑剂的用量成正比，用量越大，隔离作用也越大，T_g降低越多。

(2)极性增塑剂。极性增塑剂主要起屏蔽作用，同时体积效应也起作用。增塑剂分子中的极性基团与聚合物分子的极性基团相互吸引，取代了聚合物分子间极性基团的相互作用，降低了聚合物分子间的作用力。极性增塑剂的增塑效果与其物质的量有关：

$$\Delta T_g = \beta n \tag{6-8}$$

式中，β为比例常数；n为增塑剂的物质的量。

极性增塑剂的溶解度参数高，用于增塑极性聚合物，如 DOP 增塑 PVC。某些聚合物的极性按下列顺序升高：聚乙烯＜聚丙烯＜聚苯乙烯＜聚氯乙烯＜聚乙酸乙烯＜聚乙烯醇。

2)内增塑剂

内增塑是在高分子链上用化学方法引入一些侧基(如支链或取代基)，从而降低聚合物分子间的吸引力，使刚性分子链变软、易于活动。内增塑剂多属于共聚树脂，通过引入起增塑作用的组分而改变聚合物的分子结构，达到增塑效果。内增塑剂的优点是耐久性好，不挥发、难抽出，稳定；缺点是聚合成本高，使用温度范围较窄。

(1)共聚树脂。例如，氯醋树脂，将氯乙烯与少量乙酸乙烯酯进行共聚，得到氯醋树脂(PVCA)。

(2)引入支链或取代基。例如，氯化聚乙烯，由高密度聚乙烯经氯化取代反应，制得氯化聚乙烯(CPE)。

3. 增塑剂的分类

不同增塑剂对制品性能有不同影响，按照制品的使用性能可以分为以下 7 种。

(1)耐寒制品采用癸二酸二辛酯(DOS)、己二酸二辛酯(DOA)等脂肪族二元酸酯类耐低温性增塑剂，可以降低制品的脆化温度 T_b。例如，增塑 PVC 的脆化温度分别为：T_{DOP}=−39℃，T_{DINP}=−28℃，T_{DOTP}=−42℃，T_{EOS}=−14℃，T_{DOS}=−69℃，T_{TOTM}=−33℃。其中，DINP 为邻苯二甲酸二异壬酯，TOTM 为偏苯三酸三辛酯。

(2)耐热制品采用季戊四醇酯。

(3)无毒制品采用柠檬酸酯、磷酸二苯辛酯、环氧大豆油(ESO)。

(4)耐热且无毒制品采用环氧大豆油。

(5)耐热、耐光制品采用环氧十八酸辛酯、环氧大豆油、偏苯三酸酯。

(6)阻燃制品采用磷酸酯类、氯化石蜡、氯化脂肪酸类。

(7)耐菌制品采用磷酸酯类。

增塑剂对高分子材料耐老化性能的影响强弱：脂肪族酯＞芳香族酯＞氯代物＞磷酸酯。

需要注意的是，不是每种塑料都需要加入增塑剂，如聚酰胺、聚苯乙烯、聚丙烯和聚乙烯等不需增塑，而硝酸纤维素、醋酸纤维素、聚氯乙烯等常需增塑。由于各种增塑剂的性能不一样，单独使用一两种增塑剂无法满足全面的性能要求，为了取长补短，生产上常采用混合增塑剂，通常将主增塑剂(起主要作用)、辅助增塑剂(起功能性作用)、增量剂(降低成本)配合使用。例如，PVC 塑料中，采用苯二甲酸酯类、磷酸酯类作为主增塑剂，采用脂肪族二元酸酯类作为辅助增塑剂，采用氯化石蜡作为增量剂。

在高分子中加入增塑剂的方法很多，但通常是在一定温度下用强制性的机械混合法分散在高分子中。

4. 增塑剂的选择

对增塑剂的要求主要是相容性，必须在一定范围内与高分子相容；迁移性和消耗小；对热或化学试剂稳定；不易挥发，并且尽量不燃、无毒。例如，虽然邻苯二甲酸酯类增塑剂的塑化效率优于间(对)苯二甲酸酯类，但因其对环境和健康的危害性较大，目前邻苯二甲酸酯类增塑剂(含 DOP、DBP)已被全面禁用，对苯二甲酸酯类增塑剂(含 DOTP、DBTP)能够继续使用。一般选择增塑剂时主要考虑以下三方面。

1) 相容性

相容性反映了增塑剂与高分子的混合难易程度，一般将增塑剂与高分子的溶解度参数δ等相近与否作为判据。一些常用增塑剂与塑料、橡胶的溶解度参数如下：

$\delta_{DOP} = 36.8\ (J/cm^3)^{1/2}$　　$\delta_{DOS} = 35.3\ (J/cm^3)^{1/2}$

$\delta_{ESO} = 34.7\ (J/cm^3)^{1/2}$　　$\delta_{PVC} = 21.7\ (J/cm^3)^{1/2}$

$\delta_{SBR} = 17.9\ (J/cm^3)^{1/2}$　　$\delta_{石蜡} = 17.9\ (J/cm^3)^{1/2}$

$\delta_{PS} = 18.2\ (J/cm^3)^{1/2}$

当分子量相近时，芳香结构的增塑剂与 PVC 的相容性优于脂肪结构的增塑剂。

2) 稳定性

稳定性反映了增塑剂在高分子材料中的耐久性程度，是指增塑剂在高分子材料内部的迁移性和在材料表面的挥发性。例如，一些增塑制品长期使用后会发黏或变硬，发黏是由于增塑剂发生了迁移，变硬是由于增塑剂挥发了。

当分子量相当时，由正构醇形成的酯的塑化效率、耐挥发性、耐低温性优于异构醇形成的酯。增塑剂分子量越小，在高分子中的活动能力越大，渗透力也就大，即易混，增塑效果好，但稳定性差。增塑剂合格的衡量标准首要是沸点，要求在 4 mmHg 下的沸点不低于 200℃。增塑剂的相容性与稳定性相互矛盾，需要协调，解决相容性和稳定性的最有效方法是采用内增塑。

3) 对加工性能的影响

增塑剂对高分子材料加工性能的影响包括：①对凝胶化速度和温度的影响；②对热稳定性的影响；③对黏性和润滑性的影响。例如，增塑 PVC 的最低塑化温度分别为：T_{DOP}= 105℃，T_{DINP} = 122℃，T_{DOTP} = 135℃，T_{EOS} = 142℃，T_{DOS} = 152℃，T_{TOTM} = 158℃。

6.2.3 防老剂

高分子是高分子材料的主体，因其分子结构的特殊性，老化是高分子材料的必然规律。为了延长高分子材料制品的使用寿命、防止老化而加入的物质称为防老剂。其目的主要是防止成型过程中高分子受热分解，或长期使用过程中防止高分子受光和氧的作用而老化降解，以及消除杂质(主要是金属离子)的催化降解作用。

高分子材料的老化是指高分子材料在制备、成型加工和使用过程中，受外界的物理因素、化学因素和生物因素的影响而发生分子结构变化(降解、交联、接上基团等微观变化)、表面状态变化(变色、发黏、裂纹、变形等宏观变化)或使用性能变化(强度下降、硬度增大等宏观变化)。为防止或抑制由高分子材料老化引起的破坏作用，可采取改性方法，如添加防老剂、共聚改性(引入带功能性基团的单体)或对活泼端基进行消活、稳定处理等，其中添加防老剂为主要方法。

防老剂的种类主要有热稳定剂、抗氧剂和光稳定剂。

1. 热稳定剂

热稳定剂是防止高分子材料在加工或使用过程中因受热而发生降解或交联的添加剂。主要用于 PVC、氯乙烯共聚物、聚甲醛(POM)、氯丁橡胶(CR)和氯醚橡胶(CO 或 ECO)等热敏性高分子材料中。

1)热稳定剂的作用机理

(1)去除高分子降解后产生的活性中心，抑制高分子材料进一步降解。

若活性中心是高分子降解后析出的自由基，可加有机锡(如二丁基二乙酸锡)，以生成较稳定的自由基；若活性中心是不稳定氯原子，可加金属皂类和金属硫醇盐类以生成稳定的高分子。其他金属化合物、胺类、亚磷酸酯类也有此作用，金属皂类(硬脂酸盐类)用得最多。

(2)对双键结构起加成作用，防止高分子继续降解及颜色改变。

高分子降解后往往会出现共轭形式排列的多烯结构，进而在外界条件的影响下成为降解中心。同时，双键能移动高分子吸收光线的波长范围，而使高分子显出各种颜色。所以降解越烈，双键特别是共轭双键越多，高分子颜色越深。因而，可通过变色判定高分子降解情况。可加入对双键起加成作用的物质(如硫醇类、螯合剂、顺丁烯二酯类)，与高分子链上的不饱和双键起加成反应，防止高分子继续降解。

(3)转变在降解中起催化剂作用的物质。

PVC 加金属皂类时生成的金属氯化物有催化降解作用，所以，加入金属皂类和盐类热稳定剂的同时，还应添加螯合剂(如亚磷酸酯)以中和 HCl、阻滞 PVC 降解，并且钝化金属杂质、消除金属离子的催化降解作用。

2)热稳定剂的作用

热稳定剂有预防型和补救型两种：预防型的作用是中和 HCl、取代不稳定氯原子、钝化杂质、防止自动氧化；补救型的作用是与不饱和部位反应、破坏碳正离子盐。各种热稳定剂发挥的作用不同，需根据作用要求选择不同热稳定剂。

(1)中和 HCl：金属皂类、环氧化合物、金属硫醇盐。

(2)取代不稳定氯原子：金属羧酸盐、金属硫醇盐。

(3)钝化杂质：亚磷酸酯。

(4)防止自动氧化：金属硫醇盐、酚类抗氧剂。

(5)与不饱和部位反应：金属硫醇盐。

(6)破坏碳正离子盐：金属皂类、环氧化合物、金属硫醇盐。

3)热稳定剂的种类

(1)铅盐类。有润滑性，毒性较大，透明性差，易产生硫污。

(2)金属皂类。有润滑性，与其他添加剂组合后具有协同效应。例如，金属皂类和金属硫醇盐类，其他金属化合物、胺类、亚磷酸酯类也有此作用。其中，采用金属皂类最多。

(3)有机锡类。优良的稳定性和透明性，可用于透明高分子材料制品。常用的有二丁基二乙酸锡、二丁基二月桂酸锡等。

(4)有机锑类。优良的稳定性和透明性，气味较有机锡小。

(5)有机辅助类。与金属皂类或有机锡类并用具有协同效应，如金属硫醇盐类。

(6)复合类。热稳定性高，润滑性好，使用方便，如金属皂类 + 亚磷酸酯 + 环氧化合物。

(7)稀土类。热稳定性高，透明性好，可用于透明高分子材料制品。

2. 抗氧剂

抗氧剂是指可抑制或延缓高分子材料自动氧化速度，延长其使用寿命的物质。高分子材料在制备、成型加工、储存和使用过程中，不可避免地要与氧发生接触，从而发生自动氧化反应，造成材料老化。自动氧化的外因主要在于环境中的 O_2，内因主要在于高分子的分子结构。对于橡胶，其分子主链中含有—C—C═C—结构时，在双键β-位的单键具有相对不稳定性，易受 O_2 的作用而降解。对于塑料，成型加工时提供的能量等于或大于键能时易断裂，而键能大小与高分子的分子结构有关。一般主链上键能的大小顺序为：伯碳原子的键能＞仲碳原子的键能＞叔碳原子的键能＞季碳原子的键能。因此，高分子链中与叔、季碳原子相邻的键都是不稳定的。例如，聚丙烯含叔碳原子，所以聚丙烯比聚乙烯稳定性差，易与 O_2 反应降解。

1)影响自动氧化老化的因素

影响高分子材料自动氧化老化的因素主要有：

(1)氧气。高分子与 O_2 反应降解，导致材料力学性能降低。

(2)机械力。使高分子断裂，从而加速老化。

(3)变价金属离子。通过加速过氧化物分解而加速老化。例如，微量的 Fe^{2+}/Fe^{3+}、Co^{2+}/Co^{3+}、Mn^{2+}/Mn^{3+}、Cu^{+}/Cu^{2+}等变价金属离子对过氧化物 ROOH 的分解具有很强的催化作用。反应如下：

$$ROOH + Me^{+} \longrightarrow RO\cdot + Me^{2+} + OH^{-} \tag{6-9}$$

$$ROOH + Me^{2+} \longrightarrow ROO\cdot + Me^{+} + H^{+} \tag{6-10}$$

即

$$2ROOH \longrightarrow ROO\cdot + RO\cdot + H_2O \tag{6-11}$$

(4)温度。温度每升高 10℃，氧化速度加快一倍。

2)抗氧剂的作用

按照其作用机理抗氧剂可分为两大类。

(1)链终止型抗氧剂(主抗氧剂)。抗氧剂作为自由基或增长链的终止剂，多数为受阻酚类和仲芳胺类，均有不稳定的氢原子，可与自由基 R· 和 ROO· 反应，生成活性较小的自由基或惰性产物，从而避免自由基从高分子中夺取氢原子，阻止高分子的氧化降解。

对抗氧剂 A—H 的要求是：A—H 键能＜R—H 键能，而且 A 的活性不能太小，也不能太大。这是因为太大不能起防老作用，反而引发自由基；太小不起作用(不与 R 反应)。常用的抗氧剂有：2,6-二叔丁基-4-甲基苯酚(抗氧剂 264)、四[β-(3,5-二叔丁基-4-羟基苯基)丙酸]季戊四醇酯(抗氧剂 1010)、β-(3,5-二叔丁基-4-羟基苯基)丙酸正十八碳醇酯(抗氧剂 1076)、*N*-环己基-*N'*-苯基对苯二胺(防老剂 4010)、*N*-(1,3-二甲基)丁基-*N'*-苯基对苯二胺(防老剂 4020)。

(2)预防型抗氧剂(辅助抗氧剂)。预防型抗氧剂有两种。一种是作为氢过氧化物分解剂，与过氧化物反应并使之转变成稳定的非自由基型稳定化合物，从而避免降解。分解反应可简单表示如下：

$$\text{ROOH} + \text{PO}(\text{分解剂}) \longrightarrow \text{非自由基型稳定化合物}$$

属于这一类的抗氧剂主要有亚磷酸酯类和各种类型的含硫化合物。

另一种是作为金属离子钝化剂，是能使变价金属离子转化为稳定的络合物，减缓氢过氧化物分解作用的物质。主要有酰胺类及酰肼类。

3) 抗氧剂的种类

抗氧剂一般在高分子合成后或在高分子材料成型加工中加入，在塑料中的用量为 0.1%～1%。常用的抗氧剂有 5 种。

(1) 酚类：用于塑料和橡胶，无色污性，可用于无色或浅色制品，如抗氧剂 264。

(2) 对苯二胺类：用作橡胶防老剂(抗氧剂在橡胶工业中也称为防老剂)，有色污性，仅可用于深色制品，如防老剂 4010。

(3) 二芳基仲胺类：用于塑料和橡胶，有色污性，不适于浅色制品。

(4) 酮胺类：用作橡胶防老剂，有色污性，不适于浅色制品。

(5) 硫代酯及亚磷酸酯类：属于辅助抗氧剂，用于塑料和橡胶，无色污性，可用于白色或艳色制品。

3. 光稳定剂

高分子材料中含有不饱和结构、夹杂微量杂质及存在结构缺陷时，可吸收波长大于 290 nm 的紫外线而发生降解。光对高分子材料的降解是光和氧共同作用的结果。对光和氧降解敏感的高分子有：①具有芳香结构的高分子；②主链上含有不饱和基团的高分子；③仲、叔碳原子上有活泼氢的高分子。这些高分子在光和氧降解作用下会发生断链和交联，形成含氧官能团，导致材料外观和性能变化。光稳定剂主要用于抑制或屏障高分子材料制品在阳光或强荧光下因吸收紫外线而引起的降解破坏。

1) 影响光和氧降解的因素

影响高分子材料光降解性能的因素主要有：①催化剂残留物的引发作用；②氢过氧化物的引发作用；③羰基的引发作用；④单线态氧的作用；⑤稠环芳烃的引发作用；⑥不饱和结构的引发作用。

2) 光稳定剂的作用

光稳定剂是可有效地抑制光致降解的一类添加剂。通常其用量为高分子质量的 0.05%～2%。按照其作用机理可分为 4 类。

(1) 光屏蔽剂(颜料)。用于厚制品和不透明制品，在高分子中起屏蔽作用。主要有炭黑、二氧化钛(对聚丙烯起降解作用，但用量多时会起屏蔽作用)、氧化锌和锌钡白(又名立德粉，是硫化锌和硫酸钡的混合物)。

(2) 紫外线吸收剂。许多紫外线吸收剂由于本身形成分子内氢键，当吸收光能后，氢键被破坏，吸收的能量又可以热能的形式放出，使氢键恢复，进而继续发挥作用，高分子得以保护，即通过自身的异构转换方式，将吸收的能量以热能或无害的低能辐射形式释放或消耗。紫外线吸收剂的作用机理有两种。一种是先于高分子吸收入射的紫外线，移出高分子吸收的光能。这种光稳定剂应用最普遍，常用的有二苯甲酮类(UV-9、UV-531、DOBP)和苯并三唑类(UV-P、UV-326、UV-327)，还可用水杨酸酯类(BAD、TBS、OPS)、三嗪(三嗪-5)、取代丙烯腈等。还有一种先驱型紫外线吸收剂，本身不具有吸收紫外线作用，光照射后分子重排，改变结构成为紫外线吸收剂而发挥其作用，常用的有苯甲酸酯类(光稳定剂 901、紫外线吸收剂 RMB 等)。

(3)猝灭剂。通过转移高分子吸收紫外线而产生的“激发态能”，从而避免由此产生自由基而使高分子进一步降解。常用镍、钴的有机络合物，如光稳定剂 NBC、光稳定剂 AM-101、光稳定剂 1084、光稳定剂 2002 等。

(4)自由基捕捉剂。受阻胺类衍生物(GM-508、LS-770、LS-774)，不仅是自由基捕捉剂，也是高效的光屏蔽剂。

3)光稳定剂的种类

光稳定剂的主要种类有：

(1)颜料类。炭黑是效能最高的颜料类光屏蔽剂，还有二氧化钛、氧化锌、亚硫酸锌、锌钡白和铁红等无机颜料，以及酞菁蓝、酞菁绿等有机颜料。

(2)受阻胺类。产量最大的光稳定剂，是高效的光屏蔽剂，防光老化效能优于吸收型光稳定剂。常用受阻胺类有 GM-508、LS-770、LS-774 等。

(3)二苯甲酮类。能吸收 290～400 nm 的紫外光，与高分子的相容性好，工业上常用的主要有 UV-531、UV-9 和 UV-0。

(4)苯并三唑类。能吸收 300～385 nm 的紫外光，广泛应用于塑料，工业上常用的主要有 UV-326、UV-327 和 UV-P。

(5)有机金属络合物类。主要产品是二价镍的络合物，由于其分子中含重金属镍，发达国家和地区已停止使用。

光稳定剂的选用除了考虑光稳定剂的自身因素外，还应考虑高分子的结构特性、特定的应用要求及与添加剂的配伍性。目前光稳定剂的发展趋势主要集中在高分子量化、多功能化及反应性等方面。

6.2.4　填料

为了改善制品的成型加工性能，或为了增加物料体积、降低制品成本而加入的物质称为填料(填充剂)。填料一般为固体物质，作用主要是增加体积、降低成本，不影响材料的使用性能或影响很小。填料虽不能提高塑料制品的力学性能，但可改善塑料的成型加工性能，还可改善或赋予塑料制品某些新的性能。

1. 填料的作用机理

粉状填料的加入通常不是单纯的物理混合，添加的粉状填料与高分子之间存在分子间力，这种分子间力虽然很弱，但具有加和性。如果高分子的分子量较大，其总力就较为可观，从而可改变高分子的构象平衡和松弛时间，降低高分子的结晶倾向和溶解度，提高高分子的玻璃化转变温度和硬度，降低高分子材料制品的线膨胀系数和成型收缩率，同时常会使高分子熔体黏度增大。但填料超过一定用量，可导致高分子材料强度降低[图 6-14(a)]。

通常采用偶联剂对填料进行表面处理，以增强填料与高分子间的结合。不同填料的作用不同，炭黑填料还具有提高塑料光老化性能的作用，二硫化钼填料还能显著改善高分子材料的耐磨性和自润滑性图[6-14(c)]，大部分无机填料都能降低高分子材料的线膨胀系数[图 6-14(d)]和制品的成型收缩率，并能提高材料的耐热性和阻燃性以及强度[图 6-14(b)]，使高分子材料制品能在较宽温度下工作。

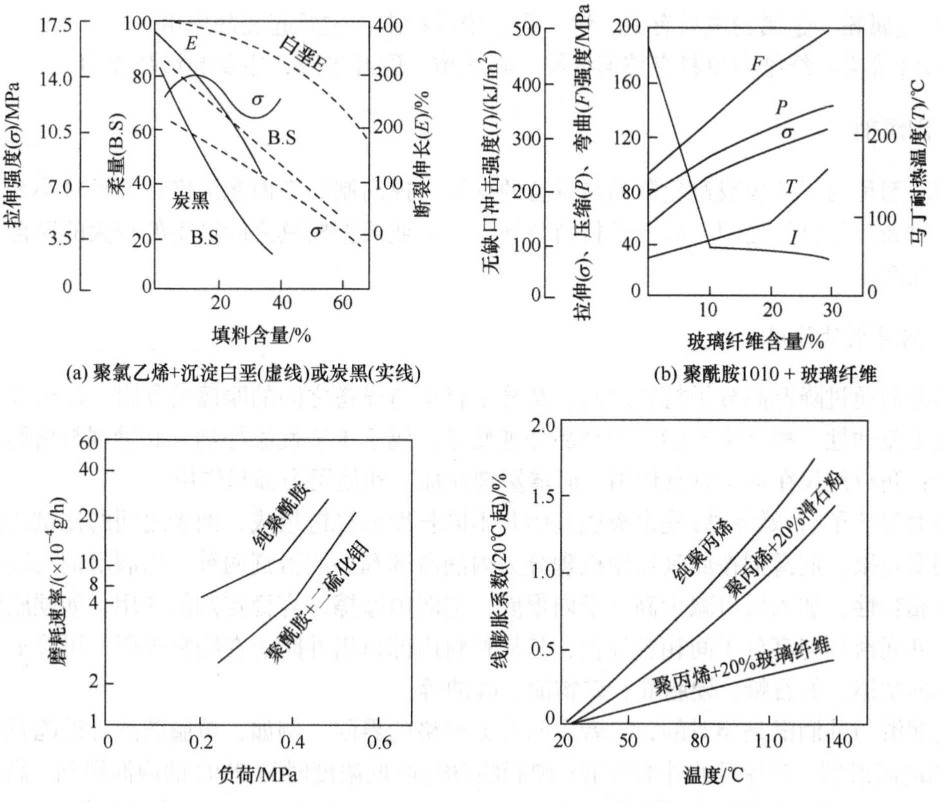

(a) 聚氯乙烯+沉淀白垩(虚线)或炭黑(实线)　(b) 聚酰胺1010＋玻璃纤维

(c) 聚酰胺＋二硫化钼　(d) 聚丙烯＋玻璃纤维或滑石粉

图 6-14　不同填料对高分子材料性能的影响

2. 常用填料的种类

(1)碳酸钙。碳酸钙是最常用的填料，广泛用于胶黏剂、密封剂、造纸、塑料、橡胶、油漆、涂料等行业。碳酸钙有如下几种。

(i)重质碳酸钙：又称研磨碳酸钙，由天然石灰石等经机械粉碎而制得，沉降体积 1.1～1.9 cm^3/g。

(ii)轻质碳酸钙：又称沉淀碳酸钙，由无机合成后沉降而制得，沉降体积 2.4～2.8 cm^3/g。

(iii)活性碳酸钙：采用表面活性剂或偶联剂对轻质碳酸钙进行表面改性而制得。

(iv)纳米碳酸钙：沉降体积 3.0～4.0 cm^3/g。

(2)炭黑。炭黑是最常用的橡胶补强剂，还可作为塑料光稳定剂，习惯上按炭黑对橡胶的补强效果和加工性能来命名不同种类的炭黑，如耐磨炉黑、超耐磨炉黑、快压出炉黑、半补强炉黑、热裂法炭黑、乙炔炭黑等。

(3)硅酸盐。硅酸盐填料有白炭黑、陶土、滑石粉和云母粉等。白炭黑为水合二氧化硅($SiO_2 \cdot nH_2O$)，补强效果仅次于炭黑，是硅橡胶的优良补强剂。适用于白色、浅色橡胶制品。陶土、滑石粉和云母粉主要作为降低成本的填料。

(4)硫酸盐类。硫酸盐类填料有硫酸钡、硫酸钙、锌钡白等，主要作为填料，也有着色作用。

(5)金属氧化物。金属氧化物填料有氧化铝、氧化钛、氧化锌、氧化镁、氧化铁、磁粉等，主要作为填料和着色剂。

(6)金属粉。金属粉填料有铝、锌、铜、铅等粉末，主要起装饰作用。

(7)纤维类。纤维类填料有玻璃纤维、碳纤维、硼纤维等，主要起增强作用。

6.2.5 润滑剂

润滑剂是为了减少或避免制品与设备的黏附，提高制品表面光洁度，并且减小高分子材料加工时高分子材料之间、高分子材料与加工设备或成型模具之间产生的较大的摩擦力而加入的添加剂。

1. 润滑剂的作用

润滑剂通过降低高分子材料之间、高分子材料与设备之间的摩擦及黏附，改善高分子材料的加工流动性，提高生产能力和制品外观质量，属于工艺性添加剂。润滑剂与增塑剂的区别在于：润滑剂仅在加工时有作用，而增塑剂在加工和使用中都起作用。

润滑剂分子(石蜡除外)是由极性基团和不同长度的烃链组成，两者之间的比例决定了它们的润滑效果。润滑剂按照其作用机理分为内润滑剂和外润滑剂两种。内润滑剂与高分子间有一定相容性，加入后可减少高分子内聚能，削弱内摩擦，有稳定剂的作用，如硬脂酸及其盐类。外润滑剂与高分子间相容性差，易从材料内部析出并附着在物料表面，可降低设备与物料间的摩擦，如石蜡、硬脂酸、矿物油、硅油等。

内润滑与外润滑是相对的，二者之间并无严格的界限。例如，单脂肪酸甘油酯(极性)为PVC的内润滑剂，聚烯烃的外润滑剂；硬脂酸(极性)低浓度时为PVC的内润滑剂，高浓度时为PVC的外润滑剂；聚乙烯蜡(非极性)为聚烯烃的内润滑剂，PVC的外润滑剂。

2. 润滑剂的种类

常用润滑剂有以下几种。

(1)脂肪酸及其金属皂类。主要产品是硬脂酸和硬脂酸盐，其中硬脂酸锌、硬脂酸钙、硬脂酸铅、硬脂酸钡等脂肪酸金属皂类是兼具热稳定作用的润滑剂。

(2)酯类。酯类润滑剂主要产品有硬脂酸正丁酯、硬脂酸单甘油酯、三硬脂酸甘油酯。

(3)醇类。醇类润滑剂是有效的内润滑剂，主要产品有高级脂肪醇、多元醇、聚乙二醇、聚丙二醇。

(4)酰胺类。酰胺类润滑剂具有较好的外润滑作用，主要产品有油酸酰胺、硬脂酸酰胺、乙撑双油酸酰胺、乙撑双硬脂酸酰胺。

(5)石蜡及烃类。石蜡及烃类具有优良的外润滑作用，主要产品有固体石蜡、微晶石蜡、液体石蜡、氯化石蜡、聚乙烯蜡、聚丙烯蜡。

此外，脱模剂、防黏剂、开口剂(滑爽剂)、光泽剂等均属于润滑剂的范畴。例如，有机类开口剂主要有油酸酰胺、芥酸酰胺，无机类开口剂主要有滑石粉、硅藻土、二氧化硅等，其中用量最大的是二氧化硅。

3. 润滑剂的选择

选用润滑剂时应首先研究其对高分子熔化的影响，然后考虑它们的润滑性能。润滑性能主要考虑如下两方面。

(1)内、外润滑的平衡。根据高分子材料加工工艺，以一种润滑作用为主，兼顾内、外润滑作用。例如，PVC 的成型工艺，在注射成型、挤出成型时主要考虑提高流动性，以内润滑为主；而在模压成型、层压成型时主要考虑提高脱模性，以外润滑为主。

(2) 物料的软硬程度。根据物料的软硬程度调整润滑剂的用量，防止过润滑。例如，加工软质 PVC 制品时主要考虑防黏附作用，润滑剂的添加量 $<0.5\%$；加工硬质 PVC 制品时主要考虑调节熔融速率、降低熔体黏度，润滑剂的添加量 $\approx 1\%$。润滑剂用量一般小于 1%，过多会析出制品表面，影响制品外观。

6.2.6　着色剂

为了使制品美观、赋予制品颜色而加入高分子材料中的物质称为着色剂。有些着色剂还具有防老化的作用。着色剂常为油溶性的有机染料和无机颜料。

1. 染料

染料为有机化合物，透明性好、着色力强、色彩鲜艳。染料大多具有可溶性，可以使被染物表面、内部均被着色，特别适用于透明制品。

有机着色剂一般是有机染料，常用的有偶氮类、酞菁类、二噁嗪类和荧光类化合物。

2. 颜料

颜料以分散微粒形式使材料表面着色，有一定的遮盖力。制品着色后不透明，但其耐热性比采用染料着色的制品高。

无机着色剂一般为无机颜料，常用的有炭黑、钛白粉、锌钡白、金粉、银粉、铬黄和镉红等。

6.2.7　交联剂

在热固性塑料成型时加入的能使高分子发生交联反应的物质称为交联剂(或称固化剂)。交联是将线型或轻度支化型高分子转变成二维网状结构或三维体型结构高分子的反应过程。

不同的高分子材料应选用不同的交联体系。例如，酚醛模塑粉中加入交联剂六亚甲基四胺，环氧树脂中加入交联剂二元酸酐或二元胺等，不饱和橡胶交联体系为硫磺+促进剂+活性剂，饱和橡胶为过氧化物，含极性基团的橡胶为金属氧化物，而热固性塑料、丙烯酸酯橡胶常用胺类化合物。常用交联剂有如下几种。

1. 有机过氧化物

有机过氧化物(R—O—O—R)交联剂通过受热分解产生自由基，引发聚合物的自由基交联反应。适用于聚烯烃(PO)和饱和橡胶，如氟橡胶(FPM)、硅橡胶(SiR)、乙丙橡胶(EPR)。常用产品有过氧化二苯甲酰(BPO)、过氧化二异丙苯(DCP)。

2. 胺类化合物

胺类化合物(NH_2—R)交联剂适用于热固性塑料(酚醛树脂、氨基树脂、环氧树脂)及氟橡胶、丙烯酸酯橡胶。

3. 双官能团化合物

双官能团化合物交联剂适用于不饱和聚酯树脂，常用产品为烯类，如苯乙烯(St)、甲基丙烯酸甲酯(MMA)。

6.2.8 阻燃剂

大多数高分子材料属于易燃材料，存在产生火灾的隐患，提高高分子材料的阻燃性能是其发展和应用的迫切需要。凡加入高分子材料能够赋予易燃高分子材料难燃性的物质称为阻燃剂。阻燃剂通过物理途径和化学途径切断燃烧循环，可分为添加型阻燃剂和反应型阻燃剂。添加型阻燃剂分为无机(氢氧化铝、氢氧化镁)和有机(卤系、磷系、氮系)两种。反应型阻燃剂为含反应性官能团的有机卤单体、有机磷单体。

阻燃剂一般为含有 Cl、Br、P、N、Si、B、Al、Sb 等化学元素的无机或有机化合物，其中含 Cl、Br 的卤系阻燃剂是目前产量最大的重要有机阻燃剂，也是使用量最多的。但是，传统卤系阻燃剂由于在燃烧过程中产生浓烟和卤化氢有害物质，严重危害人类健康和环境，因此，低烟、低毒的无卤阻燃剂是今后的发展方向。无卤阻燃剂包括无机、磷系、硅系、氮系、硼系、含多种阻燃元素的阻燃剂等。

1. 磷系阻燃剂

目前磷阻燃元素是替代卤族元素最理想的阻燃元素。因为与卤系阻燃剂相比，磷系阻燃剂同样具有优异的阻燃性和热稳定性，且在燃烧过程中少烟、低毒，降解后的产物环境友好。有机磷系阻燃剂是近几年发展较为迅速的一种高性能阻燃剂。将磷酸酯加入高分子材料中，通过凝聚相阻燃机理，在燃烧时高分子材料转化成难燃的焦炭，既隔绝了氧气，又阻止或减少了可燃性气体的产生。但是绝大多数磷酸酯类阻燃剂为液态，挥发性大、耐热性不理想，同时相容性也需要提高。它的应用形式多为兼具阻燃性和抗菌性的磷酸酯类增塑剂，主要产品有磷酸三甲苯酯(TCP)。

2. 氮系阻燃剂

氮系阻燃剂是一种新型高效的无卤阻燃剂，由于氮在高分子中一般以多键原子存在，释放需要较高能量，因此其稳定性较好；阻燃过程中可以促使基材交联成碳，并且本身分解的产物多为无毒或低毒物质。氮系阻燃剂非常符合现代社会对阻燃剂稳定、高效、低毒的要求。虽然氮系阻燃剂有着优异的特性，但是其阻燃性因含氮量的限制而明显欠佳，其与高分子材料的相容性也不是很好，并且添加后基材的黏度会升高，因此其单独在高分子材料阻燃方面的应用不如磷系阻燃剂广泛，它的应用形式多为固化剂。

3. 硅系阻燃剂

硅系阻燃剂不仅具有优良的阻燃性和热稳定性，而且可以提高固化产物的介电性能，并改善其脆性，更重要的是产品具有低毒特性。根据硅元素引入的方式可以分成添加型和反应型阻燃剂。添加型阻燃剂仅是一种物理的分散混合过程，比较方便、快捷，并且成本低得多，但阻燃效果不太理想，且会影响最终产品的性能；反应型阻燃剂则是通过化学方法将硅元素接入固化原料上，其阻燃效果好，产品力学性能得到最大限度保持。硅元素的一些特点决定了其添加量不能过高，为了保证良好的阻燃性，需与其他阻燃元素协同阻燃。目前研究较多的是硅-磷和硅-氮协同阻燃体系。但是含硅阻燃剂的制备过程复杂，生产成本过高的问题仍须解决。此外，研究硅元素与其他元素间协同作用的机理，更好地发挥其阻燃性也是摆在研究人员面前的问题。

4. 磷氮系阻燃剂

磷系和氮系阻燃剂都存在着一定的不足，工业应用中通常把这两种阻燃剂并用，调整氮系阻燃剂和磷系阻燃剂的配比并利用两者的阻燃协同效应，制得性能更加优良的阻燃剂。磷-氮协同阻燃原理是，利用氮化合物产生的不燃性气体与焦磷酸保护膜通过发泡作用形成泡沫隔热层，使材料变成膨胀体以降低热传导，并利用磷氮化合物形成 P—N—P、P—O—P、P—C 等化学键，形成一种焦化碳结构的糊状物留在剩余碳中，起到覆盖作用，中断燃烧的连锁反应，从而极大地抑止材料的燃烧。另外，采用磷-氮协同新型膨胀阻燃技术，在有效提高阻燃效率的同时，减少了阻燃剂的添加量，降低了生产成本。

6.2.9 其他添加剂

高分子材料中还有用于特殊目的的其他添加剂，如发泡剂、抗静电剂、偶联剂、防霉剂等。

1. 发泡剂

凡加入高分子材料，在对象材料及制品中形成细孔或蜂窝状结构的物质称为发泡剂。发泡剂分为化学发泡剂和物理发泡剂两种。化学发泡剂经加热分解后能释放出 CO_2 和 N_2 等气体。物理发泡剂通过某种物质的物理形态的变化形成泡沫细孔，常以低沸点物质使其物理发泡。常用低沸点卤代烷主要有三氯一氟甲烷、二氯二氟甲烷。

发泡剂又有无机与有机之分。无机发泡剂有碳酸铵、碳酸氢钠、亚硝酸钠等。有机发泡剂常用偶氮类、磺酰肼类、亚硝基类，其中最主要的是偶氮二甲酰胺(发泡剂 AC)。

工业生产中有时还需加入催化剂(有机锡、叔胺)来调节反应速率以保持起泡速度与扩链速度的平衡；采用泡沫稳定剂(表面活性剂)调节表面张力，使泡沫均匀。

2. 抗静电剂

凡能导引和消除聚集的有害电荷，使其不对生产和生活造成不便或危害的物质称为抗静电剂。抗静电剂一般是表面活性剂，在结构上极性基团(亲水基)和非极性基团(亲油基)兼而有之。抗静电剂主要用于塑料和合成纤维的加工。对塑料制品，通常是添加到高分子材料内部。经常受摩擦的塑料制品(如电影胶片)需要加入抗静电剂，以防止聚集静电荷。抗静电剂还可克服塑料表面易吸附灰尘而污染的缺点。

3. 偶联剂

偶联剂是在配混过程中改善高分子与无机填料或增强材料界面性能的一种物质。偶联剂分子的一端为极性可水解基团，易与无机物的极性表面发生化学反应而结合；另一端为活性反应基团，可与高分子产生化学结合及物理吸附作用。硅烷类偶联剂适用于含硅类无机填料和补强剂；钛酸酯类偶联剂适用于碳酸钙。例如，采用硅烷类偶联剂处理空心玻璃微珠。

4. 防霉剂

防霉剂是指对霉菌具有杀灭或抑制作用，防止高分子材料发生霉变的物质。高分子材料中的各种添加剂(尤其是增塑剂)是其易受霉菌侵蚀的主要原因。潮湿环境中使用的塑料制品应当添加防霉剂。防霉剂的主要种类有：有机氯化合物、有机锡化合物、有机铜化合物等。

6.3 物料混合

高分子材料由多种组分组成，在成型前必须将各种组分相互混合，制成合适形态的物料再进行成型加工，这一过程称为混合，又称为配料。这实际上是成型加工前的准备工艺——物料的配制，物料配制中最重要的操作是物料的混合与分散。高分子材料制品生产中，在对制品的形状、结构和使用性能的科学预测和判定的前提下，通过正确选用高分子基体材料和各种添加剂(配方设计)，实施制品制造过程。高分子从合成到最终材料与制品之间要经过一系列复杂的工艺过程，包括物料配制、化学改性与成型。物料的混合与分散是物料配制中的重要操作，本节将介绍物料的混合原理、混合效果评定方法和混合设备。

6.3.1 混合的基本原理

制备混合物时通常有分散与混合两个基本过程。混合是指多组分体系内各个组分相互进入其他组分所占空间中的过程。分散是指参加混合的一种组分或几种组分发生粒子尺寸减小或溶于其他组分中的变化。混合与分散一般是同时进行、同时完成的，在混合过程中，组分的颗粒尺寸不断减小，同时向着对方扩散，最终达到均匀分散，形成组成均匀的混合物。

1. 混合方法

混合方法常用混合、捏和、塑炼。混合和捏和是在低于高分子的流动温度和较缓和的剪切速率下进行的，混合后的物料各组分在本质上基本没有变化，而塑炼是在高于流动温度和较强的剪切速率下进行的，塑炼后物料中各组分在化学性质或物理性质上会有所改变。塑炼的主要工艺控制条件是塑炼温度、时间和剪切力，需要严格控制。例如，混合塑炼时间过久，会引起高分子降解而降低制品质量。聚氯乙烯塑炼时间和聚合度的关系见图 6-15。

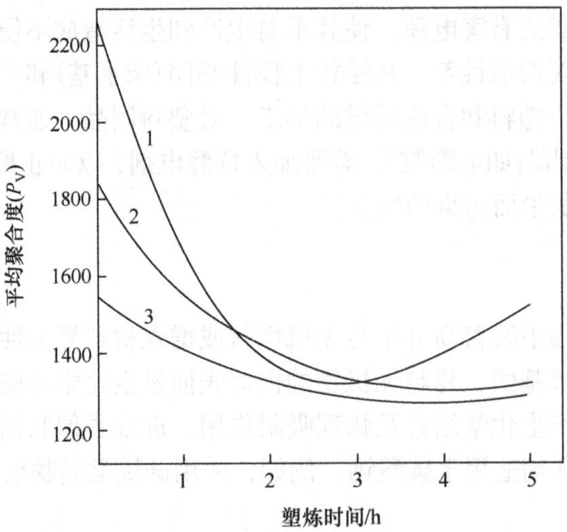

图 6-15　聚氯乙烯塑炼时间与聚合度的关系(150℃)

1. 初期聚合度 P_0=2235 的聚氯乙烯；2. 初期聚合度 P_0=1885 的聚氯乙烯；3. 初期聚合度 P_0=1540 的聚氯乙烯

2. 混合机理

混合是一种趋向于减少混合物非均匀性的操作，是在整个系统的全部体积内各组分在其基本单元没有发生本质变化情况下的细化和分布过程。混合过程依靠扩散、对流和剪切三个作用完成。

扩散是指依靠物料中各个组分的浓度差，推动物料各组分从其浓度较高的区域向浓度较低区域的迁移。对于气体之间或液体之间的混合，扩散作用较明显，而高分子与其他组分之间的混合即使在熔融状态下也难以依靠扩散作用完成。

对流是指多组分物料在相互占有的空间内发生迁移的过程，一般要借助外力推动，如搅拌就是明显的对流。

剪切是依靠机械力产生的剪切促使物料组成达到均一的过程。剪切会使物料形状变化、表面积增大、物料占有其他物料空间的可能性增加，因而特别适合于塑性物料的混合。成型用塑料的混合主要是依靠对流和剪切两种作用过程实现的，因而外力在其混合过程中不可缺少。

在实际混合过程中，很少有某种作用单独存在的情况，往往是扩散、对流、剪切协同作用，只不过其中某一种占优势而已。

6.3.2　混合效果的评定

混合是否均匀、混合终点如何判断等，这些都涉及混合效果的评定，即涉及分析与检验混合体系内各组分单元分布的均匀程度。可以直接对混合物取样，对其进行检验、观察和判定混合效果，也可以通过检测与混合物的混合状态密切相关的制品或试样的物理性能、力学性能和化学性能等，间接地判断多组分体系的混合状态。例如，可用 DSC、DMA 测定共混高分子材料的 T_g 作为表征混合状态的间接指标，用拉伸强度、冲击强度、弯曲强度等力学性能作为表征填充高分子材料混合状态的间接指标。衡量混合效果的办法随物料性状而不同。

1. 液体物料的混合效果评定

对于液体物料，混合效果的评定相对比较简单，主要是分析混合物不同部分的组成。若不同部分的组成与整个物料的平均组成一致，或相差很小，说明混合效果好；反之，则说明混合效果差，需进一步混合或改进混合的方法及操作等。

2. 固体或塑性物料的混合效果评定

对于固体或塑性物料，混合效果的评定主要从组成物料的均匀程度和分散程度两个方面考虑。均匀程度是指取样中混入物占混合料的比例与理论上比例之间的差异大小，分散程度是指混入组分的粒子在混合后的物料中微观分布的均匀性，一般用同一组分相邻粒子间平均距离描述。混合分散程度将直接影响高分子材料制品的性能，特别是物理力学性能和加工过程的进行。例如，加入某填料能显著提高塑料制品的强度，但如果加入的填料混合分散不均匀，则会在制品中造成薄弱点，反而使制品强度降低。

实际生产中应根据所配物料的种类和使用要求来确定混合与分散的程度，尽量做到在混合过程中增大不同组分的接触面积，减小同一组分料层的平均厚度；使各组分的交界面均匀地分布在被混合的物料之中；使混合物的任何部分中各组分的比例与整体比例相同。

6.3.3　主要混合设备

混合设备是完成混合操作工序必不可少的工具，混合的质量指标、经济指标(产量及能耗等)及其他各项指标在很大程度上取决于混合设备的性能。混合物的种类及性质各不相同，混合的质量指标也有所不同，必须采用具有不同性能特征的混合设备。常用混合设备如下。

1. 预混合设备

用于预混合的设备主要有转鼓式混合机、捏和机、螺带式混合机、高速混合机等。转鼓式混合机只能用于非润湿性物料，捏和机、螺带式混合机和高速混合机都可兼用于非润湿性和润湿性物料。常用预混合设备捏和机和高速混合机见图 6-16。

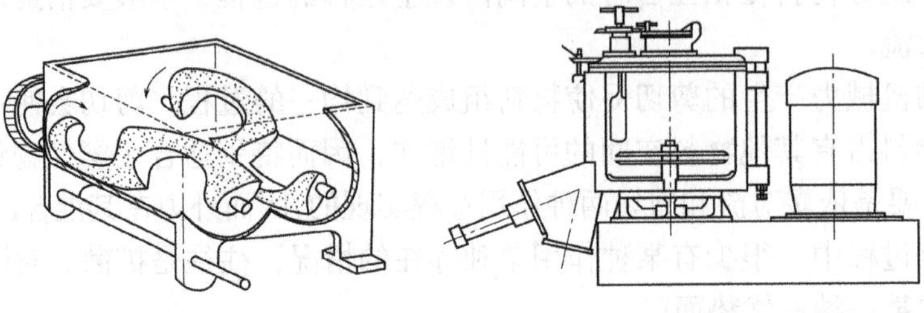

(a) 捏和机　　(b) 高速混合机

图 6-16　常用预混合设备

1) 捏和机

捏和机是常用的物料预混合设备，适用于非润湿性固态物料和润湿性固液物料之间的混合。主要结构为具有加热和冷却夹套的底部的鞍形混合室和一对 Z 型搅拌桨。捏和机的混合需要较长时间，约半小时至数小时不等。

2) 高速混合机

高速混合机是广泛使用的高效物料预混合设备，适用于固态混合和固液混合，更适于配制粉料。主要结构为具有加热或冷却夹套的圆筒形混合室、折流挡板和高速叶轮。高速混合机的混合一般需时较短，为 8～10 min。

2. 塑化设备

塑化(塑炼)属于再混合，塑化的对象是初混物，塑化温度 T>流动温度 T_f，有较大的剪切应力。塑化的目的在于：①借助于加热和剪切应力作用，使高分子熔化，并与各配合剂相互渗透混合；②驱出物料中的水分、空气及其他挥发物；③增大物料的密度，提高物料的可塑性；④有时还专门为一些成型工艺提供塑性物料。

塑化所用的设备主要有双辊筒机、密炼机和挤出机等。双辊筒机制得的炼成物通常是片状的，粉碎片状物的方法是将物料用切粒机切成粒料；密炼机制得的块状物料用粉碎机粉碎；挤出机挤出的条状物一般用装在口模出口处的旋转切刀切成粒料。常用塑化设备双辊筒机和密炼机见图 6-17。

1) 双辊筒机

双辊筒机(开炼机)是广泛使用的物料混合设备，适用于塑料的塑化和混合、橡胶的塑炼和混炼、填充与共混改性物的混炼、为压延机连续供料、母料的制备等。主要结构为：①一对安装在同一平面内的中空辊筒；②辊筒中间可通冷却水或蒸汽，以便冷却或加热；③工作时两辊相向旋转，两辊筒的辊距可调；④两辊筒转速略有差异，存在一定速比(1∶1.15～1∶1.27)。

2) 密炼机

密炼机是广泛使用的高强度物料混合设备，适用于塑料的塑化和混合、橡胶的塑炼和混炼、填充与共混改性物的混炼、为压延机连续供料、母料的制备等。主要结构为：①密炼室的上部为加料口、下部为排料口，上、下各有一顶栓，当上、下顶栓关闭后，即形成封闭的

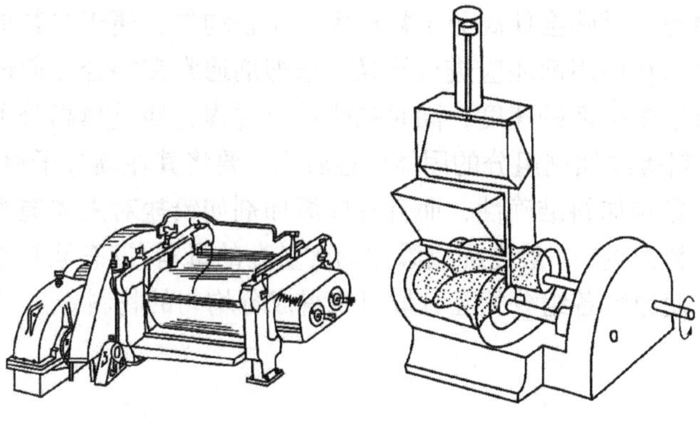

(a) 双辊筒机　(b) 密炼机

图 6-17　常用塑化设备

密炼室；②密炼室内有一对相向旋转、表面有螺旋形突棱的转子；③密炼室外壁有冷却(加热)夹套；④转子转速略有不同，存在一定速比。

3)挤出机

单螺杆挤出机是广泛使用的高分子材料加工设备，混合能力较弱，主要用于挤出造粒，成型板、管、丝、膜、中空制品和异型材。主要结构为带有加热或冷却装置的料筒和三段式螺杆。

双螺杆挤出机是极为有效的高分子材料混合设备，混合能力很强，主要用于熔融混合、填充改性、纤维增强改性、共混改性及反应挤出成型。主要结构为带有加热或冷却装置的∞字形料筒和组合式螺杆。可分为啮合异向旋转双螺杆挤出机、啮合同向旋转双螺杆挤出机、非啮合(相切)双螺杆挤出机。

行星螺杆挤出机是具有混炼、塑化双重作用的高分子材料混合设备，主要作为压延机的供料装置，如用于生产透明 PVC 片材。主要结构为两根串联的螺杆，第一根为常规螺杆，起供料作用，第二根为行星螺杆，起混炼、塑化作用，末端呈齿轮状，螺杆套筒上有特殊螺旋齿。

4) 连续混炼机

连续混炼机(farrell continuous mixer，FCM)既有密炼机的优异混合特性，又可使其转变为连续工作，特别适合于高填充物的分散混合，对工艺的适应性强，可在很宽的范围内完成混合任务，可用于各种类型的塑料和橡胶的混合。主要结构为：在内部有两根并排的转子，转子的工作部分由加料段、混炼段和排料段组成，两根转子做相向运动，但速度不同。

6.4　配料工艺简介

塑料成型前的配料工艺是将高分子和各种添加剂混合，使之形成一种均匀的复合物。复合物的形态可为粉状或粒状，也可为溶液或悬浮体等。成型前物料的配制依物料的组成不同有一定的区别，但共同的配制方法都离不开搅拌、干掺混、捏和及塑炼四种。

6.4.1　粉料和粒料的配制

粉料和粒料的配制主要包括原料高分子和各种添加剂的准备和原料的混合。原料的准备是指物料的预处理、称量及输送。由于远途装运或其他原因高分子材料中有可能混入一些机械杂质等，为了保证质量和安全生产，首先对物料进行过筛以除去粒状杂质等，再采取吸磁处理以除去金属杂质等。过筛会使高分子粒径大小比较均匀，便于与其他添加剂混合。储存中易吸湿的高分子材料在使用前还应进行干燥。增塑剂通常在混合之前进行预热，以降低其黏度并加快其向高分子中扩散的速度，同时强化传热过程，使受热高分子加速溶胀以提高混合效率。防老剂和填料等添加剂组分的固体粒径较大，要将其在高分子材料中分散比较困难，且易造成粉尘飞扬，影响加料准确性，而且有些添加剂如铅盐对人体健康危害很大。为了简化配料操作和避免配料误差，一般先配成添加剂含量高的母料(液态浆料或固体的颗粒料)后，再加入体系中混合，使原料各组分相互分散以获得成分均匀的物料。

6.4.2 溶液的配制

溶液的主要成分是溶质和溶剂。作为成型用的高分子溶液，其溶剂一般为醇类、酮类、烷烃、氯代烃等。溶剂的作用是将高分子溶解成具有一定黏度的液体，在成型过程中必须予以排出。因此，对溶剂的要求是对高分子具有较高的溶解能力，且无色、无味、无毒、成本低、易挥发等。此外，高分子溶液中还可能加有增塑剂、稳定剂、着色剂和稀释剂等。

溶液的配料方法一般分为慢加快搅法和低温分散法两种，通常采用慢加快搅法，先将溶剂在溶解釜内加热至一定温度，而后在强力高速搅拌下缓慢地投入粉状或片状的高分子材料，投料速度以不出现结块现象为度。高分子溶液配制中应控制适当的黏度。

6.4.3 溶胶的配制

高分子溶胶(又名糊、糊塑料)是固体高分子稳定地悬浮在非水液体介质中所形成的分散体系。高分子溶胶的配制主要用于生产某些软制品、涂层制品等，如用于制造人造革、地板、地毯衬里、纸张涂布(墙纸)、泡沫塑料、铸塑(搪塑或滚塑等)成型、浸渍制品等。高分子溶胶目前用得最多的是乳液法生产的 PVC 及氯乙烯的共聚物，称为 PVC 糊。PVC 糊除含有 PVC 和增塑剂外，还配有稳定剂、填料、着色剂、胶凝剂、稀释剂、挥发性溶剂等。配制 PVC 糊时，先将各种添加剂与少量增塑剂混合，并用三辊研磨机磨细以作为“小料”备用，而后将 PVC 乳液和剩余增塑剂在室温下于混合设备内搅拌混合；混合过程中缓缓注入“小料”，直至成均匀糊状物。为求质量进一步提高，可将所成糊状物再用三辊研磨机磨细，然后真空或离心脱气。

糊在常温常压下通常是稳定的，但直接与光和铁、锌接触时，会在储存、成型和使用中造成高分子的降解，因此糊的储存容器不能用铁或锌制造，而应为内衬锡、玻璃、搪瓷等的材质。塑性凝胶和有机凝胶的糊中常需加入胶凝剂。胶凝剂是一种具有增稠作用的配合剂，常用的是有机膨润土和一些金属皂类，其作用是使体系具有一定的触变性，使得塑型后的型坯在烘熔过程中不会形变。糊具有触变性，储存时也有可能由于溶剂化的增加而黏度上升。

配制高分子溶胶的设备主要有：混合机、捏和机、三辊研磨机、球磨机。

6.4.4 胶乳的配制

高分子胶乳是高分子粒子在水介质中所形成的具有一定稳定性的胶体分散体系，其配制方法分为以下两步。

(1)胶乳原材料的加工。包括：①制备配合剂水溶液。将水溶性的固体或液体的胶乳配合剂用搅拌法配制成水溶液。此类物质为表面活性剂、碱、盐类和皂类。②制备配合剂分散体。将非水溶性的固体粉末配合剂与分散剂、稳定剂和水一起研磨，制成粒子细小的水分散体。③制备配合剂乳状液。采用合适的乳化剂将非水溶性液体或半流体的胶乳配合剂制成稳定的乳状液。

(2)胶乳的配合。胶乳的配合是将各种配合剂的水溶液、水分散体和乳状液等与橡胶胶乳进行均匀混合的过程。胶乳的配合方法有：配合剂分别加入法，配合剂一次加入法，母胶配合法。

6.4.5　高分子共混

将两种或两种以上的高分子混合使之形成表观均匀的混合物的过程称为高分子共混。高分子共混是高分子改性的一种重要手段，是取长补短地利用各高分子组分的性能，从而发展高分子新材料的一种有效途径。共混物的制备方法有以下六种。

(1)干粉共混法。将两种或两种以上不同类型的高分子粉末在非加热熔融状态下混合，共混物粉料可直接用于成型，如PTFE与其他树脂共混。混合设备为：球磨机、螺带式混合机、高速混合机、捏和机。

(2)熔融共混法。将高分子材料各组分在软化或熔融状态下混合，共混物熔体经冷却、粉碎或粒化后再成型。适合于工业化生产和实验室研究。混合设备为：开炼机、密炼机、单螺杆挤出机和双螺杆挤出机。

(3)溶液共混法。将高分子材料各组分溶于共溶剂中搅拌混合均匀，或各组分分别溶解再混合均匀，然后加热驱除溶剂。主要适合于实验室研究。混合设备为搅拌器。

(4)乳液共混法。将不同种类的高分子乳液搅拌混合均匀后，经共同凝聚即得共混物料。主要适用于高分子乳液。混合设备为搅拌器。

(5)共聚-共混法。将一种高分子溶于另一种高分子的单体中，然后使单体聚合，即得到共混物。主要用于生产橡胶增韧塑料。混合设备为聚合釜。

(6)IPN法。先制取一种交联高分子网络，将其在含有活化剂和交联剂的第二种高分子单体中溶胀，然后聚合，第二步反应所产生的高分子网络就与第一种高分子网络相互贯穿，两个高分子相都是连续相，形成互穿网络高分子共混物(IPNs)。

习题与思考题

1. 牛顿流体与非牛顿流体的主要区别是什么？
2. 剪切黏度和拉伸黏度在高分子材料成型中的意义是什么？
3. 为什么在高分子材料成型中要对高分子的黏度进行详细研究？成型中有哪些因素影响高分子的黏度？
4. 简要说明高分子熔体弹性的起因和表现形式。在加工中制品牌号确定之后怎样减少或消除弹性效应？
5. 假塑性流体与膨胀性流体各有什么特点？原因是什么？
6. 一个采用压延法生产耐低温防老化农用PVC薄膜的配方为：聚氯乙烯树脂XS-2 100，邻苯二甲酸二辛酯37，葵二酸二辛酯10，亚磷酸三苯酯0.5，硬脂酸镉0.8，硬脂酸钡2.4，UV-9 0.3。试分析以上配方并指出各组分所起的作用，论述作用原理。
7. 说明聚氯乙烯的配方原理、配方中各成分的作用。
8. 根据聚乙烯、聚丙烯的配方实例，分别说明聚乙烯、聚丙烯的各配方原理，配方中各成分的作用。
9. 根据酚醛树脂、脲醛树脂的配方实例，分别说明酚醛树脂、脲醛树脂的各配方原理，配方中各成分的作用。
10. 说明不饱和聚酯树脂的配方原理、配方中各成分的作用。
11. 说明环氧树脂的配方原理、配方中各成分的作用。
12. 为什么生产中很少用纯聚合物生产塑料制品？助剂主要有哪些种类？简述其作用。
13. 简述物料混合和分散机理，借助哪些混合设备完成，其优缺点有哪些。
14. 简述粉料、粒料的配制过程。

第 7 章　塑料的一次成型

塑料的一次成型是通过加热使塑料处于黏流态的条件下，经过流动、成型和冷却硬化(或交联固化)，而制成各种形状产品的方法。塑料的二次成型是通过加热使一次成型所得的片、管、板等塑料成品处于类橡胶状态，再通过外力作用使其形变成型为各种较简单形状制品，最后经冷却定型得到产品的方法。塑料的一次成型包括挤出成型、注射成型、模压成型、压延成型、滚塑成型、铸塑成型、模压烧结成型、传递模塑成型及发泡成型。其中，前四种成型方法是最重要的成型方法。

7.1　挤 出 成 型

7.1.1　挤出成型概述

挤出成型即挤压模塑，是指借助于螺杆或柱塞的挤压作用，使受热熔化的塑料在压力推动下强行通过口模(型腔)，形成具有恒定截面的连续型材的成型方法。

挤出成型几乎能成型所有的热塑性塑料(除 PTFE)，也可加工某些热固性塑料。可以用来制作管材、棒材、板材、片材、薄膜、线缆包覆物，以及塑料与其他材料的复合材料等各种连续制品。目前挤出成型制品占热塑性制品的 40%～50%。挤出成型与其他成型技术组合后还可用于生产中空吹塑制品、双轴拉伸薄膜和涂覆制品等多种塑料产品。挤出成型生产效率高、用途广泛、适应性强，可用于塑料挤出、橡胶压出和挤出纺丝等。

挤出成型	塑料挤出	管材、棒材、板材、片材、薄膜，着色、混炼、塑化、造粒、共混
	橡胶压出	胎面、内胎、胶管，各种断面形状恒定的空心、实心半成品
	挤出纺丝	热塑性塑料的螺杆挤出熔融纺丝

挤出成型的基本过程为：①塑化，在挤出机内将固体塑料加热并依靠塑料之间的内摩擦热使其成为黏流态物料；②成型，在挤出机螺杆的旋转推挤作用下，通过具有一定形状的口模，使黏流态物料成为连续型材；③定型，用适当的方法使挤出的连续型材冷却定型为制品。

根据塑料塑化方式的不同，挤出成型可分为干法和湿法两种，其中干法比湿法优点多，是最常用的方法。湿法仅用于硝酸纤维素和少数醋酸纤维素塑料等的成型。按照加压方式的不同，挤出成型又可分为连续和间歇两种。

7.1.2　挤出成型设备

挤出成型所用的设备是挤出机，有螺杆、柱塞挤出机两种。连续挤出成型所用设备为螺杆式挤出机，间歇挤出成型采用柱塞式挤出机。螺杆式挤出机又可分为单螺杆挤出机和多螺杆挤出机，用得最多的是单螺杆挤出机。挤出机广泛应用于塑料和橡胶的加工，还可用于塑料的塑化、造粒、着色和共混等，也可同其他方法混合成型，还可为压延成型供料；在纤维化学工业中也有用挤出机向喷丝头供料，以进行熔体纺丝；在合成树脂生产中，挤出机可作为反应器，连续完成聚合和成型加工。

螺杆挤出机借助于螺杆旋转产生的压力和剪切力使物料充分塑化和均匀混合，通过口模而成型，因而使用一台挤出机就能完成混合、塑化和成型等一系列工序，进行连续生产。柱塞挤出机主要是借助柱塞压力将已塑化好的物料挤出口模而成型，料筒内物料挤完后柱塞退回，待加入新的塑化料后再进行下一次操作，生产是不连续的，而且对物料不能充分搅拌、混合，还需预先塑化，故一般较少采用此法，仅用于黏度特别大、流动性极差的塑料，如硝酸纤维素塑料等的成型。

单螺杆挤出机的基本组成主要包括六个部分：传动部分、加料装置、料筒、螺杆、机头和口模、辅助设备，其基本结构见图 7-1。

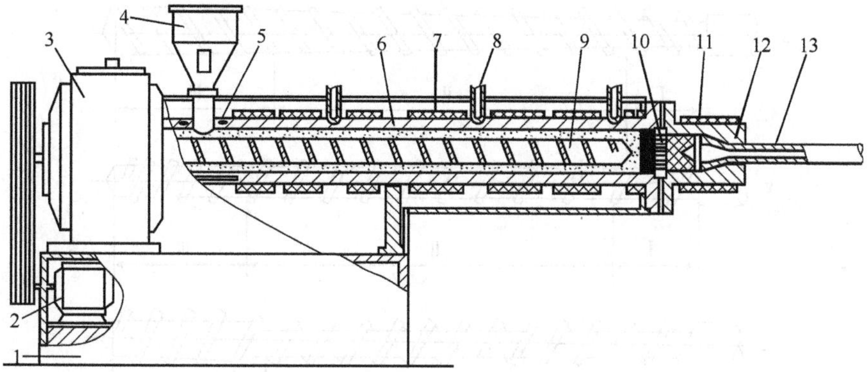

图 7-1　单螺杆挤出机结构示意图

1. 机座；2. 电动机；3. 传动装置；4. 料斗；5. 料斗冷却区；6. 料筒；7. 料筒加热器；8. 热电偶控温点；9. 螺杆；10. 过滤网及多孔板；11. 机头加热器；12. 机头；13. 挤出物

1. 传动部分

传动部分的作用是驱动螺杆，供给螺杆在挤出过程中所需要的力矩和转速，通常由电动机、减速箱和轴承等组成。在挤出过程中，要求螺杆转速稳定，能够无级变速，以保证制品质量均匀一致，一般螺杆转速为 10～100 r/min。

2. 加料装置

供料一般采用粒料，也可采用带状料或粉料。装料设备通常使用锥形料斗，其容积要求至少应能容纳 1 h 的用料。料斗底部有截断装置，以便调整和切断料流，料斗侧面有视孔和标定计量的装置。有些料斗有搅拌器，并能自动上料或加料。

3. 料筒

料筒为一金属圆筒，长径比 L/D=15～30，使物料充分加热和塑化。一般采用耐温耐压的强度较高、坚固耐磨、耐腐的合金钢或内衬合金钢的复合钢管制成。要求有足够的厚度、刚度，内壁光滑或刻有各种沟槽，外壁附有电阻、电感或其他加热器、温控装置及冷却系统。

4. 螺杆

螺杆是挤出机最主要的部件，对物料产生输送、挤压、混合和塑化作用。它直接关系到挤出机的应用范围和生产率。通过螺杆的转动对塑料产生挤压作用，塑料在料筒中才能产生移动、增压和从摩擦取得部分热量，塑料在移动过程中得到混合和塑化，黏流态的熔体在被压实而流经口模时，取得所需形状而成型。与料筒一样，螺杆也是用高强度、耐热和耐腐蚀的合金钢制成。螺杆与料筒配合可实现对塑料的粉碎、软化、熔融、塑化、排气和压实，并向成型系统连续均匀地输送胶料。

物料在料筒中沿螺杆前移时，经历温度、压力、黏度等的变化，根据物料的变化特征可将螺杆沿长度方向分为加料段、压缩段和均化段三段(图 7-2)。螺杆各段的作用和结构是不同的。

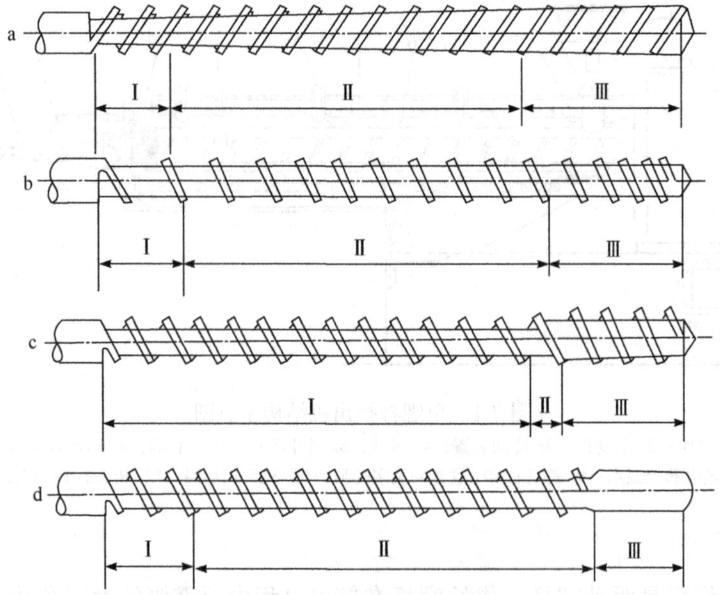

图 7-2　几种螺杆的结构形式

a. 渐变型(等距不等深)；b. 渐变型(等深不等距)；c. 突变型；d. 鱼雷头螺杆；
Ⅰ. 加料段；Ⅱ. 压缩段；Ⅲ. 均化段

(1)加料段(送料段)的作用是将料斗供给的料送往压缩段。加料段靠近料斗一侧，在该段对物料主要起传热软化、输送作用，无压缩作用，是固体输送区，物料形变很小。

加料段的长度随塑料种类而不同，挤出结晶高分子最长，硬质无定形高分子次之，软质无定形高分子最短。

(2)压缩段(迁移段)的作用是压实物料，使物料由固体转化为熔融体，并排除物料中的空气。压缩段在螺杆的中段，物料在此段继续吸热软化、熔融，直到最后完全塑化，物料在该段内可以进行较大程度的压缩。

压缩段的长度主要和塑料的熔点等性能有关。熔化温度范围宽的塑料(如聚氯乙烯 150℃以上开始熔化)，压缩段最长，可达螺杆全长的 100%(渐变型)；熔化温度范围窄的塑料(如低密度聚乙烯 105～120℃，高密度聚乙烯 125～135℃)，压缩段为螺杆全长的 45%～50%；熔化温度范围很窄的塑料(如聚酰胺等结晶型塑料)，压缩段甚至只有一个螺距的长度(突变型)。

(3)均化段(计量段)的作用是将熔融物料定量定压地送入机头使其在口模中成型。均化段靠近机头口模一侧，为等距等深的浅槽螺纹，由压缩段送来的已塑化的物料在均化段的浅槽和机头回压下搅拌均匀，成为质量均匀的熔体，为定量定压挤出成型创造必要条件。

均化段要维持较高而且稳定的压力，以保持料流稳定，使物料混合均匀、塑化完全，因此应有足够的长度，可为螺杆全长的 20%～25%。

为避免物料因滞留在螺杆头端面死角处引起分解，螺杆头部常设计成锥形或半圆形；有些螺杆的均化段是表面完全平滑的杆体，称为鱼雷头。鱼雷头具有搅拌和节制物料、消除流动时脉动现象的作用，能增大物料的压力，降低料层厚度，改善加热状况，且能进一步提高螺杆塑化效率，所以混合和受热效果好。

表征螺杆结构的特征参数有：直径、长径比、螺旋角、压缩比、螺距、螺槽深度、螺杆和料筒的间隙、螺槽宽度、螺纹宽度(图 7-3)。

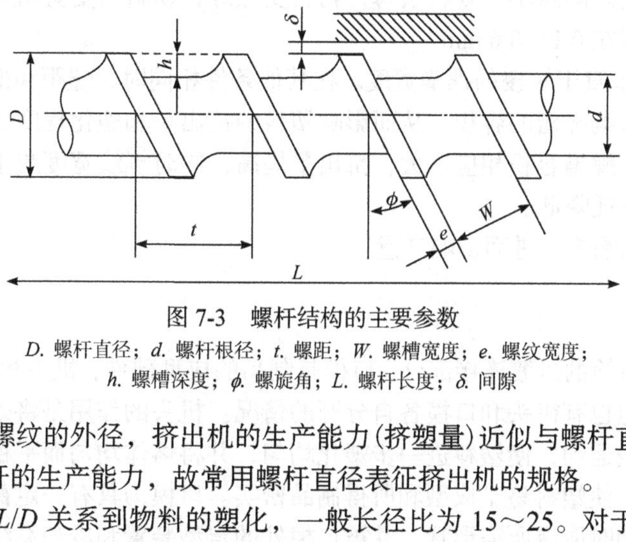

图 7-3　螺杆结构的主要参数

D. 螺杆直径；*d*. 螺杆根径；*t*. 螺距；*W*. 螺槽宽度；*e*. 螺纹宽度；*h*. 螺槽深度；*ϕ*. 螺旋角；*L*. 螺杆长度；*δ*. 间隙

螺杆直径 D 即螺纹的外径，挤出机的生产能力(挤塑量)近似与螺杆直径的平方成正比，螺杆直径决定了螺杆的生产能力，故常用螺杆直径表征挤出机的规格。

螺杆的长径比 L/D 关系到物料的塑化，一般长径比为 15～25。对于硬塑料，塑化时间长，L/D 大些；对于粉末料，要求多塑化一些时间，L/D 应大些；对于结晶型塑料，L/D 也应大些。

螺旋角 ϕ 即螺纹与螺杆横断面的夹角，螺旋角大小的选择与塑料形态有关。通常粉状物料螺旋角 $\phi=30°$ 时生产率最高，方块状物料的螺旋角 ϕ 宜选择 15°左右，圆球料的螺旋角 ϕ 宜选择 17°左右。实际上为了加工方便，多取螺旋角为 17°41′。

压缩比表示物料通过螺杆时被压缩的倍数，是螺杆加料段最初一个螺槽容积与均化段最后一个螺槽容积之比。压缩比越大，塑料受到的挤压作用越大。塑料种类不同时，应选择不同的压缩比(表 7-1)。按压缩比来分，螺杆可分为三种(图 7-2)：等距不等深(图 7-2a)、等深不等距(图 7-2b)、不等深不等距(图 7-2c、d)。其中等距不等深是最常用的一种，这种螺杆加工容易，塑料与机筒的接触面积大，传热效果好。

表 7-1　不同物料对挤出机螺杆的压缩比要求

物料	压缩比	物料	压缩比
硬聚氯乙烯(粒料)	2.5(2～3)	聚三氟氯乙烯	2.5～3.3
硬聚氯乙烯(粉料)	3～4(2～5)	丙烯腈-丁二烯-苯乙烯共聚物(ABS)	1.8(1.6～2.5)
软聚氯乙烯(粒料)	3.2～3.5(3～4)	聚甲醛	4(2.8～4)
软聚氯乙烯(粉料)	3～5	聚碳酸酯	2.5～3
聚乙烯	3～4	聚苯醚	2(2～3.5)
聚丙烯	3.7～4(2.5～4)	聚砜	2.8～3.6
聚苯乙烯	2～2.5(2～4)	聚酰胺 6	3.5
聚甲基丙烯酸甲酯	3	聚酰胺 66	3.7
纤维素塑料	1.7～2	聚酰胺 11	2.8(2.6～4.7)

注：括号内数值为压缩比取值范围，括号外数值为常用取值

螺距 t 和螺槽深度 h。螺距 t 即螺纹的轴向距离，标准螺杆的螺距等于螺杆直径。螺槽深度 h 即螺纹外半径与根部半径之差，螺槽深度正比于挤出量。螺槽深度大，则剪切力小，物料输送量大，但太深会影响螺杆强度；螺槽深度小，产生的剪切速率大，塑化效果好，但生产率低。

螺杆与料筒的间隙δ是料筒内径与螺杆外径之差的一半。螺杆与料筒间隙的大小影响挤出能力和物料的塑化。间隙小，则料层薄，物料受热好，物料所受剪切力大。因此，螺杆与料筒的间隙一般控制在 0.1～0.6 mm。

螺槽宽度 W 即垂直于螺棱的螺槽宽度。在其他条件相同时，螺距和槽宽的变化不仅决定螺杆的螺旋角，还影响螺槽的容积，从而影响塑料的挤出量和塑化程度。螺槽宽度加大则意味着螺纹宽度减小，螺槽容积相应增大，挤出量提高；同时螺纹宽度减小，螺杆旋转摩擦阻力减小，所以功率消耗降低。

螺纹宽度 e 影响漏流，进而影响产量。

5. 机头和口模

机头是口模与料筒的过渡连接部分，口模是制品的成型部件，机头和口模通常为一整体，习惯上统称机头，但也有机头和口模各自分开的情况。机头的作用是将处于旋转运动的塑料熔体转变为平行直线运动，使塑料进一步塑化均匀，并将熔体均匀而平稳地导入口模，还赋予必要的成型压力，使塑料易于成型和所得制品密实。口模为具有一定截面形状的通道，塑料熔体在口模中流动时取得所需形状，并被口模外的定型装置和冷却系统冷却硬化而成型。机头与口模的组成部件包括过滤网、多孔板、分流器(有时它与模芯结合成一个部件)、模芯、口模和机颈等部件。

按照料流方向与螺杆中心线有无夹角，机头可分为直通式机头、直角式机头和偏移式机头。直通式机头主要用于挤管材、片材和其他型材。直角式机头多用于挤薄膜、线缆包覆物和吹塑制品。偏移式机头用于共挤薄膜、共挤型材、共挤吹塑。

6. 辅助设备

主要包括以下几类：原料输送、干燥等预处理设备；定型和冷却设备，如定型装置、水冷却槽、空气冷却喷嘴等；用于连续、平稳地将制品接出的可调速牵引装置；成品切断和辊卷装置；控制设备等。

7.1.3　挤出成型原理

挤出过程中物料的状态变化和流动行为十分复杂，主要包括三个过程：固体输送，熔化过程(相迁移)，熔体输送。挤出过程中不仅存在温度、压力和黏度的变化，还存在物料化学结构和物理结构的变化。挤出成型原理主要是研究物料在螺杆式挤出机中的塑化挤出过程、状态变化及运动规律的工程原理，如物料在螺槽内速度、压力、温度分布规律，螺杆的输送能力、塑化能力及功率消耗等。

1. 固体输送

固体输送是全部塑化挤出过程的基础，它的主要作用是将固体物料压实后向熔融段输送。固体输送是在机筒加料段进行的，挤出过程中，塑料靠本身的自重从料斗中进入螺槽，当粒料与螺纹斜棱接触后，斜棱面对塑料产生一个与斜棱面相垂直的推力，将塑料往前推移。物料的移动与物料和螺杆、机筒之间的摩擦力有关，如果物料与螺杆之间的摩擦力小于物料与机筒之间的摩擦力，则物料沿轴向前移；反之，则物料与螺杆一起转动。

2. 熔化过程

物料在挤出机中的熔化过程很复杂，熔化区内既存在固体料又存在熔融料，流动与输送中物料有相变化发生。由于通常塑料在挤出机中的熔化主要是在压缩段完成的，因而研究塑料在该段由固体转变为熔体的过程和机理，就能更好地确定螺杆的结构，保证产品的质量和提高挤出机的生产率。

螺槽中固体物料的熔化过程可用图 7-4 表示。从图中可以看出，与料筒表面接触的固体粒子在料筒的传导热和摩擦热的作用下，首先熔化并形成一层薄的熔膜，这些不断熔融的物料不断向螺纹推进面汇集，形成旋涡状的熔池流动区，在熔池的前边充满着受热软化和半熔融后黏结在一起的固体粒子，以及尚未完全熔融和温度较低的固体粒子。随着物料往机头方向的输送，熔化过程逐渐进行。

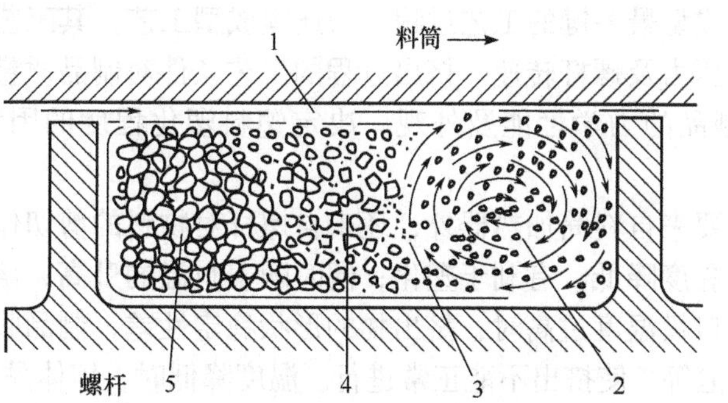

图 7-4　固体物料在螺槽中的熔化过程

1. 熔膜；2. 熔池；3. 迁移面；4. 熔融的固体粒子；5. 未熔融的固体粒子

3. 熔体输送

熔体输送是从物料完全熔融处开始的，其主要功能是将熔融物料进一步混合、均化，并克服流动阻力向机头输送。熔体输送段中熔体的流动有正流、逆流、横流和漏流四种基本形式。

(1) 正流。熔体沿着螺槽向机头方向的流动，是螺杆旋转时螺纹斜棱的推力在螺槽 Z 轴方向作用的结果，其流动也称拖曳流动。塑料的挤出就是这种流动产生的。

(2) 逆流。逆流的方向与正流相反，它是由机头、口模、过滤网等对塑料反压所引起的反压流动，所以又称压力流动。

(3) 横流。螺杆与机筒相对运动在垂直于螺棱方向的分量引起的熔体流动，由于受螺纹侧壁的限制，这种流动一般为环流。横流对塑料的混合、热交换和塑化影响很大，但对总的生产率影响不大。

(4) 漏流。也是由口模、机头、过滤网等对塑料的反压引起的，但它是熔体从螺杆与料筒的间隙沿着螺杆轴向料斗方向的流动。由于 δ 通常很小，漏流比正流和逆流小得多。

7.1.4　挤出成型的工艺过程

挤出成型主要用于热塑性塑料制品的成型，也可用于少数热固性塑料的成型。适于挤出成型的塑料种类很多，制品的形状和尺寸有很大差别，但挤出成型工艺过程大体相同。其程序为原料的干燥、塑料挤出、制品的定型与冷却、牵引和热处理、切割或卷取，有时还包括制品的后处理等。

1. 原料干燥

原料中的水分或从外界吸收的水分会影响挤出过程的正常进行和制品的质量，较轻时会使制品出现气泡、表面晦暗等缺陷，同时使制品的力学性能降低，严重时会使挤出成型无法进行。因此，使用前应对原料进行干燥，通常控制水分含量在0.5%以下。高温下易水解的塑料应控制水分含量＜0.03%，如尼龙、涤纶、聚碳酸酯等。此外原料中也不应含有各种可见杂质。预热和干燥的方式是烘箱、烘房，可抽真空干燥。

2. 塑料挤出

塑料挤出是挤出成型最关键的工艺过程，为连续成型工艺，其工艺影响因素主要有温度(料筒各段、口模)、压力及螺杆转速。挤出过程的工艺条件对制品质量影响很大，特别是塑化情况更直接影响制品的力学性能及外观。决定塑料塑化程度的因素主要是温度和剪切作用。

物料的温度除主要来自料筒加热器外，还来自螺杆对物料的剪切作用产生的摩擦热。料筒中料温升高时熔体黏度降低，有利于塑化；同时随着料温的升高，熔体流量增大，挤出物出料加快；但机头和口模温度过高时，挤出物的形状稳定性差，制品收缩率增加，甚至会引起制品发黄、出现气泡等，使挤出不能正常进行。温度降低时，熔体黏度大，机头压力增加，挤出制品压得较密实，形状稳定性好，但离模膨胀较严重，应适当增大牵引速度，以减小因膨胀而增大的壁厚；料温过低时塑化较差，且因熔体黏度大而功率消耗增加。当口模与模芯温度相差过大时，挤出的制品出现向内或向外翻，或扭歪情况。

增大螺杆的转速能强化对物料的剪切作用，有利于物料的混合和塑化，且对大多数塑料能降低其熔体的黏度，并提高料筒中物料的压力。但螺杆转速过高，挤出速率过快，会造成物料在口模内流动不稳定、离模膨胀加大，制品表面质量下降，并且可能会出现因冷却时间过短而造成制品变形；螺杆转速过低，挤出速率过慢，物料在机筒内受热时间过长，会造成物料降解，使制品的物理力学性能下降。

3. 制品定型与冷却

挤出物离开口模后仍处于高温熔融状态，还具有很大的塑性变形能力，定型与冷却的目的是使挤出物通过降温将形状及时固定下来。若定型和冷却不及时，制品在自身重力作用下就会发生形变。大多数情况下定型与冷却是同时进行的，通常只有在挤出管材和各种异形型材时才有定型过程，而挤出薄膜、单丝、线缆包覆物等则不需定型；挤出板材和片材时，有时还通过一对压辊压平，也有定型和冷却作用。管子的定型方法可用定径套、定径环和定径板等，也有采用能通水冷却的特殊口模来定径的。冷却时，冷却速度对制品的性能有一定影响，冷却过快时容易在制品中引起内应力等，并降低外观质量；对软质或结晶的塑料，则应较快冷却，否则制品极易变形。

4. 牵引和热处理

制品从口模挤出后一般会产生离模膨胀现象，从而使挤出物尺寸和形状发生改变；同时，制品从口模挤出后重量越来越大，若不引出会造成堵塞，使生产停滞，进而破坏挤出的连续性，并使后面的挤出物发生形变。因此，连续而均匀地将挤出物牵引是很必要的，常用的牵引挤出管材的设备有滚轮式和履带式两种。

牵引速率直接影响制品壁厚、尺寸公差和性能外观。牵引速率越快，制品壁厚越薄，冷却后的制品在长度方向的收缩率也越大；牵引速率越慢，制品壁厚越厚，且容易导致口模与定型模之间积料。牵引时，牵引速率必须稳定且与制品挤出速率相匹配，一般牵引速率略大于挤出速率，以便消除离模膨胀引起的尺寸变化，并对制品进行适度拉伸(产生一定程度的取向)；同时要求牵引速度十分均匀，否则会影响制品的尺寸均匀性和力学性能。

有些制品在挤出成型后还需要进行热处理。例如，由狭缝扁平口模直接挤出片材经拉伸而得的薄膜，应在材料的 T_g～T_f(或 T_m)间进行热处理(热定型)以提高薄膜的尺寸稳定性，减少使用过程中的热收缩率(解取向)，消除内应力。

5. 切割或卷取

合格的制品即可按要求进行切割或卷取。

6. 典型塑料挤出制品成型工艺流程

挤出成型可以生产各种规格的硬管、软管、异形型材、薄膜、板、片、平面拉幅薄膜、单丝、泡沫塑料等，还可以用于生产织物或纸张的涂覆材料，采用两三台挤出机和多层吹塑机头连用，可生产多层复合薄膜或挤出复合制品，使用旋转机头还可生产各种连续的管形网状挤出物。图 7-5 为管材、片、板、纸张涂覆、线缆包覆和吹塑薄膜挤出成型工艺过程的示意。实际上各种材料的挤出过程极其多样化。例如，吹塑薄膜除图 7-5 表示的上吹法外，还可采用下吹法、平吹法等。总之，可根据要求使用不同的口模和机头，在不同工艺条件下生产各种制品。

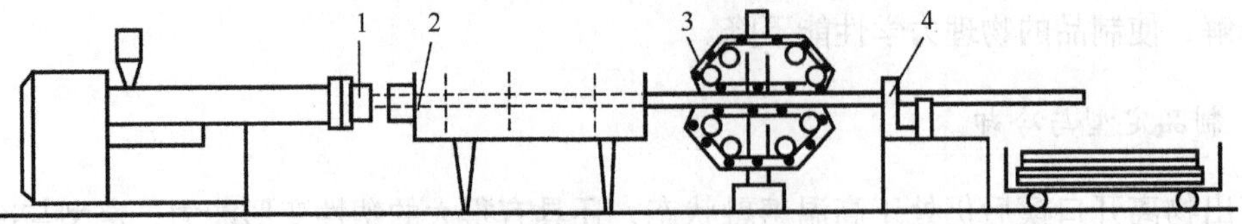

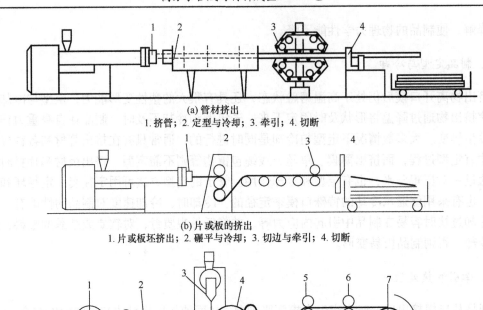

(a) 管材挤出
1. 挤管；2. 定型与冷却；3. 牵引；4. 切断

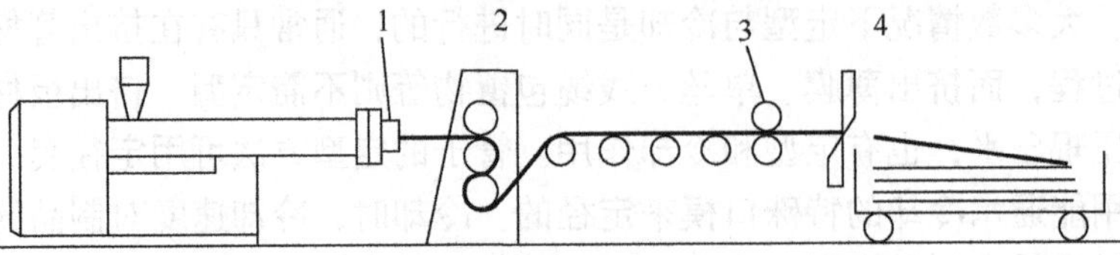

(b) 片或板的挤出
1. 片或板坯挤出；2. 碾平与冷却；3. 切边与牵引；4. 切断

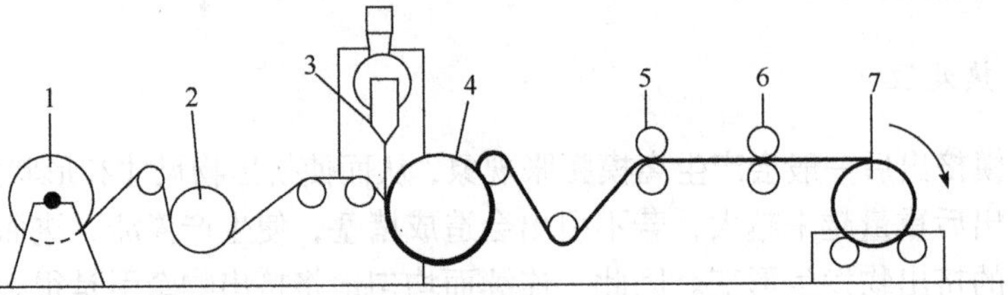

(c) 纸张涂覆
1. 放纸；2. 干燥；3. 挤出涂覆；4. 冷却与碾平；5. 切边；6. 牵引；7. 辊卷

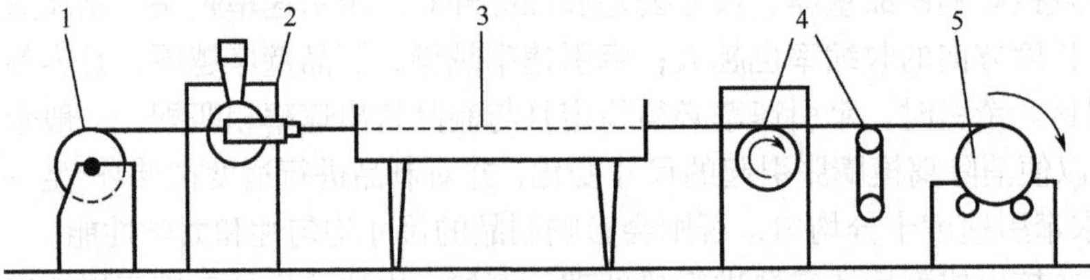

(d) 线缆包覆
1. 放线；2. 挤出包覆；3. 冷却；4. 牵引与张紧；5. 辊卷

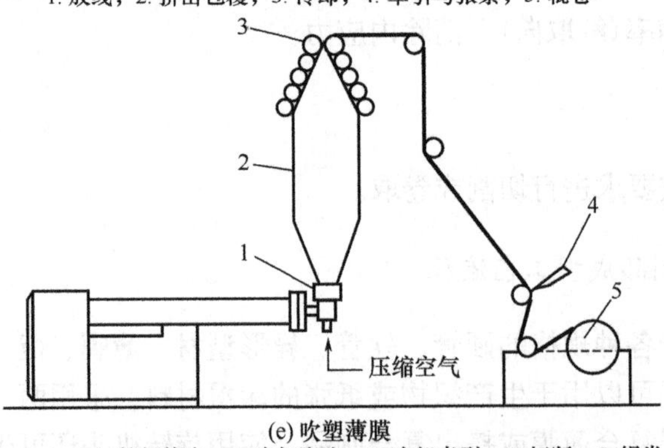

(e) 吹塑薄膜
1. 管坯挤出；2. 吹气膨胀；3. 冷却牵引；4. 切断；5. 辊卷

图 7-5　几种材料挤出成型工艺过程示意图

7.1.5　反应挤出成型

反应挤出成型(reactive extrusion，REX)是集高分子合成与材料成型加工为一体的技术。传统的高分子合成反应与高分子材料的成型加工是两个截然分开的工艺过程，而反应挤出成型是在高分子材料挤出成型加工中同时进行化学合成反应的过程。挤出设备不仅是成型加工装置，而且被用作化学反应器。反应挤出中的化学反应是通过挤出机的混合作用实现的，主要发生在高分子的熔体中，也可在液相或固相中发生。反应主要包括接枝、交联、嵌段、交换、聚合、缩聚等。反应挤出成型装置可用单螺杆和双螺杆挤出机。

1. 反应挤出成型原理

反应挤出成型是以螺杆和料筒组成的塑化挤压系统作为连续反应器，将欲反应的各种原料组分(如单体、引发剂、高分子、助剂等)一次或分次由相同的或不同的加料口加入料筒中，在螺杆转动下实现各原料之间的混合、输送、塑化、反应和从口模挤出的过程。反应的混合物在熔融挤出过程中同时完成指定的化学反应，挤出机即为反应容器。

反应挤出中存在显著的化学变化，如单体之间的缩聚、加成、开环形成高分子的聚合反应，高分子与单体之间的接枝反应，高分子之间的交联反应等。

2. 反应挤出成型设备

反应挤出成型的主要设备是双螺杆挤出机，一般采用同向啮合式，是经过专门设计制造的同向旋转、自清洁式双螺杆挤出机，以保证反应物料混合均匀，防止产生不均匀的凝胶(尤其是缩聚反应时)。对设备有如下要求：①能为物料提供足够的熔化时间、反应时间，并有足够时间在脱挥段(脱除聚合物中的小分子物质)对产品进行纯化处理，即要求反应挤出机要有较大的长径比。②物料的停留时间分布窄，在保证化学反应充分完成的前提下，需防止部分物料因停留时间长而引起降解、交联等其他副反应。③优良的排气性能，要求在高真空度下能够迅速脱除未反应的单体、生成的小分子副产物、物料中夹杂的挥发分等，但同时不会引起排气口冒料。④螺杆对物料具有强输送能力和强剪切功能。由于反应混合物熔化后的黏度差别大，混合输送相对困难，故需强化螺杆的输送能力，而且强烈的剪切有助于化学反应的进行。⑤良好的热传递性能。反应挤出过程中尤其是本体聚合过程中释放的反应热必须尽快排出反应体系，故要求挤出料筒具有良好的冷却功能。

3. 反应挤出成型的类型

反应挤出成型可制备的高分子类型有：①直接由单体的聚合反应制备高分子；②先制得预聚体或低聚物，再加入挤出机中制备高分子聚合物；③将高分子加入挤出机中，经化学改性制备功能高分子；④将共混物与增容剂在挤出机中反应，制备高分子合金；⑤高分子在挤出机中做可控降解反应，制备特定高分子。

反应挤出成型已经广泛应用于高分子本体聚合、偶联/交联反应、可控降解反应、接枝反应及反应性共混等方面，在高分子制备、功能化及高性能化学改性等领域发挥了重要作用。

1)本体聚合

反应挤出成型进行本体聚合可分为缩聚反应和加聚反应两大类，如 PMMA 的本体聚合。成型加工时控制关键在于：物料的有效熔化混合、均化和防止因形成固相而引起的挤出机螺槽的堵塞；自由有效地向增长的高分子进行链转移；排除高分子聚合反应热以保证反应体系的温度低于聚合反应的上限温度(一般指分解温度)。

2)偶联/交联反应

反应挤出成型进行的偶联/交联反应包括高分子与缩合剂、多官能团偶联剂或交联剂的反应，通过链的增长或支化来提高分子量，或通过交联增加熔体黏度。由于偶联/交联反应中熔体黏度增加，而且其反应体系的黏度梯度与挤出机内物料本体聚合的黏度梯度相似，因此适用于偶联/交联反应的挤出机与用于物料本体聚合的挤出机类似，都有若干个强力混合带。例如，由聚酯、聚酰胺与多环氧化物的反应及动态硫化制备热塑性弹性体。

3) 可控降解反应

反应挤出成型可用于控制高分子的分子量分布，特别适用于聚烯烃的可控降解。经过降解后的聚烯烃分子量分布变窄。例如，聚丙烯改性常用反应挤出的方法生产可控流变的聚丙烯，以满足纺丝性能和增韧聚丙烯注射成型性能的要求。反应挤出成型生产的可控流变聚丙烯重复性好，性能稳定，可连续生产。

4) 接枝反应

采用连续反应挤出成型可对热塑性高分子进行接枝改性。如果形成的支链较长，则原高分子的物理性质发生很大变化，形成了一种新的高分子；如果形成的支链较短(5 个单体单元以下)且带有反应性官能团，则原高分子的力学性质变化不大，但化学性质会发生明显的改变。采用反应挤出成型在聚乙烯分子主链上接枝乙烯基硅烷已在工业生产中得到广泛应用。

5) 反应性共混

采用反应性共混方法将具有不同性能的高分子材料通过共价键或离子键组装在一起，制备具有各共混组分优良性能的新型高分子合金材料是当前高分子材料科学发展较快的领域之一。反应性共混方法制备高分子合金材料的关键是共混组分必须含有能产生相互间反应的官能团，或在共混体系中加入能使组分间产生化学反应的小分子化合物，如交联剂、引发剂等。

7.2 注 射 成 型

7.2.1 注射成型概述

注射成型也称注塑，是将粒状或粉状的塑料原料在注塑机的料筒中加热熔化至呈流动状态，在柱塞或螺杆加压下，使熔融塑料被压缩并向前移动，进而通过料筒前端的喷嘴，以很快的速度注入温度较低的闭合模具内，经过一定时间的冷却成型，开启模具得到与模腔形状一致的塑料制品，是一种间歇操作。

注射成型的特点是：能一次成型外形复杂、尺寸精确、带有各种金属嵌件的塑料制品，制品的大小从钟表齿轮到汽车保险杠等多种多样；可加工的塑料种类繁多，除聚四氟乙烯和超高分子量聚乙烯等极少数高分子外，几乎所有的热塑性塑料(通用塑料、纤维增强塑料、工程塑料)、热固性塑料和弹性体都能用注射成型方法方便地成型制品；成型过程自动化程度高，其成型过程的合模、加料、塑化、注射、开模和制品顶出等全部操作均由注塑机自动完成。注射成型的产品占塑料制品总量的 30%以上。

7.2.2 注射成型设备

注塑机是注射成型的主要设备，注塑机的类型和种类很多。

1. 规格

目前注塑机规格统一采用注塑机一次所能注射出的聚苯乙烯最大质量(g)为标准。例如，铭牌 SZ-250/100 型注塑机，表示该机对聚苯乙烯的注射量为 250 g，锁模力为 100 t；如果注射其他塑料，则应按密度进行换算。一般制品的总质量(包括流道)应为该塑料最大质量的 80%。

2. 分类

注塑机按外形特征可以分为立式、卧式、直角式和旋转式，实际中多按结构特征划分为柱塞式和螺杆式(图 7-6)。注射量在 60 g 以下的通常用柱塞式(图 7-7)，60 g 以上的多数为螺杆式(图 7-8)。注塑机按用途可分为热塑性塑料型、热固性塑料型，以及发泡型、排气型、高速型、多色型、精密型等专用机型。热塑性、热固性塑料注射成型主要采用螺杆式注塑机，柱塞式注塑机仅用于不饱和聚酯树脂增强塑料。

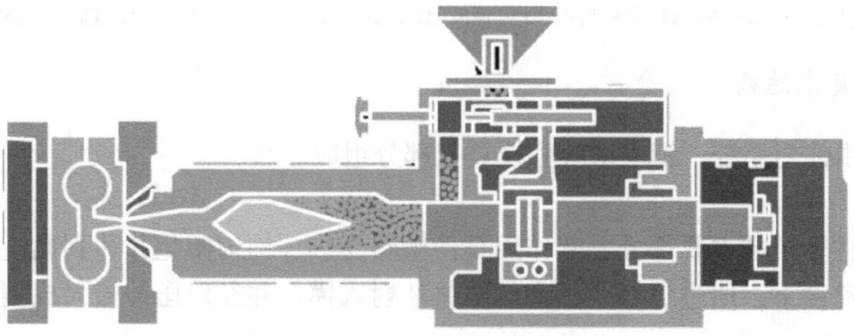

(a) 柱塞式注塑机注射成型示意

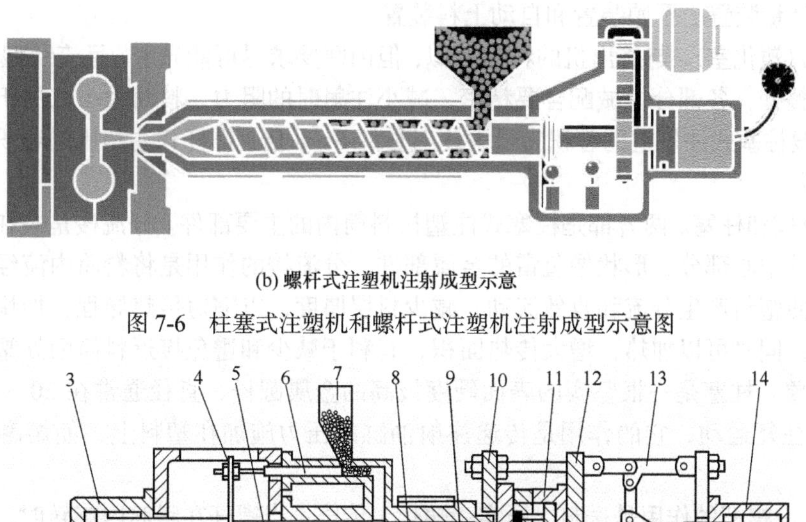

(b) 螺杆式注塑机注射成型示意

图 7-6　柱塞式注塑机和螺杆式注塑机注射成型示意图

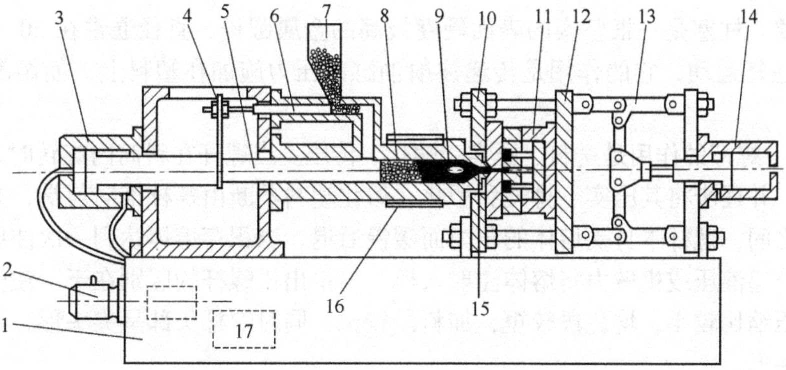

图 7-7　卧式柱塞式注塑机结构示意图

1. 机座；2. 电动机及油泵；3. 注射油缸；4. 加料调节装置；5. 注射料筒柱塞；6. 加料筒柱塞；7. 料斗；8. 料筒；9. 分流梭；10. 定模板；11. 模具；12. 动模板；13. 锁模机构；14. 锁模(副)油缸；15. 喷嘴；16. 加热器；17. 油箱

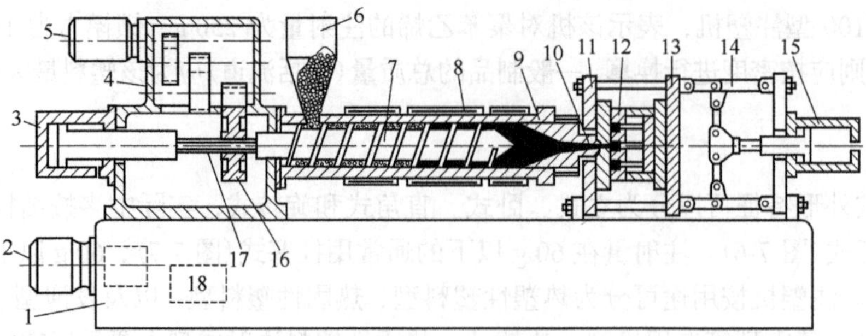

图 7-8　卧式螺杆式注塑机结构示意图

1. 机座；2. 电动机及油泵；3. 注射油缸；4. 齿轮箱；5. 齿轮传动电动机；6. 料斗；7. 螺杆；8. 加热器；9. 料筒；10. 喷嘴；11. 定模板；12. 模具；13. 动模板；14. 锁模机构；15. 锁模(副)油缸；16. 螺杆传动齿轮；17. 螺杆花键槽；18. 油箱

3. 注塑机的基本结构

注塑机主要由注射系统、锁模系统和模具三部分组成。

1)注射系统

注射系统是注塑机的主要部分，其作用是使塑料受热、均匀塑化并达到黏流态，在很高的压力和较快的速度下，通过螺杆或柱塞的推挤注射入模，并经保压补塑而成型。注射系统包括以下几部分。

(1)加料装置(料斗)。注塑机上设有加料斗，常为倒圆锥形或锥形，其容量可供注塑机 1～2 h 之用。包括计量装置、干燥装置和自动上料装置。

(2)料筒(塑化室)。与挤出机的料筒相似，但内壁要求尽可能光滑，呈流线型，避免缝隙、死角或不平整处，各部分机械配合要精密，减小注射时的阻力。料筒大小取决于注塑机最大注射量，一般柱塞式注塑机的容积为最大注射量的 6～8 倍，螺杆式注塑机的容积为最大注射量的 2～3 倍。

(3)分流梭和柱塞。两者都是柱塞式注塑机料筒内的主要部件。分流梭是装在接近喷嘴的料筒靠前端的中心部分，形状像鱼雷的金属部件。分流梭的作用是将料筒内流经该处的塑料分成薄层，使塑料产生分流和收敛流动，减少料层厚度，以缩短传热导程，加快热传递，增强混合塑化；同时可以加热，增大传热面积，有利于减少和避免接近料筒面处塑料过热引起的热分解现象。柱塞是一根坚实的表面硬度极高的金属圆杆，直径通常在 20～100 mm，只在料筒内做往复运动，它的作用是传递注射油缸的压力施加在塑料上，使熔融塑料注射入模具。

(4)螺杆。螺杆的作用是送料、压实、塑化、传压。当螺杆在料筒内旋转时，将从料斗来的塑料卷入，并逐步将其压实、排气和塑化，熔化塑料不断由螺杆推向前端，并逐渐积存在顶部和喷嘴之间，螺杆本身受熔体的压力而缓慢后退，当积存熔体达到一次注射量时，螺杆停止转动，传递液压或机械力将熔体注射入模。与挤出机螺杆的区别在于，注塑机螺杆的长径比较小，压缩比较小，均化段较短，加料段较长，同时螺杆头部呈尖头形，而挤出螺杆为圆头或鱼雷头形。

(5)喷嘴。喷嘴是连接料筒和模具的重要桥梁，主要作用是注射时引导塑料从料筒进入模具，并具有一定射程。喷嘴的结构形式有：通用式(适用于通用塑料)、延伸式(适用于高黏度塑料)和自锁式(适用于低黏度塑料)。一般热稳定性差的塑料不宜用细孔喷嘴。

2) 锁模系统

锁模系统的主要作用是在注射过程中锁紧模具，防止注射时熔料高速冲击，致使模具离缝或造成制品溢边现象，而在去除制件时能打开模具。在注射成型时，熔融塑料通常以40～200 MPa 的高压注入模具，塑料注射速度极快。由于注射系统的阻力，压力有损失，实际施于模腔内的压力远小于注射压力。因此，所需的锁模压力比注射压力要小，但应大于或等于模腔内的压力，才不致在注射时引起模具离缝，产生溢边现象。总之，锁模系统要开启灵活，闭锁紧密。启闭模具系统的夹持力大小及稳定程度对制品尺寸的准确程度和质量都有很大影响。

锁模系统的形式有：①曲臂的机械与液压力相结合的装置(图 7-9)，适用于大中型生产；②全液压装置，适用于小型生产；③全机械装置，适用于小型生产。

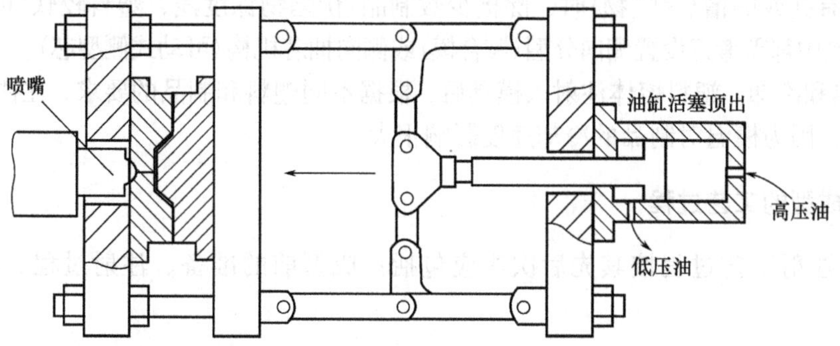

(a) 闭模

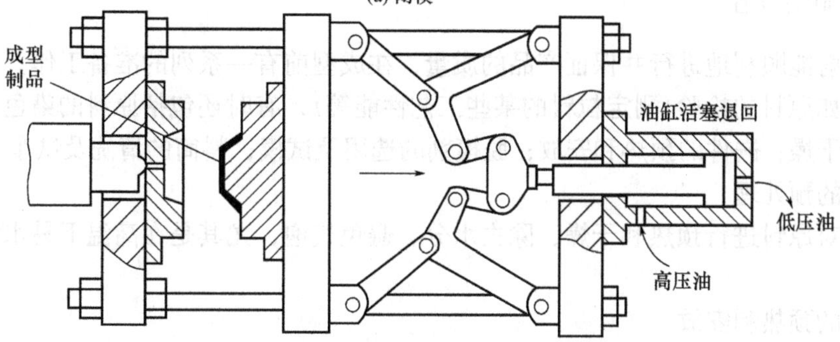

(b) 开模

图 7-9　曲臂锁模机构闭模和开模工作原理示意图

3) 模具

模具是使塑料注射成型为具有一定形状和尺寸的制品的部件。对不同的成型方法，采用原理和结构特点各不相同的模具。按照成型加工方法，模具分为压制模具(压模)、压铸模(传递成型模)、中空吹塑模具、真空或压力成型模具、挤出模具及注射模具等，其中注射模具最为重要。注射模具一般可分为动模和定模两大部分，注射时动模和定模闭合构成型腔和浇注系统，开模时动模和定模分离，取出制件。定模安装在注塑机的固定模板上，而动模安装在注塑机的移动模板上。

注射模具的组成包括以下四大部分。

(1) 浇注系统。浇注系统是塑料熔体从喷嘴进入模腔前的流道部分，包括主流道、分流道、浇口等。主流道是指紧接喷嘴到分流道之间的一段流道，与喷嘴处于同一轴心线上，可以直接开设在模具上，但常常加工成主流道衬套再紧配合于模板上。分流道是主流道和浇口之间的过渡部分。浇口是分流道和型腔的连接部分，塑料熔体经浇口入型腔成型。

(2) 成型零件。成型零件是指构成制品形状的各种零件，包括动/定模型腔、型芯、排气孔等。型腔是构成塑料制品几何形状的部分。排气孔(或槽)是指模具中开设的排气孔。当塑料熔体注入型腔时，如不及时排出气体，会使成型制品上出现气孔、表面凹痕等，甚至会引起制品局部烧焦、颜色发暗。

(3) 结构零件。结构零件是指构成模具结构的各种零件，包括执行导向、脱模、抽芯、分型等动作的各种零件。导向零件是模具上设计的确保动、定模合模时准确对中的零件。常见的导向零件由导向柱和导柱孔组成。脱模装置是为了在开模过程中制品能迅速和顺利地自型腔中脱出而在模具中设置的装置，主要有以机械方式和液压方式顶出脱模的两种形式。当制品的侧面带有孔或凹槽(伏陷物)时，除极少数制品(伏陷物深度浅，塑料较软)可进行强制脱模外，在模具中都需考虑设置侧向分型(瓣合模)或侧向抽芯机构(可动式侧型芯)。

(4) 加热和冷却。塑料熔体注射入模具后，根据不同塑料和制品的要求，往往要求模具具有不同温度，因为模温对制品的冷却速度影响很大。

7.2.3　注射成型的工艺过程

完整的注射工艺过程按其先后次序应包括：成型前的准备、注射过程、制品的后处理等。

1. 成型前的准备

为使注射能顺利地进行并保证产品的质量，在成型前有一系列的准备工作。包括：原料的预处理，如原料的检验(测定粒料的某些工艺性能等)，有时还包括原料的染色和造粒，原料的预热及干燥；嵌件的预热和安放；脱模剂的选用及试模；料筒的清洗及试车。

1) 原料的预处理

成型前对原料进行预热和干燥，除去水分、避免气泡，尤其是在高温下易水解的高分子原料。

2) 嵌件的预热和安放

嵌件应先放入模具且必须预热，注意冷热均匀以降低嵌件周围的收缩应力。

3) 脱模剂的选用

脱模剂的使用应适量、均匀，以免影响制品表面质量。

4) 料筒的清洗

当改变产品、更换原料及颜色时均需清洗料筒。可根据前后原料的热稳定性、成型温度及其相容性，采取相应的操作步骤。

2. 注射过程

由加料→塑化→注射充模→保压→冷却→脱模几个过程组成。由于注射成型是一个间歇过程，因此需保持定量(定容)加料，以保证操作稳定、塑料塑化均匀，最终获得良好的制品。加料过多、受热时间过长等容易引起物料的热降解，同时注塑机功率损耗增加；加料过少时，料筒内缺少传压介质，模腔中塑料熔体压力降低，难以补塑(补压)，制品容易出现收缩、凹陷、空洞等缺陷。加入的塑料在料筒中进行加热，由固体粒子转变成熔体，经过混合和塑化后，熔体被柱塞或螺杆推挤至料筒前端；经过喷嘴、模具浇铸系统进入并填满型腔，这一阶段称为注射充模。在模具中熔体冷却收缩时，继续保持施压状态的柱塞或螺杆，迫使浇口和喷嘴附近的熔体不断补充入模中(补塑)。使模腔中的塑料能形成形状完整而致密的制品，这一阶段称为保压。当浇注系统的塑料已经冷却硬化(称凝封)后，继续保压已不再需要，因此可退回柱塞或螺杆，并加入新料；卸除料筒内塑料中的压力，同时通入冷却水、油或空气等冷却介质，对模具进行进一步的冷却，这一阶段称为冷却。实际上冷却过程从塑料注射入模腔就开始了，它包括从充模完成、保压到脱模前这一段时间。制品在模腔内冷却到所需温度(玻璃态温度或结晶态温度)后，即可用人工或机械的方式脱模。注射过程包括柱塞空载期、充模期、保压期、返料期、凝封期、继冷期 6 个阶段(图 7-10)。

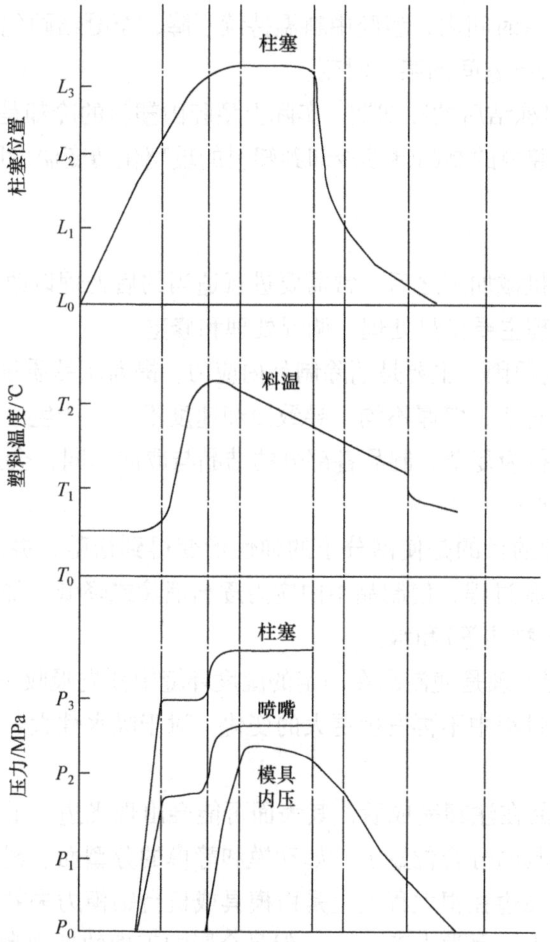

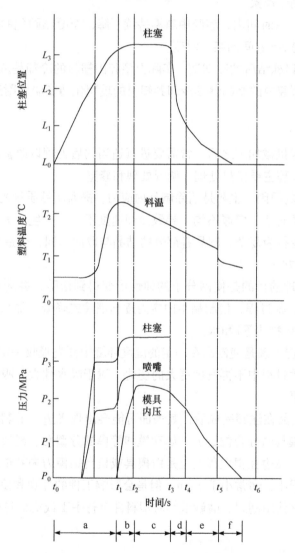

图 7-10　注射过程柱塞位置、塑料温度、柱塞压力、喷嘴压力、模腔内压力的关系

a. 柱塞空载期；b. 充模期；c. 保压期；d. 返料期；e. 凝封期；f. 继冷期

(1)柱塞空载期。在 t_0～t_1 时间内，物料在料筒中加热塑化，注射前柱塞(或螺杆)开始向前移动，但物料尚未进入模腔，柱塞处于空载状态，而物料在高速流经喷嘴和浇口时，因剪

切摩擦而引起温度上升，同时因流动阻力而引起柱塞和喷嘴处压力增加。

(2) 充模期。时间 t_1 时塑料熔体开始注入模腔，物料温度达到最高，模具内压力迅速上升，至时间 t_2 时，型腔被充满，模腔内压达最大值，同时柱塞和喷嘴处压力均上升到最高值。

(3) 保压期。在 t_2～t_3 时间内，塑料仍为熔体，柱塞需保持对塑料的压力，使模腔中的塑料得到压实和成型，并缓慢地向模腔中补压入少量塑料，以补充塑料冷却时的体积收缩。随模腔内料温下降，模内压力也因塑料冷却收缩而开始下降。

(4) 返料期(返压期或倒流期)。柱塞从 t_3 开始逐渐后移，并向料筒前端输送新料(预塑)。由于料筒喷嘴和浇口处压力下降，而模腔内压力较高，尚未冻结的塑料熔体被模具内压返推向浇口和喷嘴，出现倒流现象。

(5) 凝封期。在 t_4～t_5 时间内，型腔中料温持续下降，至凝结硬化的温度时，浇口冻结，倒流停止，凝封时间是 t_4～t_5 间的某一时刻。

(6) 继冷期。在浇口冻结后的冷却期，实际上型腔内塑料的冷却是从充模结束后(时间 t_2)就开始的。继冷期内型腔内的制品继续冷却到塑料的玻璃化转变温度附近，然后脱模。

3. 制品的后处理

注射制品经脱模或机械加工之后，常需要进行适当的后处理以改善制品的性能和提高尺寸稳定性。制品的后处理主要指热处理、调湿处理和修整。

(1) 制品需后处理的原因。主要是消除制品内应力，提高制品质量的均匀性，因为：①注射成型的制品大多形状复杂、壁厚不均，导致冷却速度不一，产生应力集中。②注射压力、注射速度高，熔体流变行为复杂，制品各部分的结晶与取向不同，会造成制品质量不均。

(2) 制品后处理的方法。

(i) 热处理。热处理的目的是使高分子的弹性形变得到松弛，并通过加热制品到材料的 T_g～T_m(或 T_f)来加速松弛过程，使制品中内应力逐渐消除或降低。加热介质可使用空气、油类(甘油、液体石蜡和矿物油等)和水。

(ii) 调湿处理。调湿处理是使制品在一定的湿度环境中预先吸收一定的水分，使其尺寸稳定下来，以使其在使用过程中不再发生更大的变化。对于吸水性大、吸水后尺寸变化大的塑料如聚酰胺等更为必要。

(iii) 修整。塑料制品在注塑完成后，其表面可能会出现飞边、毛刺等。飞边又称溢边、披锋等，大多发生在模具的分合位置上，如动模和静模的分型面、滑块的滑配部位、镶件的缝隙、顶杆孔隙等处，飞边在很大程度上是由模具或机台锁模力失效造成的。虽然大部分的飞边、毛刺的长度都很小，通常小于 1 cm，但是会影响工件的外观和使用。针对此类现象，一般采取的解决方法是使用刮刀、磨砂纸等对塑料件进行手工或机械打磨。

7.2.4 塑化原理

在注射过程中最重要的是塑化。塑料应在料筒内经加热达到充分的熔融状态，使之具有良好的可塑性。

1. 决定塑化质量的因素

决定塑料塑化质量的主要因素是物料的受热情况和所受到的剪切作用。通过料筒对物料加热，使高分子松弛，并出现由固体向液体转变；一定的温度是塑料得以形变、熔融和塑化的必要条件；剪切作用则以机械力的方式强化了混合和塑化过程，使混合和塑化扩展到聚合物分子的水平，而不仅是一般静态的熔融。剪切作用使塑料熔体的温度分布、物体组成和分子形态都发生改变，并更趋于均匀；同时螺杆的剪切作用能在塑料中产生更多的摩擦热，促进塑料内部的塑化。因而螺杆式注塑机对塑料的塑化比柱塞式注塑机要好得多。

2. 对塑料的塑化要求

塑料塑化要求如下：①进入型腔前充分塑化，熔体达到规定的成型温度，熔体各处料温尽可能均一；②使热分解产物含量达到最小值；③提供足够的塑化料以满足生产需要。

注射成型中塑料的塑化与塑料特性、工艺条件的控制及注塑机的塑化结构相关，塑化质量取决于物料受热情况和所受剪切作用。

3. 柱塞式注塑机内的塑化情况

螺杆式注塑机的塑化过程同螺杆式挤出机，但是料筒内物料的熔融是非稳态的间歇过程。柱塞式注塑机的柱塞对料筒内的物料没有剪切、混合作用，塑化效果远不如螺杆式注塑机，需要提高其塑化效率和热均匀性。

柱塞式注塑机内塑料塑化时所需的温度来自两方面：料筒壁对物料的传热和物料内部的摩擦热。采用加热效率 E 表征物料的塑化情况，E 还可反映从喷嘴出来的实际料温。一般要求 $E>80\%$。加热效率 E 可表示为

$$E=(T-T_0)/(T_w-T_0) \tag{7-1}$$

式中，T 为出口料温；T_0 为进口料温；T_w 为料筒的内壁温度。

E 值越高，表示塑化越好越均匀。E 与 T_w、传热面积、受热时间、塑料热扩散速率 a 有关。延长塑料在料筒中的受热时间 t、增大塑料的热扩散速率 a、减少料筒中料层的厚度 δ、在允许的条件下采取提高出口料温 T 等措施，均能增大加热效率 E。

塑料在料筒内受热时间

$$t=V_p t_c/W \tag{7-2}$$

式中，V_p 为料筒存料量；W 为每次注射量；t_c 为注射周期。t 越大，塑化情况越好。

塑料热扩散速率

$$a=K/C\rho \tag{7-3}$$

式中，K 为热传导系数；C 为比热；ρ 为密度。塑料热扩散速率与料层厚度有关。

塑化量

$$Q=k\,W/t_c=k\,V_p/t=225\times a\times A^2/4\,k_R(5-n^2)\,V_p \tag{7-4}$$

式中，Q 为单位时间内料筒内熔化的塑料质量；A 为料筒与塑料的接触面积；k 为常数，k_R 为与所选 E 有关的常数；n 为分流梭对塑料加热大小的系数，$1\leqslant n\leqslant 2$，$n=1$ 时相当于分流梭不能对塑料加热；$n=2$ 时为分流梭具有加热能力。引入 n，可得料筒对塑料的热传导方程即 $E=f\dfrac{at}{(5-n)^2\delta^2}$。分流梭对料筒热效率的影响如图 7-11 所示。

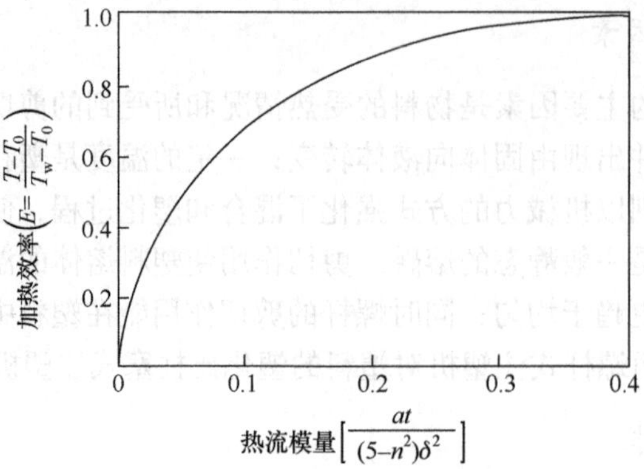

图 7-11　热传导方程 $E=f\dfrac{at}{(5-n)^2\delta^2}$ 的图形

对于螺杆式注塑机，由于剪切作用引起的摩擦热大，能使塑料温度升高，螺杆式注塑机的剪切摩擦发热温升为

$$\Delta T=\pi DN\eta/(Ch) \tag{7-5}$$

式中，D 为螺杆直径；N 为螺杆转速；η 为熔体黏度；C 为塑料比热；h 为螺槽深度。

注射速度为单位时间的注射量。随着注射速度的增加，料筒的加热效率降低(图 7-12)。

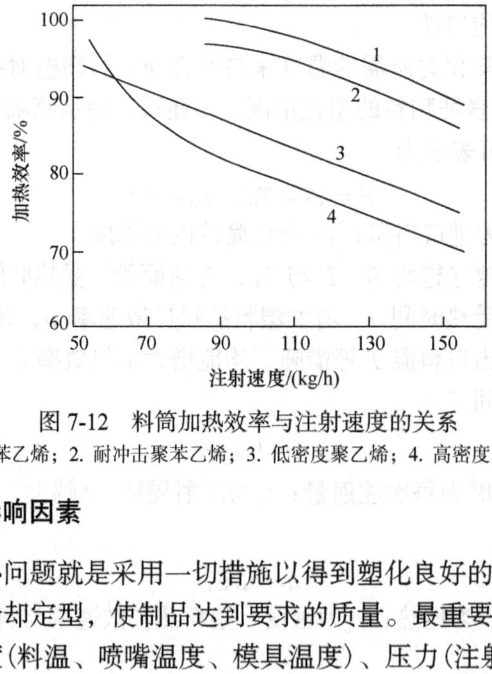

图 7-12　料筒加热效率与注射速度的关系

1. 聚苯乙烯；2. 耐冲击聚苯乙烯；3. 低密度聚乙烯；4. 高密度聚乙烯

7.2.5　注射成型工艺的影响因素

注射成型工艺的核心问题就是采用一切措施以得到塑化良好的塑料熔体，并把它注射到模腔中，在控制条件下冷却定型，使制品达到要求的质量。最重要的工艺条件是足以影响塑化和注射充模质量的温度(料温、喷嘴温度、模具温度)、压力(注射压力、模腔压力)和相应的各个作用时间(注射时间、保压时间、冷却时间)，以及注射周期等。另外，会影响温度、压力变化的工艺因素(如螺杆转速、加料量及剩料等)也不能忽视。

1. 料温

料温由料筒温度控制，所以料筒温度关系到塑料的塑化质量。料筒末端的最高温度应高于黏流温度 T_f 或熔点 T_m，但必须低于塑料分解温度 T_d，也就是控制料筒末端温度在 T_f(或 T_m)～T_d。

确定料筒温度时还应考虑制品和模具的结构特点。料温密切影响成型加工过程、材料的成型性质、成型条件及制品力学性能等。通常随料温的升高，熔体黏度降低，料筒、喷嘴和模具浇注系统中压力减小，塑料在模具中流动长度增加，从而成型性能得到改善；注射速率增大，熔化时间与充模时间减少，注射周期缩短；制品表面光洁度提高。但温度过高时，将引起塑料热分解，并引起塑料的某些力学性能的降低(图 7-13)。选择料筒温度时应从以下几方面考虑。

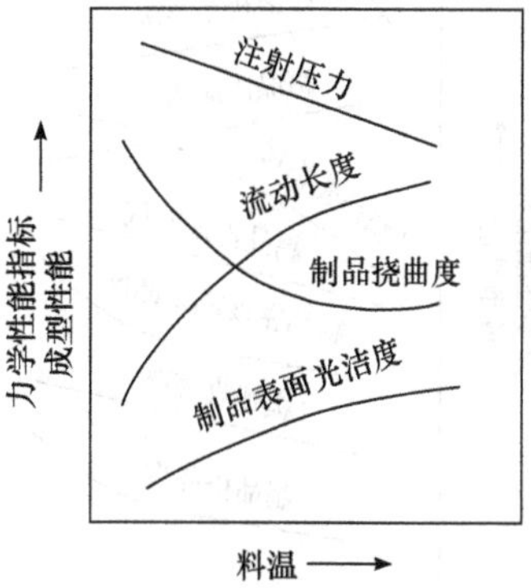

图 7-13　料温对塑料成型性能及制品物性的影响

(1) 热敏性塑料。必须考虑热敏性塑料从 T_f(或 T_m)～T_d 的温度差。

(2) 分子量及其分布。分子量大的塑料，料筒温度高，但应小于 T_d；分子量分布宽的塑料，料筒温度应选择较低值，即比 T_f 稍高即可。

(3) 制品尺寸。对同种塑料，制品尺寸小、冷却快，可选高料筒温度。注射成型薄壁制品时，熔体入模阻力大且极易冷却而失去流动能力，所以应选择较高料筒温度。

(4) 不同设备。塑料在螺杆式注塑机料筒中流动时，剪切作用大，有摩擦热产生，且料层薄，熔体黏度低，热扩散速率大，温度分布均匀，加热效率高，混合和塑化好，因此螺杆式注塑机的料筒温度小于柱塞式的料筒温度 10～20℃。

(5) 结晶型塑料。料筒温度高时塑料结晶结构破坏彻底，残存晶核少，导致熔体冷却时以均相成核，结晶速度慢、结晶尺寸大。料筒温度低时结晶结构破坏不彻底，残存晶核多，熔体冷却时以异相成核，结晶速度快、结晶尺寸小。

2. 模具温度

塑料充模后在模腔中冷却硬化而获得所需的形状。模具的温度影响塑料熔体充满时的流动行为，并影响塑料制品的性能。因此，模具温度决定了塑料熔体的冷却速度，冷却速度的快慢取决于料温与模温的差异。冷却速度是由冷却介质温度 T_c 控制的，T_c＜塑料的 T_g 为骤冷，T_c≥塑料的 T_g 为中速冷，T_c≫塑料的 T_g 为缓冷。模温的确定应根据所加工塑料的性能、制品性能的要求、制品形状与尺寸及成型过程的工艺条件等综合考虑。

(1) 为使制件脱模时不变形，模温通常应低于塑料的 T_g 或不易引起制件变形的温度，制件的脱模温度稍高于模温即可脱模，以提高生产效率。

(2) 为保证充模时制品完整和质量紧密，对熔体黏度大的塑料(如聚碳酸酯、聚砜等)宜用较高的模温，熔体黏度小的塑料(如醋酸纤维素、聚乙烯和聚酰胺等)则用较低的模温。

(3) 应考虑模温对塑料结晶、分子取向、制品内应力和各种力学性能的影响(图 7-14)。对于结晶型塑料，温度降到 T_m 以下即结晶，结晶速度受冷却速率的控制。模温影响制品的结晶度和结晶形态：模温高时冷却速度小，有利于结晶，制品结晶度上升；中等模温时冷却速率适中，制品的结晶和取向也适中；模温低时冷却速度大，不利于结晶，制品结晶度下降。对于无定形塑料，冷却过程无相转变，模温高低主要影响冷却时间长短，较低的模温，冷却快、生产效率高。模温还影响熔体在模腔中的流动性，熔融黏度较低的塑料(如 PS、PA)选择较低的模温，熔融黏度较高的塑料(如 PC、PPE、PSF)选择较高的模温，模温过低会造成制品缺料、充模不全和内应力。

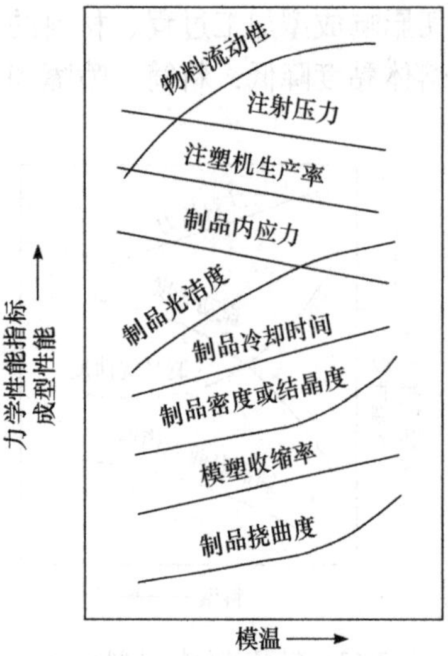

图 7-14　模温对塑料成型性能及制品物性的影响

3. 注射压力

注射压力影响塑化、充模和成型。由图 7-13、图 7-14 可以看出，温度上升，注射压力下降。注射压力在充模前的作用是克服阻力，推动塑料熔体向料筒前端流动，在充模后的作用是压实物料并充满模具而成型。在注射过程中压力的作用主要有三个方面。

(1) 推动料筒中物料向前端移动，同时使物料混合和塑化。柱塞或螺杆提供克服固体塑料粒子和熔体在料筒和喷嘴中流动时所引起的阻力。

(2) 充模阶段注射压力克服浇注系统和型腔对塑料的流动阻力，并使物料获得足够的充模速度及流动长度，使物料在冷却前能充满型腔。

(3) 保压阶段注射压力压实模腔中的物料，并对物料因冷却而产生的收缩进行补料，使从不同的方向先后进入模腔中的物料熔成一体，从而使制品保持精确的形状，获得所需的性能。

因此，注射压力对注射过程和制品的质量有很大的影响。注射压力与制品性能和料温的关系分别见图 7-15、图 7-16。可以看出，在注射过程中，随着注射压力增大，充模速度加快，物料的流动性增加，制品接缝强度提高。对于成型大尺寸、形状复杂和薄壁的制品，宜采用较高的注射压力；对熔体黏度大、玻璃化转变温度高的物料(如聚碳酸酯、聚砜等)，也宜采用较高的注射压力。但是，由于制品内应力也随注射压力的增大而加大，采用较高注射压力的制品应进行退火处理。

注射压力与料温是相互制约的，以料温和注射压力为坐标绘制的成型面积图能正确反映注射成型的适宜条件(图 7-16)。料温高时注射压力减小；反之，所需注射压力加大。

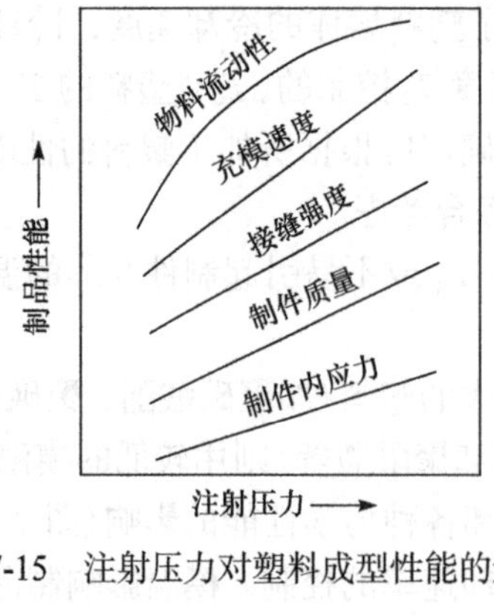

图 7-15　注射压力对塑料成型性能的影响

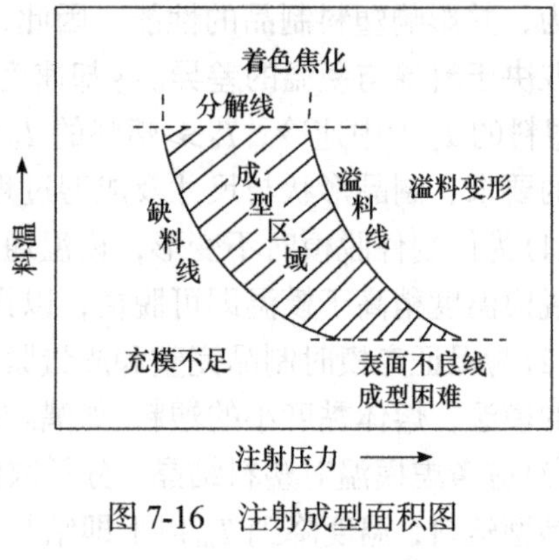

图 7-16　注射成型面积图

4. 注射周期和注射速度

注射周期是指完成一次注射所需要的全部时间，由注射充模、保压、冷却和加料(包括预塑化)时间，以及开模(取出制品)、辅助作业(如涂擦脱模剂、安放嵌件等)和闭模时间组成(图 7-17)。注射成型过程各阶段的时间与塑料产品、成型工艺性能和制品特点有关，其中最主要的是注射时间和冷却时间。

注射速度常用单位时间内柱塞或螺杆移动的距离(cm/s)表示，有时也用质量或容积流率(g/s 或 cm^3/s)表示。注射速度主要影响注射周期和制品性能(图 7-18)。注射速度与注射压力是相辅相成的，注射速度加快，则剪切作用加大、生热量增大、温度升高、充模压力增大，充模顺利，生产周期缩短。但注射速度太快常使熔体由层流变为湍流，严重时引起喷射作用，卷入空气，造成制品内应力较大。所以，注射速度不宜太快，熔体宜以层流状态流动，以便顺利将模腔内的空气排出。注射压力和注射速度的总体选择原则是：①熔体黏度高、T_g 高，选用高速，同时选用高模温、高料温；②为避免湍流，同时缩短生产周期，多选用中速注射；③对形状复杂、浇口尺寸小、流程长、薄壁的制品，宜选用高速和高压。

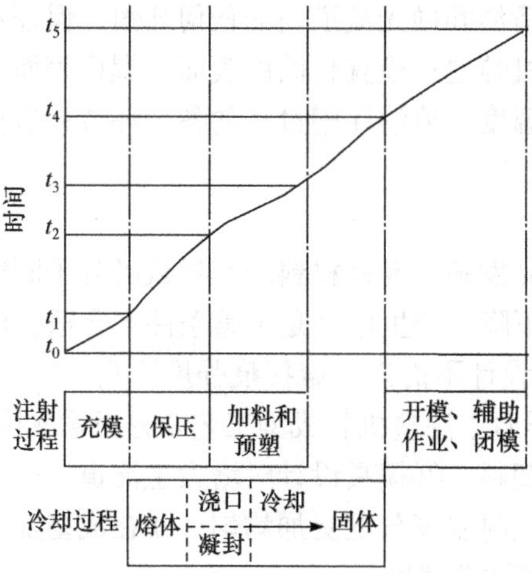

图 7-17　注射成型过程的注射周期

充模时间 t_1～t_0；保压时间 t_2～t_1；加料和预塑时间 t_3～t_2；制件实际冷却时间 t_4～t_1；开模、辅助作业和闭模时间 t_5～t_4；注射周期 t_5～t_0

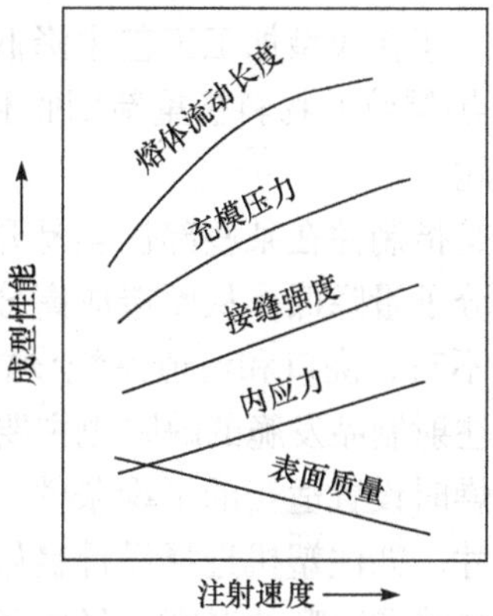

图 7-18　注射速度对成型性能的影响

注射成型不仅适用于热塑性塑料，而且适用于酚醛树脂、环氧树脂等热固性塑料的成型。用于热固性塑料成型时必须严格控制料筒温度，物料在料筒中的塑化温度应低于交联反应温度，而浇口和模温则控制在物料的交联反应温度附近，制品靠加热固化而成型。

此外，注射成型还可用于泡沫塑料、多色塑料、复合塑料及增强塑料的成型。

5. 常见注射制品缺陷及解决方案

常见注射制品的缺陷有气眼(voids)、黑点/黑纹、发脆(brittleness)、熔接痕(weld lines)、流痕(flow mark)、欠注(short shot, parts not filling)、银纹/水花(silver marks)及缩痕(sink marks)等。

1)气眼

气眼是空气被封在型腔内而使制件产生的气泡。产生气眼的原因是型腔内气体不能被及时排出；两股熔体前锋交汇时气体无法从分型面、顶杆或排气孔中排出；缺少排气口或排气口尺寸不足；制件设计薄厚不均。

解决注射制品产生气眼缺陷主要从制品结构设计、模具设计和成型工艺三方面采取措施。①在制品结构设计时减少厚度的不一致，尽量保证壁厚均匀。②在模具设计时在最后填充的地方增设排气口；重新设计浇口和流道系统；保证排气口足够大，使气体有足够的时间和空间排除。③在成型加工工艺中降低最后一级注塑速度；增加模温；优化注塑压力和保压压力。

2) 黑点/黑纹

黑点/黑纹是指在制件表面存在黑色斑点或条纹，或是棕色条纹。产生原因：①材料降解，塑料在料筒内、螺杆表面停留时间过长，导致炭化降解，因而在注射过程中产生黑点或条纹；②材料污染，塑料中存在脏的回收料、异物、其他颜色的材料或易于降解的低分子材料。空气中的粉尘也容易引起制件表面的黑点。

克服注射制品产生黑点/黑纹的缺陷主要从材料、模具设计、注塑机和成型工艺四方面采取措施。①材料采用无污染的原材料，置于相对封闭的储料仓中，增加材料的热稳定性。②模具设计考虑清洁顶杆和滑块；改进排气系统；清洁和抛光流道内的任何死角，保证不产生积料；注塑前清洁模具表面。③选择合适的注塑机吨位；检查料筒内表面、螺杆表面是否刮伤积料。④在成型加工工艺中降低料筒和喷嘴的温度；清洁注塑过程的各个环节；避免已经产生黑点/黑纹的物料被重新回收利用。

3) 发脆

发脆是指制件在某些部位容易开裂或折断。制品发脆主要是材料降解导致高分子断链，高分子的分子量降低，从而造成高分子的力学性能下降。产生原因是干燥条件不合适，注塑温度设置不对，浇口和流道系统设置不恰当，螺杆设计不恰当，熔接痕强度不高。

克服注射制品发脆的缺陷也主要从材料、模具设计、注塑机和成型工艺四方面采取措施。①材料干燥时设置适当的干燥条件，选用高强度的塑料。②模具设计时增大主流道、分流道和浇口尺寸。③注塑机选择设计良好的螺杆，使塑化时温度分配更加均匀。④在成型加工工艺中降低料筒和喷嘴的温度；降低背压、螺杆转速和注塑速度。

4) 熔接痕

熔接痕是指两股料流相遇熔接而产生的表面缺陷。制件中如果存在孔、嵌件或是多浇口注塑模式或者制件壁厚不均，均可能产生熔接痕。

消除注射制品的熔接痕主要从材料、模具设计和成型工艺三方面采取措施。①材料方面要增加熔体的流动性。②模具设计时改变浇口的位置，增设排气槽。③在成型加工工艺中增加注塑压力和保压压力，增加熔体温度，降低脱模剂的使用量。

5) 流痕

流痕是指在浇口附近呈波浪状的表面缺陷。产生流痕的原因是熔体温度过低，模温过低，注塑速度过低，注塑压力过低，流道和浇口尺寸过小。

消除注射制品的流痕主要从模具设计和成型工艺两方面采取措施。①模具设计中增大流道中冷料井的尺寸，以吸纳更多的前锋冷料；增大流道和浇口的尺寸；缩短主流道尺寸或改用热流道系统。②在成型加工工艺中增大注塑速度，增大注塑压力和保压压力，延长保压时间，增大模具温度，增大料筒和喷嘴温度。

6) 欠注

欠注是指模具型腔不能被完全填充的一种现象。产生原因是熔体温度、模具温度或注塑压力、速度过低；原料塑化不均，流动性不足；排气不良；制件太薄或浇口尺寸太小；聚合物熔体由于结构设计不合理导致过早硬化或未能及时进行注塑。

消除注射制品的欠注缺陷主要从材料、模具设计、注塑机和成型工艺四方面采取措施。①材料方面要增加熔体的流动性。②模具设计时考虑在填充薄壁之前先填充厚壁，避免出现滞留现象；增加浇口数量，减少流程比；增加流道尺寸，减少流动阻力；排气口的位置设置适当，避免出现排气不良的现象；增加排气口的数量和尺寸。③注塑机设备要检查止逆阀和料筒内壁是否磨损严重；检查加料口是否有料或是否架桥。④在成型加工工艺中增大注塑压力；增大注塑速度，增强剪切热；增大注塑量；提高料筒温度和模具温度。

7)银纹/水花

银纹/水花是指水分、空气或炭化物顺着流动方向在制件表面呈现发射状分布的一种表面缺陷。产生原因是原料中水分含量过高，原料中夹有空气，或聚合物降解。

消除注射制品的银纹/水花缺陷主要从材料、模具设计和成型工艺三方面采取措施。①要根据原料商提供数据干燥原料。②模具设计时增大主流道、分流道和浇口尺寸，检查是否有充足的排气位置。③在成型加工工艺中选择适当的注塑机和模具；切换材料时，把旧料完全从料筒中清洗干净；增大背压；改进排气系统；降低熔体温度、注塑压力或注塑速度。

8)缩痕

缩痕是指制件在壁厚处出现表面下凹的现象，通常在加强筋、沉孔或内部格网处出现。缩痕产生的原因是注塑压力或保压压力过低；保压时间或冷却时间过短；熔体温度或模温过高；制件结构设计不当。

消除注射制品的缩痕主要从结构设计和成型工艺两方面采取措施。①设计制品结构时在易出现缩痕的表面进行波纹状处理；减小制件厚壁尺寸，尽量减小厚径比；重新设计加强筋、沉孔和角筋的厚度。②在成型加工工艺中增加注塑压力和保压压力；降低熔体温度；增大浇口尺寸或改变浇口位置。

7.2.6　反应注射成型

反应注射成型(reaction injection moulding，RIM)是一种成型过程中有化学反应的注射成型方法。这种方法所用原料不是高分子，而是将两种或两种以上具有反应性的液态单体或预聚物以一定比例分别加到混合注射器中，在加压下混合均匀后，立即注射到闭合模具中，在模具内聚合固化，定型成制品。由于所用原料是液体，用较小压力即能快速充满模腔，降低了合模力和模具造价，特别适用于生产大面积制件。例如，以异氰酸酯和聚醚制成聚氨酯半硬质塑料的汽车保险杠、翼子板、仪表板等。此法具有设备投资及操作费用低、制件外表美观、耐冲击性好、设计灵活性大等优点。采用反应注射成型还可制得表层坚硬的聚氨酯结构的泡沫塑料。为了进一步提高制品刚性和强度，在原料中混入各种增强材料时称为增强反应注射成型(RRIM)，产品可作汽车车身外板、发动机罩。

目前，典型的反应注射成型制品有汽车保险杠、挡泥板、车体板、卡车货箱、卡车中门和后门组件等大型制品。它们的产品质量比片状模压料(SMC)产品好，生产速度更快，所需二次加工量更小。

1. 反应注射成型特点

反应注射成型将化学活性高、分子量低的两种或两种以上的液态单体或预聚物混合后，在常温低压下注入模具内，完成聚合、交联和固化等化学反应并固化成制品。反应注射成型与其他塑料成型技术相比具有以下特点：

(1) 反应注射成型是能耗最低的成型工艺之一。因液态原料所需注射压力和锁模力仅为普通注射成型的1/100～1/40，耗能少。

(2) 反应注射成型模腔压力小，为0.3～1.0 MPa，设备和模具所需的投资少。

(3) 反应注射成型适用于多种快速固化类高分子材料。反应注射成型最早仅用于聚氨酯材料，随着工艺技术的进步，现已广泛应用于环氧树脂、酚醛树脂、不饱和聚酯、尼龙、聚脲、聚环戊二烯、有机硅树脂和互穿聚合物网络等多种材料的加工。用于橡胶与金属成型的反应注射成型工艺是当前的研究热点。

(4) 易于成型薄壁大型制件，且具有很好的涂饰性；液态物料对模具表面的花纹、图案具有很好的再现性。

(5) 反应注射成型工艺过程具有物料混合效率高、流动性好、原料配制灵活、生产周期短的特点。

(6) 具有设备投资及生产成本低、制件外表美观、耐冲击性好、设计灵活性大等优点，特别适用于汽车覆盖件等大型塑件的成型加工。

2. 反应注射成型设备

反应注射成型设备主要由反应注射装置、锁模装置和控制系统三部分组成(图 7-19)。反应注射装置一般由原料罐、温度调节机、计量泵、混合注射器组成。其中原料储存和调温设备较简便，多为自制。计量泵多采用活塞式高压计量泵。用于增强配方，物料黏度增大时，采用渐变式螺杆泵和枪式钢筒计量泵。

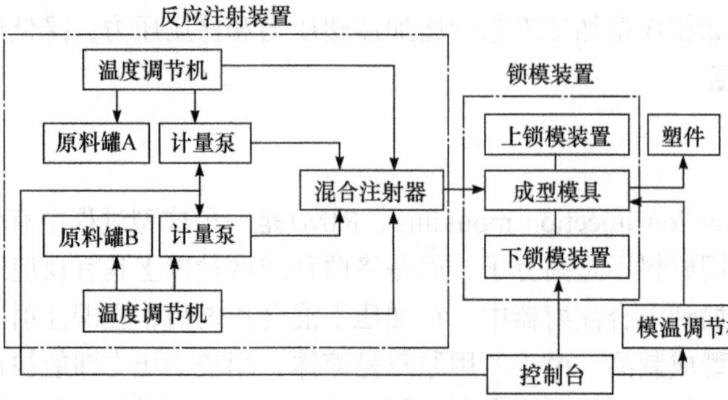

图 7-19　反应注射成型设备框图

高压混合注射器是反应注射成型设备的关键组件。它对能否缩短生产周期，提高制品质量的作用极大。混合注射器必须在高压或接近高压下工作，通常压力可达 20.68 MPa，有的可达到 27.58 MPa。压力高的混合注射器的体积可以较小，产品质量更优。商品级混合注射器中体积最小的仅有 1～10 mL，大的为 100 mL，如若再大，则只能作低压混合用。混合注射器体积越小，制品表面缺陷越少，并且容易自清理；混合效果也好，喷出的原料配比失调少，并且操作方便。高压混合注射器的一次喷出量可以从几十克到 30 kg，喷射速度可达 270～360 kg/min，而低压机只有 4.5～40.8 kg/min。高喷出量的设备能采用反应性最快的配方，可大大缩短成型周期。几乎所有的反应注射成型高压系统都带多个混合注射器，一般带 4～10 个，有的甚至可带 18 个之多。一个混合注射器可有多个注射位置。因此，一机多头又一头多位，大大提高了设备的利用率。一个反应注射成型模具注射位的投资仅为熔融注射位的 1/5。

锁模装置控制模具的启闭。反应注射成型的锁模力均在百吨之内，比相同注射量的塑料注塑机的锁模力小两个数量级之多。根据开模时运动的情况，锁模装置有固定式和倾斜式之分，其中以倾斜式居多。脱模时可转动 90°或更大的角度，操作方便。

成型模具的优劣对反应注射成型关系极大。好的成型模具能增加产率，降低废品率，改进制品质量。排气设计好坏是成型模具成败的关键。物料注入模具后，通常在 2～4 s 内反应发泡充满模腔，排出空气，所以必须设有排气口。较简单的模具排气口设在合模线上，复杂的需添设隔板或若干个排气钉，不让空气卷进制品或残留在模面上。反应注射成型模具只要能耐 1 MPa 的压力不变形即可，可采用铝、铝锌合金材料制作。大量生产时多采用钢质模具，小批量的还可采用环氧树脂模具。反应注射成型模具只有塑料注射模具质量的 1/10～1/5。大多数高分子的生成过程是放热反应，模具需将热量导出，在模具内要设有冷/热盘管，以通循环温水的方式控制模温。此外，由于注入模具内的料液黏度很低，模具分模面的精度要高，否则容易泄漏或产生飞边。

3. 反应注射成型的工艺过程

反应注射成型工艺过程为：单体或预聚物以液体状态经计量泵以一定的配比进入混合注射器进行混合，将混合物注入模具后，在模具内快速反应并交联固化，脱模后即为反应注射成型制品。这一过程可简化为：储存→计量→混合→充模→固化→脱模→后处理。

(1)储存。反应注射成型工艺所用的两组分原液通常在一定温度下分别储存在两个原料罐中，原料罐一般为压力容器。在不成型时，原液通常在 0.2～0.3 MPa 的低压下，在原料罐、换热器和混合注射器中不停地循环。对聚氨酯而言，原液温度一般为 20～40℃，温度控制精度为±1℃。

(2)计量。两组分原液的计量一般由液压系统完成，液压系统由泵、阀及辅件(控制液体物料的管路系统与控制分配缸工作的油路系统)所组成。注射时还需经过高低压转换装置将压力转换为注射所需的压力。原液用液压定量泵进行计量输出，要求计量精度至少为±1.5%，最好控制在±1%。

(3)混合。在反应注射制品成型中，产品质量的好坏很大程度上取决于混合注射器的混合质量，生产能力则完全取决于混合注射器的混合质量。一般采用的压力为 10.34～20.68 MPa，在此压力范围内能获得较佳的混合效果。

(4)充模。反应注射物料充模的特点是料流的速度很高。为此，要求原液的黏度不能过高，例如，聚氨酯混合料充模时的黏度为 0.1 Pa · s 左右。

当物料体系及模具确定之后，重要的工艺参数只有两个，即充模时间和原料温度。聚氨酯物料的初始温度不得超过 90℃，型腔内的平均流速一般不应超过 0.5 m/s。

(5)固化。聚氨酯双组分混合料在注入模腔后具有很高的反应性，可在很短的时间内完成固化定型。但由于塑料的导热性差，大量的反应热不能及时散发，成型物内部温度远高于表层温度，成型物的固化从内向外进行。为防止型腔内的温度过高(不能高于高分子的热分解温度)，应该充分发挥模具的换热功能来散发热量。

反应注射模内的固化时间主要由成型物料的配方和制品尺寸决定。

(6)脱模。当制品达到一定强度后就进行脱模，一般在模具内涂有脱模剂以便于制品脱出模具。

(7)后处理。反应注射制品从模具内脱出后还需要进行后处理。后处理有两个作用：补充固化和涂漆后的烘烤，以便在制品表面形成牢固的保护膜或装饰膜。

7.3 模压成型

7.3.1 模压成型概述

压制成型是成型加工技术中历史最久，也是最重要的方法之一，几乎所有的高分子材料都可用此方法来成型制品。压制成型主要依靠外压的作用实现成型物料造型的一次成型，根据材料的性状和成型加工工艺的特点，可分为模压成型和层压成型。

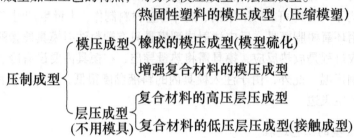

- 压制成型
  - 模压成型
    - 热固性塑料的模压成型（压缩模塑）
    - 橡胶的模压成型(模型硫化)
    - 增强复合材料的模压成型
  - 层压成型(不用模具)
    - 复合材料的高压层压成型
    - 复合材料的低压层压成型(接触成型)

模压成型是采用模具的一种压制成型方法，主要用于热固性塑料、橡胶和复合材料的成型。用于热固性塑料的成型又称压缩模塑，是将粉状、粒状、碎屑状或纤维状的塑料放入加热的阴模模槽中，合上阳模后加热使其熔化，并在压力作用下使物料充满模腔，形成与模腔形状一样的模制品，再经加热使其进一步发生交联反应而固化，脱模后即得制品。采用模压法加工的塑料主要有酚醛树脂、氨基树脂、环氧树脂、有机硅(主要是硅醚树脂制的压塑粉)、硬聚氯乙烯、聚三氟氯乙烯、氯乙烯与醋酸乙烯共聚物、聚酰亚胺等。模压制品主要有：电源插座、电器插头、计算机键盘等。

模压成型还广泛应用于各种橡胶制品的生产。橡胶模压所用的原料是混炼胶或经成型后的橡胶半成品。生产工艺基本上与热固性塑料的模压成型相同，橡胶成型最后通过交联(硫化)形成网状结构的制品。在橡胶制品生产中，硫化是最后一道加工工序，而模型硫化在硫化工艺中的使用最为广泛，如模压胶鞋等。模压成型也广泛应用于增强复合材料的成型。

模压成型的特点是：成型工艺及设备成熟，设备和模具比注射成型简单；属于间歇成型，生产周期长，生产效率低，劳动强度大，难以自动化；制品质量好，不会产生内应力或分子取向；能压制较大面积的制品，但不能压制形状复杂及厚度较大的制品；制品成型后，可趁热脱模。

除以压塑粉为基础的模压成型外，以片状材料作填料，通过压制成型还能获得另一类材料——层压复合材料，如酚醛树脂、不饱和聚酯树脂、环氧树脂、有机硅树脂、聚苯二甲酸二烯丙酯树脂等。层压复合材料的制作采用层压成型。层压成型主要包括填料的浸胶、浸胶材料的干燥和压制等几个过程。层压成型技术可生产板状、管状、棒状和其他一些形状简单的制品。详细内容将在复合材料成型加工中讨论。

7.3.2　模压成型的工艺过程

模压成型的工艺过程为：加料→闭模→排气→保压固化→脱模→顶出制件→模具清洗→后处理。模压成型的关键设备是压机，压机的作用在于：通过模具对塑料传热和施加压力；提供成型必要的温度和压力；开启模具和顶出制品。压机有机械式和液压式两种，模压成型多采用液压式的油压机或水压机。

模压的原料(树脂或塑料粉及其他组分)常为粉状，有时也呈纤维束状或碎片状。将待压原料置于金属模具的型腔内，然后闭模，在加热、加压的情况下，使塑料熔融、流动，充满型腔，经适当的放气，再经保压后，塑料就充分交联固化为制品。因为热固性塑料经交联固化后，其分子结构变成三维交联的体型结构，所以制品可以趁热脱模。

模压成型前常需预压、预热原料，虽然增加了成本，但是对模压成型工艺和产品质量作用很大。预压是将模压原料在室温下按一定质量预压成一定形状锭料或压片，减少塑料成型时的体积，有利于加料操作和提高加热时的传热速度，可以缩短模压时间；粉状原料也可以不经预压而直接使用。加料前常对原料进行预热，即将原料置于适当的温度下加热一定时间，这样既可排除原料中某些挥发物如水分等，又可提高原料温度、缩短成型时间。预热常用烘箱、真空干燥箱、远红外加热器或高频加热器等。由于热固性塑料的成分中含有具反应活性的物质，预热温度过高或时间过长会降低其流动性，所以在预热温度确定后，预热时间应控制在获得最大流动性的时间 t_{max} 的极小范围内为佳。经过预热的原料即可进行模压。

预压的作用是使原料成为紧密的坯体，优点是加料快、准确、无粉尘；降低了压缩率，可减小模具的装料量；使物料利于传热，可提高预热温度；便于成型较大或带有精细嵌件的制品。预压压力的范围在 40～200 MPa，一般控制在使预压物的密度达到制品最大密度的 80%为宜。预热的作用是使水分、可挥发气体挥发掉，使塑料内外温度一致，消除内应力，提高制品质量。优点是加快了固化速度，缩短了成型时间；提高了物料流动性，增进了物料固化的均匀性；降低了模压压力，可以成型流动性差或较大的制品。例如，酚醛树脂模压成型中，如果未预热，模压压力为（30 ± 5）MPa；经 180℃预热后，模压压力降至 15～20 MPa。

模压成型用的模塑料大多数由热固性树脂加上粉状或纤维状的填料等配合剂组成。热固性塑料制品模压成型的工艺流程如下：

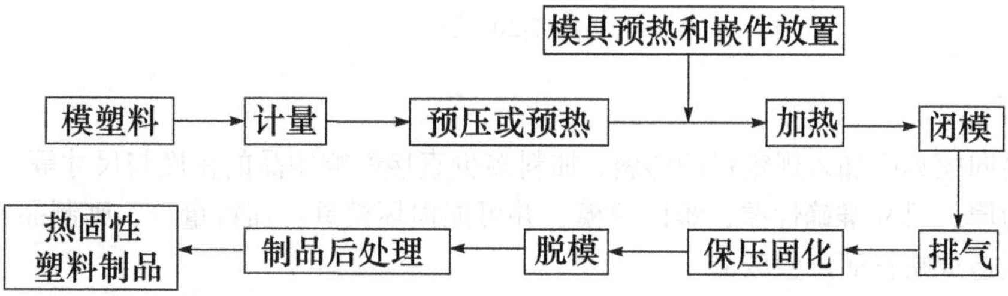

模压成型的典型过程如图 7-20 所示。

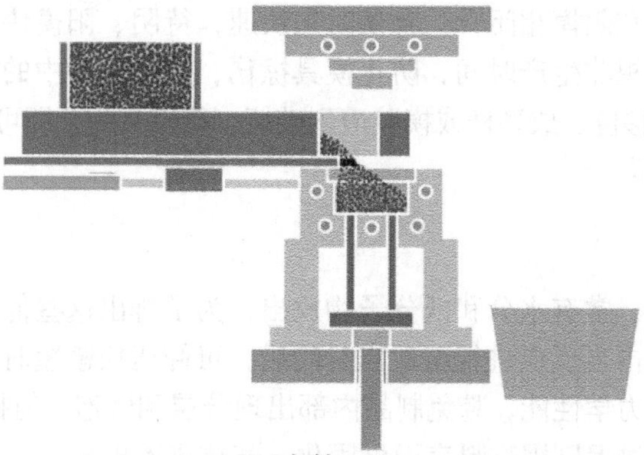

(a) 加料

图 7-20　模压成型工艺过程示意图

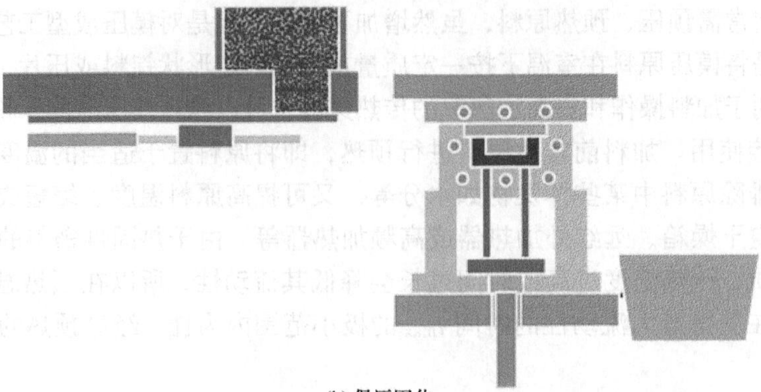

(b) 保压固化

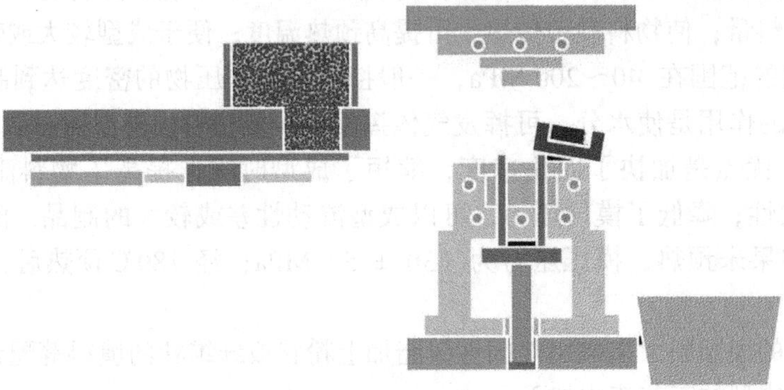

(c) 顶出制件

图 7-20（续）

1. 加料

按需要向模具内加入规定量的塑料，加料多少直接影响制品的密度与尺寸等。加料量多，则制品毛边厚，尺寸准确性差，难以脱模，并可能损坏模具；加料量少，则制品不紧密，光泽差，甚至造成缺料而产生废品。

2. 闭模

加料完后即使阳模和阴模相闭合。合模时先快速，待阴、阳模快接触时改为慢速。先快后慢的操作法有利于缩短非生产时间，防止模具擦伤，避免模槽中的原料因为合模过快而被空气带出，甚至使嵌件移位、成型杆或模腔遭到破坏。待模具闭合即可增大压力(通常达 15～35 MPa)对原料加热加压。

3. 排气

模压热固性塑料时，常有水分和低分子物放出，为了排出这些低分子物、挥发物及模内空气等，在模塑的模腔内当反应进行至适当时间后，可卸压松模短时排气。排气操作能缩短固化时间和提高制品的力学性能，避免制品内部出现分层和气泡。但排气过早、过迟都不行，过早达不到排气目的，过迟则因物料表面已固化，气体排不出来。

4. 保压固化

热固性塑料的固化是在模压温度下保持一段时间，以高分子的缩聚反应达到要求的交联程度，制品具有所要求的力学性能为准。固化速率不高的塑料的固化也可在制品能够完整地脱模时就暂告结束，再用后处理完成全部固化过程，以提高设备利用率。模内固化时间通常为保温保压时间，一般为 30 s 至数分钟不等，多数不超过 30 min。固化时间取决于塑料的种类、制品的厚度、预热情况、模压温度和模压压力等。过长或过短的固化时间对制品性能都有影响。

5. 脱模

脱模通常是靠顶出杆完成的。带有成型杆或某些嵌件的制品应先用专门工具将成型杆等拧落，而后进行脱模。

6. 模具清洗

脱模后，通常用压缩空气吹洗模腔和模具的模面，如果模具上的固着物较紧，还可用铜刀或铜刷清理，甚至用抛光剂刷拭等。

7. 后处理

为了进一步提高制品的质量，热固性塑料制品脱模后也常在较高温度下进行后处理。后处理能使塑料固化更趋完全，同时减少或消除制品的内应力，减少制品中的水分及挥发物等，有利于提高制品的电性能及强度。

后处理和注射制品的后处理一样，在一定环境或条件下进行，所不同的只是处理温度不同。一般处理温度比成型温度高 10～50℃。

7.3.3　模压成型的工艺特点

(1)热固性塑料模压成型时，塑料粉末或颗粒经过熔融，并同时经过交联反应而形成致密的固体制品。从模具外部加热和加压的结果是热固性塑料在模腔内同时进行复杂的物理和化学变化。

(2)模压成型过程中，模具内压力、温度、塑料体积随时间改变，见图 7-21。图中实线和虚线分别表示热固性塑料在无凸肩(不溢式)模具和有凸肩(半溢式)模具中的体积、温度、压力随时间的变化曲线。在无凸肩模具中，模腔体积随模压压力和所加物料量而变化。图中 A 点表示加料开始时。当在 B 点对模具施加压力后，物料受压缩而体积(厚度)逐渐减小；当模腔内压力达最大时，体积也压缩到所对应的数值。但物料吸热后膨胀，在模腔压力保持不变的情况下，体积胀大，如 C 点对应的曲线所示。当缩聚、交联反应开始后，因反应放热，物料温度甚至还高于模温，但放出低分子物的过程体积减小(成型物厚度减小)，如 D 点对应的曲线所示。模压完成后于 E 点卸压，模内压力迅速降至常压，但开模后成型物体积再次胀大，并于 F 点脱模。脱模后制品在常压下逐渐冷却至室温，体积也逐渐缩小到与室温相对应的数值。而在有凸肩的模具内，物料的体积-温度-压力关系稍有不同，这是因为有凸肩的模具成型模腔的容积保持不变，多余的塑料通过阳模上的气隙和分型面而溢流，所以模压过程中塑料的体积或尺寸不变。由于物料在高压下溢流，初期模腔压力(B 点以后)上升到最大值后很快下降(虚线所示)，后因物料吸热但无法膨胀，导致压力有所回升。在交联反应脱除低分子物过程中，阳模不能下移，物料体积不能减小，以致模内压力逐渐下降。

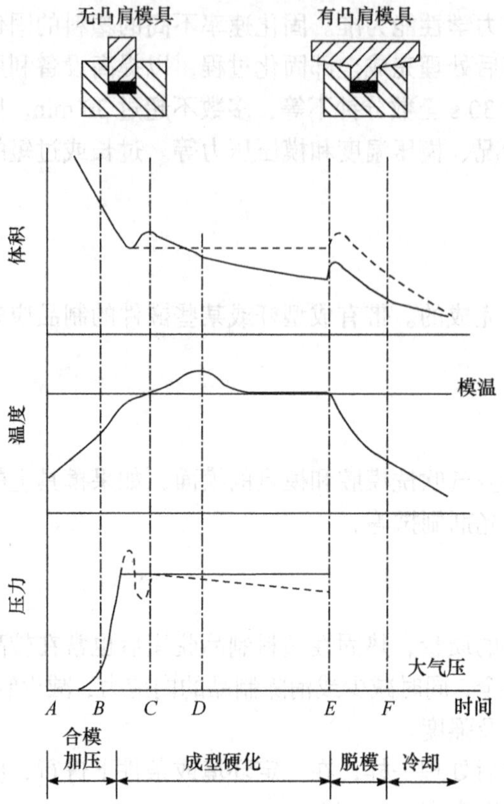

图 7-21　热固性塑料模压成型时的体积-温度-压力关系

7.3.4　模压成型工艺的影响因素

实际模压成型过程中，物料体积、温度和压力的变化并非单独发生，往往互相影响且同时进行，下面分别讨论温度、压力和时间因素对模压成型工艺的影响。

1. 模压温度

模压温度即成型时的模具温度，又称模温，它是影响热固性塑料流动、充模并最后固化成型的主要因素。与热塑性塑料不同，热固性塑料的模具温度更为重要。它决定了成型过程中高分子交联反应的速度，从而影响塑料制品的最终性能。

热固性高分子受到温度作用时，其黏度或流动性会发生很大变化，这种变化是温度作用下的高分子松弛(使黏度降低，流动性增加)和交联反应(引起黏度增大、流动性降低)两种物理和化学变化的总结果。温度上升的过程中，塑料从固体粉末逐渐熔化，黏度由大到小；然后交联反应开始，随着温度的升高，交联反应速率增快，高分子熔体黏度则经历由减小到增大的变化流动性先增高后降低，因而其流动性-温度曲线具有峰值，如图 7-22 所示。

因此，在闭模后迅速增大成型压力，使塑料在温度还不很高而流动性又较大时流满模腔各部分是非常重要的。由于流动性影响塑料的流量，模压成型时熔体的流量-温度曲线也具有峰值，如图 7-23 所示。流量减少情况反映了高分子交联反应进行的速度，峰值过后曲线斜率最大的区域，交联速度最大，此后流动性逐渐降低。从图 7-24 中也可看出，温度升高能加速热固性塑料在模腔中的固化速度，缩短固化时间，因此高温有利于缩短模压周期。但过高的温度会造成固化速度太快而使塑料流动性迅速降低，引起充模不满，特别是模压形状复杂、壁薄、深度大的制品时，这种弊病最为明显；温度过高还可能引起塑料变色、有机填料等的分解，使制品表面颜色暗淡。同时，高温下外层固化要比内层快得多，以致内层挥发物难以排除，这不仅降低制品的力学性能，而且在模具开启时会使制品发生肿胀、开裂、变形和翘曲等。因此，在模压厚度较大的制品时往往不是提高温度，而是在降低温度的情况下延长模压时间。但温度过低不仅固化慢、效果差，也会造成制品灰暗，甚至表面发生肿胀，这是由于固化不完全的外层受不住内部挥发物压力作用。一般经过预热的塑料进行模压时，由于内外层温度较均匀，流动性较好，模压温度可高些。

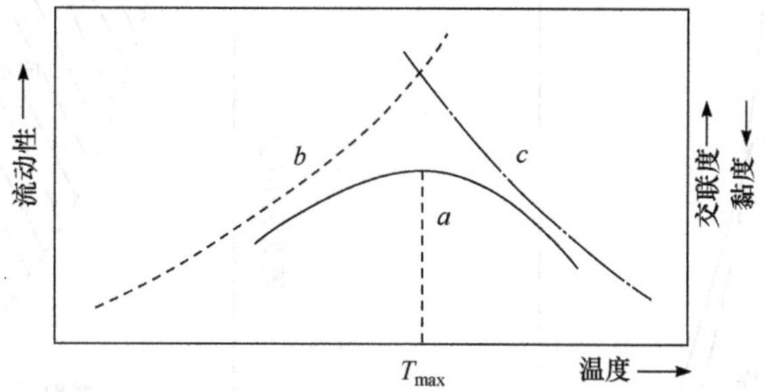

图 7-22 温度对热固性高分子流动性的影响

a. 总的流动曲线；b. 温度对交联度的影响曲线；c. T_{max}之后温度对黏度的影响曲线

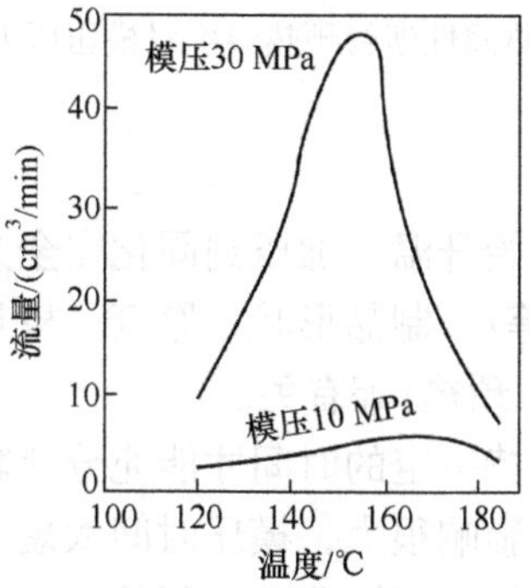

图 7-23 热固性塑料流量与温度的关系

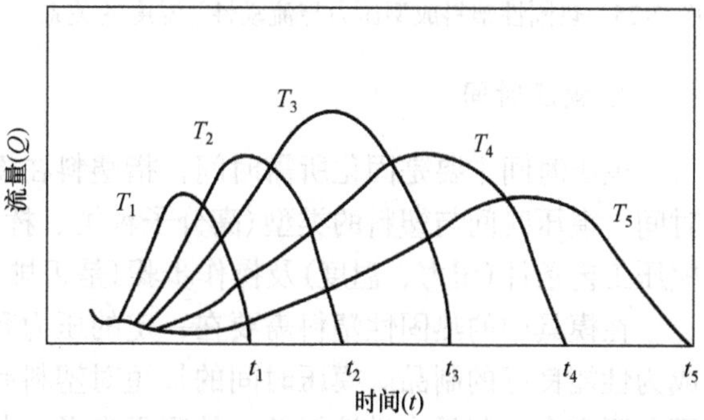

图 7-24 热固性塑料在不同温度下的流动-固化曲线

温度 $T_1>T_2>T_3>T_4>T_5$；固化时间 $t_1<t_2<t_3<t_4<t_5$

2. 模压压力

模压压力是指压机作用于模具上的压力。模压压力的作用在于：使塑料在模具中加速流动；压实塑料，增加塑料密实度；克服低分子物挥发产生的压力，避免制品出现缺料、肿胀、脱层等缺陷；压紧模具，使模具紧密闭合，从而使制品具有固定尺寸，毛边最小；防止冷却时制品变形。

成型时所需的模压压力可以根据下式计算：

$$P_m = \frac{\pi D^2}{4A_m} P_g \tag{7-6}$$

式中，P_m为模压压力，MPa；P_g为压机实际使用的液压，即表压，MPa；A_m为制品在受力方向上的投影面积，cm^2；D 为压机主油缸活塞的直径，cm。一般，热固性塑料如酚醛树脂、脲甲醛树脂的模压压力为 15～30 MPa。

模压压力的大小不仅取决于塑料的种类，而且与模温、制品的形状以及物料是否预热等因素有关(图 7-25 和图 7-26)。通常塑料的流动性越小、固化速度越快、压缩率越大(特别是填料为纤维状或碎布片状情况下)时，所需要的模压压力越大。但是，并不是压力越大越好，如模压压力过大，超过模具承受能力，则会损坏模具。

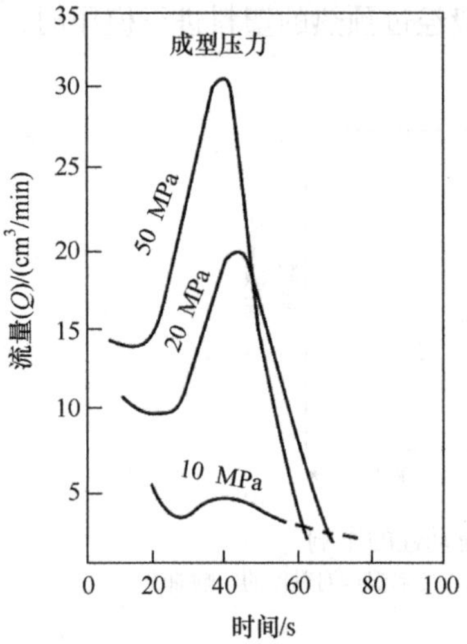

图 7-25　热固性塑料成型压力与流动性、温度的关系

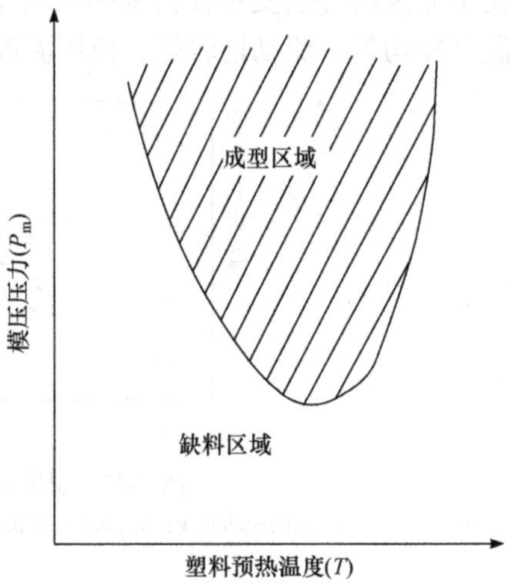

图 7-26　热固性塑料预热温度对模压压力的影响

3. 模压时间

模压时间主要是固化所需时间，指塑料在模具中从开始升温、加压到固化完全为止这段时间。模压时间与塑料的类型(高分子种类、挥发物含量等)、制品形状、厚度、模具结构、模压工艺条件(压力、温度)及操作步骤(是否排气、预压、预热)等有关。

在模具中的热固性塑料需要在一定的压力和温度下保持一定的时间才能充分交联固化，成为性能良好的制品。模压时间的长短对塑料制品的性能影响很大，模压时间太短，高分子固化不完全，制品力学性能差，外观无光泽，制品脱模后易出现翘曲、变形等现象；适当增加模压时间，一般可使制品收缩率和变形减少，其他性能也有所提高。但过分延长模压时间会使塑料“过熟”，不仅延长成型周期、降低生产率、多消耗热能和机械功，而且高分子交联过度会使制品收缩率增加，引起高分子与填料间产生内应力，制品表面发暗和起泡，从而使制品性能降低，严重时会使制品破裂。因此，模压时间过长或过短都不适当。生产中应在保证制品质量的前提下，尽可能地降低压力、温度并缩短时间。

7.4　压 延 成 型

7.4.1　压延成型概述

压延成型是生产高分子薄膜和片材的主要方法，是将已塑化的接近黏流温度的物料通过一系列相向旋转的平行辊筒间隙，使物料承受挤压和延展作用，成为具有一定厚度、宽度的表面光洁的薄片状连续制品(图 7-27)。

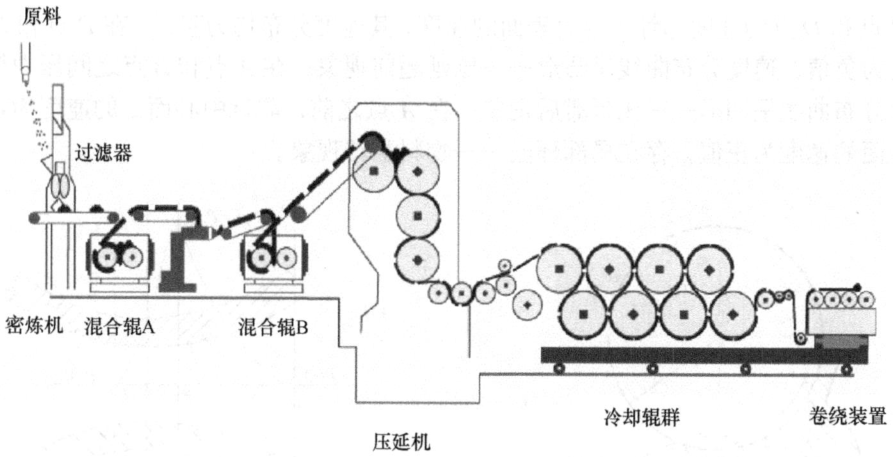

图 7-27　塑料压延成型流程图

压延成型可用于塑料、复合材料和橡胶的成型加工，也可用于造纸和金属加工等。在塑料工业中用于生产热塑性塑料的薄膜、薄片、人造革和复合薄膜。在橡胶工业中用于制备胶片或胶布的半成品，包括压片、压型、贴胶和擦胶等。压延成型可生产 0.05～0.3 mm 厚的薄膜及 0.3～1.0 mm 厚的薄片制品，如用于制造光学级 PET 薄膜(液晶显示屏的偏光板、背光板)。

采用压延成型的原料有非晶形热塑性塑料、结晶形热塑性塑料和橡胶。其中，非晶形热塑性塑料有 PVC、ABS、EVA 和改性 PS，结晶形热塑性塑料有 PE 和 PP，橡胶包括天然橡胶(NR)、丁苯橡胶(SBR)、顺丁橡胶(BR)、氯丁橡胶(CR)、丁腈橡胶(NBR)和丁基橡胶(IIR)。

7.4.2　压延成型原理

压延成型过程是接近黏流温度的物料在一系列相向旋转着的平行辊筒间隙受到挤压和发生塑性流动变形的过程。在压延成型过程中，借助于辊筒间产生的剪切力，将物料多次挤压、剪切可以增大其可塑性，在进一步塑化的基础上延展成为薄型制品。在压延过程中，受热熔化的物料由于与辊筒间的摩擦和本身的剪切摩擦会产生大量的热，局部过热会使塑料发生降解，因而应注意辊筒温度、辊速比等，以便控制产品质量。

1. 物料在压延辊筒间隙的压力分布和流速分布

压延时，辊筒与物料摩擦产生的旋转拉力把物料带入辊筒间隙，辊筒间隙对物料产生的挤压力将物料推向前进。物料流向辊缝时，辊筒对物料的压力越来越大；物料流过辊距后，辊筒对物料的压力逐渐下降。图 7-28 表示物料在压延辊筒间挤压时的压力分布情况。物料在喂入两个相向旋转的辊筒入口端前沿时，由于其与辊筒间的摩擦作用而被两辊筒钳住，物料同时受到两辊压力作用的区域称为钳住区(A～D)。显然，在 y 轴方向，辊筒对物料的压力是不变的，但物料从喂入到出料的方向即 x 方向上，在不同位置上压力是变化的，在加压的起始点 A 和终止点 D 压力为零，A 点以后物料受到的压力逐渐增加，到 B 点达到最大值，两辊筒间的中心钳住点 C 的压力仅为 B 点压力的一半。压力在辊筒间的分布如图 7-29（a）所示。

物料在等速旋转的两个辊筒之间的流动不是等速的，而是存在一个与压力分布相应的流动速度分布[图 7-29（b）]。物料在辊筒间流动时，沿 y 轴和 x 轴方向的速度也是不相同的。

物料在 B 点和 D 点的速度都等于辊筒表面的速度，其速度分布均为直线；在 B 点和 D 点之间压力梯度为负值，速度分布曲线呈凸形——压延超前现象；在 A 点和 B 点之间压力梯度为正值，速度分布曲线呈凹形——压延滞后现象；在 A 点之前，靠近中心面处的速度为负值，靠近辊筒表面的速度为正值，存在局部环流——物料翻转现象。

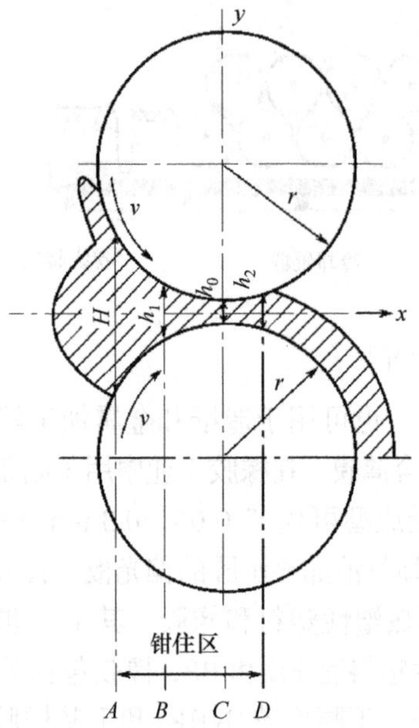

图 7-28　物料在两辊间受到挤压时的压力分布

A. 始钳住点；*B*. 最大压力钳住点；*C*. 中心钳住点；*D*. 终钳住点

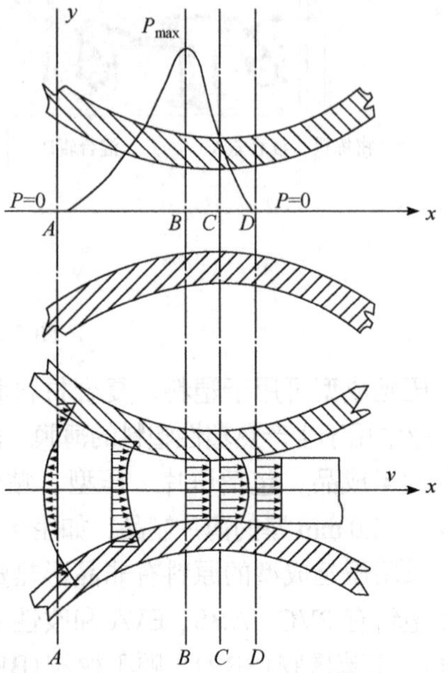

图 7-29　辊筒间塑料熔体中压力 (a) 和速度 (b) 的分布

2. 物料在压延过程中的压缩和延伸变形

物料在压延过程中受到压缩变形和延伸变形。在压延过程中，由于物料体积不可压缩，故压延时物料横截面厚度的减小必然伴随横截面宽度和长度的增大。但宽度方向阻力大，变形困难，宽度变化小，所以供料宽度应尽可能与压延宽度接近。

在压延成型过程中，热塑性塑料在通过压延辊筒间隙时，由于受到很大的剪切应力作用，会顺着薄膜前进方向发生定向作用，使生成的薄膜在力学性能上出现各向异性，这种现象称为压延效应。压延效应的大小受压延温度、转速、供料厚度和物料性能等的影响，升温或增加压延时间均可减轻压延效应。

7.4.3　压延成型设备

压延制品的生产流程包括供料阶段和压延阶段，是一个从原料混合、塑化、供料，直到压延的完整连续过程。供料阶段所需的设备包括混合机、开炼机、密炼机或塑化挤出机等。压延阶段由压延机和牵引、刻花、冷却、切割、卷取等辅助装置组成，其中压延机是压延成型的关键设备。压延机主要由几个平行排列的辊筒组成，有二辊、三辊，也有四辊或五辊，其中以三辊和四辊用得最普遍。辊筒的排列方式有三角形、直线 I 形、L 形、倒 L 形、Z 形、斜 Z 形等。压延机的辊筒排列方式见图 7-30。

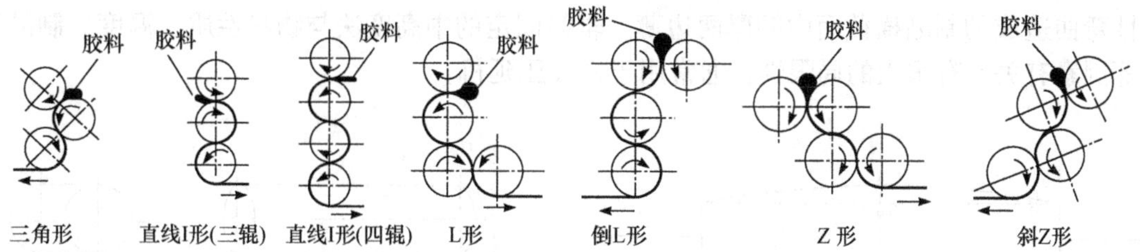

图 7-30　压延机的辊筒排列方式

双辊压延机主要用于塑炼和压片；三辊压延机主要用于生产橡胶片材；四辊压延机可生产较薄的塑料制品，还可完成双面贴胶的操作，目前应用较为广泛；五辊压延机主要用在硬制片材(如 PVC 硬片)的生产上，一般用得较少。随着辊筒数目增加，原料受压延次数增加，制品质量提高；同时，可以提高辊筒转速，提高生产率。辊筒排列方式以倒 L 形和斜 Z 形应用最广，各辊间隙均可调整。压延机的规格用辊筒外径和辊筒的工作部分长度表示。辊筒可通入蒸汽或过热水加热。

压延机由机体、辊筒、辊筒轴承、辊距调整机构、挡料装置、切边装置、传动装置、安全装置、加热冷却装置和辅机等组成。机体主要起支撑作用，包括机架和机座，也用以支承辊筒、轴承、调节装置和其他附件。压延机主要由辊筒、制品厚度调整机构、传动装置与辅机三大部分组成。

1. 辊筒

辊筒起压延成型作用，是压延机中最主要的部件。辊筒应有足够的刚度和强度，辊筒表面应有足够的硬度、耐磨性、光洁度及加工精度。辊筒的长径比一般为 2～3，同一压延机的几个辊筒其直径和长度都是相同的。辊筒内部可通蒸汽、过热水或冷水来控制表面温度，其结构有空心式和钻孔式两种。

2. 制品厚度调整机构

物料在辊筒间隙受到压延时，对辊筒产生横向压力，这种企图将辊筒分开的作用力称为分离力。分离力使辊筒产生弹性弯曲，弹性弯曲程度大小以辊筒轴线中央部位偏离原来水平位置的距离表示，称为辊筒的挠度。挠度造成压延制品的厚度不均，其横向断面呈现中间部分厚而两端部分薄的现象(图 7-31)。

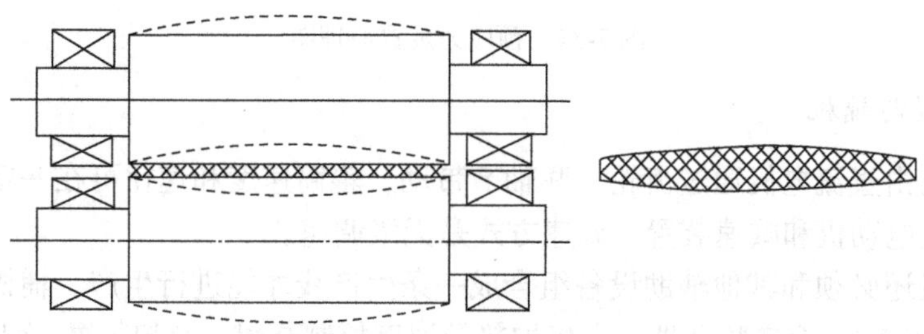

图 7-31　辊筒的弹性弯曲对压延制品的横向断面的影响

克服分离力从而调节压延制品厚度均匀性的方法一般有以下三种：

(1) 中高度法(凹凸系数法)。将辊筒设计和加工成略呈腰鼓形(图 7-32)，从而克服由于弹性弯曲造成的制品横截面中间厚两边薄。辊筒固定的中高度法与物料性质、温度、制品厚度等因素有关，有很大的局限性，通常用于橡胶压延机。

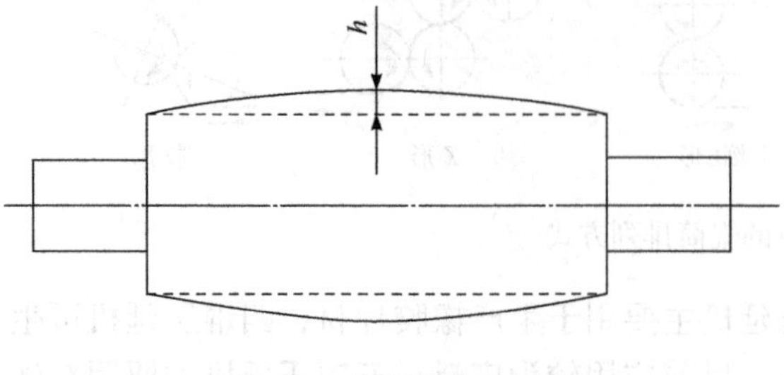

图 7-32　中高度凸缘辊筒

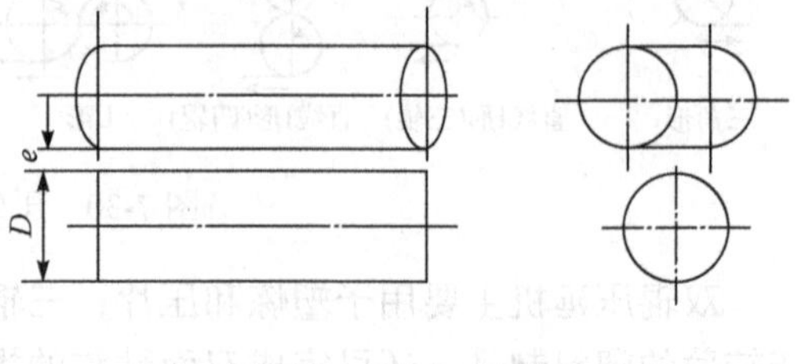

图 7-33　轴交叉辊筒

（2）轴交叉法。将两辊筒的轴交叉一定角度(图 7-33)，从而克服由于弹性弯曲造成的制品横截面中间厚两边薄。轴交叉角度可根据产品种类、规格和工艺条件进行调整。

（3）预应力法。可在轴颈上施加预应力，从而克服或减少分离力的有害作用，提高压延制品厚度的均匀性(图 7-34)。可根据辊筒的变形范围调整预应力大小。

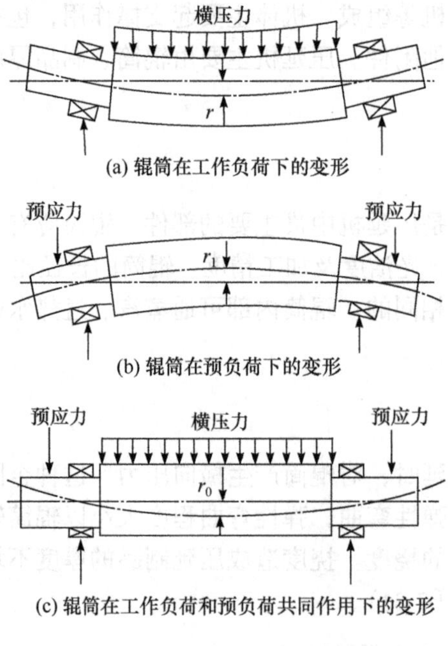

图 7-34　预应力装置原理图

3. 传动装置与辅机

压延机辊筒由直流电机通过齿轮、联轴节带动，辊筒速度和速比可在一定范围内调节。传动装置主要是电动机和减速装置，调速方式是无级调速。

通常压延机还必须和其他辅助设备组合成一条生产线才能进行生产。辅机包括上料装置(如双辊机或挤出机)、金属检测器、主机加热及温度控制装置、冷却装置、引离辊、输送带、(β 射线)测厚仪、卷绕装置、切割装置等。如要求与织物复合(如贴胶)，还要有烘布装置、预热辊、刻花装置、贴合装置等。

7.4.4 压延成型的工艺过程

压延成型的工艺特点是：①制品质量均匀密实，尺寸精确。②成型适应性不是很强。要求塑料必须有较宽的黏流温度范围($T_f \sim T_d$)；制品形状单一，如薄膜、薄片。③制品为断面形状固定的薄层连续型材，尺寸大。④成型不用模具，辊筒为成型面，表面可压花纹。⑤需配备塑化供料装置，可自动化连续生产。⑥设备庞大复杂，辅助设备多，生产能力大。

压延成型可生产 0.05～0.3 mm 厚的薄膜和 0.3～1.0 mm 厚的薄片，其生产工艺过程如下。

1. 薄膜和片材制品的生产

以软质聚氯乙烯薄膜的生产为例说明薄膜和片材制品的压延工艺过程，如图 7-35 所示。原料先经过金属检测器检测，防止夹杂物损坏辊筒表面，再将高分子按一定配方加入高速捏和机或管道式捏和机中，将增塑剂、稳定剂等先经旋涡式混合器混合后，也加入高速捏和机中充分混合。混合好的物料送入螺杆式挤出机或密炼机中预塑化，然后输送至辊筒机内反复塑炼、塑化；由辊筒机出来的塑化完全的料再送入四辊压延机。塑料在压延机的辊筒间受到多次压延和碾平，形成厚薄均匀的薄膜，然后由引离辊承托而离开压延机，再经冷却辊冷却后由卷绕装置卷绕成卷即得制品。必要时在引离辊和冷却辊之间进行刻花处理。

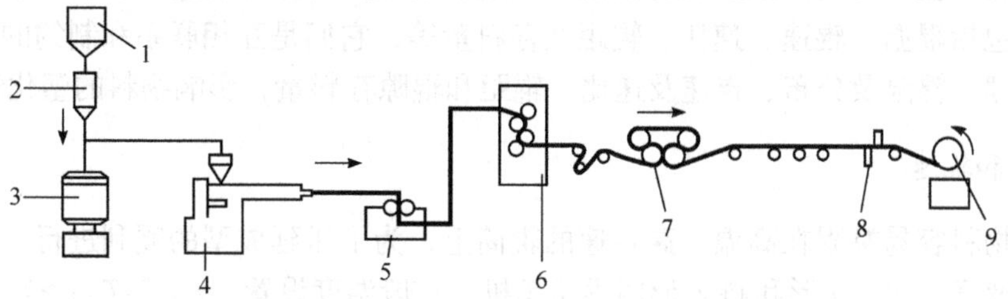

图 7-35　软质聚氯乙烯薄膜生产工艺

1. 树脂料仓；2. 计量斗；3. 高速捏和机；4. 塑化挤出机；5. 辊筒机；6. 四辊压延机；7. 冷却辊群；8. 切边刀；9. 卷绕装置

2. 复合织物的生产

复合织物是以布或纸为增强基材，在其上黏附以黏流态塑料薄层(如聚氯乙烯糊、聚氨酯糊等)而制得的一种复合材料，如人造革等。将聚氯乙烯糊等黏流态塑料的薄层涂于布或纸上的方法称为刮涂法，它不属于压延技术。用辊筒通过辊压方式将熔融态聚氯乙烯等黏流态塑料的薄层复合于布或纸上的方法则称为压延法。

以压延法生产人造革时，布或纸应先预热，同时聚氯乙烯可先经挤压塑化或辊压塑化再喂于压延机的进料辊上，通过辊筒的挤压和加热作用，使聚氯乙烯与布紧密结合，再经刻花、冷却、切边和卷取而得制品。通常压延法生产人造革等复合织物又可分为贴胶法和擦胶法两种(同第 10 章中橡胶纺织物的贴胶和擦胶)。

利用压延机辊筒压力使胶片贴在织物上称为贴胶法。例如，帘布贴胶常用四辊压延机一次双面贴胶[图 7-36(a)]。贴胶时两辊转速 v_2 和 v_3 相等，靠辊筒压力使胶压在织物上[图 7-36(b)]。如果在两个辊筒间多存些积胶，利用其压力将胶料压到织物结构的缝隙间[图 7-36(c)]，则称为压力贴胶法，是上法的改进。实际生产中，纺织物常一面用贴胶法，另一面用压力贴胶法。擦胶法则是利用压延机辊筒的转速不同，把胶料擦入织物线缝和捻纹中，复合织物间黏合较牢固。在三辊压延机中擦胶成型时，中辊转速大于上下辊。贴胶法对织物损伤小，生产速度快，但胶层和织物附着力稍低，多运用于薄的织物和帘布一类经纬线密度稀的织物。擦胶法则适用于帆布类紧密织物。

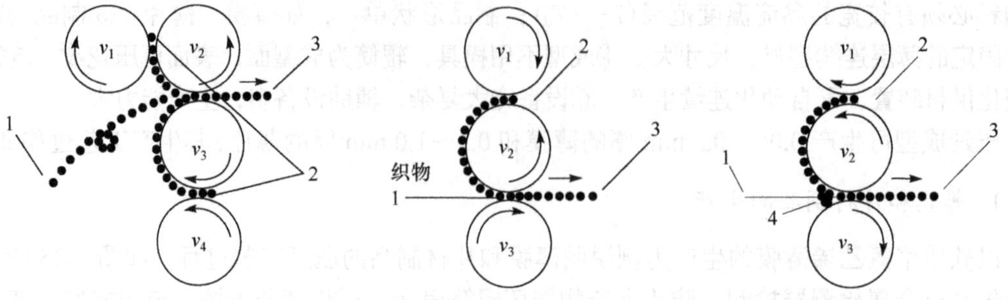

(a) 四辊两面一次贴胶($v_2=v_3>v_1=v_4$)　(b) 无积胶贴胶($v_2=v_3>v_1$)　(c) 有积胶贴胶($v_2=v_3>v_1$)

图 7-36　压延成型贴胶法

1. 纺织物进辊；2. 进料；3. 贴胶后出料；4. 积胶

7.4.5　压延成型工艺的影响因素

压延成型工艺的影响因素主要有辊温、辊速、辊距和辊隙存料量、物料性能等。压延成型操作条件包括辊温、辊速、速比、辊距及存料量等，它们是互相联系和制约的，其中辊温和辊速是关键。辊温及分布、辊速及速比、辊距和辊隙存料量，影响物料的塑化情况。

1. 辊温和辊速

大多数物料容易黏附在高温、高转速的辊筒上，为了压延成型的顺利进行，应控制各辊筒的温度和速度。对于I形和斜Z形四辊压延机，一般温度设置：$T_{辊3} \geqslant T_{辊4} > T_{辊2} > T_{辊1}$，速度设置：$v_{辊3} \geqslant v_{辊4} > v_{辊2} > v_{辊1}$。辊温及各辊的温差取决于塑料产品、辊速及制品厚度三者关系，对于同种塑料，辊速高、制品薄，则辊温低。

2. 辊距和辊隙存料量

为使制品结构紧密、压延顺利，一般辊距越来越小，最后基本等于制品厚度。辊距越小，挤压压力越大，可以赶走物料中的气泡，增大制品密度，有利于塑化传热。

另外，两辊间隙之间应有一定的存料量，以增大压力，促进塑化，提高制品质量。存料量不宜太多，否则会使物料停留时间过长而发生降解。

3. 牵引

压延成型中通过牵引使高分子有适当的定向作用。对于四辊压延机，一般要求辊筒速度$v_{卷取辊} > v_{冷却辊} > v_{拉伸辊} > v_{辊3}$。这样使制品拉伸，有利于引离，同时制品不会因自身重力而下垂，可保证生产的顺利进行。

4. 影响压延制品质量的因素

在压延成型加工中，制品常会发生各种质量问题，既有属于外观的，也有表现在力学性能上的。影响压延制品质量的因素很多，主要影响因素是压延效应，此外还需要考虑制品的表面质量的控制，以及制品厚度与辊筒的弹性变形的关系。

1)影响压延效应的因素

影响压延效应的主要因素如下：

(1)辊温。辊温升高，物料塑性增大，分子活动能力增大，可使压延效应减小。

(2)物料性质。具有各向异性的配合剂(如纤维等)会使制品的压延效应增大。

(3)辊速及速比。辊速及速比增大，则剪切作用增大，压延效应增大。

(4)制品厚度、供料厚度。厚度越大，则辊隙越大，剪切作用越小，压延效应减小。

(5)操作方式。不断改变喂料方向，有利于减少压延效应。

(6)冷却速度。缓慢冷却可使取向高分子有足够时间松弛，则压延效应减小。

2)影响压延制品表面质量的因素

影响压延制品表面质量的主要因素有原材料、压延工艺条件及冷却定型。

(1)原材料。高分子的分子量及分布影响制品的强度；高分子中的灰分和挥发物影响制品的透明度，如不及时排除会产生气泡；当压延外力消除后，高分子特有的黏弹性使其具有高弹形变，影响制品的厚薄；压延过程中加入的各种添加剂会影响制品的光泽度和透明性。

(2)压延工艺条件。辊温及分布、辊速及速比、辊距和辊隙存料量等压延工艺条件影响物料的塑化情况。如果温度不均匀，物料流动性不良，会造成制品不透明及有斑点。

(3)冷却定型。冷却辊的温度和转速影响制品的收缩率和平整度。

3)影响制品厚度的因素

压延制品最突出的质量问题是薄膜横向厚度不均，导致这种现象的主要原因是辊筒的弹性变形和辊筒表面在轴向上存在温差。

(1)辊筒的弹性弯曲与制品厚度的关系。在压延过程中，辊筒对物料施加压力，而物料对辊筒又产生反作用力即分离力，分离力使辊筒发生弯曲变形，造成制品厚度不均匀，薄层制品中间厚而两边薄。辊筒的分离力 F 可以根据下式计算：

$$F = 2\eta vRb\left(\frac{1}{d_0} - \frac{1}{d}\right) \tag{7-7}$$

式中，η 为物料黏度；v 为辊速；R 为辊筒半径；b 为辊筒有效长度；d_0 为辊距；d 为供料厚度(辊隙存料量)。辊筒的分离力与辊筒的弹性弯曲及制品厚度的关系见表 7-2。

表 7-2　辊筒分离力与辊筒的弹性弯曲及制品厚度的关系

影响因素	辊筒分离力 F	辊筒弹性弯曲	制品厚度变化
辊温 T↑	↓	小	小
辊速 v↑	↑	大	大
辊筒半径 R↑	↑	大	大
辊筒有效长度 b↑	↑	大	大
辊距 d_0↓	↑	大	大

(2) 辊筒表面温度变化与制品厚度的关系。由于辊筒两端比中间部分更易散失热量，辊筒两端的温度比中间低，因此辊筒热膨胀不均匀，最终造成薄膜两侧厚度增大。提高薄膜厚度均匀性的方法主要是对辊筒两端进行补偿加热，对辊筒弹性弯曲进行补偿。

7.5 滚塑成型

7.5.1 滚塑成型概述

滚塑又称旋转模塑，是一种制造各种尺寸和形状的中空无缝产品的加工方法，主要应用于热塑性高分子材料。近年来，可交联聚乙烯等热固性材料的滚塑也发展很快，滚塑所能成型的高分子涵盖了聚氯乙烯、聚乙烯、尼龙、聚丙烯、聚碳酸酯、氟塑料等多种材料。

滚塑成型的工艺特点是：生产同体积制品时，滚塑成型设备的投资和模具加工费用比注射成型低；特别适合于多产品、小批量、形状复杂的中空制品；制品壁厚较均匀，厚度易于控制；无边角废料，且制品圆角处较厚，增加了制品的强度；滚塑成型为无压成型，制品几乎无内应力，不会产生变形、开裂等缺陷；通过不同材料的组合，可以生产多层容器等复合制品，满足不同的性能要求；可从塑料单体直接制取塑料制品。

由于滚塑并不需要较高的注射压力、较高的剪切速率或精确的化合物计量器，因此模具和机器都比较低廉，而且使用寿命较长。

7.5.2 滚塑成型的工艺过程

滚塑成型的工艺过程为：加料→加热→冷却→脱模，如图 7-37 所示。

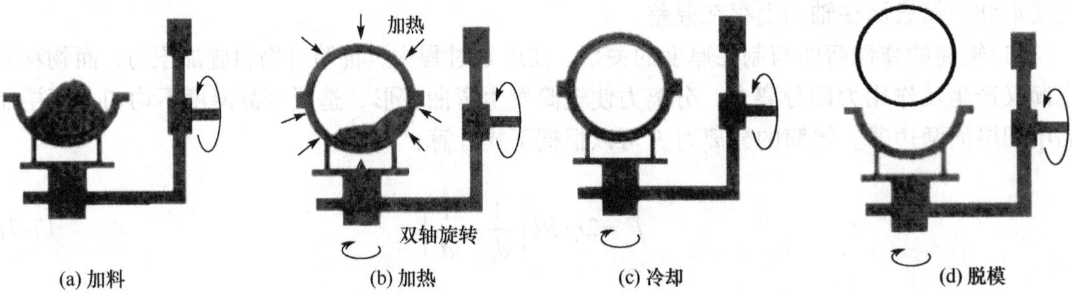

(a) 加料　(b) 加热　(c) 冷却　(d) 脱模

图 7-37　滚塑成型的工艺过程

1. 加料

称取定量的液态或粉状高分子原料加入滚塑成型模具中，然后将两瓣模具紧固在一起(夹紧或螺栓固定)，沿着两垂直旋转轴旋转。

2. 加热

将模具移入至已加热到一定温度的加热室中，使模具在旋转状态下被加热。热量通过模壁传给模具内部翻腾的高分子原料，使其逐渐熔融并均匀地涂布、黏附于模腔的整个内壁，制品成型为与模腔内表面相同的形状。

3. 冷却

当高分子充分熔融后，将模具移入冷却室中。在模具旋转状态下喷水冷却，使模具内部的熔融高分子逐渐固化。冷却过程中先通空气冷却，再喷水冷却，降低冷却速度。冷却速度对无定形高分子影响较小，但对结晶高分子影响较大，急冷不仅会降低模具的使用寿命，而且易使制品产生内应力，降低制品的抗冲击性和环境应力开裂性。

4. 脱模

将已冷却的模具移到脱模位置，停止旋转，打开模具即可取出制品，得到所需形状的滚塑成型制品。

7.5.3　滚塑成型工艺的影响因素

滚塑成型工艺的影响因素主要包括原料特性、高分子熔体的流动速率、加料量、加热温度和加热时间、冷却时间及模具旋转速度。

1. 原料特性

原料特性包括粉末的粒径、粒度分布状况、松密度和干流性。粒径通常用“目数”表示。滚塑成型中，颗粒越细越好，这样最大限度地增加了粒子之间的接触面，提高了颗粒的吸热效率。粒子越细，制品断面气孔含量越少，制品抗冲击性能越高。

2. 高分子熔体的流动速率

高分子熔体流动速率高的制品表面光滑，断面气孔较稀，但抗冲击性能较差。这是由于高分子熔体流动速率高时，平均分子量低，流动性好，成型性好，而抗冲击强度下降。一般，熔体流动速率控制在 4 g/10 min 左右。

3. 加料量

滚塑成型的最大特点是制品壁厚可随加料量的多少而改变。随着加料量的增加，制品壁厚随之增加，制品的刚性提高，熔融时间延长，而且制品成本提高。因此，应在保证制品性能的前提下，适当减少加料量，以降低制品成本。

4. 加热温度和加热时间

加热温度越高，熔融越充分，制品断面气孔含量越少，抗冲击性能越高，而且加热时间缩短。但是，加热温度过高易使物料降解，制品表面发黄，而且旋转轴承的使用寿命缩短。因此，应根据物料性能确定加热温度和加热时间。

5. 冷却时间

冷却过程中应避免急冷，以防止制品产生内应力，降低制品的抗冲击性能。冷却时间过短，熔融物料未完全固化，会造成脱模困难，难以获得合格制品；冷却时间过长，熔融物料冷却充分，脱模容易，但延长了生产周期，劳动生产率下降。

6. 模具旋转速度

模具旋转速度决定制品壁厚的均匀性，通过调整主、副轴旋转速度比，使高分子树脂在熔融期间与所有模面接触，可以达到制品壁厚均匀。模具旋转速度根据制品的形状而定，模具旋转速度过高会产生较强的离心力，使制品壁厚产生较大的变化。

7.6 其他成型方法

塑料一次成型加工方法中，除了以上挤出成型、注射成型、模压成型、压延成型、滚塑成型之外，还有铸塑成型、模压烧结成型、传递模塑成型、发泡成型等。

7.6.1 铸塑成型

塑料的铸塑成型类似于金属的浇铸，包括静态铸塑、嵌铸、离心铸塑和流延成膜等。聚甲基丙烯酸甲酯、聚苯乙烯、碱催化聚己内酰胺、有机硅树脂、酚醛树脂、环氧树脂、不饱和聚酯、聚氨酯等常用静态铸塑法生产各种型材和制品。

铸塑成型的优点是所用设备较简单，成型时一般不需加压，故不需加压设备，对模具强度的要求也低。铸塑成型对制品的尺寸限制较少，宜生产小批量的大型制品。制品的内应力较低，质量良好，近年来在产量方面有较大的增长，其工艺过程及设备也有不少新的发展。缺点是成型周期较长、制品的尺寸准确性较差等。

1. 静态铸塑

静态铸塑又称浇铸，是最简单而应用广泛的一种成型方法，是指在常压下将物料灌入模腔，经固化成为制品。能用于静态铸塑的原料很多，可使用液状单体、部分聚合或缩聚的浆状物，以及高分子与单体的溶液，将其与催化剂(有时为引发剂)、促进剂或固化剂一起倒在模腔中，使之完成聚合或缩聚反应，从而得到与模具型腔相似的制品。

静态铸塑工艺过程可分为 4 个步骤：原料的配制和处理，浇铸入模，硬化或固化，制品后处理。

2. 嵌铸

嵌铸又称封入成型，是将各种样品(零件)等内嵌物包封到塑料中间的一种成型技术，即在浇铸的模型内放入预先经过处理的样品，然后将准备好的浇铸原料倾入模中，在一定的条件下固化后，样品便包嵌在塑料中。嵌铸工艺可用于透明性好的丙烯酸酯类塑料及有机硅、不饱和聚酯、环氧树脂等。

3. 离心浇铸

离心浇铸是将原料浇铸入高速旋转的模具或容器中，在离心力的作用下使其充满回转体形的模具或容器，再使其固化定型而得到制品。离心浇铸与静态铸塑的区别在于其模具要求转动，而静态铸塑的模具不转动。离心浇铸与静态铸塑相较，其优点是易于生产薄壁或厚壁的大型制品，且制品的精度高，因而机械加工量少，缺点是设备较复杂(图 7-38)。

离心浇铸制品多为圆柱形或近似圆柱形，如轴套、齿轮、滑轮、轮子、垫圈等，所采用的原料通常都是熔融黏度较小、熔体热稳定性较好的热塑性塑料，如聚酰胺、聚乙烯等。

离心浇铸工艺的影响因素主要有前驱体溶液的黏度、加料量、聚合成型温度、模具的旋转速度等。

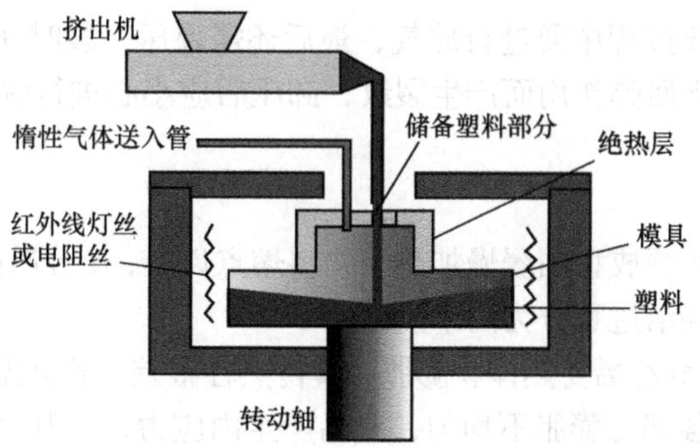

图 7-38　立式离心浇铸设备示意图

4. 流延成膜

将热塑性塑料与溶剂等配成一定黏度的胶液，然后以一定速度流布在连续回转的基材(一般为无接缝的不锈钢带)上，通过加热排除溶剂而成膜的成型方法称为流延成膜。从钢带上剥离下来的膜称为流延薄膜。薄膜的宽度取决于钢带的宽度，其长度可以是连续的，而其厚度则取决于胶液的浓度和钢带的运动速度等。

流延成膜的特点是制品厚度小(可达 5～10 μm)且厚薄均匀、不易带入机械杂质、透明度高、内应力小，较挤出吹塑更多地用于光学性能要求高的场合。其缺点是生产速度慢，需耗用大量溶剂，且设备昂贵、成本较高等。

7.6.2　模压烧结成型

模压烧结主要用于聚四氟乙烯和超高分子量聚乙烯等树脂的成型。聚四氟乙烯分子中，碳氟键的存在增加了链的刚性，所以晶区熔点很高(327℃)，加上分子量很大、分子链的紧密堆积等，使得聚四氟乙烯的熔融黏度很大，甚至加热至分解温度(415℃)时仍不能变为黏流态。因此，不能用一般热塑性塑料的成型加工方法来加工聚四氟乙烯，而通常采用类似于粉末冶金的方法——模压烧结法。

以聚四氟乙烯为例说明模压烧结法基本步骤。将粉末状的聚四氟乙烯冷模压成密实的各种形状的预成型品(锭料)，然后将预成型品加热到其结晶熔点 327℃以上的温度，使聚四氟乙烯树脂颗粒互相熔融，形成密实的连续整体，最后冷至室温即得产品。模压烧结工艺大致可分为 4 个步骤。

1. 高分子原料的选择

聚四氟乙烯原料通常选用自由基悬浮聚合法生产的，若颗粒太大，会使加料不均而使制品密度发生差异甚至引起开裂。加工薄壁制品时，可采用自由基乳液聚合生产的聚四氟乙烯。

2. 捣碎过筛

结块或成团的高分子粉料需在搅拌下捣碎成松散的粉末，然后过筛使之呈疏松状。

3. 加料预成型

称取规定量的高分子，均匀加入模槽中，然后闭模加压(严防突然加压)。为了避免制品产生夹层和气泡，在升压过程中要进行放气，最后还需保压一段时间。保压完后缓慢卸压，以防压力解除后锭料由于回弹作用而产生裂纹，卸压后应小心进行脱模。

4. 烧结

烧结是将强度很低的预成型品缓慢加热至物料熔点以上，使分散的颗粒状物料互相扩散，并熔融成密实的整体。烧结过程分为两个阶段。

(1)升温阶段。聚四氟乙烯受热体积膨胀，其传热性很差，若升温太快会使预成型品的内外温差过大，造成物料各部分膨胀不均匀，制品产生内应力，尤其对大型制品的影响更大，甚至会使制品出现裂纹。另外，升温过快时，外层温度已达要求而内层温度仍很低，在这种状况下冷却会造成“内生外熟”的现象。因此，升温速度必须较慢。

(2)保温阶段。因为晶区的熔解与高分子的扩散需要一定的时间，所以必须将制品在烧结温度下保持一段时间，保持时间的长短与烧结温度的高低、高分子的热稳定性和制品的类型等相关。一般烧结温度控制在高分子的 T_m 以上、T_d 以下。在高分子不发生分解的范围内，烧结温度越高，制品的收缩率越大，结晶度也越大。在烧结温度附近延长保温时间，与提高温度的效果相同。

5. 冷却

烧结好的制品随即冷却，冷却过程是使聚四氟乙烯从无定形相转变为结晶相的过程。冷却的快慢决定了制品的结晶度，也直接影响制品的力学性能。如果快速冷却，则制品结晶度小；如果缓慢冷却，则制品结晶度大，拉伸强度较大，表面硬度高，耐磨，断裂伸长率小，但收缩率较大。冷却速度与制品尺寸相关，对于大型制品，若快速冷却，则内外冷却不均，会造成不均匀的收缩和裂缝等，因此大型制品一般不采用快速冷却。

6. 成品检验和后加工

冷却好的制品需经质量检验和后加工。一般是将聚四氟乙烯片材置于车床上，采用特制车刀车削而成聚四氟乙烯薄膜。

7.6.3 传递模塑成型

传递模塑成型又称传递成型、注压成型或压铸成型，是以模压成型为基础，吸收了热塑性塑料注射成型的经验发展起来的一种热固性塑料的成型方法。它弥补了模压成型难以制造外形复杂、薄壁或壁厚变化很大、带有精细嵌件的制品和制品尺寸精度不高、生产周期长等缺陷。

1. 传递模塑成型的工艺过程

传递模塑成型是将热固性塑料置于加料室内，使其加热熔融后，借助于压力使塑料熔体通过铸口进入模腔成型的一种方法。成型时，将预热或未预热的塑料加入加料室中加热熔融，在熔融的同时施压于熔融物，使其经过一个或多个铸口，进入一个或多个模腔中，边流动、边固化，模具也有一定温度，塑料固化一定时间后即可脱模，制得与模具形状一致的制品。

传递模塑的工艺流程见图 7-39。

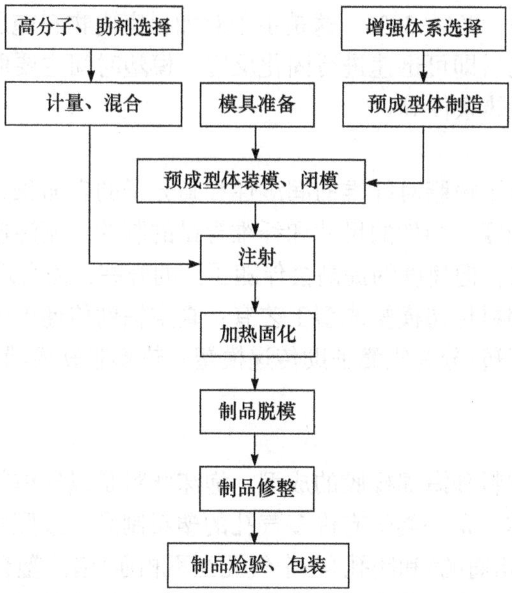

图 7-39　传递模塑的工艺流程

2. 传递模塑成型工艺的影响因素

传递模塑成型工艺的影响因素与模压成型一样，也是成型压力、模塑温度、模塑时间和压注速度，但是由于传递模塑的成型操作过程与模压成型不同，所以工艺参数的选择有所差异。

1) 成型压力

成型压力是指施加在加料室内物料上的压力。高压力需要高强度、高刚度的模具和大的合模力，所以一般希望在较低压力下完成高分子的压注。采用如降低高分子黏度、改进模具注胶口和排气口设计、改进纤维排布设计、降低注胶速度等措施，都可以降低压力。

传递模塑成型工艺中，由于高分子熔体通过浇注系统时要克服浇口和流道的阻力，因此传递模塑的成型压力通常是模压成型压力的 1.5～3.5 倍。模塑料的流动性越差、固化速率越快，所需成型压力越高，以保证熔融料能够在较短的时间内充满模腔。

2) 模塑温度

模塑温度是指传递模塑成型时模具的温度，取决于高分子体系的活性期和达到最小黏度的温度。在不致过多缩短高分子凝胶时间的前提下，为了在最小压力下使纤维获得充足的浸润，模塑温度应尽量接近高分子最小黏度的温度。温度过高会缩短高分子的固化期，过低的温度会使高分子黏度过大，而使模塑压力升高，也阻碍了高分子树脂渗入纤维。较高的温度能使高分子表面张力降低，使纤维中的空气受热上升，因而有利于气泡的排出。模塑温度一般比模压成型时的温度低 10～20℃。另外，加料室的温度应比模腔更低些，以避免物料因温度过高而产生早期固化，造成熔融料的流动性下降。模塑温度还受注料速度的影响，压注速度越快，熔融料通过浇口和流道的速度越快，所受到的剪切摩擦越强，升温越高，相应模塑温度应略低一些。

3) 模塑时间

模塑时间是指对加料室内物料开始施压至固化完成后开启模具的时间。通常传递模塑成型时间比模压成型时间短 20%～30%。这是由于对加料室内物料施压时温度已升高到固化的临界温度，物料进入模腔后即可迅速进行固化反应。模塑时间主要取决于物料的种类、制品的大小和形状、壁厚、预热条件等。

4) 压注速度

压注速度取决于高分子树脂对纤维的润湿性和高分子的表面张力及黏度，受高分子的活性期、压注设备、模具刚度、制件的尺寸和纤维含量的制约。压注速度快，可以提高生产效率，也有利于气泡的排出，但速度的提高会伴随压力的升高，需合理控制。

目前，一些新型的塑料传递模塑成型工艺有：真空辅助传递模塑、复合材料树脂渗透传递模塑、柔性辅助传递模塑(分为气囊辅助传递模塑、热膨胀软模辅助传递模塑)等。

7.6.4 发泡成型

发泡成型用于泡沫塑料和海绵橡胶的成型。泡沫塑料是以气体物质为分散相、以固体高分子为分散介质的分散体，是一类带有许多气孔的塑料制品。按照气孔的结构不同，泡沫塑料可分为开孔(孔与孔是相通的)和闭孔(各个气孔互不相通)泡沫塑料。

发泡原理是利用机械、物理或化学的作用，使产生的气体分散在高分子中形成空隙，此时高分子受热熔化或链段逐步增长而使高分子达到适当黏度，或高分子交联到适当程度使气体不能溢出，形成体积膨胀的多孔结构，同时高分子适时固化，使多孔结构稳定下来。发泡剂可分为物理发泡剂与化学发泡剂两类。对物理发泡剂的要求是无毒、无臭、无腐蚀作用、不燃烧、热稳定性好、气态下不发生化学反应、气态时在塑料熔体中的扩散速度低于在空气中的扩散速度。常用的物理发泡剂有空气、氮气、二氧化碳、碳氢化合物、氟利昂等。化学发泡剂是受热能释放出气体如氮气、二氧化碳等的物质，对化学发泡剂的要求是：释放出的气体应为无毒、无腐蚀性、不燃烧、对制品的成型及物理和化学性能无影响，释放气体的速度应能控制，发泡剂在塑料中应具有良好的分散性。应用比较广泛的无机发泡剂有碳酸氢钠和碳酸铵，有机发泡剂有偶氮甲酰胺和偶氮二异丁腈。

发泡成型的方法可以分为机械法、物理法和化学法三种。

1. 机械法

用强烈搅拌将空气卷入高分子液中，先使其成为均匀的泡沫物，而后通过物理或化学变化使其稳定。机械法发泡成型在工业上应用较少，只在开孔型硬质脲甲醛泡沫塑料的生产中得到应用。这类泡沫塑料性脆、强度低，但价廉，通常用在消音隔热等非受力用途方面。

2. 物理法

物理发泡法是利用物理的方法使高分子材料发泡，常用的方法如下。

(1) 在加压的情况下先将惰性气体溶于熔融状高分子或其糊状的复合物中，而后减压使被溶解的气体释出而发泡。

(2) 先将挥发性的液体均匀地混合于高分子材料中，而后加热使其在高分子材料中气化而发泡。

(3) 先将颗粒细小的物质(食盐或淀粉等)混入高分子材料中，而后用溶剂或伴以化学方法使其溶出而成泡沫。

(4)先将微型空心玻璃球等埋入熔融的高分子或液态的热固性高分子材料中，而后使其冷却或交联而成为多孔的固体物。

(5)将疏松、粉状的热塑性塑料烧结在一起。

物理法优点是毒性较小，所用发泡剂成本较低，且不残存在泡沫制品中，也不影响其性能。缺点是某些过程所用的设备较复杂，需要专用的注塑机及辅助设备，技术难度较大。

3. 化学法

化学发泡法是利用化学方法产生气体来使高分子材料发泡。按照发泡原理不同，工业上常用的化学发泡法有以下两种。

(1)对加入高分子材料中的化学发泡剂进行加热使之分解释放出气体而发泡。

这种化学发泡方法所用设备简单，而且对高分子产品无太多限制，因此是最主要的一种化学发泡方法。所用发泡剂分有机发泡剂(偶氮二异丁腈、偶氮二异酰胺等)和无机发泡剂(碳酸铵、碳酸氢钠等)两类。此法多用于聚氯乙烯泡沫塑料生产，不仅在产品上有软硬之分，而且在工艺上有很多变化。

(2)利用高分子材料各组分之间相互发生化学反应释放出的气体而发泡。

这种化学发泡方法多用于聚氨酯泡沫材料的生产。它是通过聚酯(或聚醚)等与二异氰酸酯(或多异氰酸酯)在催化剂的作用下发生化学反应分解出二氧化碳而发泡。过程自始至终都有化学反应，按完成化学反应的步骤不同又可分为一步法和二步法。

(i)一步法。将高分子的单体、泡沫控制剂、交联剂、催化剂及乳化剂等组分一次混合，高分子的生成、交联及发泡同时进行，一步完成。由于较难控制反应，工业上一般很少采用此法。

(ii)二步法。先将低黏度的聚酯与二异氰酸酯混合，反应生成含有大量过剩异氰酸基团的预聚体，然后加入催化剂、水、表面活性剂等组分，进一步混合发泡；或是将一半聚酯与二异氰酸酯混合，另一半聚酯与催化剂等溶液混合，发泡前再将两部分混合即可发泡成型。由于反应控制容易，原料使用方便，泡沫塑料的气孔均匀，故工业上常用此法。这种发泡成型方法包含下列三个反应：聚酯与二异氰酸酯之间的链增长反应，二异氰酸酯与水反应生成二氧化碳(气体起发泡剂作用)，高分子链进一步与二异氰酸酯的交联反应。其中二异氰酸酯与水生成二氧化碳的反应决定着泡沫的密度与构造；高分子链的交联反应则决定着泡沫体的硬度，交联度越大则硬度越高。采用蓖麻油(既有交联点，又含有多元羟基)为原料，与异氰酸酯反应所得预聚物再进一步发泡和交联可制成半硬质聚氨酯泡沫塑料。采用多元异氰酸酯或多端基支链型聚酯为原料，可制得硬质聚氨酯泡沫塑料。

习题与思考题

1. 简述单螺杆挤出机的基本结构和作用。
2. 螺杆的基本参数有哪些？其对产品质量和产率的影响如何？
3. 螺杆加料段、压缩段、均化段的作用是什么？螺杆长度与塑料特性之间有什么关系？
4. 简述挤出机挤出成型原理。
5. 注射成型设备的基本结构是什么？各起什么作用？
6. 比较注射成型与挤出成型的主要设备、成型过程和制品。

7. 螺杆式与柱塞式注塑机相比较有什么优点？分流梭的作用是什么？

8. 简述注射成型周期各阶段的作用及其对成型过程和制品性能的影响。

9. 简述注射成型中料筒和模温的确立原则。

10. 注塑制品为什么要进行后处理？后处理方法有哪些？

11. 压制成型中预热和预压的作用是什么？

12. 压制成型的控制因素有哪些？

13. 影响压延制品质量的因素有哪些？

14. 论述辊筒的弹性弯曲与制品厚度的关系。

15. 为什么压延制品会存在制品横截面不均匀的现象？有哪几种控制制品均匀性的方法？

第 8 章　塑料的二次成型

二次成型是指在一定条件下，将高分子材料一次成型所得的型材通过再次成型加工，以获得制品的最终型样。二次成型与一次成型中高分子材料的物理状态不同：一次成型通过材料的流动或塑性形变而成型，伴有高分子的状态和相态转变；二次成型通过材料的黏弹形变而成型，成型温度低于高分子的熔融温度或黏流温度。因此，二次成型仅适用于热塑性塑料。二次成型包括中空吹塑成型、热成型、拉幅薄膜成型等。另外，冷成型既不属于一次成型也不属于二次成型，作为其他成型法附在本章末介绍。

高分子材料在不同温度下分别表现为玻璃态、高弹态和黏流态，温度对无定形和部分结晶线型高分子物理状态转变的关系如图 8-1 所示。可以看出，无定形高分子在玻璃化转变温度 T_g 以上呈类橡胶态，显示橡胶的高弹性，在更高的温度 T_f 以上呈黏性液体状；部分结晶的聚合物在 T_g 以上呈韧性结晶态，在熔点 T_m 附近转变为具有高弹性的类橡胶态，比 T_m 更高的温度才呈黏性液体状。高分子在类橡胶态时的模量比 T_g 以下时要低，形变值大，但仍具有抵抗形变和恢复形变的能力，只是在较大的外力作用下才能产生不可逆的形变。塑料的二次成型加工就是在材料处于类橡胶态条件下进行的，聚合物在 T_g～T_f(或 T_m)，既表现液体的性质又显示固体的性质。因此，在二次成型过程中塑料表现出黏性和弹性。

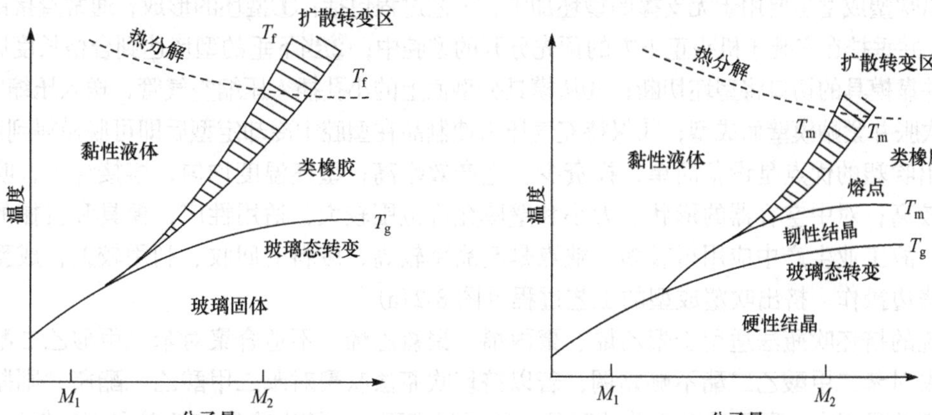

(a) 无定形高分子(非晶)　　(b) 部分结晶高分子

图 8-1　温度与高分子物理状态的转变关系

二次成型工艺条件主要是成型温度和模具温度。对于 T_g 比室温高得多的无定形或难以结晶的高分子(如聚氯乙烯、聚甲基丙烯酸甲酯和聚苯乙烯等)的二次成型，通常将该类高分子在 T_g 以上的温度加热，使之产生形变并成型为一定形状，形变完成后将其置于接近室温下冷却，使形变冻结并固定其形状。对于结晶高分子的二次成型，则是将其在接近熔点 T_m 的温度下加热使之产生形变，此时黏度很大，成型可按前述方式一样进行，但其后冷却定型的本质与无定形高分子不同。结晶高分子在冷却定型过程中产生结晶，分子链本身因成为结晶结构的一部分或与结晶区域相联系而被固定，不会再产生基于热弹性的卷曲回复，从而达到定型的目的。

8.1 中空吹塑成型

8.1.1 中空吹塑成型概述

中空吹塑成型又称吹塑模塑，是借助气体压力使闭合在模具型腔中的处于类橡胶态的型坯吹胀成为中空制品的二次成型技术。这种方法可生产口径不大的各种瓶、壶、桶和儿童玩具等。最常用的塑料是聚乙烯、聚氯乙烯、聚丙烯、聚苯乙烯等，也有用聚酰胺、聚对苯二甲酸乙二醇酯、纤维素塑料和聚碳酸酯等。

中空吹塑成型是除挤出成型、注塑成型外第三种最常用的塑料加工方法，吹塑用的模具只有阴模(凹模)，与注塑成型相比，设备造价较低，适应性较强，可成型性能好、具有复杂起伏曲线的制品。

8.1.2 中空吹塑成型的工艺过程

中空吹塑成型过程是将挤出或注射成型制得的塑料型坯(管坯)趁热于半熔融的类橡胶态时置于各种形状的模具中，并即时在型坯中通入压缩空气将其吹胀，使其紧贴于模腔壁上成型，经冷却脱模后即得中空制品。塑料中空制品的成型方法包括挤出吹塑、注射吹塑和双向拉伸吹塑三种，三种方法制造型坯的方式不同，但吹塑过程基本相同。

1. 挤出吹塑成型

挤出吹塑成型主要用于无支撑的型坯加工，工艺过程包括：①型坯的形成，通常直接由挤出机挤出，并垂挂在安装于机头正下方的预先分开的型腔中；②当下垂的型坯达到合格长度后立即合模，并靠模具的切口将型坯切断；③从模具分型面上的小孔插入压缩空气管，送入压缩空气，使型坯吹胀并紧贴模壁而成型；④保持充气压力使制品在型腔中冷却定型后即可脱模得到制品。

挤出吹塑的优点是设备简单，投资少，生产效率高；型坯温度均匀，熔接缝少，吹塑制品强度较高；对中空容器的形状、大小和壁厚允许范围较大，适用性广，模具和机械的选择范围宽，故工业生产中应用得较多。缺点是废品率较高，废料的回收、利用较差，成型后必须进行修边操作。挤出吹塑成型的工艺过程见图 8-2(a)。

传统的挤坯吹瓶法适用于聚乙烯、聚丙烯、聚氯乙烯，不适合聚对苯二甲酸乙二酯，因为熔融聚对苯二甲酸乙二酯不够黏稠，若以挤坯吹瓶法吹聚对苯二甲酸乙二酯瓶，则瓶子轴向的厚度差异很大，而且没有显著的延伸，瓶子强度不大。挤出吹塑包括单层直接挤坯吹塑、多层共挤出吹塑和挤坯拉伸吹塑等。

(1)单层直接挤坯吹塑。吹塑成型的型坯仅由一种物料经过挤出机前的机头挤出，然后吹塑制得单层中空制品。

(2)多层共挤出吹塑。采用多台挤出机供料，在同一机头内复合、挤出，然后吹塑多层中空制品。多层吹塑成型工艺常用于加工防渗透性容器，其改进工艺是增设阀门系统，在连续挤出过程中可更换塑料原料，因而可交替生产出硬质和软质制品。例如，六层共挤出吹塑可生产汽车塑料油箱。

(3)挤坯拉伸吹塑(挤出—蓄料—压坯—吹塑)。挤出机头有储料缸，待熔体达到预定量后，加压柱塞使其经环隙口模呈管状物压出，然后合模吹塑中空制品。主要用于生产大型中空吹塑制品，能够对挤出型坯的壁厚进行程序控制。

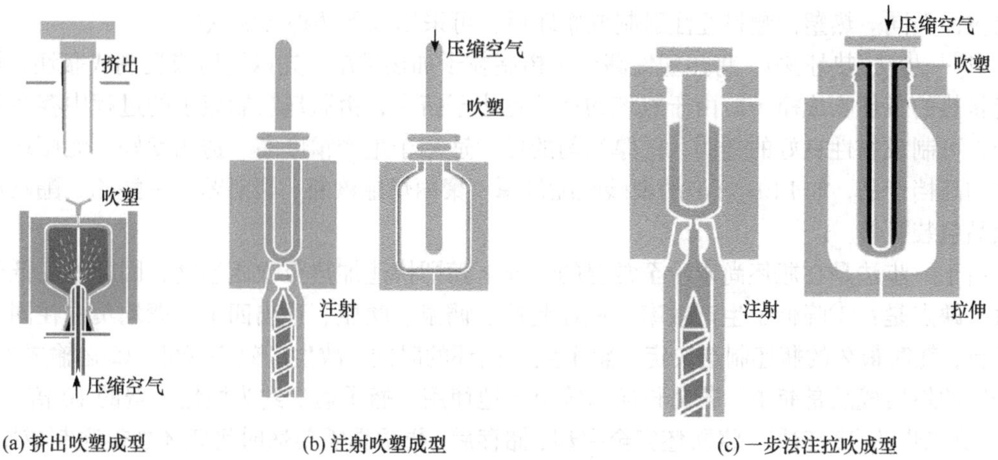

图 8-2　中空吹塑成型的工艺过程

2. 注射吹塑成型

注射吹塑成型主要用于由金属型芯支撑的型坯加工，先用注射成型制成有底型坯，然后将型坯移至吹塑模具中成型中空制品。型坯的形成是通过注射成型的方法将型坯模塑在一根金属管上，管的一端通入压缩空气，另一端的管壁上开有微孔，型坯模塑和包覆在这一端上。注射模塑的型坯通常在冷却后取出，吹塑前重新加热至材料的 T_g 以上，迅速移入模具中，并吹入压缩空气，型坯即胀大脱离金属管贴于模壁上成型和冷却。注射吹塑成型的工艺原理示于图 8-2(b)中。

注射吹塑的优点是加工过程中没有废料产生，制品飞边少或完全没有，且口部不需修整；制品的尺寸和壁厚精度较高，加工过程可省去切断操作；细颈产品成型精度高，产品表面光洁，能经济地进行小批量生产。缺点是型坯需重新加热，增大了热能消耗；成型设备成本高，仅适合于小的吹塑制品，生产上受一定限制。

无拉伸的注坯吹塑主要用于生产小型精制容器和广口容器，其优点是：对塑料产品的适应性好；制品无接缝，废边废料少；制品壁厚均匀，无需后加工。缺点是：需要注塑和吹塑两套模具，设备投资大；型坯温度高，吹胀物冷却慢，成型周期长；型坯内应力大，容器的形状和尺寸受到限制。

3. 双向拉伸吹塑

双向拉伸吹塑包括挤出—拉伸—吹塑、注射—拉伸—吹塑，是在高分子的高弹态下通过机械方法轴向拉伸型坯，用压缩空气径向吹胀或拉伸型坯以成型中空容器的方法，即在型坯吹塑前于 T_g～T_m(或 T_f)用机械方法使型坯先做轴向拉伸，继而在吹塑中使型坯径向尺寸增大，又得到横向拉伸。这种经过双向拉伸的制品具有双轴取向结构，各种力学性能如制品的弹性模量、屈服强度、透明性等都得到改善。

双向拉伸中空成型与前两种中空成型技术比较，对型坯的冷却、型坯的尺寸精度、型坯加热温度的控制、中空容器底部的熔合，以及底部和口部的修整等技术要求较高。因此，虽可用挤出成型生产型坯，但还是以注射成型生产型坯为主，因为注射成型有利于控制型坯的尺寸和壁厚，并通过重新加热能精确控制型坯的拉伸温度。双向拉伸吹塑工艺中的一步法注拉吹成型工艺过程如图 8-2(c)所示，型坯的拉伸可分逐步拉伸和同时拉伸两种，与拉幅薄膜双向拉伸类同。热塑性塑料经注射制成瓶坯后，可采用以下两种方法吹瓶。

(1)一步法(热坯法)。将热塑性高分子树脂粒子加热熔融，先以注射成型制成瓶坯，随即快速将热的瓶坯吹成瓶子。由于瓶坯的尺寸远小于瓶子，由瓶坯吹制瓶子的过程中存在双向延伸，可制成物性良好的透明、壁厚均匀的瓶。适用于生产精度高、透明度好、无瓶坯中转污染的高档产品，如 LED 灯泡的聚碳酸酯灯罩、聚丙烯输液瓶、聚对苯二甲酸乙二酯药瓶和化妆品包装瓶等。

由于一步法是在瓶坯尚未冷至常温的情况下随即快速加热至吹瓶温度，因此能耗低于二步法。缺点是：①降低了生产效率，瓶坯制造、调温、吹瓶、顶出四个步骤均集中在同一机台进行，耗时最久的瓶坯制造决定了整个生产循环的时间，故生产效率降低，②运输成本高，一步法的最后成品是瓶子，若需长途运输至异地使用，瓶子运费约为瓶坯运费的 10 倍。

(2)二步法(冷坯法)。将瓶坯完全冷却、储存后，再根据需要适时将瓶坯加热吹制成瓶子。二步法的优点是：①生产效率高，瓶坯与瓶子的生产是分开的，采用多腔注塑模具增加了一次成型的瓶坯数量；②运输成本低，瓶坯的体积远小于瓶子，便于长途运输至异地进行吹瓶和使用。缺点是：瓶坯需再加热至吹瓶温度，故能耗高于一步法。

此外，还有压制吹塑、蘸涂吹塑、发泡吹塑、三维吹塑等。目前吹塑制品的 75%采用挤出吹塑成型，24%采用注射吹塑成型，1%采用其他吹塑成型。在所有的吹塑产品中，75%属于双向拉伸产品。

8.1.3　中空吹塑成型工艺的影响因素

中空吹塑成型工艺的影响因素主要是型坯温度、吹气压力和充气速度、吹胀比、模温及冷却时间等。

1. 型坯温度

生产型坯的关键是控制型坯温度，使型坯在吹塑成型时的黏度能保证型坯在吹胀前的移动，并在模具移动和闭模过程中保持一定形状，否则型坯将变形、拉长或破裂。高分子材料的黏度计算公式如下：

$$\eta = 622\, L^2\rho/v \tag{8-1}$$

式中，L 为型坯长度；ρ 为高分子熔体密度；v 为挤出速度。在挤出吹塑过程中，L、ρ、v 一定时，可算出所需黏度 η，通过调节型坯的挤出温度，使材料的实际黏度大于计算黏度，型坯就具有良好的形状稳定性。成型温度与加工性能和制品性能的关系见图 8-3 和图 8-4。

各种高分子材料对温度的敏感性不同，对于黏度对温度特别敏感的高分子材料要非常小心地控制温度。如图 8-3 所示，聚丙烯比聚乙烯对温度更敏感，故聚丙烯比聚乙烯加工性差，所以聚乙烯比聚丙烯更适宜采用吹塑成型。

确定型坯温度时除了考虑型坯的稳定性之外，还需要考虑高分子材料的离模膨胀效应。型坯温度降低时，高分子挤出口模时的离模膨胀效应会变得严重，以致型坯挤出后会出现长度的明显收缩和壁厚的显著增大现象；型坯的表面质量降低，出现明显的鲨鱼皮、流痕等；型坯的不均匀度也随温度降低而增加(图 8-4)；制品的强度低，容易破裂，表面粗糙无光。因此，适当提高型坯温度是必要的。型坯温度一般控制在材料的 $T_g \sim T_f(T_m)$ 之间，并且偏向于 $T_f(T_m)$ 一侧。

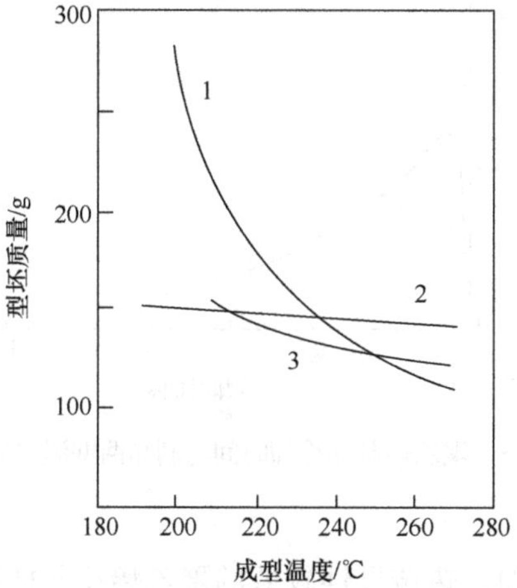

图 8-3　成型温度与型坯质量的关系

1.聚丙烯共聚物；2.高密度聚乙烯；3.聚丙烯

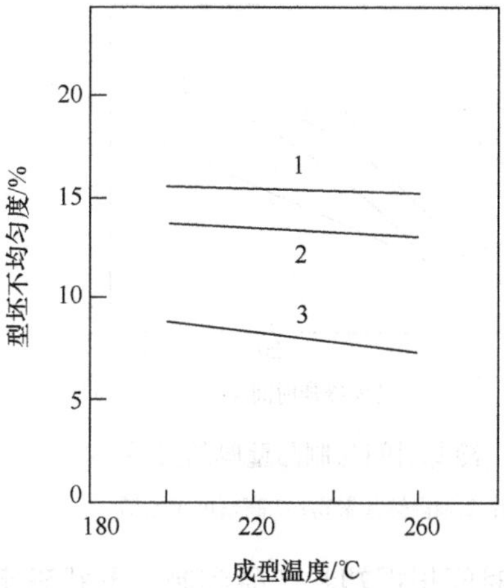

图 8-4　成型温度与型坯不均匀度的关系

1.聚丙烯共聚物；2.高密度聚乙烯；3.聚丙烯

2. 吹气压力和充气速度

中空吹塑成型主要是利用压缩空气的压力使半熔融状型坯胀大而对型坯施加压力，使其紧贴模腔壁，形成所需形状，压缩空气还起冷却成型的作用。由于材料的种类和型坯温度不同，加工温度下型坯的模量值有差别，因此用来使材料形变的吹气压力也不一样。一般吹气压力为 0.2～0.7 MPa。吹气压力与塑料产品以及制品大小、厚薄、形状有关，也和充气速度等有关。一般黏度低、易变形的塑料和厚壁、小容积制品易采用较低吹气压力，而黏度大、模量高的塑料和薄壁、大容积制品易采用较高吹气压力。

充气速度尽可能大一些好，这样可使吹胀时间缩短，有利于制品取得较均匀的厚度和较好的表面。但充气速度不能过大，否则会在空气进口处出现真空，造成这部分型坯内陷，口模部分的型坯可能被极快的气流拖断，致使吹塑失效。

3. 吹胀比

吹胀比是指制品尺寸和型坯尺寸之比，即型坯吹胀的倍数。型坯尺寸和质量一定时，制品尺寸越大，型坯的吹胀比越大。虽然增大吹胀比可节约材料，但制品壁厚变薄，成型困难，制品的强度和刚度降低。吹胀比过小时，塑料消耗增加，制品有效容积减小，制品壁较厚，冷却时间延长，成本增高。一般吹胀比控制为 2～4，吹胀比的大小应根据高分子材料的种类和性质、制品的形状和尺寸及型坯的尺寸等决定。

4. 模温及冷却时间

中空吹塑成型应适当提高模温，否则模温过低，型坯表面粗糙，制品切口部分的强度不足，表面易有条纹或熔接痕。

中空吹塑成型的冷却时间一般占制品成型周期的 1/3～2/3（相对较长），以防止高分子材料因弹性回复作用而产生制品变形。冷却时间与制品壁厚及两壁温差的关系见图 8-5 和图 8-6。

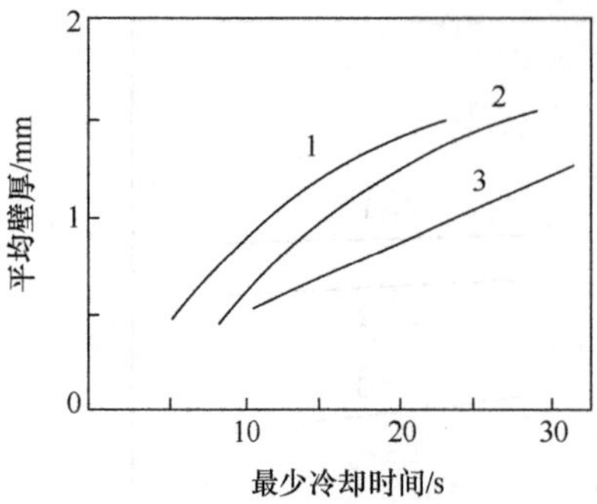

图 8-5　冷却时间与制品壁厚的关系

1.聚丙烯；2.聚丙烯共聚物；3.高密度聚乙烯

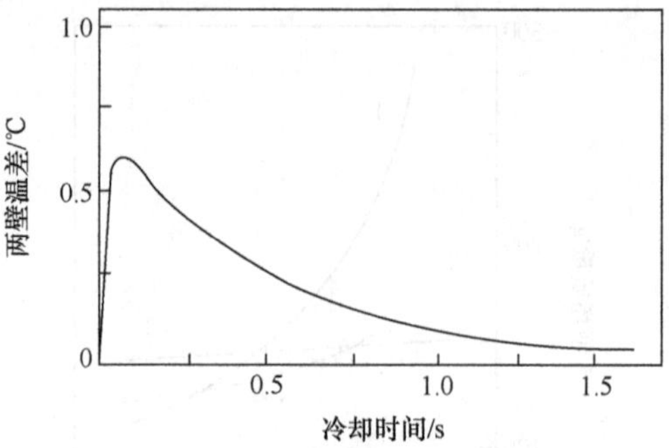

图 8-6　聚乙烯制品冷却时间与制品两壁温差的关系

冷却时间根据塑料产品和制品形状确定。例如，热传导性较差的聚乙烯比同样厚度的聚丙烯在相同情况下需要较长的冷却时间。通常随制品壁厚增加，冷却时间延长(图 8-5)。对于厚度为 1～2 mm 的制品，一般几秒到十几秒的冷却时间已足够。从图 8-6 可以看出，对于厚度一定和冷却温度一定的型坯，冷却时间达 1.5 s 时，聚乙烯制品壁两侧的温差已经接近于相等，所以过长的冷却时间是不必要的。

8.2 热成型

8.2.1 热成型概述

热成型是利用热塑性塑料的片材(或板材)作为原料来制造塑料制品的一种二次成型技术。将裁成一定尺寸和形式的热塑性塑料的片材或板材夹在模具的框架上，使其在 T_g～T_f 间的适宜温度加热软化，片材一边受热、一边延伸，在一定的外力作用下，其紧贴模具的型面，取得与型面相仿的轮廓，经冷却定型、脱模和修整后而获得敞开式立体类型的制品。

热成型的特点是：①制件规格适应性强，应用范围广，用热成型方法可以制造特大、特小、特厚及特薄的各种制件；②热成型制品通常为内凹外凸的半壳形，制品厚度不大但表面积可以很大；③设备投资低，由于热成型设备简单，加工方便，因此热成型设备总体具有投资少、造价低的特点；④模具制造方便，模具结构简单、加工容易，对材料的要求不高，且制造和修改方便；⑤生产效率高，热成型方法成型快速而均匀，成型周期较短且模具费用低廉，适于自动化和长时间生产，被认为是塑料成型方法中单位生产效率最高的加工方法。

热成型适用的高分子有：聚苯乙烯、聚氯乙烯、聚甲基丙烯酸甲酯、ABS、高密度聚乙烯、聚酰胺、聚碳酸酯、聚对苯二甲酸乙二酯等。热成型塑料产品种类繁多、用途广泛，从饭盒、一次性杯子等日用器皿，到电子仪表外壳、玩具、雷达罩、飞机罩、立体地图和人体头像模型等。

8.2.2 热成型的工艺过程

热成型工艺过程一般包括片材的夹持、加热、成型、冷却、定型、脱模等工序。成型设备可采用手动、半自动和全自动的操作。图 8-7 为热成型工艺流程图。

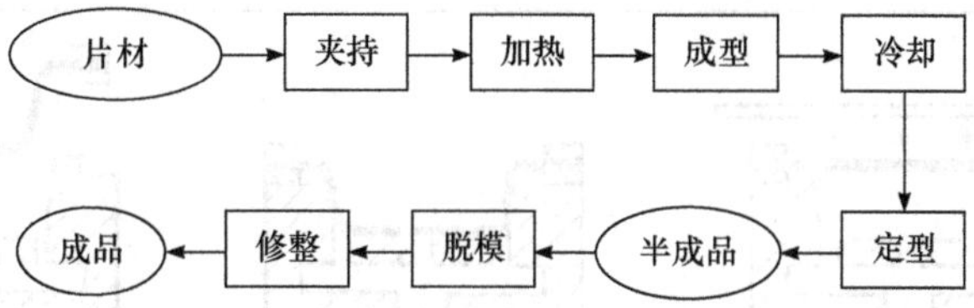

图 8-7　热成型工艺流程图

热成型方法根据片材成型时主要受力来源可分为差压成型(如阴模真空成型和压缩空气成型)、覆盖成型(如阳模真空成型)、柱塞辅助成型（如柱塞式辅助真空成型)、回吸成型或推气成型（如气压成型、真空回吸成型、气胀真空回吸成型和推气真空回吸成型)、对模成型（如凹凸模对压成型）等多种方法。主要几种热成型的工艺原理和工艺过程如图 8-8 所示。

1. 差压成型

差压成型包括真空成型和压力成型，一般采用阴模。先用夹持框将片材夹紧，置于模具上，然后用加热器(加热元件可以是电阻丝、红外线及远红外线加热元件等)进行加热，当片材被加热至足够温度时移开加热器，并立即抽真空或通入压缩空气加压。这时由于在受热软化的片材两面形成压差，片材被迫向压力较低的一边延伸和弯曲，最后紧贴于模具型腔表面，取得所需形状。经冷却定型后，自模具底部气孔通入压缩空气将制品吹出，再经修饰后即为成品。

差压成型法是热成型中最简单的一种，其制品的特点是：①制品结构鲜明，精细部位是与模面贴合的一面，而且光洁度较高；②成型时，凡片材与模面在贴合时间上越后的部位，其厚度越小，即贴合模具越早，制品厚度越大；③模具结构简单，通常只有阴模；④制品表面光泽好，并且不带任何瑕疵，材料原来的透明性成型后不发生变化。

2. 覆盖成型

覆盖成型基本上和真空成型相同，不同之处是所用模具为阳模。借助于液压系统的推力将阳模顶入由框架夹持且已加热的片材中，也可用机械力移动框架将片材扣覆在模具上，然后抽真空使片材包覆于模具上而成型。

覆盖成型主要用于制造厚壁和大深度的制品，其制品的特点是：①制品结构鲜明，表面光洁度高；②贴合模具越早，制品厚度越大；③制品侧面有牵伸和冷却的条纹。

3. 其他热成型

柱塞辅助成型、回吸成型或推气成型、对模成型等其他热成型方法都是在差压成型基础上发展起来的。柱塞辅助成型主要制造壁厚均匀的深度拉伸制品，采用阴模，包括柱塞助压真空成型和柱塞助压气压成型，以及气胀柱塞助压真空成型和气胀柱塞助压气压成型等。柱塞辅助成型是在封闭模底气门的情况下，先用柱塞(其体积一般为模框的 70%～90%)将预先在 T_g～T_f 温度区间加热软化的片材压入模框，由于模框内封闭气体的反压作用，片材先包于柱塞上(柱塞下降时应不使片材与模底型腔接触)，片材在这一过程中受到延伸，停止柱塞移动的同时随即抽真空，片材被吸附于模壁而成型。

推气成型是先抽真空使热的片材向下弯曲和延伸并达到预定深度，然后将模具伸入凹下的片材中，当片材边沿完全被封死不漏气时，即从下部压入空气使片材贴于模具上成型。和

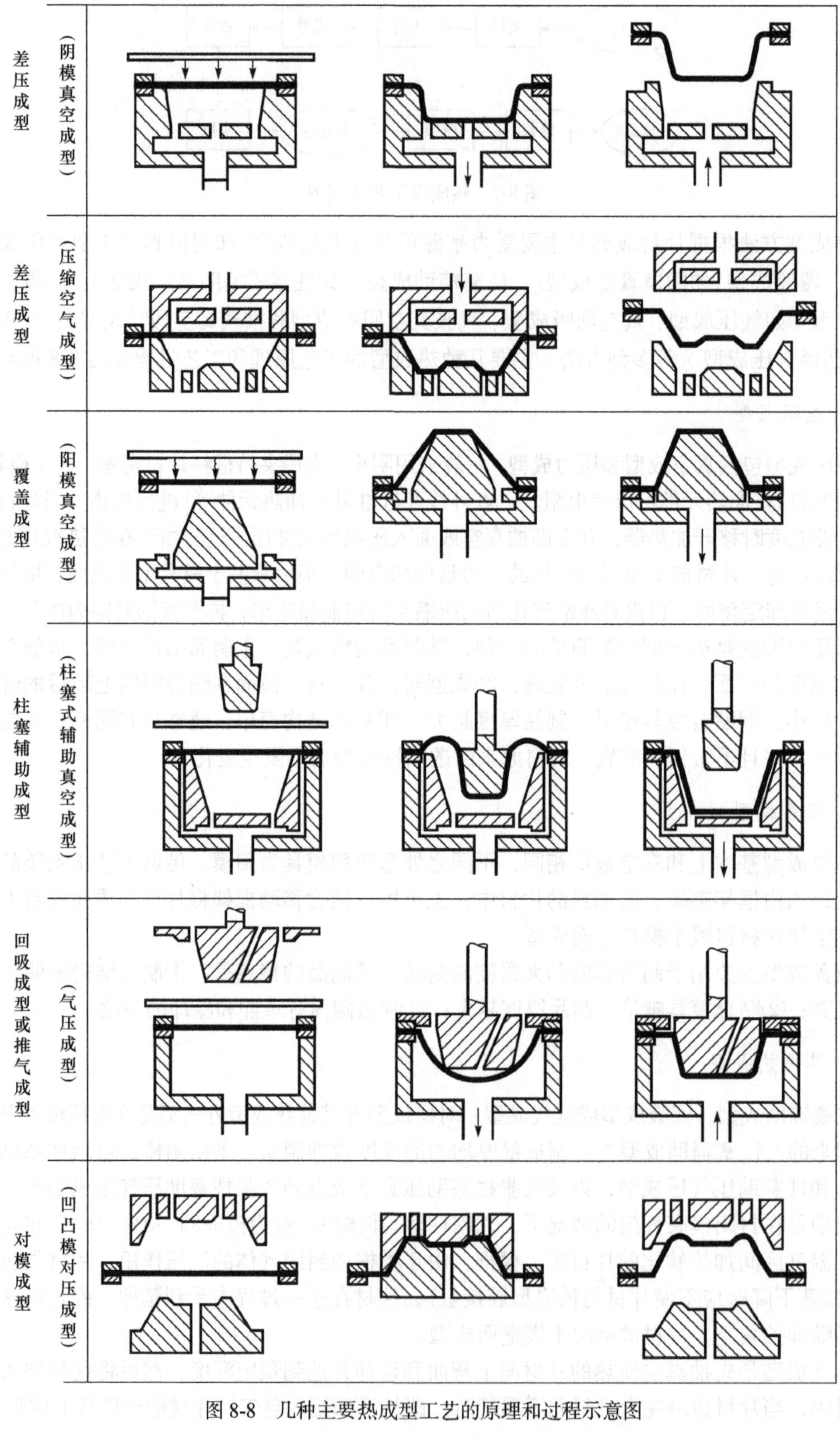

图 8-8　几种主要热成型工艺的原理和过程示意图

推气成型相似的是回吸成型，二者不同之处在于回吸成型不是从下部压入空气，而是从模具上抽真空使凹下的片材被反压于模具上成型。推气成型和回吸成型主要用于制造壁厚均匀、结构复杂的制品，采用阳模。

对模成型采用两个彼此扣合的单模使已经加热至高弹态的片材成型，用于制造复制性和尺寸准确性好、结构复杂的制品。双片热成型是将两块已加热到高弹态的热塑性片材通过抽真空贴于模具上成型，并熔融粘接在一起，主要用于制造中空制品。

8.2.3　热成型工艺的影响因素

热成型工艺的影响因素主要包括成型温度、加热时间、成型压力、成型速度、冷却速率和材料的成型性等。

1. 成型温度

成型温度主要影响制品的最小厚度、厚度分布和尺寸误差。随着温度的升高，塑料的伸长率增大，在某温度时有极大值，超过这一温度之后伸长率反而降低。因而在伸长率较大的成型温度范围内，随着温度的升高制品的壁厚减小，并且可成型深度较大的制品。因此，伸长率最大时的温度应是最适宜的成型温度。但随着温度上升，材料的拉伸强度会下降，如果在最适宜温度下成型压力所引起的应力已大于材料在该温度下的拉伸强度，片材会产生过度形变，甚至引起破坏，使成型不能进行，在这种情况下应降低成型温度或降低成型压力。较低成型温度可以缩短冷却时间和节约能源，但制品的形状、尺寸稳定性会变差，且轮廓清晰度会变坏。在较高的成型温度下，制品的可逆性变小，制品光泽度高、清晰度高，形状、尺寸稳定，适当的成型温度还可以减少制品应力，减少制品拉伸皱痕，但温度过高会引起高分子降解、材料变色等。部分塑料的热成型温度和膨胀系数见表 8-1。

表 8-1　部分塑料的热成型温度和膨胀系数

塑料	最佳成型温度/℃	膨胀系数/($\times10^{-5}$ K^{-1})
硬聚氯乙烯	135～180	5～8.5
低密度聚乙烯	120～190	15～30
高密度聚乙烯	135～190	15～30
聚丙烯	150～200	11
双向拉伸聚苯乙烯	180～195	6～8
ABS	150～175	4.8～11.2
有机玻璃(浇铸)	145～180	5～9
有机玻璃(挤出)	110～160	7.5～9
醋酸纤维素	130～165	10～15
醋酸丁酯纤维素	95～120	11～17
硝酸纤维素	90～115	8～12

续表

塑料	最佳成型温度/℃	膨胀系数/($\times10^{-5}K^{-1}$)
乙基纤维素	105～135	10～20
聚碳酸酯	225～245	7
尼龙 6	215～220	7.9～8.7
尼龙 66	220～250	9～10
涤纶(定向)	175～255	—
涤纶(非定向)	175～205	6
聚砜	200～280	—

总之，成型温度的确定应根据高分子材料的种类、片材的壁厚，制品的形状和对表面的精度要求，制品的使用条件、成型方式及成型设备结构等因素进行综合考虑。

2. 加热时间

加热时间是指将片材加热到成型所需的时间。加热时间主要受厚度和材料的影响。加热时间随片材的厚度增加而增加。此外，塑料是热的不良导体，加热时间与材料的热导率有关。材料的比热容越大，热导率越小，加热时间就越长。加热时间还与加热器的种类、表面温度、加热器与片材的距离、环境温度等因素有关。

3. 成型压力

压力的作用是使片材产生形变，但材料有抵抗形变的能力，其弹性模量随温度升高而降低。在成型温度下，只有当压力在材料中引起的应力大于材料在该温度下的弹性模量时，才能使材料产生形变。如果在某一温度下所施加的压力不足以使材料产生足够的伸长，只有提高压力或升高成型温度才能顺利成型。

4. 成型速度

在压力或柱塞等的推动下，片材要产生伸长变形，直到形变达到与模具尺寸相当时为止。形变过程中材料受到拉伸，成型速度不同，材料受到的拉伸速度也不同。如果成型温度不很高，则适于采用慢速成型，这时材料的伸长率较大，对于成型大的制品(片材拉伸程度高，断面尺寸收缩大)特别重要。成型速度过慢，则因材料易冷却而成型困难，同时生产周期延长，因此也是不利的。

5. 冷却速率

冷却速率对制品中高分子的结晶度、制品力学性能、表面质量、尺寸稳定性等均有重要影响。高分子材料的结晶度随着冷却速率的增加而下降，调节冷却速率可以控制制品结晶度。

6. 材料的成型性

热成型对材料成型性能的要求是：①具有良好的加热延伸性，较高的拉伸比；②具有足够高的拉伸强度、冲击强度及耐针孔性；③有复合要求的制品需具有良好的热黏强度；④用于食品及医药包装的制品还应满足无毒、无味或低味等要求。

一般来说，伸长率对温度敏感的材料，适用于较大压力和缓慢成型，并且适于在单独的加热箱中加热，再移入模具中成型，目前这种方法占多数。而伸长率对温度不敏感的材料，适于较小压力和快速成型，这类材料宜夹持在模具上，用可移动的加热器加热。

8.3　拉幅薄膜成型

高分子材料成型加工制备塑料薄膜的方式很多，有挤出成型、压延成型、吹塑成型及拉幅薄膜成型等。挤出成型主要用于制备厚度 1 mm 左右的薄膜，压延成型用于制备厚度 0.3 mm 左右的薄膜，吹塑成型用于制备厚度 0.05 mm 左右的薄膜，而拉幅薄膜成型可以制备具有良好尺寸稳定性、韧性强、透明性和光滑性更好的厚度在 0.05～1 mm 的薄膜。

8.3.1　拉幅薄膜成型概述

挤出成型和压延成型所生产的塑料薄膜受到的拉伸作用较小，薄膜性质较一般。拉幅薄膜成型是在挤出成型的基础上发展起来的一种塑料薄膜成型方法，它将挤出成型制得的厚度为 1～3 mm 的厚片或型坯重新加热到 T_g～T_m（或 T_f）温度范围，在材料的高弹态下进行大幅度拉伸而形成薄膜。适用的高分子有聚对苯二甲酸乙二酯、聚丙烯、聚乙烯、聚苯乙烯、聚氯乙烯、聚酰胺等。

材料在高弹态下进行大幅度拉伸时，高分子长链沿力的方向伸长并取向。分子链取向后，高分子的力学性能发生了变化，产生了各向异性现象，拉幅薄膜就是高分子具有取向结构的一种材料。与未拉伸薄膜比较，拉幅薄膜具有以下特点：①薄膜在常温下的拉伸强度、弹性伸长率和冲击强度有很大提高，强度为未拉伸薄膜的 3～5 倍，但抗撕裂性能大幅度下降，拉伸取向后的薄膜折射率增加，表面光泽度提高，透明度提高，对水蒸气、氧气及其他气体的渗透性降低，制品使用价值提高；②耐热性和耐寒性改善，使用范围扩大；③在拉伸方向的膨胀系数变小（包括热膨胀和湿膨胀），热收缩率增加，耐磨损性提高；④绝缘强度、体积电阻等电性能得到改善，但易产生静电；⑤薄膜厚度减小，宽度增大，平均面积增大，成本降低。

8.3.2　拉幅薄膜成型的工艺过程

薄膜的拉伸取向方法主要分为平膜法（拉幅法）和管膜法两种，两种方法又有不同的拉伸技术。

1. 平膜法

平膜法分为单向拉伸和双向拉伸两种。拉伸时只沿一个方向进行的称为单向拉伸，此时材料中分子沿单轴取向；沿平面的两个不同方向（常相互垂直）进行拉伸则称为双向拉伸，此时材料中分子沿双轴取向。单向拉伸在合成纤维中应用普遍，在挤出单丝和生产打包带、编织条及捆扎绳时应用较多，沿拉伸取向方向薄膜的强度提高，但在垂直于拉伸取向方向薄膜

时材料中分子沿双轴取向。单向拉伸在合成纤维中应用普遍，在挤出单丝和生产打包带、编织条及捆扎绳时应用较多，沿拉伸取向方向薄膜的强度提高，但在垂直于拉伸取向方向薄膜的强度下降，容易撕裂。双向拉伸中高分子的分子链平行于薄膜表面，薄膜平面相互垂直的两个拉伸方向的拉伸强度大于未取向薄膜，但不如取向纤维那么大。双向拉伸薄膜有较大的应用范围，如成型高强度双轴拉伸膜和热收缩膜等。

平膜法的生产设备及工艺过程较复杂，但薄膜质量较高，故目前工业上应用较多，尤以逐次拉伸平膜工艺控制较容易，应用最广，主要用于生产高强度薄膜。目前用得最多的是先进行纵向拉伸，后进行横向拉伸的方法。但有资料认为先横后纵的方法能制得厚度均匀的双向拉伸薄膜。进行纵向拉伸时也有多点拉伸和单点拉伸之分，如果加热到类橡胶态的厚片是由两个不同转速的辊拉伸的称为单点拉伸，两辊筒表面的线速度之比就是拉伸比，通常为 3～9；如果拉伸是由若干个不同转速的辊筒分别来完成的，则称为多点拉伸，这时这些辊筒的转速是依次递增的，其总拉伸比是最后一个拉伸辊（或冷却辊）的转速与第一个拉伸辊（或预热辊）的转速之比。多点拉伸具有拉伸均匀、拉伸程度大、不易产生细颈现象（薄膜两边变厚而中间变薄）等优点，实际应用较多。

平膜法拉幅薄膜成型大多数情况下是将原料直接由挤出机挤成厚片，其厚度根据预拉制薄膜的厚度和拉伸比确定。熔融的厚片在冷却辊上硬化并冷却到加工温度以下，然后送入预热辊加热到拉伸温度，随后进入纵向拉伸机的拉伸辊群进行纵向拉伸，达到预定纵拉伸比的材料或冷却或直接送入横向拉伸机（拉幅机）。横向拉伸机分为预热段、拉伸段、热定型段和冷却段。拉幅机有两条张开呈一定角度的轨道，其上固定有链轮，链条可绕链轮沿轨道运转，固定在链条上的夹具可夹住薄膜的两边，在沿轨道运行中对薄膜产生强制横向拉伸作用。达到预定横向拉伸比后夹具松开，薄膜进入热定型区进行热处理，最后经冷却、切边和卷绕而得产品。其典型工艺过程如图 8-9 所示。

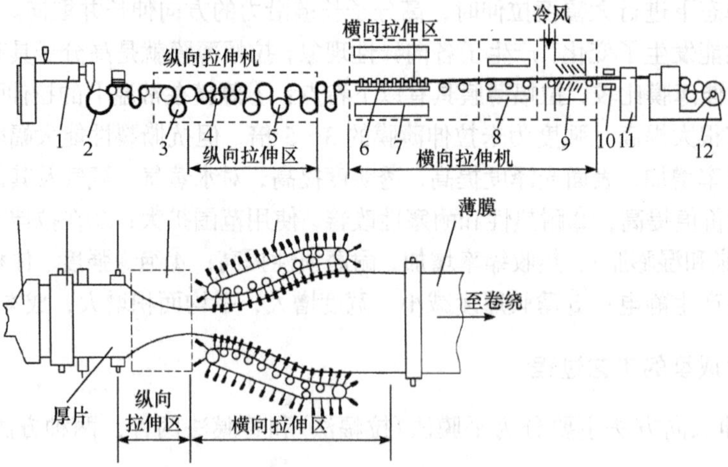

图 8-9　平挤逐次双向拉伸薄膜成型工艺过程

1.挤出机；2.厚片冷却辊；3.预热辊；4.多点拉伸辊；5.冷却辊；6.横向拉伸机夹子；7.加热装置；8.风冷装置；9.切边装置；10.测厚装置；11.卷绕机

2. 管膜法

管膜法以双向拉伸为特点，成型设备和工艺过程与吹塑薄膜很相似，但由于制品强度较差，主要用于生产热收缩膜。管膜法拉幅薄膜多采用泡管法，一般泡管法是纵横同时拉伸，由挤出机出来的型坯通过压缩空气吹胀，在纵横双向同时获得拉伸，达到预定拉伸比后进行冷却定型，最后卷曲而得产品。泡管法拉幅薄膜成型的工艺过程如图 8-10 所示。

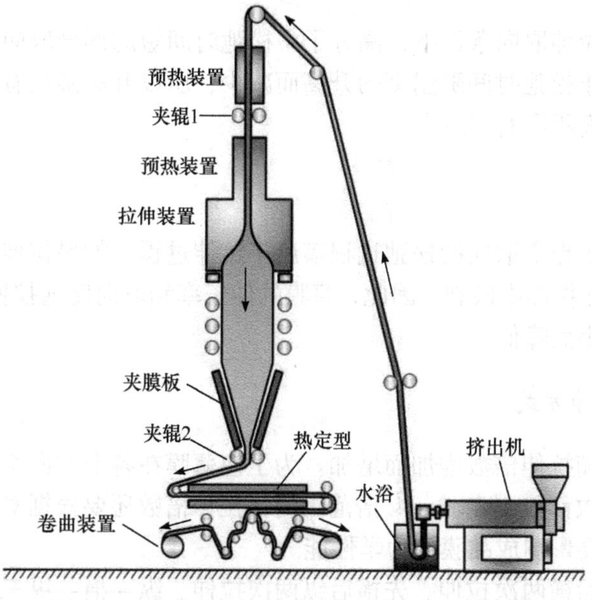

图 8-10　泡管法拉幅薄膜成型的工艺过程示意图

8.3.3　拉幅薄膜成型工艺的影响因素

拉幅薄膜生产工艺条件及方法都必须满足薄膜生产中形成适度结晶与取向结构的要求。未取向的无定形薄膜没有多大实用价值；结晶而未取向的薄膜脆性大，透明性差，使用价值同样不高；取向但不结晶或结晶不足的薄膜，对热收缩十分敏感，使用范围受到限制；只有结晶适当即形成均匀分布的微晶结构而又取向的薄膜拉伸强度高、模量高，而且透明性好、尺寸稳定、热收缩小，具有良好的使用性能。拉伸过程中影响高分子取向的主要因素为拉伸温度、拉伸速度、纵横各向的拉伸倍数、拉伸方式、热定型条件、冷却速度等。

1. 拉伸温度

无定形高分子和结晶高分子在拉幅工艺上存在差别。对于无定形高分子，通常控制拉伸温度在 T_g～T_f，高分子处于黏弹态。由于拉伸中包含着高弹形变，为使有效拉伸(取向度提高)增加，适当增大拉力和对拉伸的薄膜进行张紧热定型非常必要。通常将挤出的厚片或型坯加热到 T_g 以上温度，于恒温下进行拉伸。有时为了提高薄膜的取向程度，使加热温度沿拉伸方向形成一定的温度梯度，这是因为材料的弹性模量随温度的上升而降低，温度逐渐升高有利于薄膜拉伸程度的进一步提高。

对于结晶高分子，一般不希望在其结晶状态下进行拉伸取向，因为在结晶状态取向需要更大拉力，容易使薄膜在拉伸中破裂，而且结晶区域比非结晶区域取向速度快，所以在结晶状态拉伸时，薄膜中取向度很不均匀。因此，通常将结晶高分子加热到 T_m 以上一段时间，然后在挤成厚片时进行骤冷，最好使厚片温度迅速冷却到 T_g 以下，使高分子基本保持没有明显结晶区域的状态；拉伸前再将厚片加热到稍高于 T_g 以上温度，使结晶不易生长，并进行快速拉伸，达到所需取向度后骤冷至 T_g 以下，这样可以防止薄膜在拉伸中生长结晶。

形成薄膜后再于最大结晶速率温度(通常为 0.85 T_m)下进行短时间热处理和冷却，薄膜中即很快形成均匀分布的微晶结构。这种薄膜具有强度高、尺寸稳定、热收缩小和透明性好的特点。

总之，在同样的拉伸取向条件下，高分子中松弛时间短的部分取向较早，而松弛时间长的部分取向较晚。由于松弛时间随温度的升高而减少，所以升高温度有利于分子的取向，并能降低达到一定取向度所需的拉应力。

2. 拉伸速度

由于拉伸时高分子形变取向的松弛过程落后于拉伸过程，如果拉伸速度过大，在较低伸长率时，薄膜就可能在拉伸中破裂，因此，薄膜的伸长率和取向度随拉伸速度的增大而减小，拉应力随拉伸速度减小而降低。

3. 拉伸倍数和拉伸方式

薄膜中的取向度随拉伸倍数增加而增加。为了使薄膜在各个方向都有较均衡的性能，通常纵横各向的拉伸倍数都控制在 3～4 倍范围内，拉伸倍数还要根据对薄膜性能的要求来确定。纵向拉伸倍数主要影响成品膜的力学性能。

拉伸方式有先纵后横两次拉伸、先横后纵两次拉伸、纵—横—纵三次拉伸以及纵横同时拉伸等多种方法，目前薄膜拉伸通常采用逐次双向拉伸的方法，多采用先纵向拉伸再横向拉伸的拉伸方式。

4. 热定型条件

为了使薄膜的取向结构稳定下来，并在使用过程中不发生显著的收缩和变形，常需对拉伸薄膜进行热定型。在拉伸程度达到要求后，将薄膜放在张紧轮上，在不允许收缩的情况下进行短时间热处理定型，使薄膜中可恢复的高弹形变得到松弛，冷却后即可得到热收缩率较小的拉幅薄膜。热处理温度通常在 T_g～T_f，即只允许高分子链段产生松弛，而不希望发生整个分子取向结构的破坏。

热塑性高分子拉伸取向的一般规律可归结如下：①当拉伸速度与拉伸倍数一定时，拉伸温度越低(但应以拉伸效果为准，一般稍高于 T_g)，则取向作用越大；②当拉伸温度与拉伸速度一定时，取向度随拉伸倍数增大而提高；③冷却速度越快，有效取向度越高；④当拉伸温度与拉伸倍数一定时，拉伸速度越大，则取向作用越大；⑤在固定的拉伸温度和速率下，拉伸比随拉应力增加而增加时，薄膜取向度提高；⑥拉伸速度随温度升高而加快，在有效的冷却条件下，有效取向程度提高。

5. 冷却速度

如前文在拉伸温度的影响中所述，无定形高分子和结晶高分子的冷却速度也存在差别。结晶高分子需要控制冷却速度，结晶高分子拉伸前的第一道工序是厚片骤冷，骤冷的目的是保证结晶高分子基本处于无定形状态，以免拉伸时薄膜易破裂或取向不均匀。结晶高分子在拉伸后需要迅速骤冷到 T_g 以下，以便获得结晶适当即形成均匀分布的微晶结构而又取向的高性能薄膜。

8.4 冷　成　型

冷成型又称为固相成型，既不属于一次成型，也不属于二次成型。塑料的冷成型借鉴了金属的加工方法如锻压、滚轧、冲压等，使塑料在常温或 T_g 以下成型，即原料无需熔融或者软化到黏流状态，在玻璃态即可成型。冷成型要求成型原料本身是完整的坯料，其形状最好近似成型制品。

冷成型的优点是避免了高分子材料在高温下降解，由于冷成型的迅速取向，提高了制品的性能；成型工艺无加热和冷却过程，大大缩短了生产周期，降低了成本；可加工分子量非常高的高分子材料；制品不存在熔接缝和浇口痕迹。冷成型工艺也存在着一些缺点，如制品尺寸、形状和精密度差，制品分子取向明显，存在强度的各向异性。

塑料的冷成型工艺和设备与金属成型大致相似，根据施力方式可分为锻造、液压成型、冲压成型、滚轧成型等。冷成型主要用于加工改性聚丙烯、超高分子量聚乙烯、聚苯乙烯、硬聚氯乙烯、聚四氟乙烯、ABS、聚甲醛、聚酰胺 6、聚酰胺 66 等。

影响冷成型工艺的因素主要有材料自身的结构和表面质量、冷成型方式、材料的内应力和塑性、材料自身的强度和硬度等。

习题与思考题

1. 中空吹塑成型适用于生产哪些塑料？吹塑制品有哪些？
2. 吹塑工艺的主要成型方法及其特点是什么？
3. 吹塑工艺的影响因素有哪些？
4. 热成型适用于生产哪些塑料？热成型制品有哪些？
5. 热成型工艺的主要方法及其特点是什么？
6. 热成型工艺的影响因素有哪些？
7. 生产高分子薄膜制品的工艺有哪几种？各成型方法有什么特点？
8. 拉幅薄膜成型工艺的影响因素有哪些？

第 9 章　橡胶胶料的组成及配制

橡胶加工是指生胶及其配合剂经过一系列化学与物理作用制成橡胶制品的过程。为了使橡胶具有所需要的特性，在橡胶加工时必须向其中加入如补强剂、增塑剂、防老剂等化学物质，以改变橡胶的强度、塑性、弹性、耐用性等物理性质。橡胶胶料由生胶和各种配合剂组成。

9.1　橡　胶

加工所用的生胶按其来源可分为天然橡胶和合成橡胶两大类。

9.1.1　天然橡胶

天然橡胶是一种以聚异戊二烯为主要成分的天然高分子化合物，分子式是$(C_5H_8)_n$，其成分中 91%～94% 是橡胶烃(聚异戊二烯)。天然橡胶是应用最广的通用橡胶，从橡胶树上采集的乳胶经过稀释后加酸凝固、洗涤，然后压片、干燥、打包，即制得市售的天然橡胶。天然橡胶综合性能优异，具有广泛用途。

1. 天然橡胶的物理特性

天然橡胶的弹性卓越，稍带塑性；具有非常好的机械强度，滞后损失小，在多次变形时生热低；是非极性橡胶，电绝缘性能良好；是结晶橡胶，自补性良好，耐屈挠性、隔水性、阻气性优异。

2. 天然橡胶的化学特性

由于含有不饱和双键，天然橡胶化学反应能力较强，容易进行加成、取代、氧化、交联等化学反应。光、热、臭氧、辐射、屈挠变形和铜、锰等金属都能促进橡胶的老化，不耐老化是天然橡胶的致命弱点。但添加了防老剂的天然橡胶有时在阳光下曝晒两个月依然看不出多大变化，在仓库内储存 3 年后仍可以照常使用。

3. 天然橡胶的耐介质特性

天然橡胶具有较好的耐碱性能，但不耐浓强酸。由于天然橡胶是非极性橡胶，只能耐一些极性溶剂，在非极性溶剂中则发生溶胀，因此其耐油性和耐溶剂性很差。

9.1.2　合成橡胶

合成橡胶是人工合成的高弹性高分子，广泛应用于工农业、国防、交通及日常生活中。合成橡胶一般在性能上不如天然橡胶全面，但某些种类的合成橡胶具有较天然橡胶更为优良的耐热、耐磨、耐老化、耐腐蚀或耐油等性能。

合成橡胶按照用途可分为通用橡胶和特种橡胶两类。通用橡胶指可以部分或全部代替天然橡胶制造常用橡胶制品的合成橡胶，如丁苯橡胶、异戊橡胶、顺丁橡胶、乙丙橡胶等，主要用于制造各种轮胎及一般橡胶制品。特种橡胶指制造特定条件下使用的橡胶制品(如具有耐高温、耐油、耐臭氧、耐老化和高气密性等特点的橡胶)的合成橡胶，常用的有氟橡胶、硅橡胶、聚硫橡胶、氯醇橡胶、丁腈橡胶、聚丙烯酸酯橡胶、聚氨酯橡胶和各种热塑性弹性体等，主要用于要求某种特性的特殊场合。

1. 丁苯橡胶

丁苯橡胶(styrene butadiene rubber，SBR)又称聚苯乙烯丁二烯共聚物，由丁二烯和苯乙烯共聚制得，是产量最大的通用合成橡胶，有乳聚丁苯橡胶、溶聚丁苯橡胶和热塑性丁苯橡胶(热塑性苯乙烯-丁二烯-苯乙烯嵌段共聚物，styrene-butadiene-styrene block copolymer，SBS)。具有良好的弹性、耐低温性和耐磨性，但耐撕裂性不好，硫化时焦烧期较长。丁苯橡胶的力学性能、加工性能及制品的使用性能接近于天然橡胶，有些性能如耐磨、耐热、耐老化及硫化速度较天然橡胶更为优良，可与天然橡胶及多种合成橡胶并用，广泛用于轮胎、胶带、胶管、电线电缆、医疗器具及各种橡胶制品的生产等领域，也是最早实现工业化生产的橡胶产品之一。

2. 顺丁橡胶

顺丁橡胶(butadiene rubber，BR)是丁二烯经配位阴离子的溶液聚合工艺制得的。顺丁橡胶具有特别优异的耐寒性、耐磨性、弹性、气密性和良好的耐老化性能，绝大部分用于生产轮胎，少部分用于制造耐寒制品、缓冲材料及胶带、胶鞋等。顺丁橡胶的缺点是抗撕裂性能较差，抗湿滑性能不好。

3. 乙丙橡胶

乙丙橡胶(ethylene propylene rubber，EPR)是以乙烯、丙烯为主要单体的合成橡胶，根据分子链中单体组成的不同，有二元乙丙橡胶和三元乙丙橡胶之分。二元乙丙橡胶(ethylene propylene monomer，EPM)为乙烯和丙烯的共聚物。三元乙丙橡胶(ethylene propylene diene monomer，EPDM)为乙烯、丙烯和少量的非共轭二烯烃的共聚物，因其主链由化学稳定的饱和烃组成，只在侧链中含有不饱和双键，故其耐臭氧、耐热、耐候等耐老化性能和电绝缘性能优异，是乙丙橡胶的主要品种，在乙丙橡胶商品牌号中占 80%～85%。乙丙橡胶可广泛用于汽车部件(如轮胎胎侧、胶条和内胎)、建筑用防水材料、电线电缆护套、耐热胶管、胶带、汽车密封件、环保橡胶跑道，以及胶鞋、卫生用品等浅色橡胶制品。

4. 氟橡胶

氟橡胶(FR)是含有氟原子的特种合成橡胶，具有优异的耐热性、耐氧化性、耐油性和耐药品性，主要用于航空、化工、石油、汽车等工业部门，作为密封材料、耐介质材料及绝缘材料。

5. 硅橡胶

硅橡胶(SiR)由硅、氧原子形成主链，侧链为含碳基团，用量最大的是侧链为乙烯基的硅橡胶。既耐热，又耐寒，使用温度在−100～300℃，具有优异的耐候性、耐臭氧性及良好的绝缘性。缺点是强度低，抗撕裂性能差，耐磨性能不好。硅橡胶主要用于航空、电气、食品及医疗等领域。

6. 聚氨酯橡胶

聚氨酯橡胶由聚酯(或聚醚)与二异氰酸酯类化合物聚合而成。耐磨性能好、弹性好、硬度高、耐油、耐溶剂，缺点是耐热老化性能差。聚氨酯橡胶在汽车、制鞋、机械工业中的应用最多。

7. 动态硫化热塑性弹性体

动态硫化热塑性弹性体（dynamically vulcanized thermolplastic elastomer）是在高温下能塑化成型，而在常温下显示硫化橡胶弹性的一类新型材料。这类材料兼有热塑性塑料的成型加工性和硫化橡胶的高弹性能，又称热塑性动态硫化橡胶，是在橡胶和热塑性塑料熔融共混过程中使橡胶硫化，硫化了的橡胶作为分散相分布在热塑性塑料连续相中。过去以 TPR（thermoplastic rubber）表示热塑性橡胶，以 TPE（thermoplastic elastomer）表示热塑性弹性体，目前一般用 TPV（thermoplastic vulcanizate）统一表示动态硫化热塑性弹性体。例如，动态硫化三元乙丙热塑性弹性体，是高度硫化的三元乙丙橡胶微粒分散在连续相聚丙烯塑料基体中组成的高分子弹性体材料。TPV 常温下的物理性能和功能类似于热固性橡胶，在高温下表现为热塑性塑料的特性，可以快速、经济和方便地加工成型，具有优良的加工性能，加工过程中材料流动性高、收缩率小，可采用注射、挤出等热塑性塑料的加工方法成型加工，加工方法高效、简单易行，无需增添设备，可回收使用废旧材料。

常用的苯乙烯类热塑性弹性体(TPS 或 TPE-S)是丁二烯或异戊二烯和苯乙烯的嵌段共聚物，又称为苯乙烯嵌段共聚物(styrene block copolymers，SBCs)。TPS 与丁苯橡胶性能相似，但是 TPS 为自交联热塑性弹性体，使用过程无需硫化。TPS 包括苯乙烯-丁二烯-苯乙烯嵌段共聚物(SBS)、苯乙烯-异戊二烯-苯乙烯嵌段共聚物(styrene-isoprene-styrene block copolymer，SIS)、苯乙烯-乙烯-丁烯-苯乙烯嵌段共聚物(styrene-ethylene-butylene-styrene block copolymer，SEBS)和苯乙烯-乙烯-丙烯-苯乙烯嵌段共聚物(styrene-ethylene-propylene-styrene block copolymer，SEPS)。其中 SBS 是第一代热塑性弹性体的典型代表，是以苯乙烯和丁二烯为原料，通过无终止阴离子聚合工艺合成的三嵌段共聚物，在常温下显示橡胶的弹性，高温下又能够塑化成型。SEBS、SEPS 分别是 SBS 和 SIS 的加氢产品，SEBS 以聚丁二烯加氢作软链段，SEPS 以聚异戊二烯加氢作软链段。由于几种 TPS 产品的生产工艺较为接近，因此大部分厂家可以同时生产 SBS、SIS、SEBS 等产品。

SBS 是 TPS 中产量最大(占 70%以上)、成本最低、应用较广的产品。SBS 主要用于鞋底的模压制品和用于胶管、胶带的挤出制品，用其制作的鞋底色彩美观、摩擦系数高、力学性能优异；SBS 在烃类溶剂中具有很好的溶解性，抗蠕变性能明显优于 EVA 胶、丙烯酸系列胶黏剂；SBS 作为高分子改性剂，可以用于聚丙烯、聚乙烯、聚苯乙烯和 ABS 的共混改性，改善制品的低温性能、抗冲性能和屈挠性能，广泛用于电器元件、汽车方向盘、保险杠、密封件等；SBS 比丁苯胶、废胶粉更容易溶解于沥青中，可以大幅改进沥青路面性能，SBS 改性的防水卷材耐久性好，在建材领域有重要应用。由于 SBS 中的软段聚丁二烯嵌段部分的双键化学性质活泼，因此对氧、臭氧、热、光等的耐老化性能较差。

SEBS 是 SBS 的氢化产品，通过对 SBS 进行选择性加氢，使 SBS 中聚丁二烯链段氢化成聚乙烯(E)和聚丁烯(B)链段，从而使丁二烯嵌段部分的双键饱和，解决了 SBS 的稳定性问题。另外，SEBS 弹性体嵌段是丁烯-乙烯结构，该链段比丁二烯更为柔顺，因此 SEBS 的手感比 SBS 改性材料更为柔和，但丁烯-乙烯链段比丁二烯链段缠绕更为紧密，加工温度高于 SBS。SEBS 一般比较坚硬，刚性较强，模量较高，拉伸强度比加氢前有显著提高，扯断伸长率下降。由于 SEBS 分子链中双键没有或很少，故对光、氧、臭氧的耐候性和耐老化性能明显变好，抗冲强度大幅度提高，具有优良的耐热、耐压缩变形等性能，既具有可塑性，又具有高弹性，无需硫化即可加工使用，广泛应用于耐老化性好的接触型胶黏剂、压敏胶黏剂、热熔胶和密封材料，以及润滑油增黏剂、高档电缆电线的填充料和护套料、沥青改性等。SEBS 以其卓越性能在业界享有“橡胶黄金”之称。

SIS 的生产工艺难度比 SBS 大，因而 SIS 产品牌号明显少于 SBS。目前约 90%的 SIS 应用于热熔胶，用 SIS 制备的热熔胶不仅黏结性能优良，而且耐热性好、环保。

SEPS 是 SIS 的氢化产品。SEPS 分子链的规整度较低，不易结晶，因此比部分结晶的 SEBS 具有更好的柔韧性和高弹性。广泛应用于化妆品、汽车润滑油及电气、通信领域中的填充料，也可用于医疗、电绝缘、食品包装及复合袋的层间黏合。由于 SIS 的异戊二烯结构比 SBS 的丁二烯结构多了一个甲基支链，在同等条件下加氢会比 SBS 困难很多。此外，金属离子的脱除也是 SEPS 生产的一个难点。

目前苯乙烯系嵌段共聚物产业发展热点主要在以下三方面：

(1)合成高耐热等级的 TPE-S。苯乙烯结构高分子的极性小，T_g较低，TPE-S 的耐热性不好。采用可逆加成断裂链转移聚合(RAFT)技术，将带有极性基团的乙烯基单体(如丙烯腈、马来酸酐、甲基丙烯酸甲酯)与苯乙烯无规共聚形成约束相，再与聚丁二烯弹性体组成嵌段结构，可合成出耐热、耐溶剂的新型 TPE-S 热塑性弹性体。

(2)发展互穿网络热塑性弹性体(IPN-TPS)。用 SBS 或 SEBS 为基材与聚丙烯熔融共混，可以形成 IPN 型 TPS。用 IPN-TPS 制得的涂层不易刮伤，并且具有一定的耐油性，弹性系数、热稳定性高，大大提高了工程塑料的耐寒和耐热性能。

(3)开发新应用领域。SEBS 的增稠能力和剪切稳定性好，能满足多级内燃机油的要求，特别适合配制大跨度的多级内燃机油；PVC 作为医用材料存在析出增塑剂、吸附药物(或与药物作用)、灭菌方法受限、加工降解和废弃物污染环境等问题，开发医用 SEBS 新产品也具有发展潜力；SEBS 和 SEPS 还可以作为工程塑料的改性共混材料，改善材料的耐候性、耐磨性和耐热老化性，作为尼龙、聚碳酸酯等工程塑料的增容剂。

9.2　配　合　剂

生胶是决定橡胶制品性能的主要成分，但它的强度低，适应的温度范围窄，易变质，在溶剂中易溶解或溶胀，所以几乎没有单纯用生胶制取橡胶制品的情况。在生胶中加入各种配合剂，除可提高橡胶的使用价值外，还能起到降低橡胶制品成本的作用。橡胶的配合剂主要包括：硫化剂、硫化促进剂、防老剂、增塑剂和填料等。

9.2.1　硫化体系

橡胶只有经过交联才能成为有使用价值的高弹性材料。橡胶的交联体系通常由硫化剂与硫化促进剂、活性剂、防焦剂所组成。

1. 硫化剂

使橡胶线型长链分子通过化学交联而形成三维网状结构的过程称为硫化。硫化剂是能使橡胶分子链起交联反应，使线型长链分子形成立体网状结构，可塑性降低，弹性和强度增加的物质。除了某些热塑性橡胶不需要硫化外，天然橡胶和各种合成橡胶都需配入硫化剂进行硫化。交联后的橡胶又称硫化胶，其受外力作用发生形变时，具有迅速复原的能力，并具有良好的力学性能及化学稳定性。硫化胶中交联键的性质对其应用和工作特性起决定性作用，一般硫化胶的硬度和定伸应力随着交联密度的增加而增加，撕裂强度、疲劳寿命、韧性和拉伸强度开始随交联密度的增加而增加，达到某一最大值后则随交联密度的增加而减小。

橡胶硫化剂包括硫、硒、碲，含硫化合物，有机过氧化物，金属氧化物，胺类化合物，合成树脂等，用得最普遍的是硫和含硫化合物。硫化剂适用于各类天然橡胶和合成橡胶，不同的硫化剂产品可根据需要配合使用。例如，*N,N'*-间苯撑双马来酰亚胺(PDM)是一种多功能橡胶助剂，在橡胶加工过程中可作硫化剂，也可用作过氧化物体系的助硫化剂，还可作为防焦剂和增黏剂，既适用于通用橡胶，也适用于特种橡胶和橡塑并用体系。

1)硫磺(S)

硫磺是最古老的硫化剂，在橡胶工业用得最多。适用于不饱和橡胶、含少量双键的橡胶(三元乙丙橡胶、丁基橡胶)。用量为：软制品 0.2～5 phr，半硬制品 8～10 phr，硬制品 25～40 phr。同类硫化剂有硒、碲，价格昂贵、硫化速度慢。

2)含硫化合物(R—S—S—R)

含硫化合物硫化剂是在硫化温度下能分解出活性硫的化合物(硫磺给予体)。适用于电线绝缘层。其析出硫的活性足以硫化橡胶，而不足以与 Cu 反应生成黑色的 CuS。常用的有四甲基秋兰姆二硫化物(TMTD)、二硫代吗啡啉(DTDM)。

3)有机过氧化物(R—O—O—R)

有机过氧化物硫化剂通过受热分解产生自由基，引发高分子的自由基交联反应。适用于饱和橡胶，如氟橡胶、硅橡胶、乙丙橡胶及聚烯烃。常用的有过氧化二苯甲酰、过氧化二异丙苯。

4)金属氧化物(MeO)

金属氧化物硫化剂适用于含卤橡胶，如氯丁橡胶、氯醚橡胶、氯化丁基橡胶、溴化丁基橡胶及聚硫橡胶。常用的有 ZnO、MgO、PbO。金属氧化物还可作为硫磺硫化体系的活性剂。

5)胺类化合物(NH_2—R)

胺类化合物硫化剂适用于氟橡胶、丙烯酸酯橡胶及热固性塑料(酚醛树脂、氨基树脂、环氧树脂)。

6)合成树脂

合成树脂硫化剂适用于丁基橡胶、三元乙丙橡胶，常用的为酚醛树脂。

2. 硫化促进剂

硫化促进剂简称促进剂，是能促进橡胶硫化作用的物质，可提高胶料的硫化速度、缩短硫化时间、降低硫化温度、减少硫化剂用量和提高橡胶的力学性能。在进行硫化时，特别是用硫磺进行硫化时，除硫化剂外，一般要加入促进剂和活性剂，才能很好地完成硫化。对硫化促进剂的基本要求如下。

(1) 有较高的活性。硫化促进剂的活性是指缩短橡胶达到正硫化所需时间的能力。所谓正硫化时间是指硫化胶达到最佳力学性能的硫化时间。

(2) 硫化平坦线长。正硫化之前及其后，硫化胶性能均不理想。促进剂的类型对正硫化阶段的长短（硫化曲线表示中的硫化平坦线）有很大影响，硫化平坦线较长的硫化胶性能较好。

(3) 硫化的临界温度较高。临界温度是指硫化促进剂对硫化过程发生促进作用的温度。为了防止胶料早期硫化，通常要求促进剂的临界温度不能过低。

(4) 对橡胶老化性能及力学性能不产生恶化作用。各种促进剂对硫化胶的性能都有影响。有的产生好的作用，有的则相反。例如，对于天然橡胶，可以迟缓其硫化胶老化的促进剂有硫醇基苯并噻唑、一硫化四甲基秋兰姆等，迟缓老化作用小甚至会加速老化的促进剂有二苯胍、五次甲氨基二硫代甲酸氮己环、正丁基磺酸锌等。

不同种类的促进剂对硫化胶性能的影响不同。例如，硫醇基苯并噻唑能使硫化胶具有低定伸强度和中等定伸强度，并增大柔软性，还能提高橡胶的耐磨性能，特别是含炭黑的胶料中宜配入这种促进剂。二硫代二苯并噻唑则特别适用于制造多孔橡胶制品。工业上常将两种或两种以上的促进剂混合使用。

硫化促进剂的分类如下：①按化学结构分，有噻唑类、秋兰姆类、胍类、次磺酰胺类、硫脲类和二硫化氨基甲酸盐类。例如，工业上为解决焦烧问题常使用迟效性促进剂，迟效高速硫化促进剂有 *N*-环己基-2-苯并噻唑次磺酰胺（CZ）、*N*-(氧化二亚乙基)-2-苯并噻唑次磺酰胺（NOBS）等次磺酰胺类促进剂。由于仲胺类促进剂 NOBS 在硫化过程中会产生致癌物亚硝胺，发达国家已经禁止使用。②按与硫化氢反应的性质分，有酸性、碱性和中性硫化促进剂。③一般按促进能力划分硫化促进剂，以促进剂 M（2-巯基苯并噻唑）为强促进剂，并以其促进能力作为标准衡量。促进能力大于 M 的为超促进剂，如促进剂四甲基二硫代秋兰姆（TMTD），150℃硫化时间为 5～10 min；促进能力等于 M 的为强促进剂，如促进剂 2,2′-二硫代二苯并噻唑（DM），150℃硫化时间为 10～30 min；促进能力小于 M 的为中促进剂，如促进剂二苯胍（D），150℃硫化时间为 30～60 min；促进能力小于 D 的为弱促进剂，如促进剂六亚甲基四胺（H），150℃硫化时间为 60～120 min。

3. 活性剂

活性剂能够提高胶料中硫化促进剂的活性、减少硫化促进剂的用量、缩短硫化时间，同时可以提高硫化胶的交联度和耐热性。一般在硫化体系中促进剂和活性剂必不可少，常用氧化锌作为天然橡胶、合成橡胶的活性剂，以促进橡胶的硫化、活化、补强和防老化作用，提高橡胶制品的耐撕裂、耐磨性。硫化活性剂分为无机和有机两类。

1) 无机活性剂

无机活性剂主要是金属氧化物，如 ZnO、MgO、CaO、PbO。常用的为 ZnO，加入量 3～5 phr。ZnO 还可以作为金属氧化物硫化剂交联卤化橡胶，且 ZnO 可以提高硫化胶的耐热性能。

2) 有机活性剂

有机活性剂主要是脂肪酸类，如硬脂酸、月桂酸、二乙醇胺、三乙醇胺。常用的为硬脂酸（HSt），加入量 1～3 phr。通常将硬脂酸与氧化锌并用。

4. 防焦剂

防焦剂又称硫化延缓剂，能够防止胶料在硫化前的加工及储存过程中发生的早期轻度硫化现象。防焦剂的实质是在交联初期的抑制作用，只有当防焦剂消耗到一定程度，促进剂才起作用。防焦剂分为以下三类。

(1) 亚硝基化合物类：防焦剂 NA (*N*-亚硝基二苯胺，又称高效阻聚剂)。

(2) 有机酸类：邻苯二甲酸酐、苯甲酸、邻羟基苯甲酸。

(3) 硫代酰亚胺化合物类：防焦剂 CTP (*N*-环已基硫代邻苯二甲酰亚胺)。

9.2.2 防老剂

防老剂是一类能够抑制橡胶老化从而延长橡胶制品使用寿命的物质。橡胶分子主链中含有—C—C═C—结构时，在双键β-位的单键具有相对不稳定性，易受 O_2 的作用而降解。因此，橡胶及其制品在长期储存和使用过程中，如果受到热、氧、臭氧、变价金属离子、机械应力、光、高能射线的作用，以及其他化学物质和霉菌等的侵蚀，会发生分子链断裂、支化或进一步交联，而逐渐发黏、变硬、发脆或龟裂。这种橡胶及其制品性能随时间而逐渐降低以致完全丧失使用价值的现象称为老化。为此，需要在橡胶及其制品中加入某些化学物质来提高其对上述各种破坏作用的抵抗能力，延缓或抑制老化过程，从而延长橡胶及其制品的储存期和使用寿命，这类抑制橡胶老化现象的物质称为防老剂。防老剂一般可分为物理防老剂和化学防老剂两类。

1. 物理防老剂

物理防老剂在橡胶制品表面形成一层薄膜。主要有石蜡、微晶蜡等物质。由于在常温下此种物质在橡胶中的溶解度较小，因而逐渐迁移到橡胶制品表面，形成一层薄膜，起到隔离臭氧、氧气与橡胶的接触作用，用量一般为 1～3 phr。

2. 化学防老剂

化学防老剂的作用是终止橡胶的自催化性自由基断链反应。橡胶在氧、热、光和应力的作用下会产生自由基，并进而与橡胶分子反应，使橡胶分子断链。自由基产生的历程为

$$\text{RH(橡胶分子)} \longrightarrow \text{R}\cdot + \text{H}\cdot \tag{9-1}$$

$$\text{R}\cdot + \text{O}_2 \longrightarrow \text{ROO}\cdot \tag{9-2}$$

$$\text{ROO}\cdot + \text{RH} \longrightarrow \text{ROOH} + \text{R}\cdot \tag{9-3}$$

$$\text{ROOH} \longrightarrow \text{RO}\cdot + \text{OH}\cdot \tag{9-4}$$

$$\text{RO}\cdot + \text{RH} \longrightarrow \text{ROH} + \text{R}\cdot \tag{9-5}$$

$$\text{OH}\cdot + \text{RH} \longrightarrow \text{H}_2\text{O} + \text{R}\cdot \tag{9-6}$$

由以上反应历程可见，一个自由基在瞬间就可以增加为几个新的自由基。防老剂 AH 在这些自由基引发下发生氢转移，消除了活性大的自由基，生成对橡胶无害的 A·，因而起到防老化作用。

化学防老剂主要有酚类和胺类。酚类一般无污染性，但防老化性能较差，主要用于浅色和透明制品；胺类防老剂的防护效果最为突出，也是发现最早、产品最多的一类，如 *N*-环己基-*N'* -苯基对苯二胺(防老剂 4010)、*N* -(1,3-二甲基)丁基-*N'* -苯基对苯二胺(防老剂 4020)。胺类防老剂的主要作用是抗热氧老化、抗臭氧老化，并且对铜离子、光和屈挠等老化的防护也有显著效果，但胺类一般都有污染性，主要用于黑色和深色制品。其中，酮胺类防老剂具有最好的防老化效果，对苯二胺类衍生物可作为橡胶抗臭氧剂。抗臭氧剂与抗氧剂的区别在于抗臭氧剂只是在制品表面发挥作用，在橡胶中的用量为 1～5 phr，而抗氧剂是在制品内部抑制氧的扩散，在橡胶中的用量为 1～5 phr。

某些情况可不使用防老剂，如硬质胶、饱和胶和低不饱和胶，因为这些胶自身有较好的防老性能。

9.2.3　增塑剂

橡胶的增塑是指在橡胶中加入某些物质，使得橡胶分子间的作用力降低，从而降低橡胶的 T_g，提高橡胶的可塑性、流动性，便于压延、压出等成型操作，同时改善硫化胶的某些力学性能，如降低硬度和定伸应力、赋予较高的弹性和较低的生热量、提高耐寒性等。

使用增塑剂的目的主要是：使生胶软化，增加可塑性使其便于加工，减少动力消耗；润湿炭黑等粉状配合剂，使其易于分散在胶料中，缩短混炼时间，提高混炼效果，增加制品的柔软性和耐寒性；增进胶料的自粘性和黏性。

增塑剂按作用机理可分为物理增塑剂和化学增塑剂。

1. 物理增塑剂

物理增塑剂又称为软化剂，其作用原理是使橡胶溶胀，增大橡胶分子之间的距离，降低分子间的作用力，从而使胶料的塑性增加。作用机理和增塑效果同塑料增塑剂。

常用的物理增塑剂包括硬脂酸、油酸、松焦油、三线油、六线油等。按来源可分为：①石油系，如操作油、重油、石蜡、凡士林、沥青和石油树脂；②煤焦油系，如煤焦油、古马隆树脂和煤沥青；③松油系，如松香、松焦油、萜烯树脂、油膏；④合成酯类，如邻苯二甲酸酯类、磷酸酯类和脂肪族二元酸酯类；⑤液体聚合物类，如液体丁腈橡胶、液体聚丁二烯、液体聚异丁烯。

2. 化学增塑剂

化学增塑剂又称为塑解剂，可加速橡胶分子在塑炼时的断链作用。这类物质还起着自由基接受体的作用，因此在缺氧和低温情况下同样能起作用。化学增塑剂大多是含硫化合物，如噻唑类、胍类促进剂、硫酚、亚硝基化合物等。

化学增塑不会因为起增塑作用的物质挥发或析出而丧失其作用，增塑效果长久，因而越来越受到重视。

3. 增塑剂的选择

增塑剂应根据生胶结构来选择，增塑剂分子的极性要与橡胶的极性相对应，才能促进两者相溶；增塑剂的凝固点应低于橡胶的 T_g，且差值越大越好，此外还必须考虑制品的性能与成本。例如，多件贴合制品(轮胎内层的帘布层)，宜使用煤焦油、松焦油、古马隆树脂、沥青等有增黏作用的增塑剂，而不宜用石蜡、机械油之类有润滑作用的增塑剂。

9.2.4 填料

为了改善橡胶的成型加工性能，赋予或提高制品某些特定的性能，或为了增加物料体积、降低制品成本而加入的一类物质称为填料。填料往往是橡胶中添加量最多的一种添加剂。例如，橡皮的基本配方：NR100 phr、$CaCO_3$ 340 phr、Al_2O_3 400 phr，解放鞋底的基本配方：NR20 phr、SBR80 phr、C70 phr。

填料一般为固体物质，按用途可分为两大类：补强剂和增容剂，橡胶加工中常称惰性填料为填充剂。

1. 补强剂

补强剂又称补强填料，是能够改善胶料的工艺性能，提高硫化橡胶的硬度、拉伸强度、撕裂强度、定伸强度、耐磨性等力学性能的配合剂。最常用的补强剂是炭黑，其次是白炭黑、碳酸镁、活性碳酸钙、活性陶土、古马隆树脂、松香树脂、苯乙烯树脂、酚醛树脂、木质素等。

炭黑补强理论很多，而分子滑动理论最具说服力。分子滑动理论认为，炭黑的补强作用原理在于它的表面活性高而能与橡胶分子相结合。橡胶能够很好地吸附在炭黑表面，润湿炭黑。吸附是一种物理过程，即炭黑与橡胶分子之间的吸引力大于橡胶分子间的内聚力，称为物理吸附。这种结合力比较弱，还不足以说明主要的补强作用。主要的补强作用在于炭黑的表面活性的不均匀性，有些活性很大的活化点具有不配对的电子，能够与橡胶分子发生化学作用。橡胶吸附在炭黑的表面上而有若干个点与炭黑表面发生化学的结合，这种作用称为化学吸附。尽管吸附力不如化学键，但强于分子间力。化学吸附的强度比单纯的物理吸附大得多。这种化学吸附的特点使橡胶分子链比较容易在炭黑表面上滑动，但不易与炭黑脱离。这样，橡胶与炭黑之间就构成了一种能够滑动的强固的键。这种能在表面上滑动而强固的化学键产生了两种补强效应：第一种效应是当橡胶受外力作用而变形时，分子链的滑移及大量的物理吸附作用能吸收外力的冲击，对外力引起的摩擦或滞后形变起缓冲作用；第二种效应是使应力分布均匀，当橡胶分子受力被拉伸时，炭黑在分子之间滑动，炭黑间的距离就拉长了(相当于短分子链段变长了)，分子不是各个击破，而是整体运动。这两种效应使橡胶强度增加，能够抵抗破裂，同时不会过于损害橡胶的弹性。图 9-1 是炭黑补强作用的基本原理示意图。

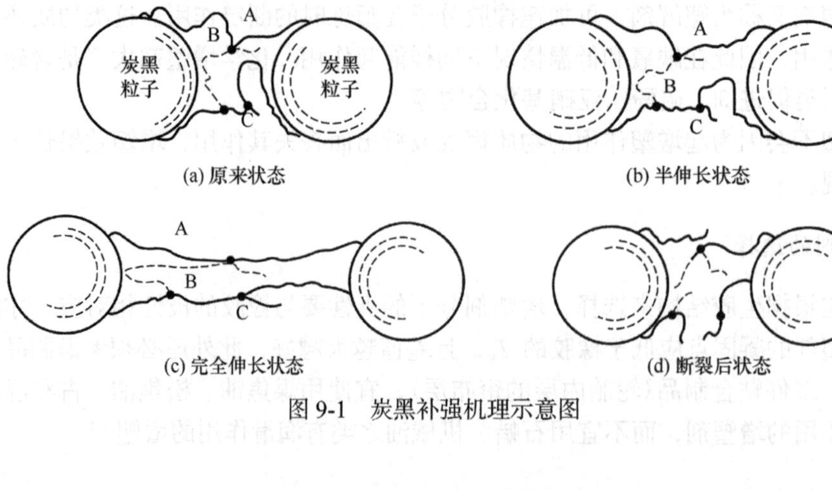

图 9-1　炭黑补强机理示意图

从图 9-1 中可见，两个炭黑粒子之间有三条橡胶分子链 A、B、C，分子链 A 最长，B 最短。若没有滑动作用，则 B 先断而 C 次之，A 最后。在完全伸长的时候，只有 A 一条分子链的力量。但因为有滑动作用，三条分子链都分担了力量，所以提高了扯断力。

炭黑补强机理能解释许多炭黑的补强现象。结晶橡胶如天然橡胶中微晶体的作用与炭黑相似，晶体中的分子链也能滑动，起着平衡应力的作用，称自补强。因此，结晶橡胶比纯胶的强度大，炭黑对它也有补强效应，可进一步提高其强度。

影响炭黑补强效果的因素主要有：炭黑的种类、用量、粒径和结构。不同种类的炭黑，其补强效果不同，且同一种炭黑用量不同时补强效果也不同。从图 9-2 可知，炭黑用量有峰值，在峰值之前随着炭黑用量的增加，补强效果增加；在峰值之后则相反，随着炭黑用量的增加，补强效果下降，甚至到零，这时过量炭黑的作用相当于稀释剂。炭黑的补强效果在很大程度上取决于粒子的粗细，高耐磨炉黑(HAF)是粒径较小的炭黑，其硫化胶的拉伸强度较大。粒子越细，活性和补强作用越大，一般当粒径小于 0.1 μm 即达到纳米级别时，炭黑具有显著的补强效果；粒径在 0.1～1.5 μm 时则略有补强作用；粒径过大时只能起填充增容作用。但粒子太细，工业成本增大、分散困难，混合时的摩擦生热、动力消耗增大。炭黑粒径对橡胶主要性能的影响列于表 9-1。

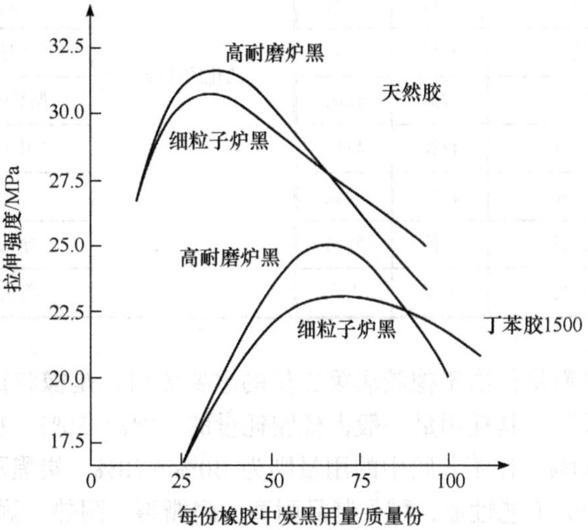

图 9-2　炭黑的种类、用量、粒径和结构对橡胶强度的影响

表 9-1　炭黑粒径对橡胶主要性能的影响

粒径		小	大	粒径		小	大
加工性能	填充量	较低	较高	硫化胶性能	拉伸强度	较高	较低
	充油量	较多	较少		硬度	较高	较低
	混炼时间	较长	较短		耐磨	较好	较差
	分散能力	较差	较好		撕裂强度	较高	较低
	黏度	较高	较低		耐屈挠	较好	较差
	焦烧时间	较短	较长		弹性	较低	较高
	操作温度	较高	较低		导电率	较高	较低

炭黑结构对加工性能有很大的影响。炭黑在制造过程中，相邻的颗粒相互熔融在一起，并连接起来形成链状的三维空间结构，这是炭黑的一次结构(原结构)。炭黑在后加工处理时，由于物理吸附而形成的松散结构称为二次结构(次结构)，如炭黑在收集过程中由静电沉淀所致的结构。炭黑一次结构的牢度高，不易在加工过程中被破坏，即炭黑在混合分散于胶料的过程中仍保持这种聚合状态。炭黑基本粒子的聚集状态和程度一般用结构性高低评价，结构高的炭黑中的空隙容积大，反之，结构低的炭黑中的空隙容积较小，以吸油值表示。炭黑的结构越高，对橡胶的补强作用越大，在胶料中的分散也越容易，橡胶的压出性能也越好。此外，炭黑结构对硫化胶性能也有一定的影响，结构高的橡胶吸油能力强，导电性能、硬度和拉伸强度都大，当然绝缘性能较差。炭黑结构对橡胶性能的影响如表 9-2 所示。

表 9-2　炭黑结构对橡胶性能的影响

结构		低	高	结构		低	高
加工性能	填充量	较高	较低	硫化胶性能	拉伸强度	较高	较低
	充油量	较低	较高		定伸	较低	较高
	混炼时间	较短	较长		硬度	较低	较高
	分散性	较难	较易		耐磨	较低	较高
	黏度	较低	较高		伸长	较低	较高
	生热量	较低	较高		撕裂强度	较高	较低
	焦烧时间	较长	较短		耐屈挠	较高	较低
	压出膨胀	较高	较低		弹性	不变	不变
	压出光滑性	较低	较高		导电性	较低	较高
	压出速度	不变	不变		着色力	较高	较低

在橡胶工业中，炭黑是仅次于橡胶居第二位的重要原料，是橡胶重要的补强填料，对非结晶性橡胶补强尤为显著。其耗用量一般占橡胶耗量的 40%～50%，在天然橡胶中的用量常为合成橡胶的 10%～50%，在丁苯胶中的用量则为 30%～70%。炭黑不仅能提高橡胶制品的强度，而且能改进橡胶的工艺性能，赋予制品耐磨、耐撕裂、耐热、耐寒、耐油等多种性能，并延长橡胶制品的使用寿命。

2. 增容剂

增容剂又称惰性填料，橡胶加工中俗称填充剂，是对橡胶补强效果不大，仅仅为了增加胶料的容积以节约生胶，从而降低成本或改善工艺性能特别是压出、压延性能而加入的配合剂。需要指出，增容剂与补强剂无严格的界限，视具体的使用场合及对象。一般选择相对密度小的增容剂，这样质量轻而体积大。常用的增容剂有硫酸钡、滑石粉、云母粉等。橡胶制品中补强剂与增容剂用量较大，一般在 20%左右。

9.3　配 方 设 计

对于天然橡胶或合成橡胶，如不添加适当的配合剂，很难用来加工制造实用橡胶制品。

橡胶配方是在满足实用橡胶制品使用性能及加工性能的胶料中，各种原材料的种类和用量的搭配方案。橡胶制品的配方设计就是合理地选用适当的橡胶、配合剂和恰当的用量及最佳组合，满足产品结构、加工性能、使用条件与相应的使用性能、产品寿命、外观质量、成本等综合要求，或者在突出重点性能的前提下达到所需各种性能的综合平衡，使其质量好、加工效率高。

9.3.1　配方种类

生胶原材料和配合剂的种类繁多，作用复杂。橡胶配方设计的重点是如何保持制品的使用性能及加工性能的平衡，因此，橡胶配方一般由主体、交联、性能、加工和成本 5 个体系组成(表 9-3)。

表 9-3　橡胶配方的组成

体系	配方组成	组分数
主体原料	生胶、再生胶	1～2
交联体系	硫化剂、促进剂、活化剂、防焦剂	4～5
性能体系	补强剂、防老剂、着色剂、发泡剂、抗静电剂等	2～5
加工体系	增塑剂、润滑剂	1～2
成本体系	增容剂	1～2

配方有三种：基本配方、性能配方和生产配方。一般配方制定的步骤是先根据调研结果选材，确定基本配方，再根据实验室进行的性能试验对基本配方进行取舍，并选出综合性能最好的性能配方，最后到车间进行中试，通过试验拟定加工工艺条件，确定生产配方的组分、用量、胶料质量指标及检验方法等。

1. 基本配方

基本配方由主体材料和必需的添加剂组成，制定基本配方时主要考察主体材料和添加剂的合理性，包括种类、用量。基本配方给出的是添加剂及其基本用量，一般采用传统使用量，并且尽可能简单。

通用的基本配方组成和用量(质量份)如下：生胶 100 phr，硫磺 0.5～3.5 phr，促进剂 0.5～1.5 phr，金属氧化物 1～10 phr，有机酸 0.5～2.0 phr，防老剂 0.25～1.5 phr。

2. 性能配方

性能配方由基本配方和性能体系组成，主要针对制品性能要求，添加能提高相应性能的添加剂。

3. 生产配方

生产配方由性能配方和加工体系、成本体系组成，制定时须全面考虑原料的来源、成型加工工艺的可行性和产品的经济性。

9.3.2 配方设计原则

配方设计需考虑制品的使用性能、加工性能和成本三者的平衡，注意以下原则。

(1) 制品的性能要求。了解制品使用条件，考虑制品质量、使用寿命及力学性能等指标。

(2) 成型加工性能的要求。考虑成型加工设备的特点、制造工艺的加工操作性能及环保问题，尽量降低成本，降低原材料消耗。

(3) 原材料的要求。考虑原材料供应问题和技术质量指标，原材料使用尽量立足国内，因地制宜，要求原材料来源容易、产地较近、价格合理。

(4) 产品的经济成本要求。了解所使用生胶和配合剂的性能及各种配合剂的相互关系。在满足使用性能的前提下，根据性价比选用原材料，并通过配方调整来提高生产效率。

9.3.3 配方设计程序

配方设计过程是高分子材料各种基本理论的综合应用过程，是高分子材料结构与性能关系在实际应用中的体现。因此，配方设计时应该综合理论基础和专业知识，主要包括：①橡胶基本理论知识，如高分子结构、结晶、性能、硫化、老化、补强等；②橡胶原材料基本知识，如产品性能、应用要求等，特别是各厂家原材料产品性能差别和新产品；③橡胶基本工艺知识，如混炼、塑炼、压延、压出、硫化、成型及有关生产设备等；④橡胶性能测定方面的知识和操作，如强度、拉伸性能、弹性、老化性能测定等。

配方设计就是选择生胶和配合剂的种类和用量，制定经济合理的工艺条件，以获得综合性能良好的实用制品。配方设计程序如下：

(1) 选用基料：综合考虑使用性能、工艺条件、成本要求。

(2) 选用硫化剂及促进剂。

(3) 根据成本改进配方。

习题与思考题

1. 根据 NR、SBR、BR、IR 的配方实例，分别说明 NR、SBR、BR、IR 各配方的原理、配方中各成分的作用。

2. 根据 IIR、EPR、CR、NBR 的配方实例，分别说明 IIR、EPR、CR、NBR 各配方的原理、配方中各成分的作用。

3. 简述炭黑补强橡胶的原理。

4. 影响炭黑补强效果的因素有哪些？

5. 举例说明橡胶老化的防护方法。

6. 什么是液体橡胶？与普通橡胶相比有什么优缺点？

7. 橡胶配方设计有什么原则？

第 10 章　胶料的加工

橡胶加工包括生胶的塑炼、塑炼胶与各种配合剂的混炼及成型、胶料的硫化等工序。由生胶及配合剂制成橡胶制品的工艺流程为：塑炼→混炼→压延→压出→硫化→制品。

10.1　塑　　炼

橡胶是强韧的高弹态高分子，其分子量一般高达几十万，而成型加工需要柔软的塑性状态，解决的办法是进行塑炼。塑炼是橡胶加工的第一个工序，是通过机械应力、热、氧或加入某些化学试剂等方式，降低生胶分子量和黏度以提高其可塑性并获得适当的流动性，使橡胶由强韧的高弹性状态转变为柔软的塑性状态的过程。塑炼过程中一般不加配合剂，主要是改变橡胶的弹塑性，以满足混炼和成型进一步加工的需要。

10.1.1　塑炼目的

塑炼的目的是：①降低生胶的弹性，增大可塑性，以利于混炼时配合剂的混入和均匀分散；②改善胶料的流动性，以便于压延、压出操作，使胶坯形状和尺寸稳定；③增大胶料黏着性，以方便成型操作；④提高胶料的溶解性，以便于制造胶浆，并降低胶浆黏度使之易于渗入纤维孔眼，增大附着力；⑤改善胶料的充模性，使模制品的花纹清晰饱满；⑥改善橡胶的共混性，以利于不同黏度的生胶均匀混合。总之，橡胶要有恰当的可塑性才能在混炼时与各种配合剂均匀混合，在压延加工时易于渗入纺织物中，在压型、注压时具有较好的流动性。此外，塑炼还能使生胶分子量分布变窄，胶料质量、性能均匀一致，以便于控制生产过程。

橡胶的可塑度通常用威廉氏可塑度、德弗硬度和穆尼黏度等表示。

威廉氏可塑度(P)通过一定温度下试片在两平行板间受一定负荷作用下的高度变化计算：

$$P=\frac{h_0-h_2}{h_0+h_1} \tag{10-1}$$

式中，h_0为试片原高度；h_1为试片于温度 70℃下在两平行板间受 5 kg 负荷挤压 3 min 后的高度；h_2为试片去除负荷后在室温下恢复 3 min 后的高度。当试片是完全弹性体时，$h_2=h_0$($P=0$)，当试片是完全塑性体时，$h_2=h_1=0$($P=1$)。

德弗硬度通过试样在一定温度和时间内压至规定高度所需要的荷重(g)测量。

穆尼黏度表征试样于一定温度、压力和时间的情况下，在活动面与固定面之间变形时所受的扭力。

10.1.2　塑炼机理

橡胶经塑炼而增强可塑性的实质是橡胶分子断链，高分子链长度降低，分子量降低。断裂作用既可发生于高分子主链，又可发生于侧链。橡胶在塑炼时受到氧、电、热、机械力和增塑剂等因素的作用，因此塑炼机理与这些因素密切相关，其中起重要作用的是氧和机械力，而且两者相辅相成。塑炼通常可分为低温塑炼和高温塑炼两种。下面以天然橡胶为例，分别阐述低温塑炼和高温塑炼机理。

1. 低温塑炼

低温塑炼以机械降解作用为主，氧起到稳定自由基的作用。低温时在机械力作用下，首先切断橡胶高分子链生成高分子自由基：

$$\sim\!CH_2-\underset{}{\overset{CH_3}{\overset{|}{C}}}=CH-CH_2\,\vdots\,CH_2\!\sim\ \xrightarrow{\text{剪切力}}\ \underset{(\mathrm{I})}{\sim\!CH_2-\overset{CH_3}{\overset{|}{C}}=CH-\overset{\alpha}{\dot{C}}H_2}+\underset{(\mathrm{II})}{\cdot CH_2\!\sim} \tag{10-2}$$

若周围有氧存在，生成的自由基(Ⅰ)和(Ⅱ)会立即与氧作用，分别生成橡胶高分子过氧化物自由基(Ⅲ)和(Ⅴ)。新生成的橡胶高分子过氧化物自由基(Ⅲ)和(Ⅴ)在室温下不稳定，会与橡胶分子 RH 反应生成稳定的产物(Ⅳ)和(Ⅵ)。从而阻止了橡胶自由基的重新结合，分子链长度降低，起到塑炼的效果。相关反应如下：

$$\underset{(\mathrm{I})}{\sim\!CH_2-\overset{CH_3}{\overset{|}{C}}=CH-\overset{\alpha}{\dot{C}}H_2}+O_2\longrightarrow\underset{(\mathrm{III})}{\sim\!CH_2-\overset{CH_3}{\overset{|}{C}}=CH-CH_2-OO\cdot} \tag{10-3}$$

$$\underset{(\mathrm{III})}{\sim\!CH_2-\overset{CH_3}{\overset{|}{C}}=CH-CH_2-OO\cdot}+RH\longrightarrow\underset{(\mathrm{IV})}{\sim\!CH_2-\overset{CH_3}{\overset{|}{C}}=CH-CH_2-OOH}+R\cdot \tag{10-4}$$

$$\underset{(\mathrm{II})}{\cdot CH_2\!\sim}+O_2\longrightarrow\underset{(\mathrm{V})}{\cdot OO-CH_2\!\sim} \tag{10-5}$$

$$\underset{(\mathrm{V})}{\cdot OO-CH_2\!\sim}+RH\longrightarrow\underset{(\mathrm{VI})}{HOO-CH_2\!\sim} \tag{10-6}$$

2. 高温塑炼

温度提高，橡胶分子和氧均活泼，可直接进行氧化反应，使橡胶分子降解。高温塑炼以自动氧化降解作用为主，机械作用可强化橡胶与氧的接触。在温度较高时，由于橡胶软化，机械力的作用明显减小，橡胶表面的氧被活化，与橡胶高分子发生氧化断裂(自动催化氧化连锁反应)，完成塑炼。

链引发：$RH + O_2 \longrightarrow R\cdot + HOO\cdot$ (10-7)

链增长：$R\cdot + O_2 \longrightarrow ROO\cdot$ (10-8)

$ROO\cdot + R'H \longrightarrow ROOH + R'\cdot$ (10-9)

链终止：$ROOH \longrightarrow RO\cdot + \cdot OH \longrightarrow R'OOH + R''OH$ (10-10)

$(R = R' + R'')$

例如，天然橡胶在高温下，由于空气中氧对橡胶分子的自动氧化作用，形成高分子自由基(Ⅶ)：

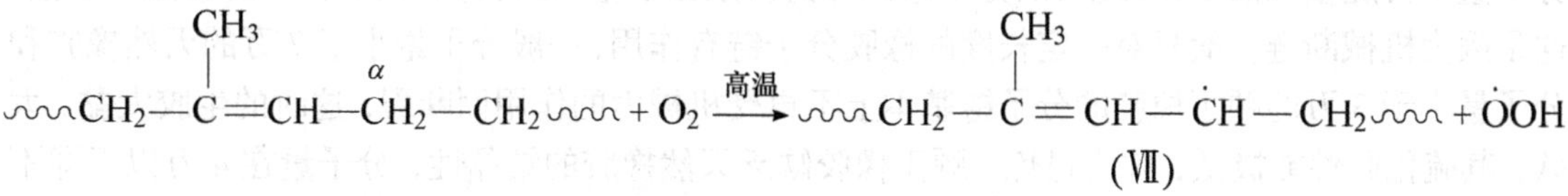

(10-11)

(1)空气充足时，高分子自由基(Ⅶ)继续发生氧化反应：

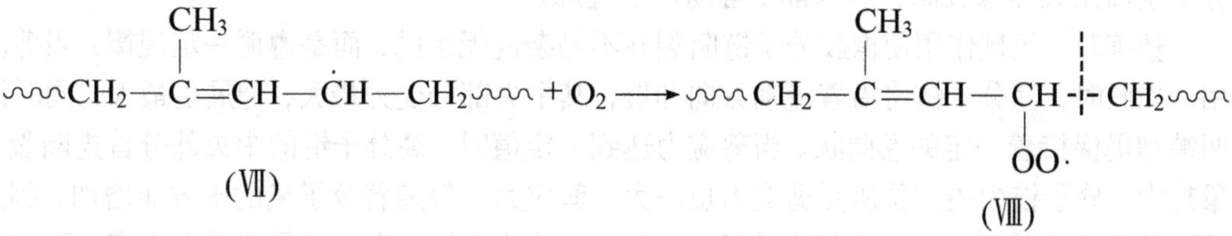

(10-12)

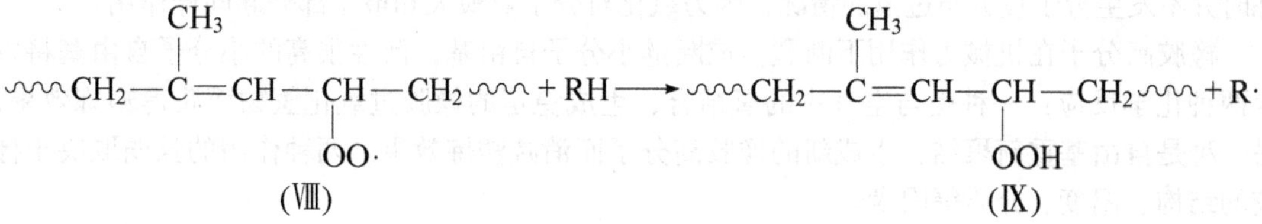

(10-13)

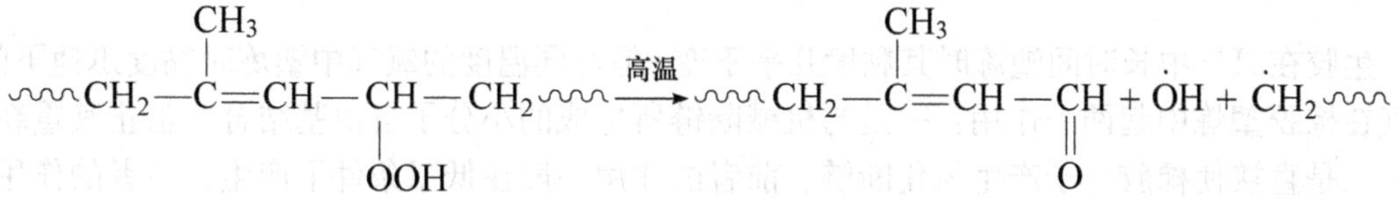

(10-14)

(2)空气不足或在氮气中时，高分子自由基(Ⅶ)发生交联反应：

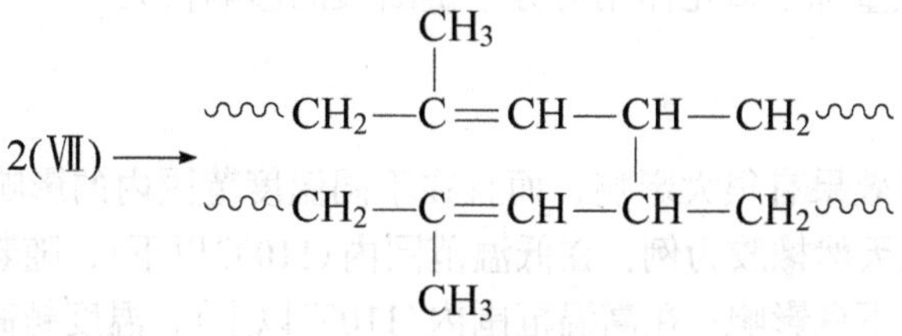

(10-15)

10.1.3 塑炼的影响因素

塑炼过程中的主要影响因素为机械力、氧气、温度、静电、化学增塑剂、交联等，其中起重要作用的是机械力和氧气。

1. 机械力

塑炼中的剪切力使橡胶分子断裂。橡胶在炼胶机辊或转子的作用下受到强烈地剪切和撕拉，相互卷曲交织在一起的分子链被拉直，并从应力集中的链位(多在中央部位)断裂。机械断链作用在塑炼初期表现得最为强烈，橡胶的分子量下降很快，以后渐趋平缓，进而达到极限，分子量不再随塑炼而变化，此时的分子量即称为极限分子量。每种橡胶都有特定的极限分子量，这是因为机械断链一般只对一定长度的橡胶分子链有作用，一般分子量小于 7 万的天然橡胶和分子量小于 3 万的顺丁橡胶的分子链基本上不再受机械力的作用而断裂，这时的生胶太黏、太软，其硫化胶性能极低，称为过炼。顺丁橡胶缺乏天然橡胶的结晶性，分子量在 4 万以下即不受机械力破坏。丁苯橡胶和丁腈橡胶虽然由丁二烯合成，但由于分子内聚力比顺丁橡胶大，T_g 较高，分子量降低程度介于顺丁橡胶和天然橡胶之间。总体来说，这些合成橡胶塑炼后的平均分子量都比天然橡胶高，所以都不容易产生过炼。

塑炼时，机械作用使橡胶分子链断裂并不是杂乱无章的，而是遵循一定规律：当剪应力作用于橡胶时，其分子链将沿着流动方向伸展，其中央部分受力最大，伸展也最大，同时链段的两端却仍保持着一定的卷曲状。当剪应力达到一定值时，高分子链的中央部分首先断裂，分子量越大，分子链中央部位所受剪应力也越大。剪应力一般随着分子量的平方而增加，因此，分子链越长越容易切断。随着塑炼时间的增加，总的趋势是使生胶分子量分布变窄。而在高温塑炼时并不发生分子量分布过窄的情况，因为氧化对分子量最大和最小部分起同样作用。

橡胶高分子在机械力作用下断裂生成断链小分子自由基，活性很高的小分子自由基将发生两种化学反应：一种是与空气中的氧结合，生成稳定的橡胶过氧化氢物而获得塑炼效果；另一种是自由基重新聚结，生成新的橡胶高分子而消减塑炼效果。两种作用的强弱取决于橡胶的结构、温度、介质等因素。

2. 氧气

生胶在氮气中长时间塑炼时其黏度几乎不变，但在同温度的氧气中塑炼时黏度迅速下降。氧气在橡胶塑炼中起两个作用：一是与机械断链所生成的小分子自由基结合，阻止其重新聚结；二是直接使橡胶分子产生氧化断链。前者的作用一般在低温条件下产生，后者的作用在高温条件下产生。高温条件下氧化断链作用对橡胶大分子链和小分子链是同等的，所以在橡胶平均分子量变小的同时，分子量分布不会变窄。试验表明，生胶结合 0.03%的氧就能使分子量降低 50%，可见在塑炼中氧化作用对分子链断裂的影响很大。

3. 温度

温度对橡胶的塑炼效果有很大影响，而且在不同温度范围内的影响也不同。温度对塑炼的作用具有两重性，以天然橡胶为例：在低温范围内(110℃以下)，随着温度升高，塑炼效果降低，升温对塑炼产生不良影响；在高温范围内(110℃以上)，温度越高，塑炼效果越好，升温对塑炼起促进作用(图 10-1)。图中温度对塑炼效果的影响曲线呈现“U”字形，其中下降曲线代表低温塑炼，上升曲线代表高温塑炼，两条曲线在最低值附近相交。低温塑炼时，由于橡胶较硬、黏度高，受到的机械破坏作用较剧烈，主要是机械破坏作用使橡胶分子断链而获得塑炼效果；高温塑炼时，橡胶由硬变软、黏度降低，橡胶分子链在机械力作用下容易产生滑移，主要是氧的氧化裂解作用使橡胶分子链降解。高温塑炼时，机械作用主要是翻动和搅拌生胶，以增加生胶与氧的接触，从而加速裂解过程。因此，在较高温度下利用氧化降解作用塑炼，在较低温度下利用机械破坏作用塑炼，效果最好。

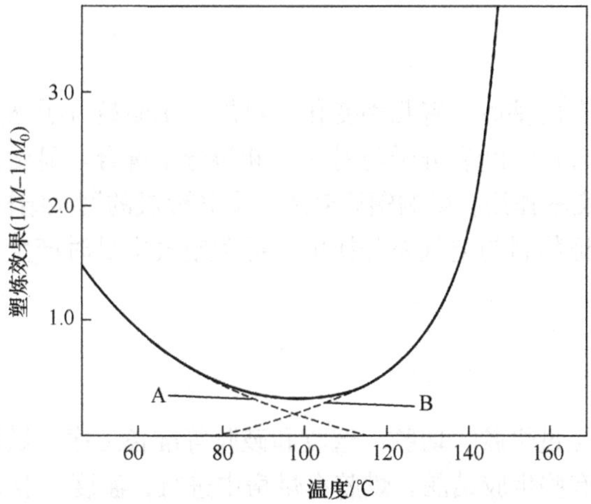

图 10-1　天然橡胶塑炼效果与温度的关系

M_0. 塑炼前的分子量；M. 塑炼 30 min 后的分子量；A. 低温塑炼；B. 高温塑炼

4. 静电

塑炼过程中，生胶受到机械的剧烈摩擦而产生静电。橡胶与辊筒或转子表面接触处产生的电位差造成辊筒和堆积胶间经常有电火花。这种放电可促进生胶表面的氧激发活化，生成原子态氧和臭氧，从而加速氧化断链作用，促使橡胶分子进一步氧化断裂。

5. 化学增塑剂

无论低温塑炼还是高温塑炼，加入化学增塑剂都能加强氧化作用，促进橡胶分子断裂，从而提高塑炼效果。化学增塑剂又称塑解剂，其增强塑炼效果的作用机理主要有两方面：一是塑解剂在塑炼过程中受热、氧的作用，分解产生自由基，这些自由基能使橡胶高分子链发生氧化降解；二是塑解剂能封闭塑炼过程中橡胶高分子链断裂生成的端基，并使其丧失活性，不再重新结合，从而使可塑性增加。

由于塑解剂的效能随温度的升高而增强，因此在密炼机高温塑炼中使用塑解剂比在开炼机低温塑炼中更为有效。在密炼机里使用塑解剂节省的塑炼时间和能量可高达 50%。常用化学塑解剂的种类和作用机理如下。

(1) 接受剂型增塑剂，如硫酚、苯醌和偶氮苯等，属低温塑解剂。在低温塑炼时起自由基接受剂作用，能使断链的橡胶分子自由基稳定，生成较短的分子链。

(2) 引发剂型增塑剂，如过氧化二苯甲酰和偶氮二异丁腈等，属高温塑解剂。在高温下分解成极不稳定的自由基，再引发橡胶分子生成高分子自由基，进而氧化断链。由于橡胶自由基的存在，其在空气中会按自动氧化反应过程进一步反应，直至最后分解为小分子量化合物。

(3) 混合型增塑剂，又称链转移型塑解剂，如硫醇类及二邻苯甲酰胺基苯基二硫化物类物质。这类塑解剂兼具引发剂和接受剂两种功能，既能在低温塑炼时起自由基接受剂作用，使橡胶分子自由基稳定，又能在高温下引发橡胶形成自由基加速自动氧化断链。

因此，使用引发型塑解剂时宜在较高温度下塑炼，使用接受型塑解剂时宜在较低温度下塑炼。

6. 交联

橡胶分子断裂成链自由基后，有几种变化的可能：①断裂分子被氧和塑解剂封闭；②本身分子在断裂处重新键合；③断裂分子与另一个断裂分子键合。显然，②和③是不希望发生的。其中③有可能产生交联作用，影响塑炼效果，交联形成的网状结构对后续加工十分有害。因此，塑炼过程中要保证物料与空气充分接触，避免空气不足时产生交联反应，还要根据情况使用塑解剂。

10.1.4　塑炼工艺

生胶塑炼之前需先经过烘胶、切胶、选胶和破胶等准备工序。烘胶可以降低生胶的硬度以便于切割，同时解除有些生胶结晶。烘胶在烘房中进行，温度一般为 50～70℃。切胶是将烘热的生胶用切胶机切成 10 kg 左右的小块以便于塑炼。切胶后应筛选除去表面砂粒和杂质。破胶在辊筒粗而短的破胶机中进行，以提高塑炼效率。破胶时的辊距一般在 2～3 mm，辊温在 45℃以下。

按照塑炼机理，塑炼工艺可分为机械塑炼法、化学塑炼法和物理塑炼法三种类型。

(1) 机械塑炼法，通过开炼机、密炼机和螺杆塑炼机等的机械破坏作用，使橡胶分子断链。其中氧和摩擦作用使塑炼效果提高。

(2) 化学塑炼法，借助化学增塑剂的作用，引发并促进高分子链的断裂。例如，天然橡胶在高温塑炼时添加 0.3%～0.5% 塑解剂后，塑炼时间可以缩短 30%～50%。

(3) 物理塑炼法，通过添加大量软化剂，减小橡胶分子之间的相互作用力，从而增加分子活动能力。例如，各种充油橡胶的塑炼(充油 BR、充油 SBR、充油 SBS、充油 EPDM 等)。

按照塑炼所使用的设备类型，塑炼可大致分为以下三种方法。

1. 开炼机塑炼

开炼机(开放式炼胶机)是传统的塑炼设备，其基本工作部件是两个圆柱形的中空辊筒，两辊筒水平平行排列，以不同的转速相对回转，胶料放到两辊筒间的上方，在摩擦力的作用下被辊筒带入辊距中。由于两辊筒表面的线旋转速度不同，胶料通过辊筒时的速度不同。开炼机塑炼就是凭借前后辊对生胶的相对速度不同而引起的剪切作用及强烈的挤压、拉撕作用，使橡胶链断裂，从而获得可塑性。

开炼机塑炼是使用最早的塑炼方法，其优点是塑炼胶料质量好，收缩小，但生产效率低，劳动强度大，属于间歇式的生产模式。此法适宜于胶料变化多和耗胶量少的工厂。开炼机塑炼属于低温塑炼，因此，降低橡胶温度以增大作用力是开炼机塑炼的关键。与温度和机械作用力有关的设备特性和工艺条件都是影响塑炼效果的重要因素。影响因素主要有：辊温、辊距、塑炼时间、辊速和速比、装胶容量和塑解剂等。其中，辊距、辊速比、温度是影响开炼机塑炼效果的主要因素。两辊间距缩小，剪切作用增大，塑炼效果增强。温度越低，塑炼效果越好。也可使用塑解剂，塑炼温度可低一些。开炼过程中，空气中的氧和臭氧与物料接触较多，塑炼作用较好。塑炼中挤压、剪切作用会产生大量热量，需要对双辊通入冷水冷却(胶料温度一般控制在 55℃以下)；可采用分段塑炼，一般塑炼 10～15 min 后冷却一段时间再塑炼。

2. 密炼机塑炼

密炼机(密闭式炼胶机)塑炼是将称量好的橡胶投到密炼机的密炼室内，对物料进行加压，密炼室内两个转子以不同的速度相向回转，使被加工的生胶在转子间隙中、转子与密炼室壁的间隙中，以及转子与上、下顶栓的间隙中受到不断变化的剪切、扯断、搅拌、折卷和摩擦的强烈捏炼作用，在高温、快速和加压的条件下很快提高橡胶的可塑性。密炼机的转子与密炼室内壁、转子与转子的间隙很小，物料在塑炼中所受剪切作用很大。物料不仅上下翻转，还受 Z 形转子的旋转带动而沿转子纵向来回运动，因此物料相互混合效果较好。由于塑炼中剪切作用大，即使冷却，温度仍很高，因此塑炼时间短。密炼机塑炼的生产能力大、劳动强度较低、电力消耗少，但由于是密闭系统，清理较困难，仅适用于胶种变化少的场合。

密炼机塑炼主要靠转子机械作用和热氧化裂解作用。密炼机塑炼的影响因素有转子转速、密炼室温度、塑炼时间、装胶容量和上顶栓压力等，其中装胶容量和上顶栓压力是影响密炼机塑炼效果的主要因素。由于塑炼效果在一定范围内随压力增加而增大，因此上顶栓压力一般在 0.5 MPa 以上，有时甚至达到 0.6～0.8 MPa。

密炼机塑炼属于高温机械塑炼，塑炼效果随温度升高而增大，但温度过高会导致橡胶分子链过度降解，致使胶料力学性能下降。例如，天然橡胶塑炼温度一般为 140～160℃，而丁苯橡胶用密炼机塑炼时如超过 140℃会产生支化、交联，形成凝胶，反而降低可塑性，在 170℃下塑炼还会生成紧密型凝胶。为了提高密炼机的使用效率，通常对可塑性要求高的胶料采用分段塑炼或加塑解剂塑炼。

3. 螺杆机塑炼

螺杆机塑炼主要利用螺杆与机筒间的机械剪切力和高温热作用使橡胶分子链断裂，与开炼机和密炼机塑炼的差别是螺杆机塑炼中氧对生胶的作用较小。因此，采用螺杆机塑炼时应该严格控制排胶温度在 80℃以下，防止出胶后胶料表面氧化作用，并尽量避免产生夹生胶。

螺杆机的螺杆分为前后两段。靠近加料口的一段为三角形螺纹，其螺距逐渐减小，以保证吃胶、送料及初步加热和捏炼。靠近排胶孔的一段为不等腰梯形螺纹，胶料在这里经进一步挤压剪切后被推向机头，并再次受到捏炼作用。在前后两段螺纹中间的机筒内表面上装有切刀，以增加胶料被切割翻转的作用。机头由机头套和芯轴组成，机头套内表面有直沟槽，芯轴外表面有锥状体螺旋沟槽，胶料通过机头时进一步受到捏炼。机头套与芯轴之间的出胶孔隙大小可以通过机筒或螺杆的前后相对移动而调整。排胶孔出来的筒状塑炼胶片在出口处被切刀划开成片状，经输送带送往压片机补充塑炼和冷却下片。生胶进入料筒后，通过螺杆的旋转向口模方向行进；螺杆旋转时，由于螺杆与料筒的间隙很小，形成较大的剪切作用而使生胶塑炼。

螺杆机塑炼的特点是在高温下进行连续塑炼。胶料在料筒内因剪切摩擦而升温，属高温连续机械塑炼。在螺杆机中生胶一方面受到强烈的搅拌作用，另一方面由于生胶受螺杆与机筒内壁的摩擦产生大量的热，加速了氧化裂解。用螺杆机塑炼时，温度控制很重要，一般机筒温度以 95～110℃为宜，机头温度以 80～90℃为宜。机筒温度超过 120℃则排胶温度太高而使胶片发黏、粘辊，不易后续加工；机筒温度低于 90℃时，设备负荷增大，塑炼胶会出现夹生现象。螺杆机塑炼的生产效率比密炼机高，生产能力较大，并能连续生产。但缺点是在操作运行中产生大量的热，对生胶力学性能的破坏性较大，分子量分布较宽。如果对塑炼温度加以合理控制，则可将这种破坏限制在最低程度。

10.1.5　橡胶的塑炼特性

1. 天然橡胶与合成橡胶塑炼特性的差别

橡胶的塑炼特性随其化学组成、结构、分子量及其分布等的不同而有显著差异。天然橡胶与合成橡胶塑炼特性的差别见表 10-1。

表 10-1　天然橡胶与合成橡胶的塑炼特性

特性	天然橡胶	合成橡胶	特性	天然橡胶	合成橡胶
塑炼难易	易	难	复原性	小	大
生热	小	大	收缩性	小	大
增塑剂	有效	效果低	黏着性	大	小

2. 合成橡胶低温塑炼的条件

合成橡胶比天然橡胶塑炼困难，根据塑炼机理，合成橡胶在低温塑炼时需满足下列条件：①橡胶分子主链中有结合能较低的弱键存在；②橡胶所受剪应力较大；③被切断的橡胶高分子自由基不易发生再结合或与其他橡胶分子反应；④尽可能使橡胶高分子在氧化断链反应中生成的过氧化物对橡胶分子产生断链作用，而不成为交联反应的引发剂。

3. 多数二烯类合成橡胶难塑炼的原因

由于大多数二烯类合成橡胶不具备上述合成橡胶低温塑炼需满足的条件，因此较难塑炼。难塑炼的原因如下。

(1) 在天然橡胶聚异戊二烯链中存在的甲基共轭效应在聚丁二烯橡胶和丁苯胶中不存在，所以机械塑炼时二烯类橡胶分子链的断裂不如天然橡胶容易。

(2) 合成橡胶初始黏度一般较低，分子链短，在塑炼时分子间易滑动，剪切作用减少。同时，合成橡胶在辊压伸长时的结晶也不如天然橡胶显著，因此在相同条件下所受机械剪切力比天然橡胶低。

(3) 在机械力作用下生成的丁二烯类橡胶分子自由基的稳定性比天然橡胶聚异戊二烯的低，在缺氧条件会再结合成长链型分子或产生支化和凝胶。在有氧存在的条件下，能产生氧化作用，同时发生分解和支化等反应，分解反应导致橡胶分子量降低，支化反应导致凝胶的生成。

10.2 混　炼

混炼是用炼胶机将生胶或塑炼生胶与配合剂炼成混炼胶的工艺，是橡胶加工中最重要的生产工艺之一。

10.2.1 混炼目的

为了提高橡胶产品的使用性能，改进橡胶工艺性能和降低成本，必须在生胶中加入各种配合剂。混炼就是将各种配合剂与可塑度合乎要求的生胶或塑炼生胶在一定的温度和机械力作用下混合均匀，制成性能均一、可供成型的混炼胶的过程。混炼的目的是通过机械作用使生胶和各种配合剂均匀混合，混炼的成品称为混炼胶。在混炼胶中粒状配合剂呈分散相，生胶呈连续相。若混炼不良，胶料会出现各种各样的问题，如焦烧、喷霜(混炼胶或硫化胶内部的液体或固体配合剂因迁移而在橡胶制品表面析出形成云雾状或白色粉末物质的现象)等，使压延、压出、涂胶、硫化等工序难以正常进行，并导致成品性能下降。

在混炼过程中，橡胶分子结构、分子量大小及其分布、配合剂聚集状态均发生变化。通过混炼，橡胶与配合剂发生物理及化学作用，形成新的结构。混炼胶就是一种具有复杂结构特性的分散体系，控制混炼胶质量对保持半成品和成品性能有重要意义。通常采用的检查混炼效果的方法有：目测或显微镜观察、测定可塑性、测定相对密度、测定硬度、测定力学性能和进行化学分析等。检验的目的是判断胶料中的配合剂是否分散良好，有无漏加和错加配合剂，以及混炼操作是否符合工艺要求等。

10.2.2 混炼机理

由于生胶黏度很高，为使各种配合剂均匀混入和分散，必须借助炼胶机的强烈机械作用进行混炼。由于各种配合剂的表面性质不同，它们对橡胶的活性影响也不一致。按照表面特性，配合剂一般可分为两类：一类具有亲水性，如碳酸盐、陶土、氧化锌、锌钡白等；另一类具有疏水性，如各种炭黑等。

用量最大的配合剂是炭黑。炭黑在橡胶中的均匀分散过程有三个阶段：第一阶段润湿过程，即生胶分子逐渐进入炭黑颗粒聚集体的空隙中成为包容橡胶(occluded rubber)；第二阶段分散过程，在强剪切力作用下，包容橡胶体积逐渐变小，直至炭黑在生胶中充分分散；第三阶段生胶的化学降解阶段，此时橡胶分子链受剪切力作用而断裂，分子量和黏度下降。

生胶的混炼性能好坏常以炭黑混入时间(black incorporation time，BIT)衡量。炭黑混入时间是指炭黑被混炼到均匀分散所需的时间，一般用密炼机的转动力矩对时间作图(图 10-2)，将出现第二个转矩峰作为分散过程终结，出现第二个转矩峰的时间称为炭黑混入时间，即 BIT 值。BIT 值越小，混炼越容易。

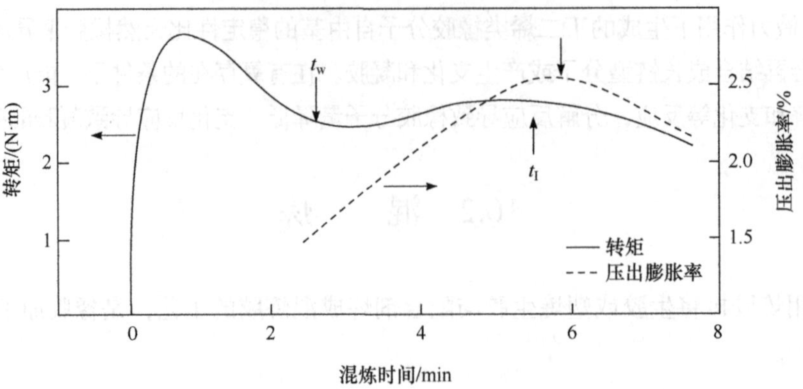

图 10-2　生胶混炼过程中密炼转矩和混炼胶压出膨胀率的变化

t_W. 炭黑在胶料中的润湿分散时间；t_I. 炭黑润湿分散结束及胶料开始降解时间

混炼时的辊筒温度决定了生胶的包辊性能，辊筒温度与生胶的包辊现象可以分为四个区域，如表 10-2 所示。由表 10-2 可见，应选择适当的辊筒温度，使生胶在包辊的 2 区进行混炼，而压延在 4 区进行。

表 10-2　生胶的包辊现象

生胶在辊筒上的状况	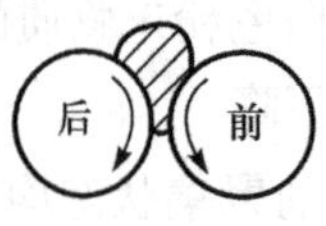 1区	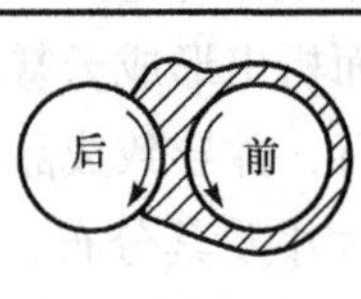 2区	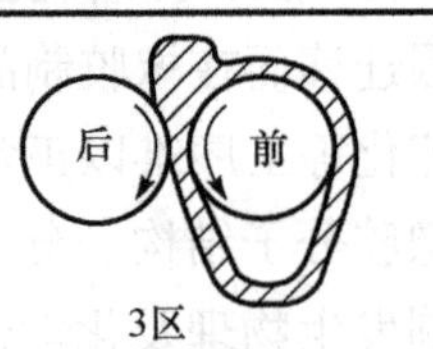 3区	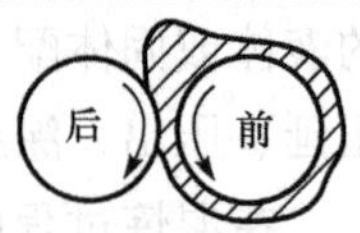 4区
辊温	低 ——————————————————→ 高			
生胶力学状态	弹性固体 ————→ 高弹性固体 ————→ 黏弹性流体			
包辊现象	生胶不能进入辊距，强制压入则成碎块	生胶紧包前辊，成为弹性胶带，不破裂，混炼分散好	生胶脱辊，胶带成袋囊形或破裂，不能混炼	呈黏流薄片，生胶紧包前辊

10.2.3　混炼的影响因素

混炼胶组分复杂，组分性质影响混炼过程、分散程度及混炼胶的结构。

1. 配合剂的性质

1) 分散性

一般能溶于橡胶的配合剂比较容易混合均匀，如软化剂、促进剂、硫磺。不能溶于橡胶的配合剂不容易混合均匀，如填充剂、补强剂。

2) 几何形状

球状配合剂(即使不溶于橡胶)比较容易混合均匀，如炭黑。片状、针状等不对称形状的配合剂一般不容易混合均匀，如陶土、滑石粉、石棉。

3) 表面性质

表面性质与橡胶相近的配合剂容易混合均匀，如炭黑。表面性质与橡胶相差较大的配合剂不容易混合均匀，如陶土、硫酸钡、碳酸钙、氧化锌、氧化镁。对于表面性质与橡胶相差较大的配合剂，可以采用加入表面活性剂的办法来解决其不容易混合均匀的问题。常用的表面活性剂有硬脂酸、高级醇、含氮化合物。

4) 聚集体

对于粒径很小的配合剂(如炭黑、某些填充剂)，颗粒团聚倾向很大，必须在混炼时使其搓开。根据剪切力 τ 与表观黏度 η_a、剪切速率 $\dot{\gamma}$ 的关系式：

$$\tau = \eta_a \dot{\gamma} \tag{10-16}$$

可知，胶料黏度高有利于分散团聚体。因此，塑炼胶的可塑性不宜过大，混炼温度不宜过高。

2. 结合橡胶的作用

混炼过程中，当橡胶分子被断裂成链自由基时，炭黑粒子表面的活性部位能与链自由基结合，形成一种不溶于橡胶溶剂的产物，即结合橡胶。已经与炭黑结合的橡胶分子又会通过缠结、交联等结合更多的橡胶分子，生成更多的结合橡胶。不仅在混炼中会生成结合橡胶，在混炼后的停放过程中也会生成结合橡胶。

结合橡胶的生成有利于补强剂、填充剂的分散，有利于改善物料性能。但如果生成的与橡胶结合的炭黑凝胶过多，则难以进一步分散。一般，橡胶的不饱和度越高，越容易生成结合橡胶；橡胶的化学活性越大，越容易生成结合橡胶；配合剂粒子越细，越容易生成结合橡胶；配合剂活性越大，越容易生成结合橡胶；混炼温度越高，越容易生成结合橡胶。

3. 混炼胶的结构

混炼胶是一种具有复杂结构特性的胶态分散体，由粒状配合剂分散于生胶中而形成。混炼胶与一般胶态分散体系的区别在于：

(1) 分散介质由生胶和溶于生胶的配合剂共同组成，分散介质和分散体的组成随温度而变。

(2) 细粒状配合剂分散在生胶中，在接触界面上形成多种化学、物理的结合。

(3) 橡胶的黏度很高，热力学不稳定性不明显。

10.2.4　混炼工艺

混炼需借助强大机械力作用进行。混炼时的加料顺序是：①先加塑炼胶或具有一定可塑性的生胶；②再加用量少、难分散的配合剂；③后加用量多、易分散的配合剂；④最后加硫磺等硫化剂。

混炼工艺依所用炼胶机的类型而异，按其使用的炼胶机一般可分为开炼机混炼、密炼机混炼和螺杆机混炼。

1. 开炼机混炼

开炼机混炼是在炼胶机上先将橡胶压软，然后按一定顺序加入各种配合剂，经反复捣胶压炼，采用小辊距薄通法，使橡胶与配合剂互相混合以得到均匀的混炼胶。

加料顺序对混炼操作和胶料的质量都有很大影响，不同的胶料，根据所用原材料的特点，采用一定的加料顺序，通常为：生胶或塑炼胶→固体软化剂→小料(促进剂、活性剂、防老剂)→液体软化剂→补强剂、填充剂→硫磺、超促进剂。

开炼机混炼的工艺控制因素主要是辊速、速比和辊温，一般辊速为15～35 r/min，速比为1∶1.1～1∶1.2，辊温为50～60℃。因剪切升温，混炼中需通入冷却水。混炼中采用割开、翻动、折叠等方法，使各配合剂与胶料混合均匀。

开放式炼胶机混炼的缺点是粉剂飞扬大、劳动强度大、生产效率低，生产规模也比较小。优点是适合混炼的胶料产品多，适应性强，可混炼各种胶料；混炼后的胶料成片状，可直接进行后加工，无需辅助混炼。

2. 密炼机混炼

密炼机混炼一般和压片机配合使用，先把生胶和配合剂按一定顺序投入密炼机的混炼室内，使之相互混合均匀后，排胶于压片机上压成片，并使胶料温度降低(不高于100℃)，然后加入硫化剂和需低温加入的配合剂，通过捣胶装置或人工捣胶反复压炼，以混炼均匀。

密炼机混炼方法主要有一段混炼法、二段混炼法、引料法和逆混法。

(1)一段混炼法是指经密炼机和压片机一次混炼制成混炼胶的方法。通常加料顺序为：生胶→小料→填充剂→炭黑→油料软化剂→排料。胶料直接排入压片机，薄通数次后，使胶料降至100℃以下，再加入硫磺和促进剂，翻炼均匀后下片冷却。此法的优点是比二段混炼法的胶料停放时间短和占地面积小，缺点是胶料可塑性偏低，补强剂炭黑不易分散均匀，而且胶料在密炼机中的炼胶时间长，易产生早期硫化。此法较适用于天然橡胶胶料和合成橡胶比例不超过50%的胶料。

(2)二段混炼法是混炼过程分为两个阶段。其中第一段同一段混炼法一样，只是不加硫磺和活性较大的促进剂，首先制成一段混炼胶(炭黑母炼胶)，然后下片冷却停放8 h以上。第二段是将第一段混炼胶放回密炼机上进行补充混炼加工，待捏炼均匀后排料至压片机，加硫化剂、促进剂，并翻炼均匀下片。为了使炭黑更好地在橡胶中分散，提高生产效率，通常第一段在快速密炼机(转速40 r/min以上)中进行，第二段则采用慢速密炼机，以便在较低的温度加入硫化剂。密炼机加料顺序一般为：生胶→小料→填充剂→补强剂→液体增塑剂→硫磺。一般当合成橡胶比例超过50%时，为改进并用胶的掺和、炭黑的分散，提高混炼胶的质量和硫化胶的力学性能，可以采用二段混炼法，如氯丁胶料、顺丁胶料等。

(3)引料法是在投料同时投入少量(1.5～2 kg)预混好的未加硫磺的胶料，作为引胶或种子胶。当生胶和配合剂之间浸润性差、粉状配合剂混入有困难时，这样可大大加快粉状配合剂的混合分散速度。无论是在一段、二段混炼法还是逆混法中，加入引胶均可获得良好的分散效果。例如，丁基橡胶的内聚力低、自黏性差，胶料容易散碎，重新聚结为整体的过程又十分缓慢，混炼时需要较高的混炼温度与较长的混炼时间，混炼时配合剂不易分散，包辊性较差。因此，使用开炼机或密炼机混炼丁基橡胶时，常采用引料法来克服丁基橡胶包辊性差的问题，加料过程中采取慢加料分批进行。首先将配方中一半生胶以小辊隙反复薄通，待包辊后再加另一半生胶，以提高混炼效果。

(4)逆混法是加料顺序与上述诸法加料顺序相反的混炼方法。先将炭黑等各种配合剂和软化剂按一定顺序投入混炼室，在混炼一段时间后再投入生胶或塑炼胶进行加压混炼。其优点是可缩短混炼时间，还可提高胶料的性能。该法适合于能大量添加补强剂特别是炭黑的胶种，如顺丁橡胶、乙丙橡胶等，也可用于丁基橡胶。逆混法还可根据胶料配方特点加以改进，如抽胶改进逆混法及抽油改进逆混法等。

密炼机混炼温度高、压力大；混炼容量大；混炼时间短，生产效率高；自动化程度高；因混炼室密闭，减少了粉剂的飞扬，劳动条件改善。但是对温度敏感的胶料不适合密炼；密炼后的胶料形状不规则，还需配备开炼机补充加工。

密炼机混炼的工艺控制因素主要是装料量、温度和上顶栓压力，一般装料量 $V = KV_0$，其中装料系数 K 常用 0.48～0.75，温度为 100～130℃（近年来也有采用 170～190℃）。上顶栓压力提高有利于增加装料量，缩短密炼时间，提高混炼胶质量。密炼机混炼终点主要控制密炼时间，应根据具体配方而定。密炼机混炼时投料顺序基本同开炼机混炼，但交联剂和促进剂须在密炼后的开炼辅助操作中加入。

3. 螺杆机混炼

螺杆机混炼是一种连续混炼方法，混炼机是螺杆传递式装置，可节省能源和占地面积，减轻劳动强度，并且便于连续化生产。采用螺杆混炼机进行混炼，可与压延、压出等后道工序联动，便于实现自动化。

4. 混炼胶后处理

混炼胶后处理是指混炼后混炼胶的冷却、停放及质量检验。混炼胶一般需强制冷却至 30～35℃以下停放一段时间。停放的目的是使橡胶应力松弛、配合剂继续分散均匀、橡胶与炭黑进一步相互作用。混炼质量可以通过混炼胶的可塑度、硬度、密度和力学性能等进行快速检验。

10.2.5　橡胶的混炼特性

1. 天然橡胶

天然橡胶一般比合成橡胶混炼容易，其受机械捏炼时，塑性增加很快，发热量比合成橡胶小，配合剂易于分散。加料顺序对配合剂分散程度的影响不像合成橡胶那样显著，但混炼时间对胶料性能的影响比合成橡胶大。采用开炼机混炼时，辊温一般为 50～60℃（前辊较后辊高 5℃左右）。用密炼机时多采用一段混炼法。

2. 丁苯橡胶

混炼时生热量大、升温快，混炼温度比天然橡胶低。丁苯橡胶对粉剂的润湿能力较差，粉剂难以分散，所以混炼时间比天然橡胶长。采用开炼机混炼时需增加薄通次数；采用密炼机混炼时，可采用二段混炼法，硫化剂、超促进剂在第二段混炼的压片机中加入。由于丁苯橡胶在高温下容易聚结，因此密炼机混炼时需注意控制温度，一般排胶温度不宜超过 130℃。

3. 氯丁橡胶

氯丁橡胶的物理状态随温度而变化。通用型氯丁橡胶在常温至 70℃时为弹性态，容易包辊，混炼时配合剂易于分散；温度升高至 70～94℃时呈粒状，并出现粘辊现象而不能进行塑炼、混炼、压延等工艺；温度继续升高而呈塑性态时，显得非常柔软而没有弹性，配合剂也很难均匀分散。

采用开炼机混炼时，辊温一般在 40～50℃范围内，温度高则易粘辊。加料时先加入氧化镁后加入氧化锌，可避免焦烧。当氯丁橡胶中掺入 10%的天然橡胶或顺丁橡胶时，能改善工艺性能。采用密炼机混炼时，可采用二段混炼，操作更安全，氧化锌在第二段混炼的压片机上加入。

由于氯丁橡胶混炼时温度高则容易出现粘辊和焦烧，因此操作时须严格控制温度和时间。

4. 两种或两种以上橡胶并用

若配方中采用两种或两种以上的橡胶，其混炼方法有两种：方法一是橡胶各自塑炼，使其可塑性相近，然后相互混匀，再加配合剂分散均匀，此法较简便；方法二是各种橡胶分别加入配合剂混炼，然后把各胶料再相互混炼均匀，此法能提高混炼的均匀程度。

10.3 压　　延

压延是高分子材料加工中重要的基本工艺过程之一，也是某些高分子材料如橡胶、热塑性塑料的半成品及成品的重要加工成型方法之一。橡胶的压延加工首先由开炼机将混炼胶片进行粗炼、细炼，或由销钉式冷喂料挤出机给压延机供料。如果产品中含有织物，织物先经烘干后经一定张力送至压延机。通过压延机辊筒的延展和挤压，制成胶片或胶帘布，再通过冷却降温，最后卷取得到制品。与塑料的压延相同，压延过程是通过两个辊筒作用把胶料碾压成具有一定厚度和宽度的胶片的过程。

10.3.1　橡胶压延概述

橡胶的压延工艺是将胶料通过辊筒间隙并在压力作用下延展成一定厚度和宽度的胶片，在胶片上压出某种花纹，或在作为制品结构骨架的织物上覆上一层薄胶等的工艺过程。

橡胶压延的主要设备是压延机，压延机的工作原理是两个相邻辊筒在等速或有速比的情况下相对回转时，将具有一定温度和可塑性的胶料在辊面摩擦力的作用下拉入辊距中，由于辊距截面逐渐变小，胶料逐渐受到强烈的挤压与剪切作用而延展成型，从而完成胶片压延或压型、纺织物覆胶钢丝帘布粘胶，以及多层胶片的贴合。

表面上看，压延只是胶料造型的变化，但实质上也是一种流体流动变形的过程。在压延过程中，胶料一方面发生黏性流动，另一方面发生弹性变形。压延中的各种工艺现象与胶料的流动性质有关，也与胶料的黏弹性有关。胶料在辊隙中的受力情况与塑料非常相似。压延时，胶料流动的动力来自两个方面：一是辊筒旋转拉力，它由胶料和辊筒之间的摩擦作用产生，其作用是把胶料带入辊筒间隙；二是辊筒间隙对胶料的挤压力，其作用使胶料变形并前进。

橡胶压延机按辊筒数目分为双辊、三辊、四辊等。此外，还常配备有预热胶料的开放式炼胶机，向压延机输送胶料的运输装置，纺织物的浸胶、干燥装置，以及纺织物压延后的冷却装置等。橡胶压延机可分为以下五种类型。

(1)压片压延机——三辊或四辊，各辊的转速相同。

(2) 擦胶压延机——常用三辊，各辊间有一定的速比。

(3) 通用压延机——三辊或四辊，各辊的速比可变。

(4) 压型压延机——二辊、三辊或四辊，一个辊筒表面刻有花纹或沟槽，并可以拆换。

(5) 钢丝压延机——常用四辊，用于钢丝帘布的贴胶。

橡胶压延成型之前的准备工艺主要是胶料的热炼。采用开炼机对混炼胶进行捏炼，以提高胶料的温度，使之达到均匀的可塑度，并起到补充混炼分散的作用。各种压延成型工艺对胶料的可塑度要求有所不同：①擦胶要求胶料有较高的可塑度，易渗入织物的空隙；②压片和压型要求胶坯有较好的挺性，可塑度可略低；③贴胶要求胶料的可塑度介于前两者之间。

10.3.2　橡胶的压延工艺

压延加工通常在温度较高的情况下进行，温度是影响压延操作的重要参数之一，辊筒温度分布会影响压延制品的质量。同时，辊筒内外温差引起的温度应力与辊筒所受的弯矩应力、扭矩剪切应力的复合，还会影响到辊筒的强度并加大辊筒的挠度变形，从而使压延制品产生较大的厚度误差。

橡胶压延主要用于胶片压延、压型、纤维织物与钢丝帘布的挂胶等橡胶半成品的生产。橡胶压延机常用的三辊与四辊压延工艺如图 10-3 所示。

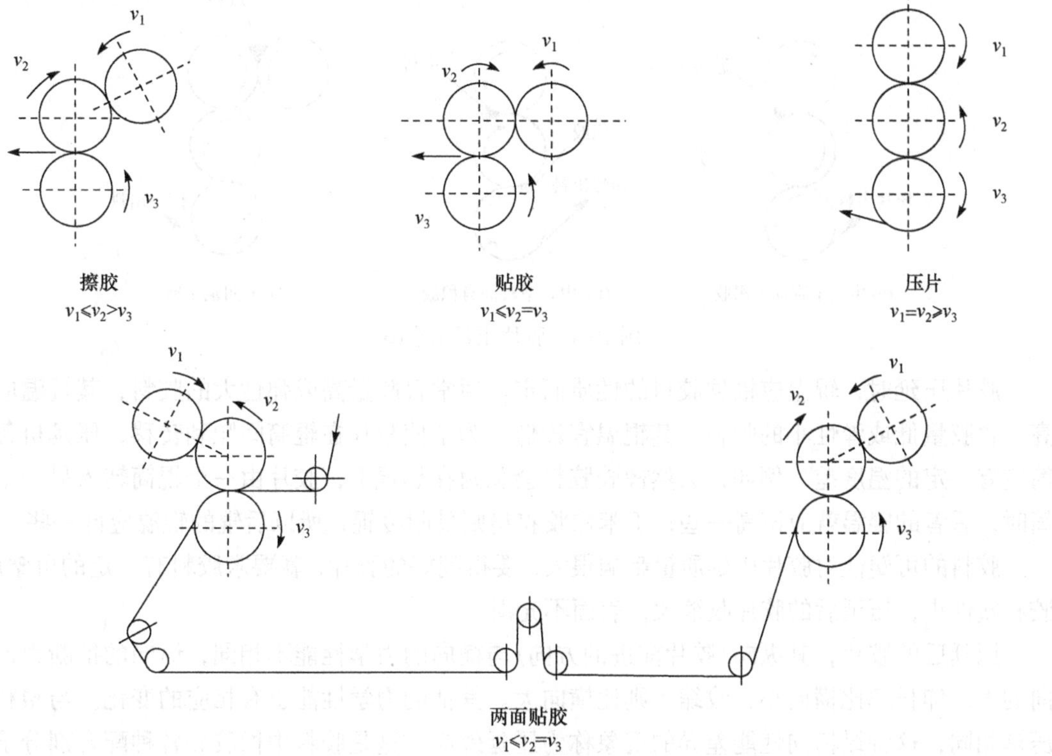

(a) 三辊压延机

图 10-3　三辊与四辊橡胶压延机工艺示意图

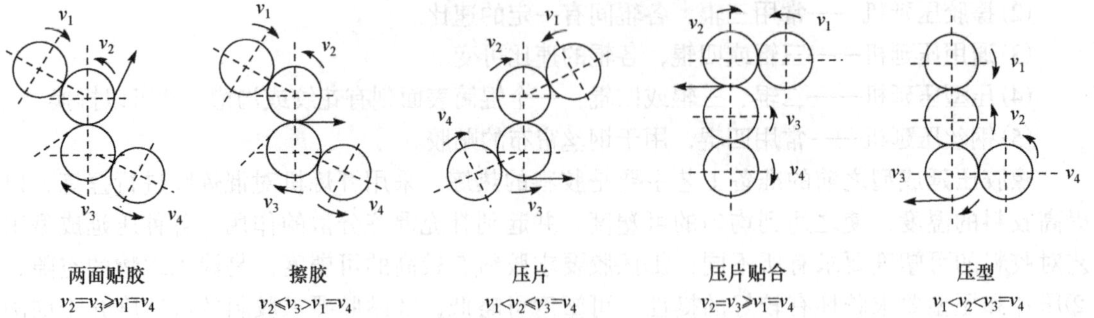

(b) 四辊压延机

图 10-3（续）

1. 胶片压延

胶片压延又称压片，是使用压延机将预热好的胶料压制成具有一定表面形状与规定断面规格的胶片。胶片表面应光滑、无气泡、不皱缩，厚度均匀。胶片压延示意如图 10-4 所示，其中：(a) 的中、下辊间不积胶，下辊仅作冷却用，温度要低；(b) 的中、下辊间有积胶，下辊温度接近中辊温度。适量的积胶可使胶片光滑而气泡少。图 10-4 (c) 四辊压延所得的胶片规格较准确。

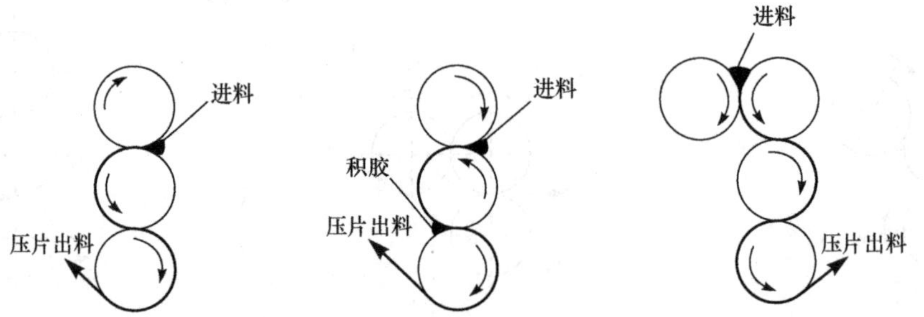

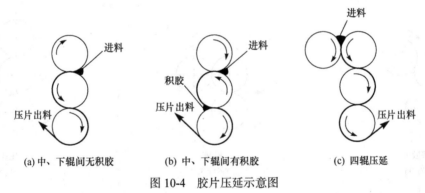

(a) 中、下辊间无积胶　　(b) 中、下辊间有积胶　　(c) 四辊压延

图 10-4　胶片压延示意图

胶片压延时，辊温应根据胶料的性质而定。通常含胶量高或弹性大的胶料，其辊温应较高；含胶量低或弹性小的胶料，其辊温宜较低。为了使胶片在辊筒间顺利转移，压延机各辊筒应有一定的温度差。例如，天然橡胶胶料会黏附在热辊上，胶片由一个辊筒转入另一个辊筒时，后者的辊温就应该高一些；丁苯橡胶胶料则黏附冷辊，所以后辊的辊温应低一些。

胶料的可塑性对胶片压延质量影响很大，要得到好的胶片，就要求胶料有一定的可塑度。胶料塑性小，压延后的胶片收缩大，表面不光滑。

压延后的胶片，其纵向(胶片前进的方向)与横向的力学性能不相同，纵向的扯断力比横向的大，伸长率比横向小，收缩率则比横向大。其他的力学性能也有相应的变化。与塑料的压延相同，这种纵横向性能差异的现象称为压延效应。这是胶料中橡胶和各种配合剂分子经压延作用后产生定向排列的结果。

2. 压型

压型是指将热炼后的胶料压制成具有一定断面形状或表面刻有某种花纹的胶片的工艺，

此种胶片可用作鞋底、轮胎胎面等的坯胶。

压型用的压延机至少有一个辊筒的表面上刻有一定的图案。各种类型的压延方法如图 10-5 所示，其操作情况与胶片压延相似。压型要求规格准确、花纹清晰、胶料致密性好。

胶料的可塑性、热炼温度、返回胶掺用率，以及辊温、装胶量等都对压型质量有很大的影响。需要注意的是，压型依靠胶料的可塑性而不是压力，所以辊筒左右的压力要平衡，胶料要有一定的可塑度。此外，压型后要采取急速冷却以使花纹定型。

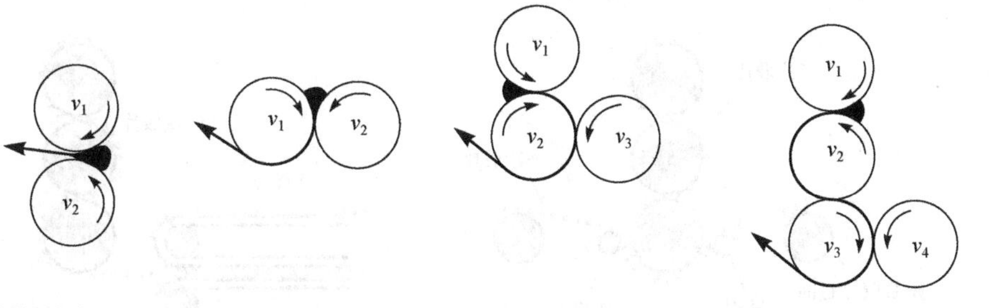

(a) 两辊压型($v_1 = v_2$)　(b) 两辊压型($v_1 = v_2$)　(c) 三辊压型($v_1 \geqslant v_2 = v_3$)　(d) 四辊压型($v_2 = v_3 = v_4 \leqslant v_1$)

图 10-5　胶料压型示意图

3. 纺织物的贴胶和擦胶

纤维织物挂胶是将胶料均匀牢固地压覆于纺织物表面生产胶布的压延工艺过程，根据使用纺织物种类及胶布种类和性能要求的不同，橡胶压延法生产纺织物挂胶分为擦胶与贴胶两种加工方式(同第 7 章中塑料复合织物的贴胶和擦胶)。用压延机在纺织物上复合上一层薄胶称贴胶，使胶料渗入纺织物则称为擦胶。常用压延机在纺织物上挂上一层薄胶，制成挂胶帘布或挂胶帆布作为橡胶制品的骨架层，如轮胎外胎的尼龙挂胶帘布层。

贴胶和擦胶的主要目的是保护纺织物，以及提高纺织物的弹性。为此，要求橡胶与纺织物有良好的附着力，压延后的胶布厚度要均匀，表面无布折，无露线。

常用的四辊压延机一次双面贴胶和三辊压延机单面两次贴胶的工艺如图 10-6 所示。图(a)中贴胶的两辊速度相等，中、下辊间没有积胶，是三辊压延机的一种。图(b)是中、下辊间有适当积胶的贴胶，这种称为压力贴胶。由于有堆积胶，胶料易于渗入纺织物中。图(c)靠辊筒的压力在纺织物上贴胶，供胶的两辊筒稍有速度比，有利于去除气泡，不易粘辊。

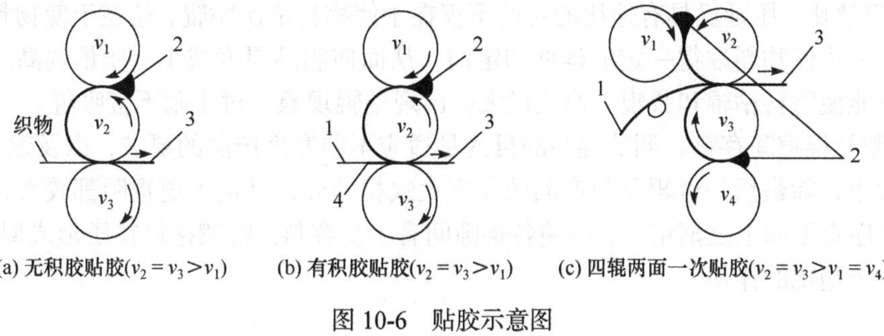

(a) 无积胶贴胶($v_2 = v_3 > v_1$)　(b) 有积胶贴胶($v_2 = v_3 > v_1$)　(c) 四辊两面一次贴胶($v_2 = v_3 > v_1 = v_4$)

图 10-6　贴胶示意图

1. 纺织物进辊；2. 进料；3. 贴胶后出料；4. 积胶

贴胶和擦胶的方法在生产中都已普遍应用，有些纺织物既可采用贴胶，又可采用擦胶。贴胶和擦胶各有优缺点。贴胶法由于两辊筒间摩擦力小，对纺织物的损伤较少，同时压延速度快，生产效率高，但胶料对纺织物的渗透较差，会影响胶料与纺织物的附着力。贴胶适用于薄的纺织物或经纬密度稀的纺织物(如帘布)，特别适于已浸胶的纺织物如帆布等。

4. 胶片贴合

胶片贴合是采用压延机将两层薄胶片贴合成一层胶片的工艺，用于质量要求较高、较厚胶片的贴合，以及两种不同胶料组成的胶片或夹布胶片的贴合(图 10-7)。胶片贴合时要求各胶片有一致的可塑度，否则贴合后易产生脱层、起鼓等现象。

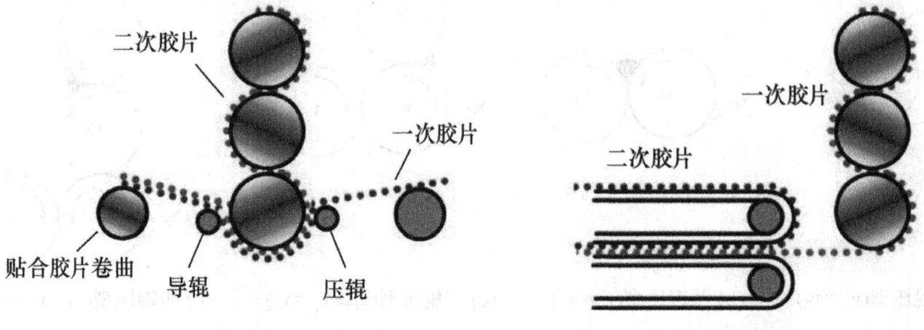

图 10-7　胶片贴合示意图

10.3.3　橡胶压延工艺的影响因素

压延橡胶制品质量的控制，受到配方设计、设备设计和压延机操作工艺等诸多因素的影响。影响橡胶压延性能的主要因素是压延机辊筒温度、辊筒速度、加工时间与橡胶原料自身的主要特性。

1. 压延机操作工艺因素

(1)辊温和辊速。物料压延成型时所需要的热量，一部分由加热辊筒供给，另一部分则来自物料与辊筒之间的摩擦及物料自身剪切作用所产生的能量。摩擦热产生的大小除了与辊速有关，还与物料自身的塑性程度有关。如果在高速条件下，辊温要低一些，否则会引起物料温度上升，从而导致粘辊。反之，如果在低速条件下，辊温要高一些，否则会使制品表面毛糙，有气泡甚至出现空洞。

(2)辊筒速比。压延机具有速比的目的不仅在于使物料依次贴辊，还在于使物料更好地塑化。此外，还可使物料取得一定的延伸和定向，从而使制品厚度减小，质量提高。调节速比的要求是不能使物料粘辊和脱辊。速比过大会出现粘辊现象，过小则不宜吸辊。

(3)辊距及辊隙间存料。调节辊距的目的是适应不同厚度产品的要求，以及改变存料量。压延辊的辊距，除最后一道辊距与产品的厚度大致相同外，其他各道辊距都较大，而且按辊筒的排列次序自下而上逐渐增大，以使各辊隙间有少量存料。辊隙存料在压延成型中起储备、补充和进一步塑化的作用。

2. 加工时间及硫化程度

压延加工时间增加时，胶料各向异性增大。同时，硫化胶和未硫化试样在各向异性方面的差异较大，硫化时间越长，各向异性相应减小。

3. 橡胶原料特性

(1)分子量。一般使用分子量较高和分子量分布较窄的树脂或橡胶，可以得到力学性能、热稳定性和表面均匀性好的制品，但会增加压延温度和设备的负荷。

(2)流变特性。高分子按物理性能的不同分为玻璃态、高弹态、黏流态。处于高弹态和黏流态之间、靠近黏流态的高分子才适合压延加工。由于不同的橡胶高分子处于高弹态和黏流态的温度范围和剪切黏度不同，需要根据橡胶原料的流变特性选择压延工艺条件。

4. 橡胶压延工艺中常见质量问题

(1)麻面或出现小疙瘩。原因一般是胶料热炼不足、可塑度小；热炼不均匀；温度过高产生自硫或胶料中含有自硫胶粒等。

(2)掉胶，即胶层剥落。原因是纺织物干燥不好，含水率高；布面有油污、灰尘等杂物；胶料热炼不均，可塑度小；压延温度低、速度快、辊距过大等。

(3)帘布跳线、弯曲。原因是胶料可塑度不均；布卷过松；中辊积胶过多，局部受力过大；帘布纬线松紧不一。

(4)出兜，即帘布中部松而两边紧的现象。原因是纺织物受力不均，中部受力大于边部；纺织物本身密度不均匀，伸长率不一致。

(5)压偏、压坏、打折。压偏是由辊距一边大一边小、递布不正、辊筒轴承松紧不一致造成。压坏一般是由操作不当所致，如辊距、速度、积胶控制不好等。打折则是由垫布卷取过松、挂胶布与冷却辊速不一致引起的。

10.3.4 常用橡胶的压延特性

1. 天然橡胶

热塑性大、收缩率小、压延容易。天然橡胶易黏附热辊，压延时应适当控制各辊的温差，以使胶片能在辊筒间顺利转移。

2. 丁苯橡胶

热塑性小、收缩率大，因此用于压延的胶料必须充分塑炼。由于丁苯橡胶对压延的热敏感性显著，其操作与天然橡胶有所不同，压延温度应低于天然橡胶(一般低 5～15℃)，各辊温差由高到低。

3. 顺丁橡胶

压延温度应比天然橡胶低些，压延的半成品较丁苯橡胶胶料光滑、紧密和柔软。

4. 氯丁橡胶

通用型氯丁橡胶在 75～95℃时易粘辊，难以压延。压延应采用低温法(65℃以下)或高温法(95℃以上)。压延后要迅速冷却。若在胶料中加入少许石蜡、硬脂酸或掺用少量顺丁橡胶可减少粘辊现象。

5. 乙丙橡胶

压延性能良好，可以在广泛的温度范围内(80～120℃)连续作业，温度过低时胶料收缩率大，易产生气泡。另外，压延胶料的穆尼黏度应选择恰当。

6. 丁基橡胶

在无填料时不能压延，填料多时则较易压延。丁基橡胶粘冷辊，脱热辊，压延时各个辊筒应保持一定的温度范围。

7. 丁腈橡胶

丁腈橡胶胶料黏性小、易粘冷辊，热塑性小、收缩性大，在胶料中加入填充剂或软化剂可减少收缩率。当填充剂的质量占生胶质量的50%以上时，才能得到表面光滑的压延胶片。

10.4 压　出

橡胶的压出成型是半成品成型，半成品还需要硫化才能最终成为制品。在橡胶工业中压出的应用很广，如轮胎胎面、内胎、胶管内外层胶、电线、电缆外套及各种异形断面的制品等都可用压出机造型。

10.4.1 压出的工艺过程

压出是橡胶加工中的一项基础工艺，其基本作业是在压出机中对胶料加热与塑化，通过螺杆的旋转，使胶料在螺杆和机筒筒壁之间受到强大的挤压力，不断地向前移动，并借助于口型压出各种断面的半成品，以达到初步造型的目的。

橡胶的压出成型分为四个阶段：第一阶段，接受喂入料，输送和压实混炼胶；第二阶段，加热和塑化胶料，使之成为更易流动的块料；第三阶段，混合和热均化混炼胶；第四阶段，利用压力迫使混炼胶通过口模成型。对于热喂料挤出机，第二阶段和第三阶段则是由预热的开炼机提供的。

橡胶压出工艺包括：①混炼胶的热炼。混炼胶通过热炼而塑化，提高可塑性，以条状或厚片状进入压出机。热炼温度为70～80℃。②压出成型。胶料在挤出机内，保温、均化、增加成型可塑性，通过口型压出，得到橡胶半成品。③冷却。橡胶胶料经口型压出后迅速冷却到25～35℃以下，以防止橡胶制品焦烧和变形。

1. 内胶压出

内胶压出将胶料通过相应口型的挤出机压出，可以获得相应规格的坯管，其产品质量及生产效率等都优于胶片包贴工艺。在内胶压出过程中，挤出机各部位温度、芯型和口型选配及胶料压出膨胀率，与内胶压出质量有非常密切的关系。

(1)压出温度。挤出机口型、机头、机身这三部分的温度对压出管坯质量关系很大。通常，压出温度依不同胶料及其含胶率、可塑性等因素而定。不同胶料的压出温度见表10-3。

表 10-3　不同胶料的压出温度

胶种	挤出机各部位温度/℃			胶种	挤出机各部位温度/℃		
	机身	机头	口型		机身	机头	口型
天然橡胶	50～60	65～75	85～95	丁腈橡胶+氯丁橡胶	20～30	50～60	70～80
天然橡胶+氯丁橡胶	30～40	50～60	65～75	丁基橡胶	50～60	70～80	85～95
天然橡胶+丁苯橡胶	40～50	60～70	75～85	氯磺化聚乙烯	40～50	50～60	65～75
天然橡胶+顺丁橡胶	30～40	60～70	75～85	乙丙橡胶	45～55	55～65	90～100
丁腈橡胶	23～35	55～65	70～80				

(2)芯型选择。管坯的挤出机芯型一般为圆锥体结构，以利于挤出和调节管坯内径，其中直头型挤出机芯型的锥度较大，即对压出管坯内径的调节范围较宽。因此，在压出过程中，特别是采用直头型挤出机时，只需选配与压出管坯内径相适应的芯型规格即可。

(3)口型选择。管坯压出中，较为常用的压出口型为内圆锥形结构，由于压出规格及胶料膨胀率等多种因素，因此，压出口型的选配变换比较频繁。为了选取适宜的压出口型，一般先根据压出管坯的规格选取相近的口型，在一定的压出条件下进行试压出，然后测得试压出管坯的直径，并计算其膨胀率。一般情况下，压出管坯的膨胀率可按下式计算：

$$B = (D_2 - D_1)/D_1 \times 100\% \qquad (10\text{-}17)$$

式中，B 为胶料压出膨胀率，%；D_1 为口型内直径，mm；D_2 为试压出管坯的外直径，mm。

(4)影响压出膨胀的因素。橡胶管制造的压出工艺中，影响压出膨胀的因素较多。例如，所使用胶种、胶料含胶率、胶料可塑性、压出温度、压出胶层厚度及压出速度等变化，其膨胀率也会变化。

(i)胶种。一般情况下，丁苯橡胶、丁腈橡胶和丁基橡胶等合成橡胶的压出膨胀率都大于天然橡胶，而顺丁橡胶和氯丁橡胶类似于天然橡胶。在多胶种并用时，其膨胀率随胶料组成而变化。

(ii)胶料含胶率。在使用胶种相同的情况下，含胶率越高，其膨胀率越大；反之膨胀率越小。

(iii)胶料可塑性。同一种胶料，可塑性越高，其压出膨胀率越小；反之，膨胀率越大。

(iv)压出温度。采用同一种胶料，在允许的温度范围内，在其他工艺条件一定的情况下，压出温度较高者，其膨胀率较小；反之，膨胀率较大。

(v)压出厚度。在其他条件相同的情况下，膨胀率随压出胶层厚度的增加而减小。

(vi)压出速度。在一定的压出条件下，挤出机螺杆的转速越快，压出膨胀率越大，反之膨胀率越小。

(5)压出内胶厚度的补偿。为使胶管成品内胶层厚度符合产品标准要求，一般压出胶层厚度要比结构设计的厚度适当增加一些，以补偿在工艺过程中所造成的壁厚减薄。引起内胶减薄的原因比较多，如以硬芯法成型的胶管，在内胶筒套管时因充气而膨胀，以及在编织、缠绕等过程中内胶受到挤压、拉伸等，都会使胶层减薄。此外，压出后的内胶管坯，由于冷却定型时间不够或相互黏着而在成型时拉扯也会造成胶层减薄。内胶的补偿厚度要根据胶料性质和工艺要求等条件而定，当胶料可塑性和编织锭子的张力都较大时，其补偿厚度要大一些，一般补偿厚度为 0.2～0.4 mm。对质量要求较高的产品，其补偿厚度还需随着季节不同而变化，一般在夏季的补偿厚度要比冬季适当增加一些。

(6)压出管坯的质量问题及预防措施。压出管坯中较为常见的质量问题及预防措施可参见表 10-4。

表 10-4　压出管坯常见质量问题及预防措施

质量问题	原因	预防措施
管坯粗细不均	胶料可塑性不一致或热炼不均 喂料不均 压出速度和牵引速度配合不当	严格控制胶料可塑性，加强热炼工艺 喂料保持均匀 压出与牵引速度配合一致
胶层破裂	胶料内有杂质 胶料产生局部自硫 胶料中混有胶疙瘩或其他硬粒	加强胶料清洁工作 防止胶粒自硫，改进配方 胶料过滤或挤压挑洗
胶层起泡或海绵现象	胶料中水分或低挥发物太多 胶料热炼或喂料时夹入空气 挤出机温度太高 挤出机螺杆磨损严重而造成推力不足	控制原材料质量 适当掌握热炼工艺，喂料均匀，防止胶料在机内翻滚夹入空气 适当控制压出温度 定期检修或调换挤出机螺杆
管壁厚薄不均	芯型偏位 胶料温度不均	准确校正芯型位置 胶料热炼均匀，并注意适当保温
管坯黏着	冷却不够 隔离效果差 压出后管坯挤压太紧	压出后管坯需充分冷却，并控制停放时间 喷涂适量的隔离剂 压出后管坯不能挤压太紧

2. 外胶压出

胶管外层胶的压出，除了需采用横头型或斜头型挤出机之外，其他工艺要求与内胶压出无多大区别。在压出过程中，管坯从芯型内孔的一端通向另一端，胶料通过芯型与口型之间的空隙挤出而包覆在管坯上，从而成为紧密压实的管体。因此，无论是采用横头型还是斜头型挤出机进行压出，对芯型和口型进行合理选配十分重要。

(1)芯型选配。在外胶压出过程中，对芯型内孔及外直径的选配，必须与压出管坯的规格相适应。如果芯型内孔太大，会造成包覆的外层胶鼓起或折皱，即胶层不能紧贴在管坯表面，甚至产生脱层、鼓泡等质量问题；若芯型内孔太小，在压出外胶时，管坯难以通过而引起胶料堵塞，甚至产生管坯局部严重堆胶，或使管坯强行拉伸而造成质量事故。

一般情况下，芯型的孔径应为未包外胶时管坯直径加 0.5～1.0 mm，在测量管坯外径时应多测几处，并取外径较大的部位作为选配芯型的依据。

(2)口型选配。外胶压出口型的选配主要是注意控制压出胶层的厚度。如果选配不当，除了造成胶层厚度不达标，还会使胶层对管坯的包覆性能受到影响。对外胶压出口型选择的一般要求是：以未包胶时的管坯外直径加上胶层单面厚度为基础，进行适当调节，使管坯包覆的胶层厚度达到产品标准或设计要求。

3. 冷喂料压出和抽真空压出

冷喂料压出和抽真空压出对改进胶管的生产工艺和提高产品质量起着重要作用。

冷喂料压出的主要特点是压出前的胶料不需经过热炼，可直接将冷胶料喂入挤出机。冷喂料挤出机的主要结构特点是工作螺杆的长径比 L/D 比普通挤出机的螺杆大得多，可达 12～17，而普通挤出机一般为 4～6。螺杆可分为三段，第一段为喂料段，由双螺纹向单螺纹过渡；中间段为塑化段，由主、副螺纹组成；第三段为压缩挤出段，由单螺纹组成。

采用抽真空挤出机能在管坯压出或包胶过程中，排除胶料中的空气和水分，提高管体的密实性。尤其在采用连续生产时，可避免或减少制品在硫化过程中产生气泡、脱层等质量问题。抽真空挤出机的螺杆分为前后两段，前段的长径比 L/D 一般为 12，螺纹较窄，后段的长径比 L/D 为 8，螺纹较宽而深，前后两段之间的空隙为真空室。环坝式真空挤出机的螺杆长径比 L/D 在 15 以上，螺杆上设有两三个环坝，螺杆输送的胶料在此处被挤成薄片，然后落入真空室。

此外，也有用普通挤出机进行抽真空压出的，其方法主要是在机头配备抽真空装置，当送入管坯压出外胶时，可抽出管坯与胶层之间的空气及少量挥发物，以提高压出胶层与管坯的密实性，获得较好的质量。由于这种抽真空作用会使送入的管坯产生一定的阻力，因此，压出速度略有减慢。

4. 复合压出

复合压出是采用具有复合机头装置的挤出机，在压出过程中，使胶管的不同胶层同时进行压出。复合压出尤其适用于在管状织物内外同时包覆不同胶层，其主要优点是生产效率高，特别适用于连续化生产。这种挤出机的结构特点是包含一个延长的挤出机头，还包含一些管状装置，这些管状装置排列成两个主要的环状通道并伸入上述机头的纵向出料口，其中一个环状通道用于压出内层胶，另一个通道用于压出外层胶，可供不同的胶料同时压出。

复合压出工艺可使几种不同颜色或不同硬度胶料同时挤出，如橡胶与海绵、橡胶与金属、橡胶与纤维，特别是橡胶与塑料共复合压出是目前压出工艺重要的发展方向之一。

10.4.2　压出工艺的影响因素

影响橡胶压出工艺的因素很多，主要有胶料组成和性质、压出机的选择、压出温度、压出速度、压出物的冷却等。

1. 胶料组成和性质

胶料中生胶含量大时，压出速度慢、收缩大、表面不光滑。在一定范围内，随生胶中所含填充剂数量的增加，压出性能逐渐改善，不仅压出速度有所提高，而且制品收缩率减少，但胶料硬度增大，压出时生热明显。胶料中加有松香、沥青、油膏矿物油等软化剂时可加快压出速度，改善压出物的表面。掺用再生胶的胶料压出速度较快，而且压出物的收缩率小，压出时生热少。天然橡胶的压出速度比合成橡胶快，压出后半成品的收缩率较小。

2. 压出机的选择

橡胶压出机又称橡胶挤出机，是一种利用螺杆或柱塞将一定温度的胶料通过挤压形成特定形状橡胶产品的设备。压出机的大小要依据压出物断面的大小和厚薄确定。对于压出实心或圆形中空的半成品，一般口型尺寸为螺杆直径的 0.3～0.75。口型过大而螺杆推力小时，将造成机头内压力不足，压出速度慢和排胶不均匀，以致半成品形状不完整。相反，若口型过小，压力太大，剪切力较大，增加了焦烧的危险性。

橡胶压出机的发展经历了柱塞式挤出机、螺杆式热喂料挤出机、螺杆式冷喂料挤出机、主副螺纹冷喂料挤出机、排气式冷喂料挤出机、销钉式冷喂料挤出机、复合式冷喂料挤出机等阶段。橡胶压出的设备、加工原理与塑料挤出类似，但也有其自身特点。

(1) 柱塞式挤出机。柱塞式挤出机是最早的橡胶挤出机，用于生产电缆胶皮。早期为单柱塞不连续型，随后逐渐发展为双柱塞连续型。

(2) 螺杆式热喂料挤出机。挤压速度稳定，产品可塑性好、密度较高。压出前的胶料须经过热炼，使料温达到 50～70℃并具有一定的可塑度。压出机不承担传热塑化作用，仅对胶料做进一步的恒温与均化。热喂料挤出机长径比 *L*/*D* 较小，通常为 4～6，因而可以降低剪切发热，防止焦烧。

(3) 螺杆式冷喂料挤出机。增加了加热、冷却装置，胶料经过升温塑化，在机头压力下挤出成型。该类挤出机省去了热炼环节，但能耗较大、适用范围较窄。冷喂料挤出机长径比 *L*/*D* 较大，通常为 8～20，功率为热喂料挤出机的 2～4 倍。

(4) 主副螺纹冷喂料挤出机。强化了塑化和混炼效果，消除了螺槽中胶料的死区，产能达到热喂料挤出机的 100%～130%。已得到推广并取代了大部分的热喂料挤出机。

(5) 排气式冷喂料挤出机。螺杆分为喂料段、压缩段、节流段、排气段和挤出段，可通过真空排气装置的负压吸力排出胶料中的挥发性气体。

(6) 销钉式冷喂料挤出机。在机筒内壁添加销钉，在较低温度下提高了胶料的挤出量和塑化均匀度。该类挤出机已成为橡胶挤出机的主流。销钉式冷喂料挤出机的特点是：①机筒内壁装有数排金属销钉，沿圆周方向径向插入螺杆环槽中，对流动的胶料进行剪切、搅拌和分流。②销钉破坏了胶料在挤出过程中的层流和结块现象，达到了胶料塑化好、胶温低和节能的效果。

(7) 复合式冷喂料挤出机。采用不同性能的胶料在机头内复合，用于挤出轮胎的胎面、胎侧和三角胶等部件，以及胶管复合、胶塑复合和胶板多层共挤出。

3. 压出温度

压出温度即成型温度，胶料成型时一般控制在 70～80℃。压出机的温度应分段控制，各段温度是否控制准确，在压出工艺中十分重要，影响压出操作的正常进行和半成品的质量。通常控制口型处温度最高，机头次高，机身最低。胶料在口型处的短暂高温一方面使分子松弛较快，增大热塑性，减小弹性恢复，降低膨胀和收缩率，另一方面减少焦烧的危险。总之，合理控制压出机的温度能使半成品获得光滑的表面、稳定的尺寸和较少的收缩率。

4. 压出速度

压出速度可用单位时间压出的胶料的体积或质量表示，多以压出质量表示。对固定产品，也可以用单位时间内压出物的长度表示。通常压出速度应恒定。

5. 压出物的冷却

压出物离开口型时温度较高，有时甚至高达 100℃以上，因此需要冷却。但冷却速度不宜太快，以免造成橡胶制品收缩不一。

压出物进行冷却的目的一方面是降低压出物的温度，增加存放期间的安全性，减少焦烧的危险；另一方面是使压出物的形状尽快稳定下来，防止变形。

习题与思考题

1. 简述橡胶塑炼的方法和设备。
2. 分析对比天然橡胶与合成橡胶塑炼特性的异同。
3. 合成橡胶低温塑炼的条件是什么？
4. 说明大多数二烯类合成橡胶难塑炼的原因。
5. 简述橡胶的混炼特性。
6. 简述橡胶混炼的方法和设备。
7. 与塑料压延制品对比，说明橡胶压延制品的加工工艺过程。
8. 分析橡胶压延效应的影响因素。
9. 分析橡胶压出工艺的影响因素。

第 11 章 橡胶硫化

11.1 硫化对橡胶性能的影响

橡胶作为一种国家战略物资，在国民经济中占有相当重要的地位。橡胶具有许多优良的性能，如绝缘性、耐磨性、良好的弹性、不透水汽性等，因而在工业、交通运输业、日常生活中得到广泛应用。但无论是天然橡胶还是合成橡胶，一般都不能直接使用，实用橡胶制品都是通过加入一些配合剂并经过一系列工艺处理而生产出来的“熟橡胶”，在这一系列工艺处理过程中，硫化是最关键的工序。硫化是橡胶加工中的最后一个工序，可以得到定型的具有实用价值的橡胶制品。

11.1.1 硫化概述

硫化又称交联、熟化，是在生胶中加入硫化剂和促进剂等交联助剂，在一定的温度、压力和时间下，使线型结构的塑性橡胶转变为三维网状结构的弹性橡胶的过程。由于最早是采用硫磺实现天然橡胶的交联的，故称硫化。除硫磺外，过氧化物、脂肪或芳香胺类、磺酸盐、芳香二元醇及季鏻盐等化合物均可作硫化剂。硫化的实质就是化学交联反应，即线型高分子通过发生化学交联反应而形成网状高分子，从物性上则是由塑性的混炼胶转变为高弹性硫化橡胶或硬质橡胶的过程。

要实现理想的硫化过程，除选择最佳硫化条件外，配合剂特别是促进剂的选用具有决定意义。经过硫化，未硫化橡胶固有的强度低、弹性小、冷硬热黏、易老化等缺陷得到改变，橡胶的耐磨性、抗溶胀性、耐热性等方面也有明显改善。橡胶制品因具有了可供实用的力学性能而应用范围得到扩大。

11.1.2 硫化橡胶制品的重要性能指标

硫化是决定橡胶制品质量的一个决定性因素，在一定的硫化时间内，橡胶的可塑性、永久变形和伸长率等随硫化时间的增加而逐渐下降；回弹性、定伸强度和硬度等则随硫化时间增加而逐渐增强；撕裂强度增强到一定值后便开始下降；拉伸强度的变化则随不同胶种和硫化体系而有所不同(图 11-1)。下面分别从橡胶的定伸强度、硬度、弹性、拉伸强度、伸长率和永久变形等性能论述硫化对橡胶性能的影响。

1. 定伸强度

橡胶未硫化时，线型分子能比较自由地滑动，在其塑性范围内显示出非牛顿流动特性，但是随着硫化程度的加深，这种流动性能越来越弱，对定长拉伸时所需的变形力越来越大，即定伸强度越来越大。

通过硫化，橡胶单个分子间产生交联，且随着交联密度增加，产生一定变形(如拉伸至原长度的 200%或 300%)所需的外力随之增加，硫化胶变硬。对某一橡胶，当试验温度和试

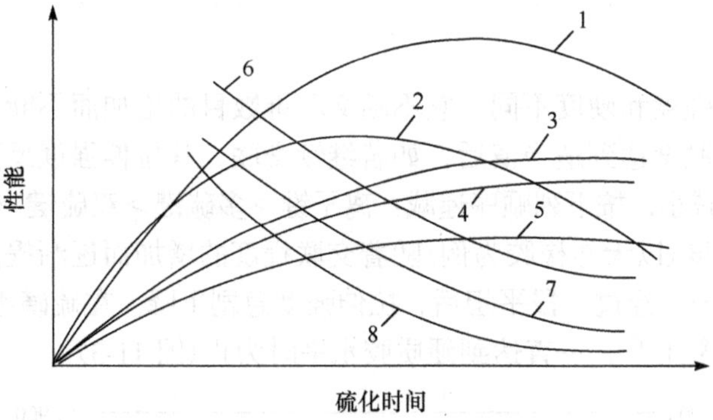

图 11-1　硫化对橡胶性能的影响

1. 拉伸强度；2. 撕裂强度；3. 回弹性；4. 硬度；5. 300%定伸强度；6. 伸长率；7. 生热；8. 永久变形

片形状及伸长一定时，则定伸强度与两个交联键之间橡胶分子的平均分子量 $\bar{M}_n$ 成反比，也就是与交联度成正比。这说明交联度越大，即交联键间链段平均分子量越小，定伸强度越强。

2. 硬度

与定伸强度一样，随着交联度增加，橡胶的硬度增加。硫化橡胶的硬度在硫化开始后迅速增大，在正硫化点时达到最大值，此后基本保持恒定。

3. 弹性

未硫化胶受到较长时间的外力作用时，主要发生塑性流动，橡胶分子基本上没有回到原来位置的倾向。橡胶硫化后，交联使分子或链段固定，形变受到交联网络的约束，外力作用消除后，分子或链段力图回复原来的构象和位置，所以硫化后橡胶表现出很大的弹性。随着交联度的适当增加，这种可逆的弹性回复表现得更为显著。

橡胶的弹性来源于链段微布朗运动位置的可逆变化，由于这一特性的存在，较小的外力即可使它产生高度的弹性变形。当处于塑性状态时，橡胶分子产生位移后不倾向于复归原位；橡胶分子交联后，彼此出现了相对定位，因而产生了强烈的复原倾向。但是交联程度继续增大时，高分子之间由于相对固定性过分增大，变形后的复原趋向就减小了，所以当硫化橡胶严重过硫时弹性减弱，从弹性体弹性转变为刚性体弹性，这说明此时分子的微布朗运动已经受定位效应限制而大大减弱(图 11-2)。

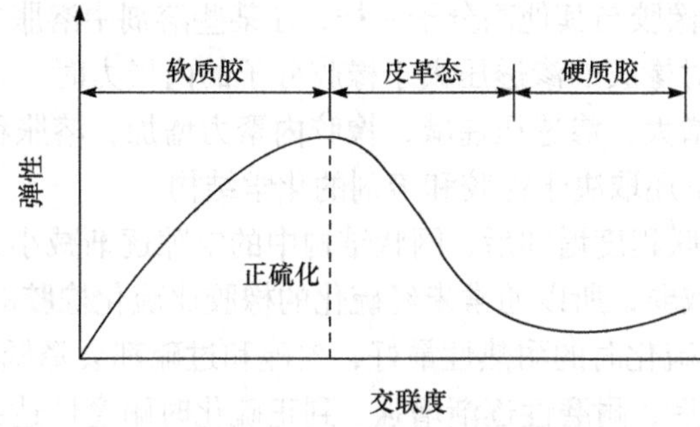

图 11-2　橡胶交联度与弹性的关系

4. 拉伸强度

拉伸强度与定伸强度和硬度不同，它不随交联键数目的增加而不断上升，例如，采用硫磺硫化的橡胶，当交联度达到适当值后，如若继续交联，其拉伸强度反而会下降。拉伸强度随交联键能的增加而减小，按下列顺序递减：离子键＞多硫键＞双硫键＞单硫键＞碳碳键。

软质胶的拉伸强度(以天然橡胶为例)随着交联程度的增加而逐渐提高，直到出现最高值为止。当进一步硫化时，经过一段平坦后，拉伸强度急剧下降。在硫磺用量很高的硬质胶中，拉伸强度则下降后又复上升，一直达到硬质胶水平时为止(图 11-3)。

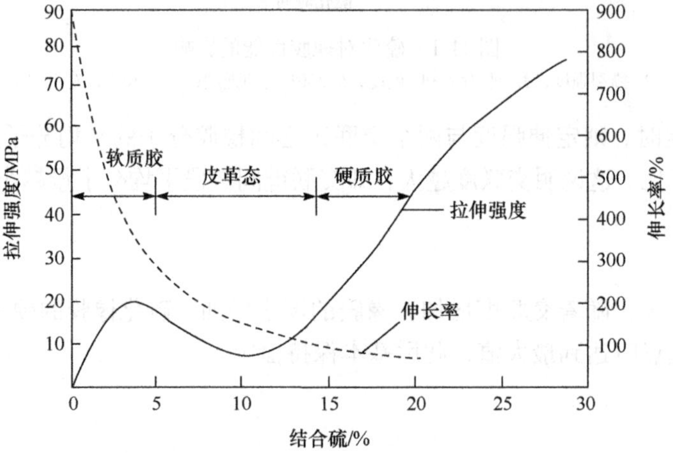

图 11-3　结合硫对橡胶强伸性能的影响

5. 伸长率和永久变形

橡胶的伸长率随着交联程度的增加而逐渐下降，永久变形也有同样的规律。结合硫量越大，交联程度越高，橡胶的伸长率就越低；随着交联程度的增加，橡胶压缩永久变形逐渐减弱。

有硫化返原性的橡胶如天然橡胶和丁基橡胶，在过硫化以后由于交联度不断降低，其伸长率和永久变形又会逐渐增大。

6. 其他性能

(1)抗溶胀性。未硫化橡胶与其他高分子一样，在某些溶剂中溶胀并吸收溶剂，直到丧失内聚力为止。只有在溶剂对橡胶的渗透压大于橡胶分子的内聚力时，才会出现溶胀。橡胶的分子量随交联程度增加而增大，渗透压递减，橡胶内聚力增加，溶胀程度也随之减少。溶胀程度除取决于交联程度外，还取决于橡胶和溶剂的化学结构。

(2)透气性。橡胶的交联程度增加后，网状结构中的空隙逐渐减小，气体在橡胶中通过和扩散的能力因阻力变大而减弱，所以通常未经硫化的橡胶比硫化橡胶的透气性好。

(3)耐热性。橡胶在正硫化时的耐热性最好，欠硫和过硫都会降低橡胶制品的耐热性。

(4)耐磨性。硫化开始后，耐磨性逐渐增强，到正硫化时耐磨性达到最好，欠硫或过硫时橡胶的耐磨性能都不好。

11.2 橡胶硫化过程

胶料在硫化时，其性能随硫化时间变化而变化的曲线，称为硫化曲线。从硫化时间影响胶料定伸强度的过程来看，合成橡胶的硫化过程可分为四个阶段(图 11-4)：焦烧阶段，欠硫阶段，正硫阶段(硫化平坦期阶段)，过硫阶段。其中焦烧时间越长，表示胶料的操作安全性越大，热硫化时间要求短，从而能提高生产效率；硫化平坦期要求时间长一些，不易过硫以便工艺上好控制。

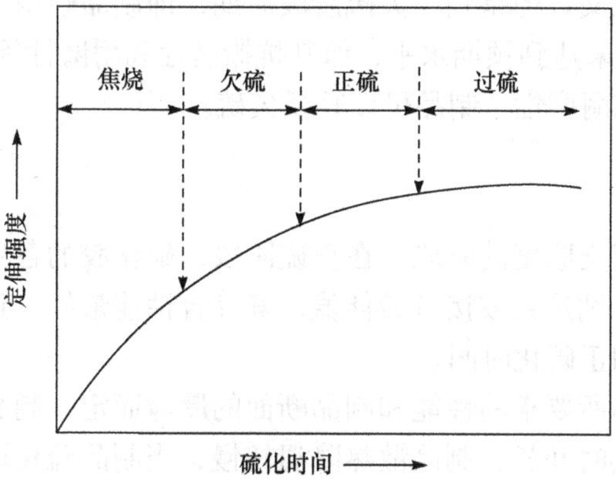

图 11-4 合成橡胶硫化过程的四个阶段

11.2.1 焦烧阶段

焦烧阶段又称硫化起步阶段或硫化诱导期，指硫化时胶料开始变硬而后不能进行热塑性流动的阶段。在这一阶段，交联尚未开始，胶料在模型内有良好的流动性。不同类型橡胶的硫化曲线见图 11-5。胶料硫化起步的快慢直接影响胶料的焦烧性和操作安全性。这一阶段的长短取决于所用配合剂，特别是促进剂的种类。采用超速促进剂的胶料，焦烧期比较短，胶料易发生焦烧，操作安全性差。采用迟效性促进剂(如亚磺酰胺)或与少许秋兰姆促进剂并用时，可获得较长的焦烧期和良好的操作安全性。不同的硫化方法和制品，对焦烧期的长短有

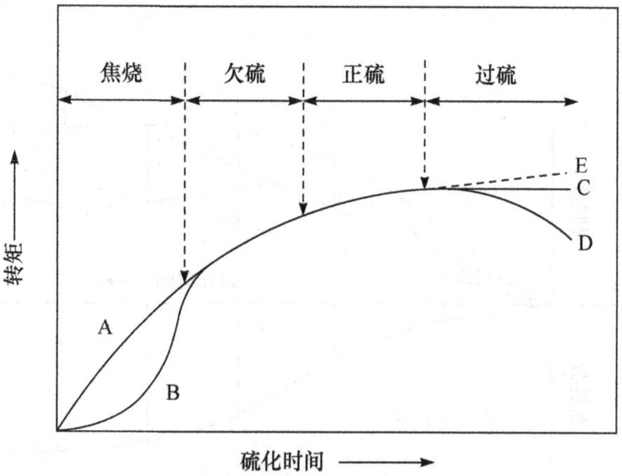

图 11-5 不同类型橡胶的硫化曲线

A. 硫化起步快的胶料；B. 有迟延特性的胶料；C. 过硫后硫化曲线不变的胶料；D. 有返原性的胶料；E. 过硫后硫化曲线继续上升的胶料

不同的要求。当硫化模压制品时，希望有较长的焦烧期，使胶料有充分时间在模型内流动，而不致使制品出现花纹不清晰或缺胶等缺陷。在非模型硫化中，则要求硫化起步尽可能快而迅速变硬，防止制品因受热变软而发生变形。大多数情况希望有较长的焦烧时间以保证操作安全。

11.2.2 欠硫阶段

欠硫阶段又称预硫阶段，指硫化起步与正硫化之间的阶段。在欠硫阶段，由于交联度低，橡胶制品应具备的性能大多还不明显。尤其是欠硫阶段初期，胶料的交联度很低，其性能变化甚微，制品没有实用意义。但是到了欠硫阶段后期，即制品轻微欠硫时，尽管制品的拉伸强度、弹性、伸长率等尚未达到预期水平，但其抗撕裂性和耐磨性等优于正硫化胶料。因此，如果着重要求抗撕裂性和耐磨性，制品可以轻微欠硫。

11.2.3 正硫阶段

正硫阶段指达到适当交联度的阶段。在正硫阶段，硫化胶的各项力学性能并非在同一时间都达到最高值，而是分别达到或接近最佳值，其综合性能最好。正硫阶段所取的温度和时间分别称为正硫化温度和正硫化时间。

正硫化时间须视制品所要求的性能和制品断面的厚薄而定。制品越厚越应考虑后硫化。由于橡胶导热性差，传热时间长，制品散热降温较慢，当制品硫化取出以后还可以继续进行硫化，称为后硫化。一般情况下，可以把拉伸强度最高值略前的时间或强伸积(拉伸强度与伸长率的乘积)最高值的硫化时间定为正硫化时间。

11.2.4 过硫阶段

正硫阶段之后，继续硫化便进入过硫阶段。这一阶段的前期属于硫化平坦期的一部分。在平坦期中，硫化胶的各项力学性能基本保持稳定。平坦期之后，天然橡胶和丁基橡胶由于断链多于交联出现硫化返原现象而变软(图 11-5 D、图 11-6)；合成橡胶则因交联继续占优势和环化结构的增多而变硬，且伸长率也随之降低，橡胶性能受到损害。硫化平坦期的长短，不仅表明胶料热稳定性的高低，而且对硫化工艺的安全操作及厚制品硫化质量的好坏均有直接影响。

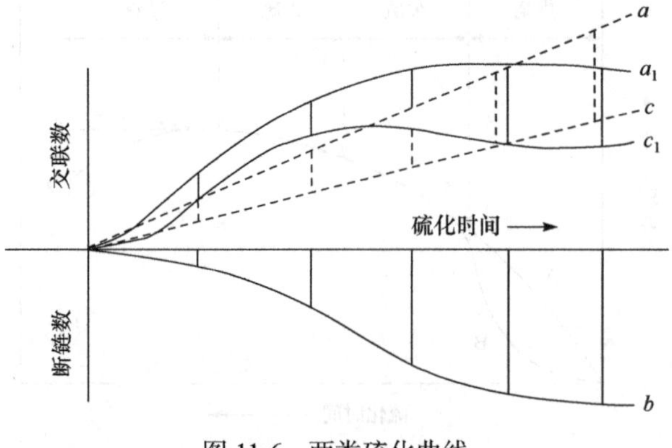

图 11-6 两类硫化曲线

a. 合成橡胶(丁基橡胶除外)交联键总量；a_1. 天然橡胶交联键总量；*b*. 断裂的交联键数；*c*. 合成橡胶有效交联键数=$a-b$；c_1. 天然橡胶有效交联键数=a_1-b

11.3 橡胶硫化程度的测定

橡胶的硫化程度通常采用硫化仪测定。从硫化时间影响定伸强度的硫化过程曲线来看，只有当胶料达到正硫化时，硫化胶的某一特性或综合性能最好，而欠硫或过硫均对硫化胶的性能产生不良影响。因此，准确测定和选取正硫化就成为确定正硫化条件和使产品获得最佳性能的决定因素。转子旋转振荡式硫化仪是一种测定硫化程度的仪器，具有方便、精确、经济、快速和重现性好等优点，并且能够连续测定与加工性能和硫化性能等有关的参数，只需进行一次试验即可得到完整的硫化曲线。

11.3.1 硫化仪的测定原理

转子旋转振荡式硫化仪的测定原理以胶料的剪切模量 G 与交联密度 D 成正比为基础。其关系式为

$$G = DRT \tag{11-1}$$

因此，通过剪切模量的测定，即可反映交联或硫化过程的情况。测定时，试样室中的胶料在一定压力和温度下经一定频率摆动一个固定微小角度(如 3 r/min, ±3°)的转子，产生正反向扭动变形；当胶料的交联度随硫化时间增加而变化时，转子所受胶料变形的抵抗力也随之变化，连续变化的抵抗力通过应力传感器以转矩的形式连续地记录下来，直至绘出整个硫化时间与转矩的关系曲线，即硫化仪的硫化曲线，如图 11-7 所示。根据此硫化曲线可以直观地看出或简单计算得到全套硫化参数：初始黏度、最低黏度、诱导时间、硫化速度、正硫化时间和活化能等。

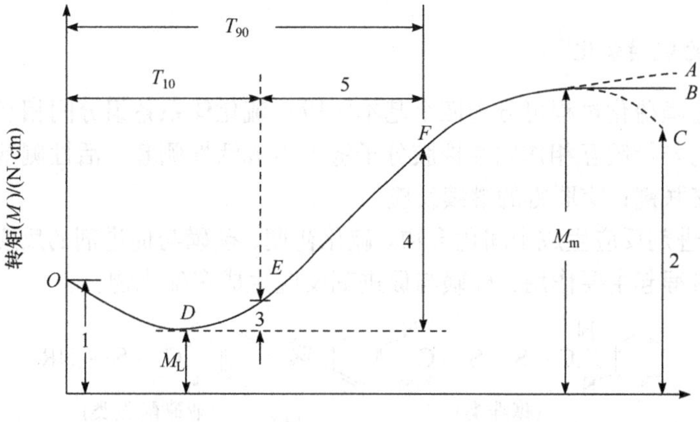

图 11-7 连续硫化曲线图解

1. 起始转矩；2. 最终回复转矩；3. 10%（M_m–M_L）=10%硫化度；4. 90%（M_m–M_L）=90%硫化度；5. 欠硫时间；M_L.最小转矩；M_m. 最大转矩；T_{10}. 焦烧时间；T_{90}. 正硫化时间

11.3.2 硫化曲线的分析

如图 11-7 所示，胶料在试样室中硫化开始时，起始转矩或黏度处于 O 点，当胶料逐渐受热升温，其转矩逐渐下降至 D 点。D 点以后，曲线又开始上升，表明胶料有轻微交联，但在

E 点之前胶料仍能流动。胶料从 O 点到 E 点的时间即为焦烧时间。E 点以后，胶料已不能进行塑性流动，而以一定速度进行交联直到正硫化点 F。生产上总是希望焦烧时间长一些，硫化速度快一些，以保证操作安全并提高生产效率。从 F 点之后，曲线按不同胶料分为三种走向：FA、FB、FC，这与胶料所用的硫化体系和所生成交联键的性质有关。曲线 FA 显示胶料在硫化过程中，其硫化曲线继续上升而不趋于某一定值。例如，采用过氧化物硫化的丁腈橡胶、氟橡胶及乙丙橡胶等双键少或不含双键的橡胶。曲线 FB 是最典型的硫化曲线，它显示在硫化过程中，硫化曲线继续上升并趋于某一定值，表明胶料硫化到一定时间以后，交联与裂解达到平衡且保持不变。例如，采用硫磺硫化的多数合成橡胶，以及采用硫给予体硫化的天然橡胶。曲线 FC 显示在硫化过程中，当交联与裂解达到平衡且保持一定时间以后，胶料又逐渐变软，硫化曲线开始下降。例如，甲基硅橡胶、乙烯基硅橡胶、氟硅橡胶、丁基橡胶，以及采用高硫配合或氧化锌用量不足的天然橡胶。

11.4　硫化机理

硫化对橡胶性能有重大影响，在保证橡胶制品质量的条件下，适量增加硫化剂和促进剂用量、提高硫化温度等，可以缩短硫化时间、提高设备生产能力。硫化体系不同，硫化机理不同。橡胶硫化分为硫磺硫化和非硫磺硫化两大类，其中非硫磺硫化又包括含硫化合物硫化、有机过氧化物硫化、金属氧化物硫化和合成树脂硫化等。

11.4.1　硫磺硫化

硫磺硫化适用于不饱和橡胶、三元乙丙橡胶及不饱和度大于 2%的丁基橡胶。交联体系为：硫磺+促进剂+ZnO、HSt，其中硫磺以八硫环形式存在。

1. 含促进剂的硫磺硫化

含促进剂的硫磺硫化过程可分为四个基本阶段：硫化体系各组分间相互作用生成中间化合物；中间化合物与橡胶互相作用在橡胶分子链上生成活性侧基；活性侧基相互间及与橡胶分子间作用形成交联键；交联键的继续反应。

(1) 硫磺与促进剂反应生成中间化合物。硫化初期，硫磺与促进剂的反应及促进剂与活性剂的反应对硫化过程起主要作用，硫磺与促进剂反应生成多硫化物。

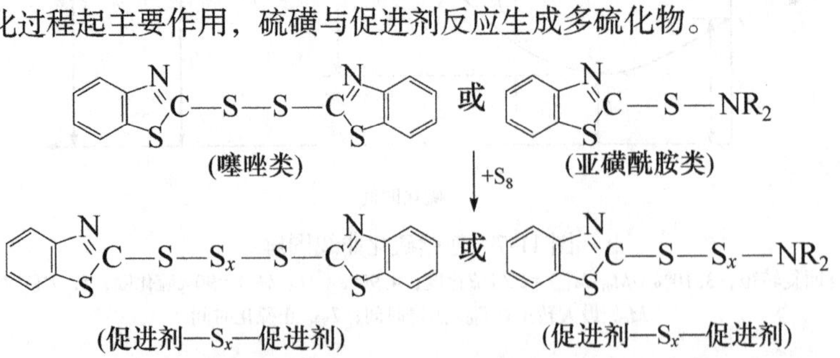

(11-2)

(2) 中间化合物与橡胶反应生成活性侧基。所生成的中间化合物先与橡胶分子链作用，分两步使橡胶分子链上生成含有硫和促进剂基团的活性侧基。例如

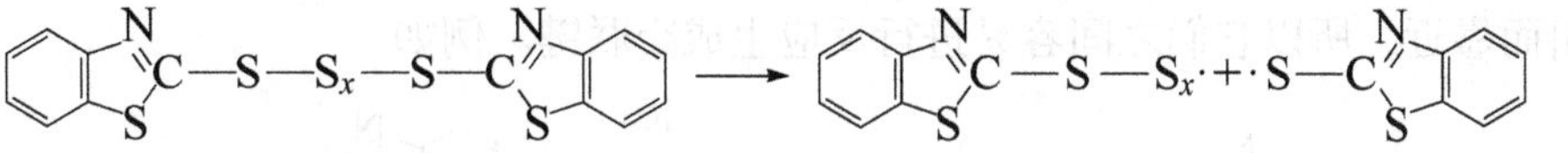
(11-3)

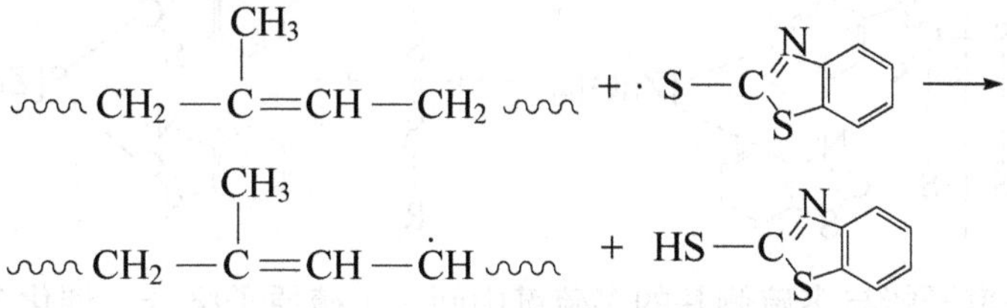
(11-4)

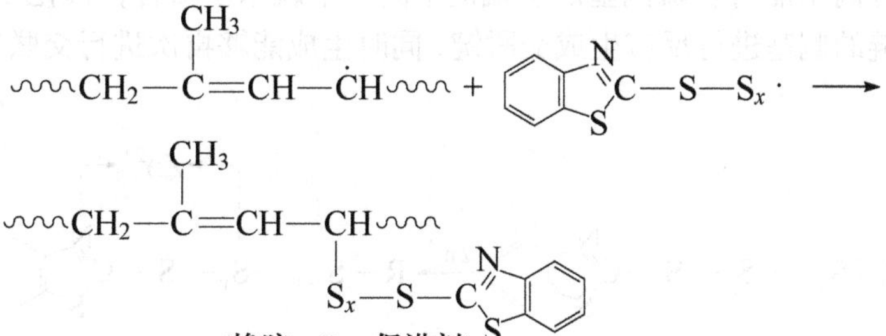
(11-5)

(橡胶—S_x—促进剂)

或者

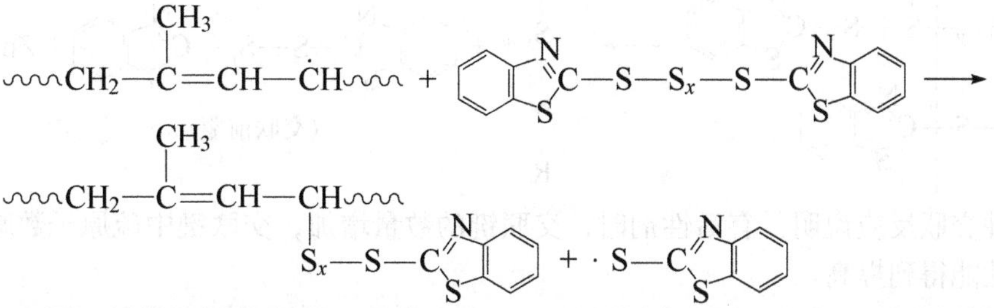
(11-6)

(3) 活性侧基间及与橡胶分子间作用形成交联键。硫化过程中，当多硫侧基的生成量达到最大值时，橡胶的交联反应迅速进行。

无活性剂时的交联反应：多硫侧基在弱键处断裂分解为自由基，然后这些自由基与橡胶分子作用生成交联键。例如

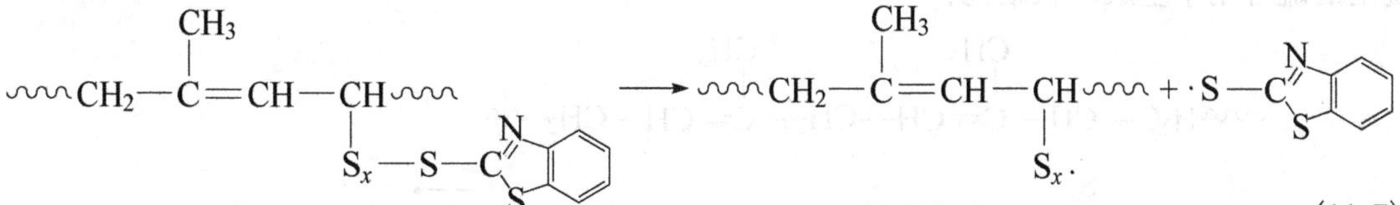
(R—S_x·)

(11-7)

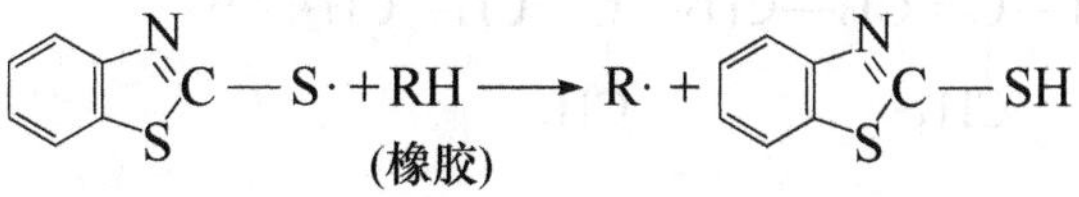
(11-8)

(橡胶)

$$R—S_x\cdot + R\cdot \longrightarrow R—S_x—R \qquad (11\text{-}9)$$

(多硫交联键)

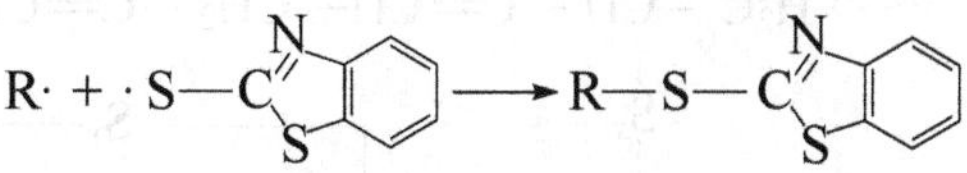
(11-10)

有活性剂时的交联反应：交联反应性质发生了变化，侧基间的互相作用成为主要反应。这是因为硫化时所生成的各种含硫侧基被吸附于活性剂如氧化锌的表面上，这些极性侧基团

互相吸引而靠近，所以它们之间容易进行反应生成交联键。例如

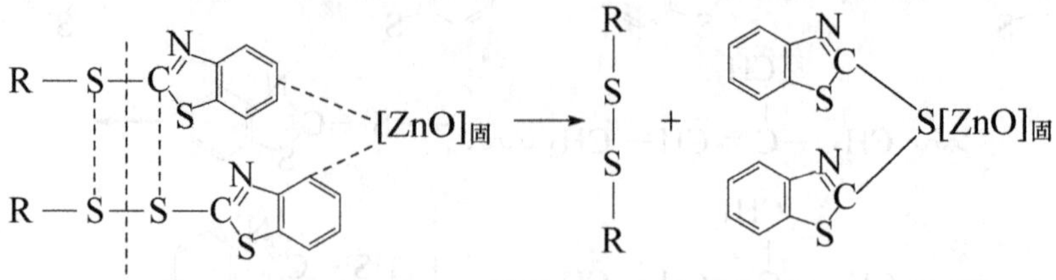
(11-11)

再者，因为锌离子能与多硫侧基的多硫键中间一个硫原子络合，催化多硫侧基裂解并与另一个橡胶分子链的侧基进行反应生成交联键，同时生成能够再次进行交联反应的交联前驱。例如

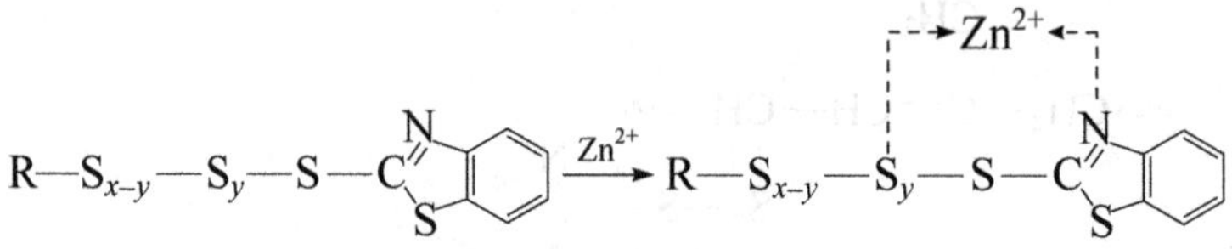
(11-12)

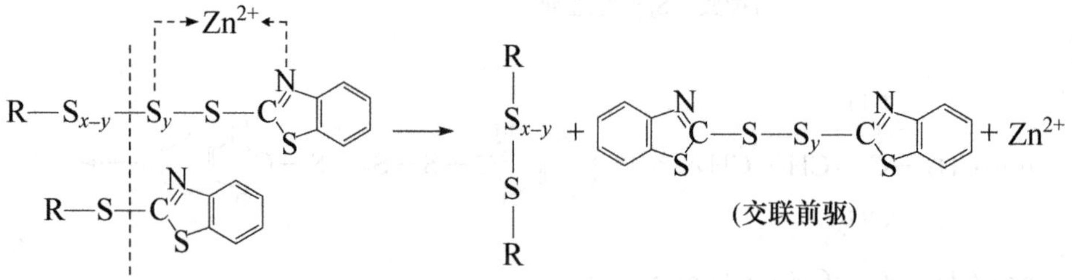
(11-13)

这两种交联反应说明，有活性剂时，交联键的数量增加，交联键中硫原子数减少，因而硫化胶的性能得到提高。

(4) 交联键的继续反应。硫磺交联键的进一步变化与交联键的硫原子数、反应温度、活性物质的存在等有关，特别是多硫交联键更容易发生变化。在硫化过程中，可以进行多硫键变短、交联键断裂及主链改性等反应。

(i) 多硫键变短。多硫交联键中硫原子被脱出使交联键的硫原子数减少，交联键变短。所脱出的硫可用于生成环状结构：

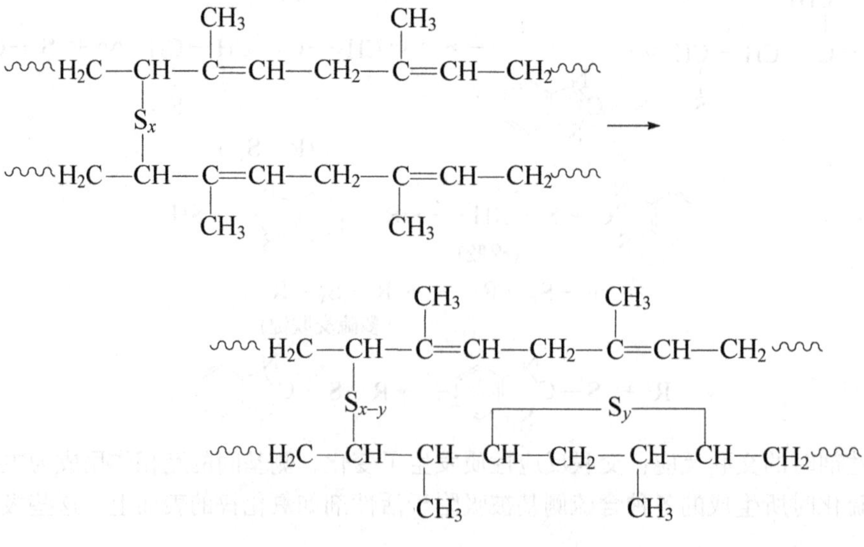
(11-14)

此外，脱出的硫可与促进剂发生反应生成中间化合物。

(ii)交联键断裂及主链改性。在较高的温度下，多硫交联键容易断裂生成橡胶分子链的多硫化氢侧基，同时另一橡胶分子链形成共轭三烯结构，主链改性。例如

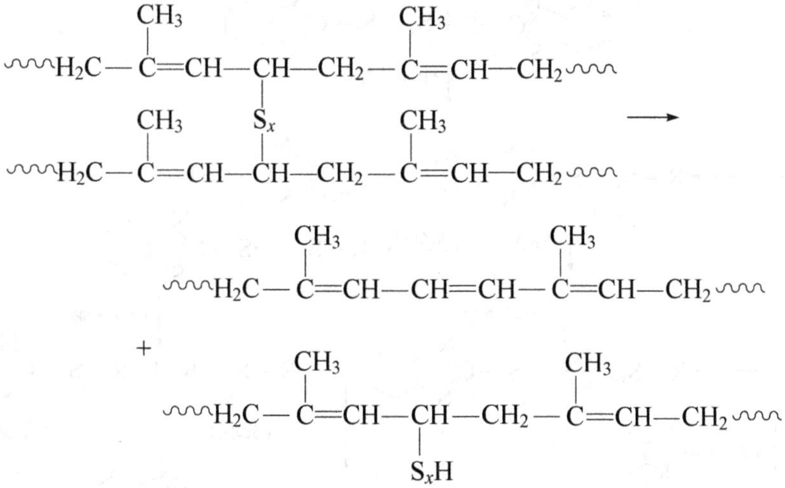

(11-15)

所生成的多硫化氢侧基可以在橡胶分子内进行环化，生成环化结构，也可以脱离橡胶分子键生成多硫化氢，同时使主链形成共轭三烯结构：

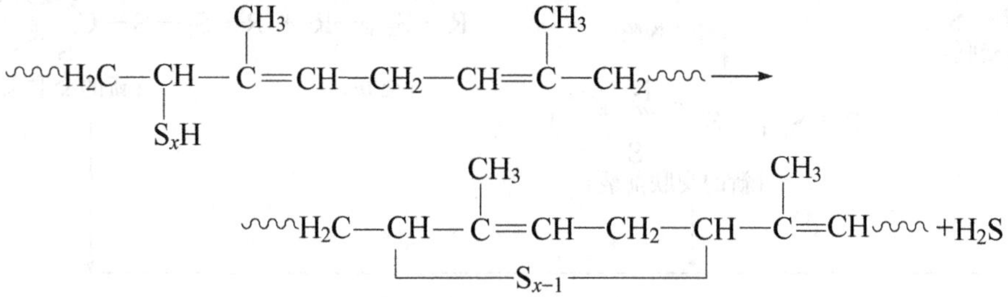

(11-16)

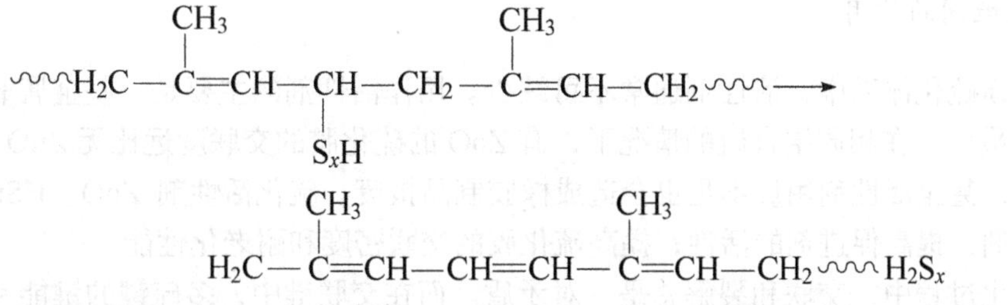

(11-17)

交联键断裂和主链改性对硫化工艺和硫化胶的性能均有不良影响。

含促进剂的硫磺硫化，其硫化胶的结构可示意如下：

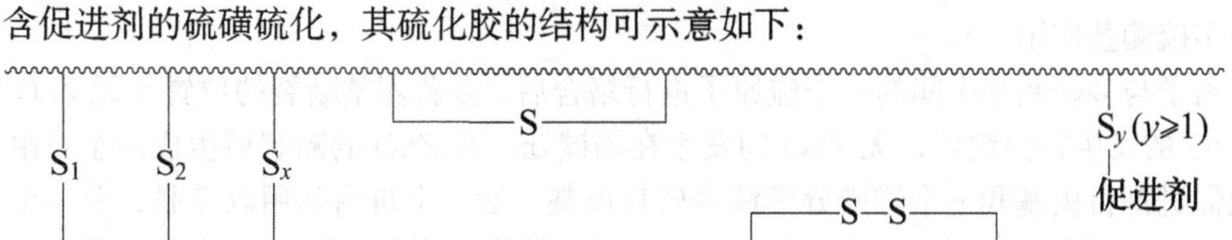

(11-18)

以含噻唑类促进剂的硫磺硫化为例，其交联反应过程可以简单归纳如下：

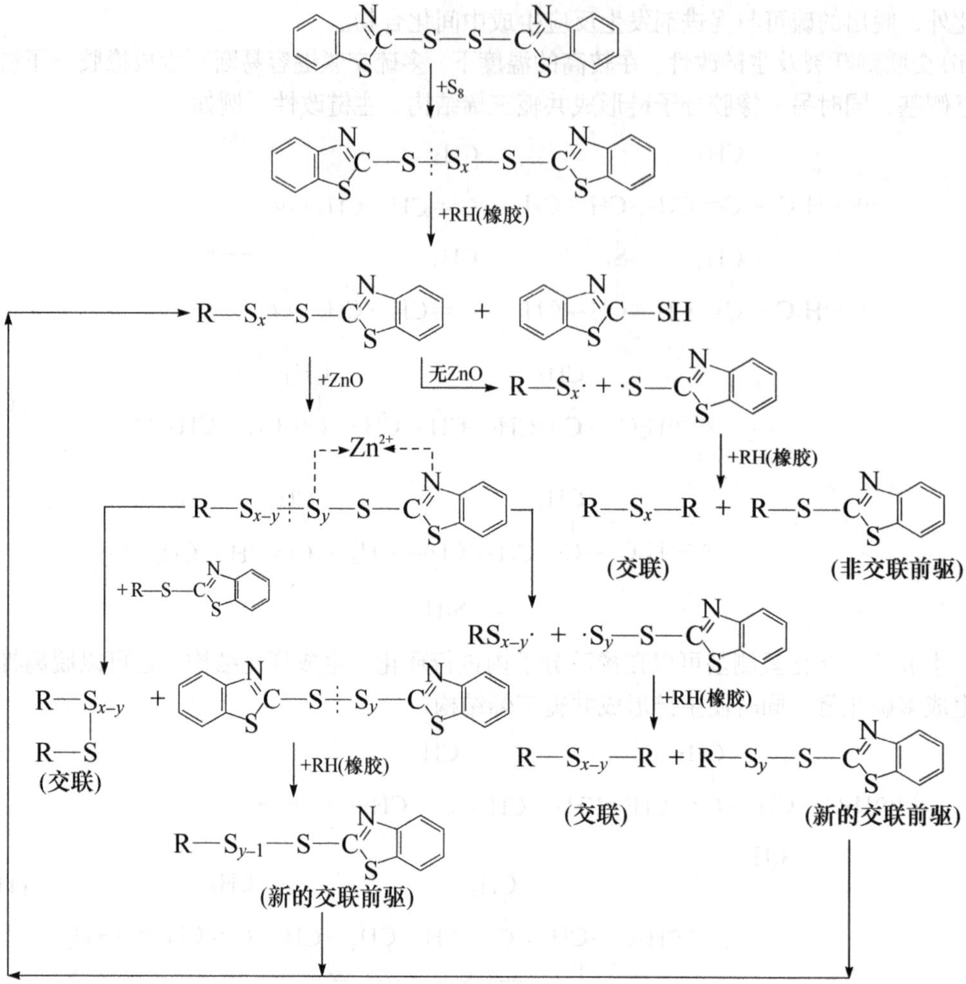

2. 活性剂的作用

在硫磺硫化体系中，活性剂通常不可缺少。用作活性剂的主要是一些金属氧化物，其中 ZnO 使用最广。在相同结合硫的情况下，有 ZnO 的硫化胶的交联度远比无 ZnO 的硫化胶多。在生产上，甚至活性剂用量不足也会造成橡胶制品报废。硫化活性剂 ZnO、HSt 的作用是：作为活性剂，提高促进剂的活性；提高硫化胶的交联密度和耐老化性能。

在硫化过程中，交联和裂解总是一对矛盾。而在交联键中，多硫键的键能＜少硫键的键能＜无硫键的键能。因此，硫原子数的减少有利于交联度的提高。

1) 与多硫侧基作用

当锌离子与多硫侧基中间的一个硫原子进行络合后，多硫侧基断裂的位置与无 ZnO 时不同，有 ZnO 的发生在强键处，无 ZnO 的发生在弱键处。有 ZnO 的断裂后生成两个自由基，一个多硫促进剂自由基和一个橡胶分子链多硫自由基。后一个自由基用以交联，前一个自由基与橡胶反应又生成多硫侧基，再次参与交联反应。结果生成的交联数比无 ZnO 的多，交联键的硫原子数却比无 ZnO 的少。其反应过程可用下式表示：

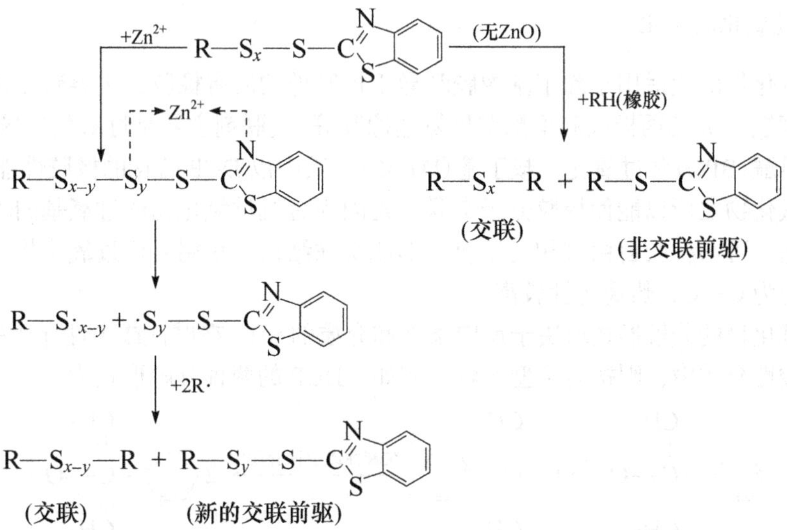

由于有 ZnO 的情况下所生成的交联键硫原子数较少，而生成的橡胶多硫侧基又成为交联前驱，能够再次参与交联反应，使交联数增加。这是有 ZnO 硫化胶的热稳定性和力学性能较高的重要原因之一。

2)与多硫化氢侧基作用

多硫交联键高温下易发生断裂生成硫氢基(RS_xH)，可以使橡胶分子生成环化结构。而 ZnO 能与 RS_xH 作用，使断裂的交联键再次结合为新的交联键，避免了交联键减少和环化结构生成，所以交联键的总数没有减少。其反应式如下：

$$RS_xH + R'S_xH + ZnO \longrightarrow R—S_x—Zn—S_x—R' + H_2O \tag{11-19}$$

$$R—S_x—Zn—S_x—R' \longrightarrow R—S_{2x-1}—R' + ZnS \tag{11-20}$$

3)与硫化氢作用

硫化过程中产生的硫化氢能够分解多硫键，使交联键减少，而 ZnO 能与硫化氢反应，从而避免多硫键的断裂。

$$ZnO + H_2S \longrightarrow ZnS + H_2O \tag{11-21}$$

4)与多硫交联键作用

ZnO 能与多硫键作用，脱出多硫键中的硫原子。因此，使多硫键成为较少硫原子的交联键，硫化胶的热稳定性得到提高。

$$R—S_y—R' \xrightarrow{ZnO} R—S_{y-1}—R' + ZnS \tag{11-22}$$

11.4.2　非硫磺硫化

通常硫磺只能硫化不饱和橡胶，对于饱和橡胶、某些极性橡胶和特种橡胶需用有机过氧化物、金属氧化物、胺类及其他物质硫化。

非硫磺硫化可以分为有机过氧化物硫化、金属氧化物硫化、树脂硫化、含硫化合物硫化等。其中，含硫化合物在硫化过程中能够析出活性硫，使橡胶交联起来，其过程与硫磺交联相似。硫化胶的网络结构为 C—C、C—S—C、C—S_x—C。

1. 有机过氧化物硫化

有机过氧化物硫化适用于除丁基橡胶和异丁橡胶外的所有橡胶，主要硫化饱和橡胶，如硅橡胶、氟橡胶、二元乙丙橡胶和聚酯型聚氨酯橡胶等。交联剂主要是过氧化二异丙苯(DCP)、过氧化二苯甲酰(BPO)和过氧化二叔丁基(DTBP)，其中以DCP硫化的橡胶性能较好。

有机过氧化物之所以能使橡胶分子交联，是因为有机过氧化物的过氧基团不稳定，受热分解为自由基，可与橡胶自由基相互结合，形成交联结构。采用有机过氧化物硫化的硫化橡胶的网络结构为C—C，热稳定性较高。

有机过氧化物的分解形式取决于反应条件和介质的pH。在碱性或中性介质中，按自由基型分解；在酸性介质中，则按离子型分解。例如，DCP的两种分解形式为

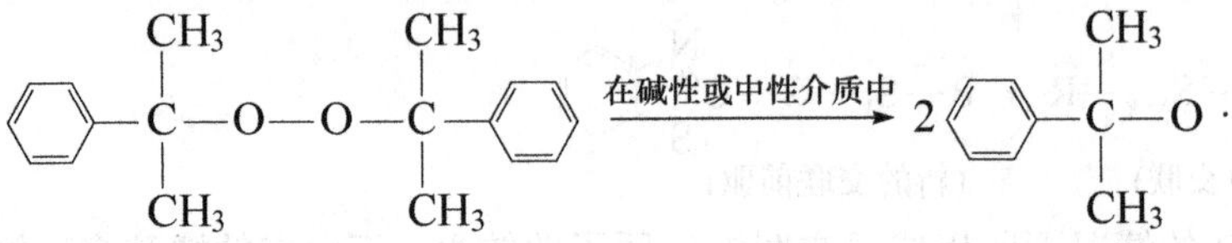

(11-23)

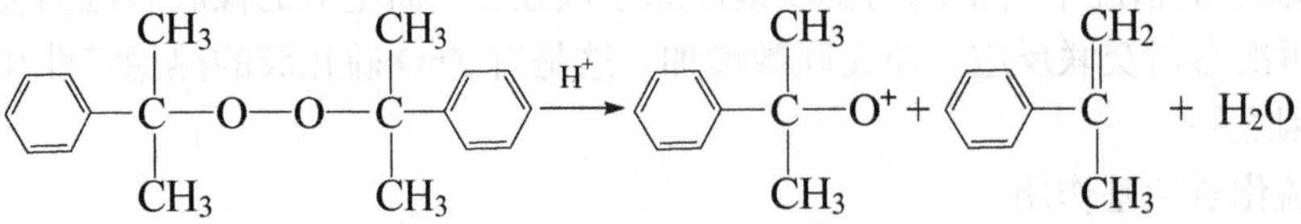

(11-24)

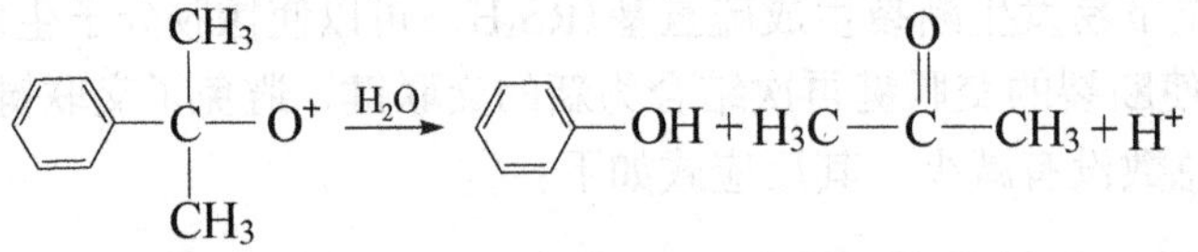

(11-25)

在有机过氧化物与橡胶的硫化反应过程中，有机过氧化物首先分解为自由基：

$$R—O—O—R \longrightarrow 2RO\cdot \tag{11-26}$$

生成的自由基可以脱出橡胶分子链上的氢，形成橡胶自由基。例如，乙丙橡胶分子受到自由基攻击时：

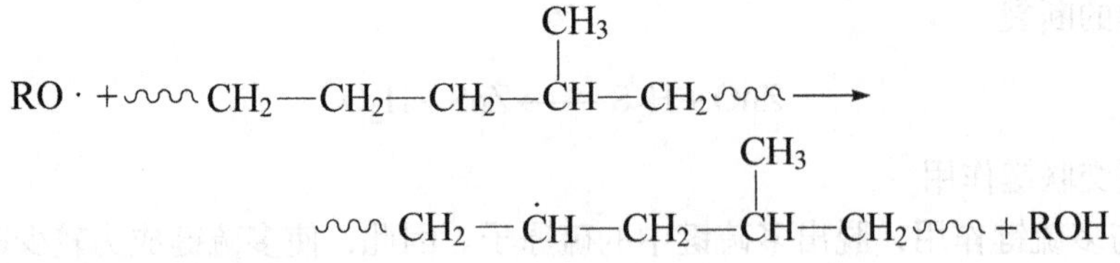

(11-27)

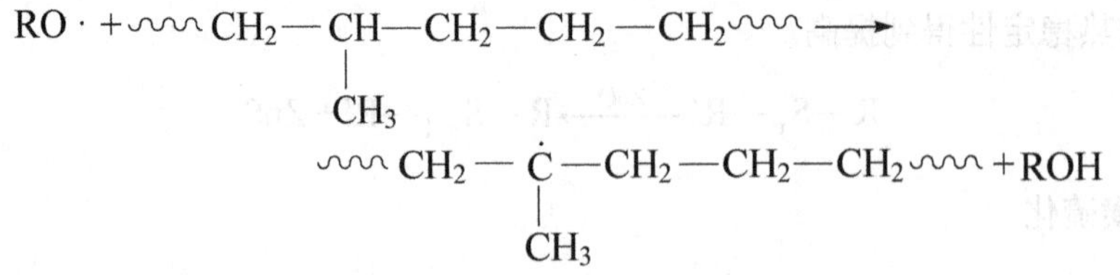

(11-28)

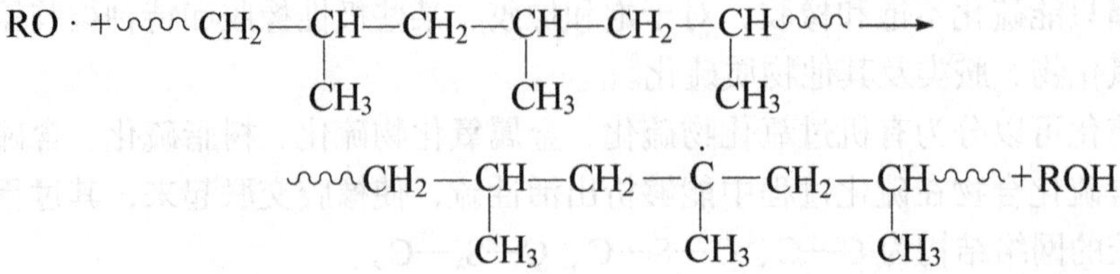

(11-29)

所生成的这些橡胶自由基可以相互结合而发生交联：

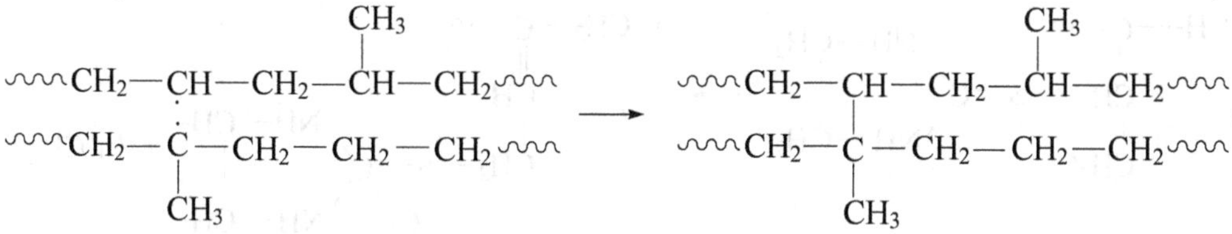

(11-30)

也可以在叔碳原子处发生主链断裂反应：

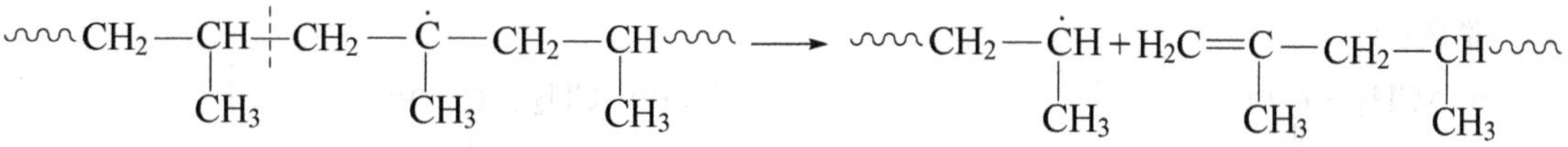

(11-31)

丙烯含量越高，分子链断裂反应越多，二元乙丙橡胶的交联效率取决于合成时乙烯和丙烯的比例。

2. 金属氧化物硫化

金属氧化物适用于含卤橡胶、聚硫橡胶的硫化。金属氧化物如 ZnO、MgO、PbO 等是氯丁橡胶、氯醇橡胶、氯化丁基橡胶、溴化丁基橡胶、聚硫橡胶、羧基橡胶和氯磺化聚乙烯等极性橡胶的主要硫化剂。由于这些橡胶的分子链上都带有活性基团，可以与金属氧化物作用，使橡胶分子链间形成交联键。硫化胶的网络结构为 C—O—C、C—S—C。

(1)氯丁橡胶和氯醇橡胶的硫化。氯丁橡胶的硫化剂常用 ZnO 和 MgO，氯醇橡胶多用 PbO 作硫化剂。两种橡胶的硫化机理类似，在此以氯丁橡胶的硫化反应为例说明。

(i)无促进剂的氯丁橡胶硫化反应。结合在氯丁橡胶烯丙基叔碳原子上的氯和双键可以发生转移，活泼氯与 ZnO 作用生成醚型交联键。

氯和双键转移：

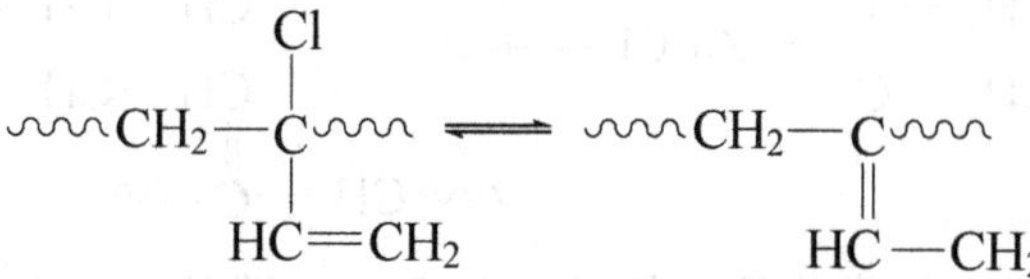

(11-32)

脱氯：

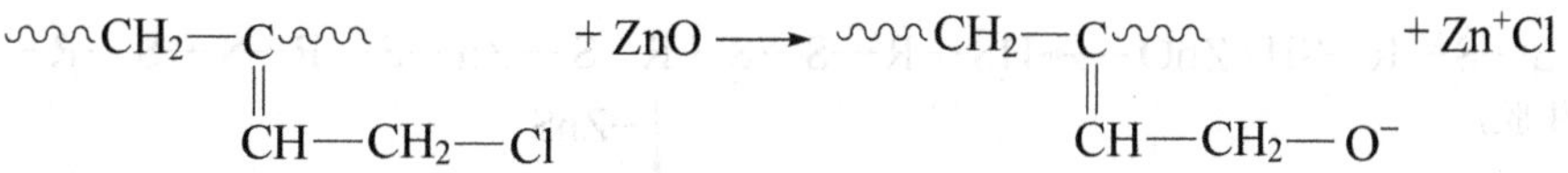

(11-33)

交联：

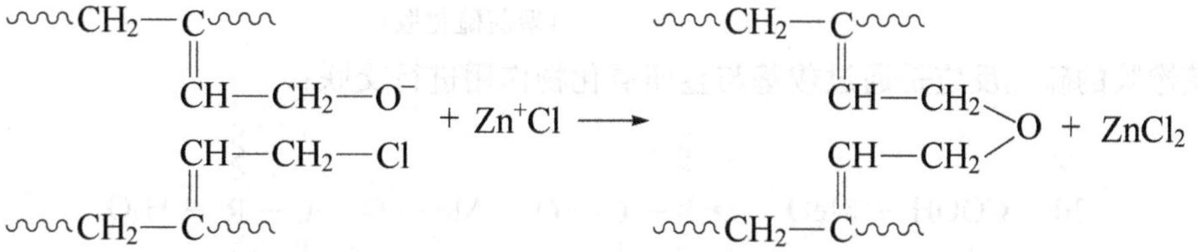

(11-34)

(ii)含促进剂的氯丁橡胶硫化反应。在含促进剂乙撑硫脲(也称亚乙基硫脲)时，氯丁橡胶硫化反应生成硫醚交联键。

亚乙基硫脲(NA-22)的加成：

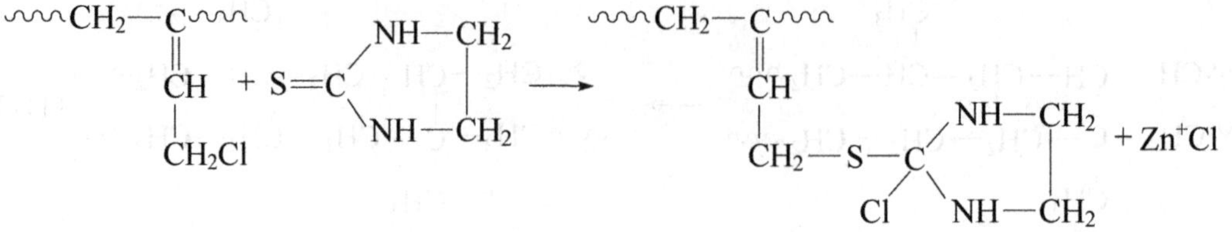

(11-35)

脱氯：

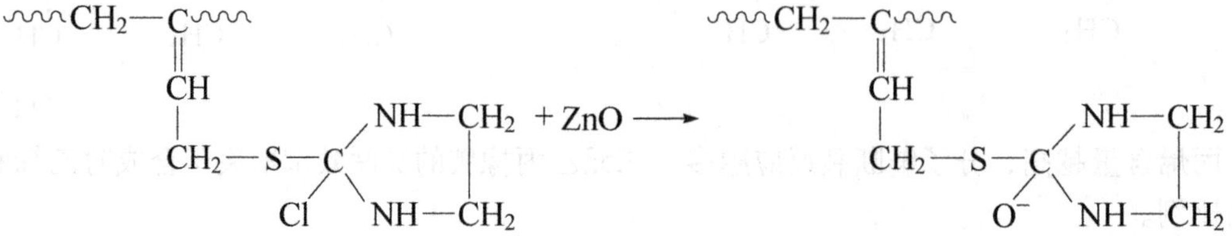

(11-36)

脱亚乙基脲：

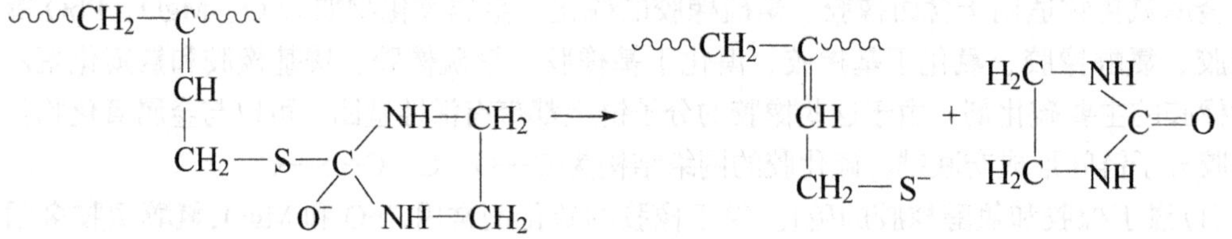

(11-37)

交联：

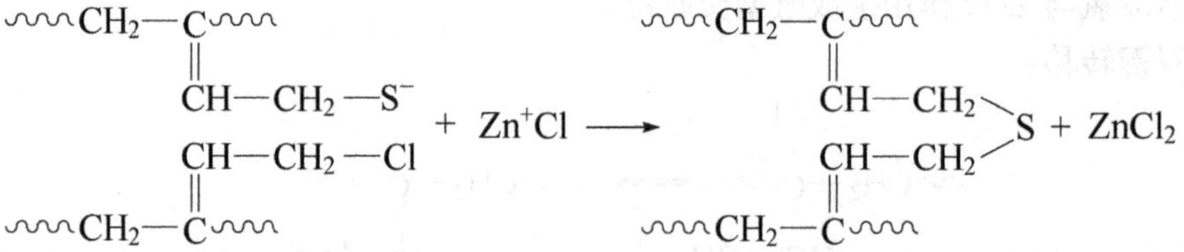

(11-38)

(2)聚硫橡胶、羧基橡胶、氯磺化聚乙烯的硫化反应。端基为硫醇基(—SH)的聚硫橡胶用 ZnO 硫化时，反应不是生成交联键的交联反应，而是分子链的合并过程：

$$\underset{(聚硫生胶)}{2HS{-}R{-}S{-}S{-}R{-}SH} + ZnO \longrightarrow HS{-}R{-}S{-}S{-}R{-}S{-}Zn{-}S{-}R{-}S{-}S{-}R{-}SH + H_2O$$

$$\xrightarrow{-ZnS} \underset{(聚硫硫化胶)}{HS{-}R{-}S{-}S{-}R{-}S{-}R{-}S{-}S{-}R{-}SH} \tag{11-39}$$

羧基橡胶的硫化反应是通过羧基与金属氧化物作用进行交联：

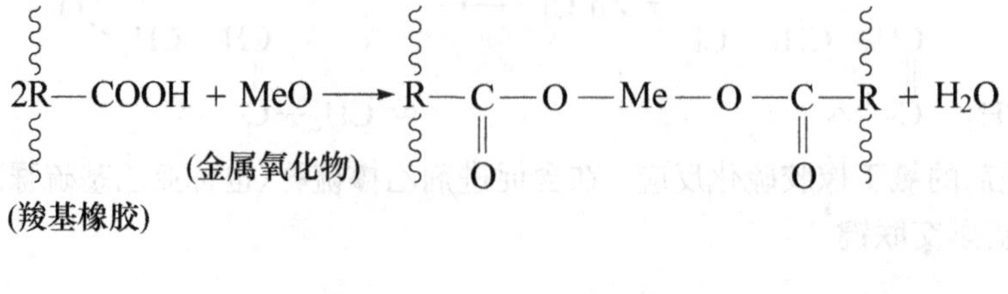

(11-40)

氯磺化聚乙烯的硫化反应是磺酰氯水解后生成的羟基与金属氧化物作用进行交联：

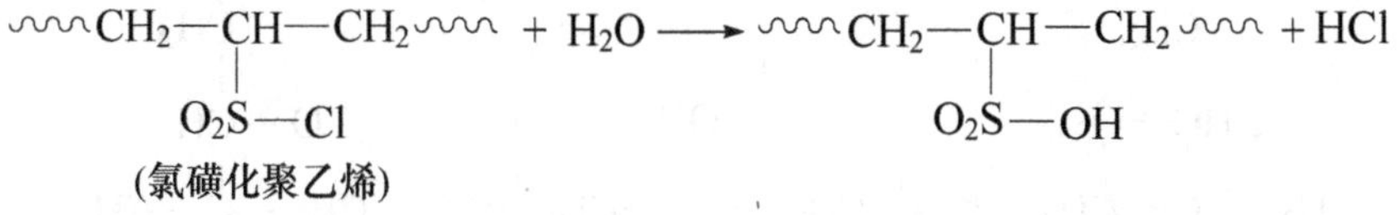

(11-41)

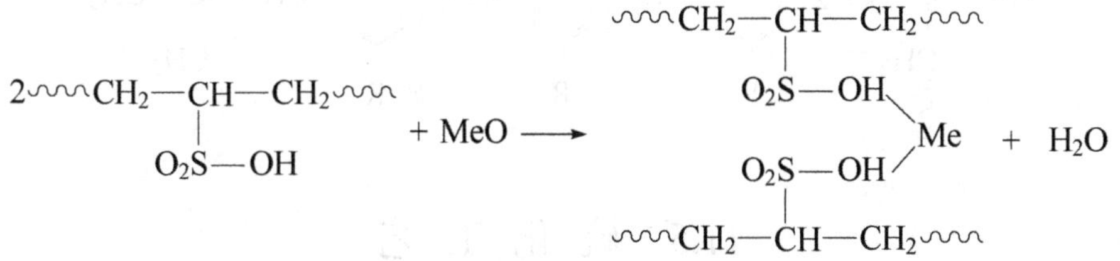

(11-42)

3. 树脂硫化

树脂(主要是酚醛树脂)可被用作硫化不饱和橡胶、聚氨酯、聚丙烯酸酯和羧基橡胶等，以制备高耐热性的硫化胶。

橡胶与酚醛树脂的硫化反应(含促进剂 $SnCl_2 \cdot 2H_2O$)为离子型反应，反应过程如下。

(1)树脂的羟甲基在酸催化下脱水，生成亚甲基醌：

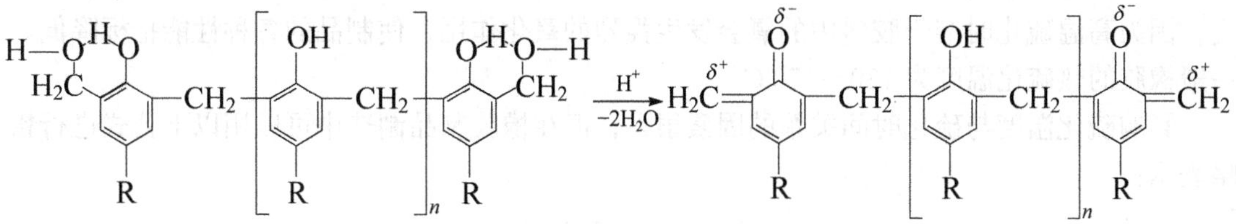

(11-43)

(2)橡胶双键被络合酸极化：

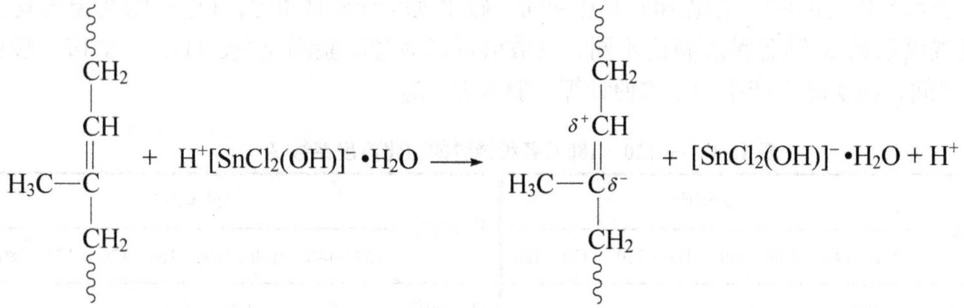

(11-44)

(3)亚甲基醌与被络合酸极化了的橡胶双键发生反应进行交联：

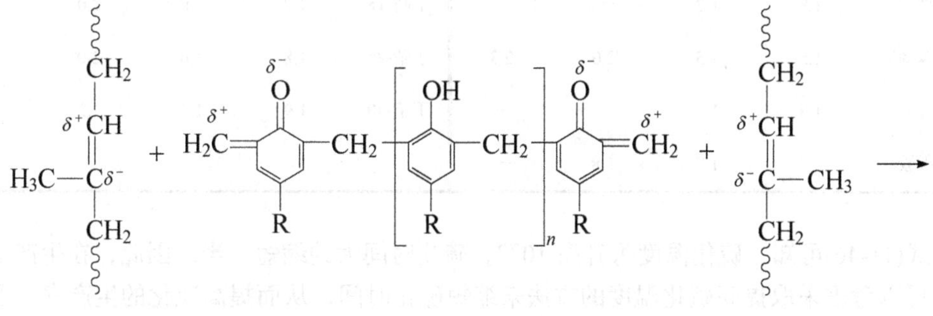

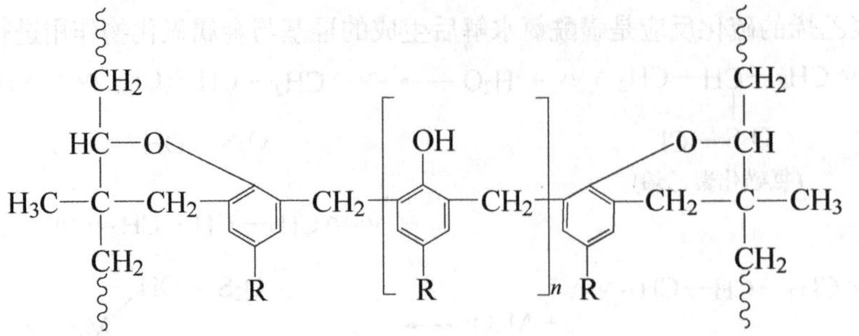

(11-45)

11.5　硫化工艺

橡胶硫化的三大工艺参数是温度、时间和压力，其中硫化温度是对制品性能影响最大的参数。

11.5.1　硫化温度和时间

硫化温度对硫化的反应速度影响很大，硫化温度越高，则硫化速度越快，但也有一定限度，因为高温硫化时溶于胶料中的氧会发生强烈的氧化作用，使制品的各种性能指标降低。一般橡胶的热硫化温度为130～170℃。

影响硫化温度与硫化时间关系的因素很多，但在橡胶制品制造中可以用以下公式进行粗略表示：

$$t_1 / t_2 = K^{(T_2-T_1)/10} \tag{11-46}$$

式中，t_1为当温度为T_1时所需的硫化时间；t_2为当温度为T_2时所需的硫化时间；K为硫化温度系数，表示当硫化温度每变化10℃时达到同一硫化程度所需时间比；(T_2-T_1)为温度差。

硫化温度系数K随各种胶料而不同，其数值可以通过实验测定(表11-1)。K值一般在1.5～2.5之间，在实际生产中为了方便计算一般取$K\approx 2$。

表11-1　在120～180℃各种橡胶的硫化温度系数 *K*

橡胶种类	温度范围/℃				橡胶种类	温度范围/℃			
	120～140	140～160	160～170	170～180		120～140	140～160	160～170	170～180
天然橡胶	1.7	1.6	—	—	氯丁橡胶	1.7	1.7	—	—
异戊橡胶	1.8	1.7	—	—	丁腈-18	1.9	1.6	2.0	2.0
低温丁苯橡胶	1.5	1.5	2.0	2.3	丁腈-26	1.8	1.6	2.0	2.5
顺丁橡胶	1.8	1.9	—	—	丁腈-40	1.9	1.5	2.2	2.0
丁基橡胶	—	1.7	1.8	—					

由式(11-46)可知，硫化温度每升高10℃，硫化时间大约缩短一半。因此，在生产上一定条件下可以考虑采取提高硫化温度的方法来缩短硫化时间，从而提高硫化的生产率。但事实上硫化温度具有一定的限制，因为高温硫化会加剧胶料的氧化速度，加速橡胶分子链的裂解，

以致制件力学性能下降。同时，橡胶的传热性很差，制件特别是厚制件均匀达到高温困难。因此，多数橡胶的硫化温度控制在120～180℃。

确定硫化温度时需考虑的因素主要是：橡胶胶种、硫化体系、骨架材料、制品断面厚度(图11-8和图11-9)。由于橡胶是不良导热体，为了保证均匀的硫化程度，厚橡胶制品一般采用逐步升温、低温长时间硫化。

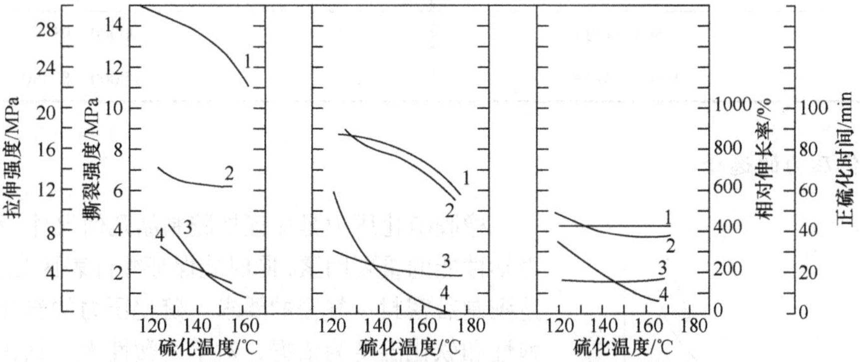

(a) 天然橡胶　(b) 异戊橡胶　(c) 低温丁苯橡胶

图11-8　硫化温度对硫磺硫化橡胶的力学性能影响

1. 拉伸强度；2. 相对伸长率；3. 撕裂强度；4. 正硫化时间

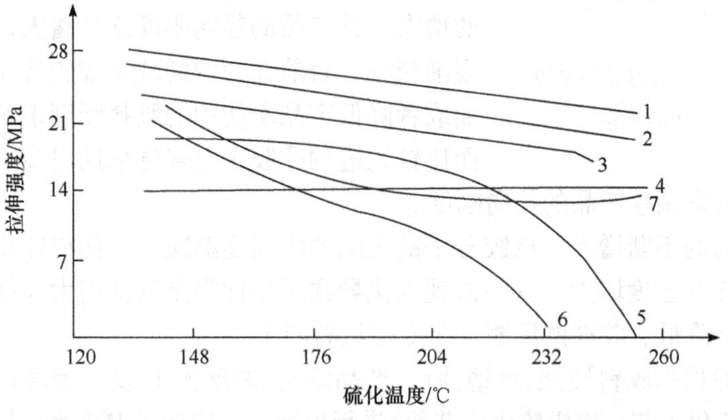

图11-9　高温硫化对含不同硫化剂的各种橡胶强度的影响

1. 硫磺硫化丁腈橡胶；2. 金属氧化物硫化通用型氯丁胶；3. 金属氧化物硫化W(54-1)型氯丁橡胶；4. 酚醛树脂硫化丁基胶；5. 硫磺硫化丁基胶；6. 硫磺硫化天然橡胶；7. 活化亚磺酰胺体系硫化天然橡胶

11.5.2　硫化压力

大多数橡胶制品是在一定压力下进行硫化的，只有少数橡胶制品如胶布在常压下进行硫化。

1. 硫化时加压的目的

硫化时加压的目的主要是防止制品中产生气泡，提高胶料的密实性，使胶料流散并充满模型，增加胶料与骨架材料间的结合力。

在硫化过程中硫化剂与生胶分子的作用是固相反应，压力对反应速度没什么影响。但胶料中有水分、吸附的空气和溶解的气体等，在硫化过程中由于胶料受热，水分蒸发及部分配合剂分解，气体的解析及硫化的副反应放出H_2S等气体，都会使制品产生气孔或脱层现象。

加压进行硫化可以消除这些现象，并且提高制品的耐磨、耐老化性能和硬度。但硫化压力过高会损伤骨架材料，压力过低时，加热会出现起泡、脱层和呈海绵状等缺陷，使制品性能降低。例如，硫化外胎时水胎内的压力对外胎疲劳性能的影响如表 11-2 所示。

表 11-2　水胎内过热水的压力对外胎疲劳性能的影响

压力/MPa	帘子线屈挠至损坏的次数	压力/MPa	帘子线屈挠至损坏的次数
0.35	3500～4500	2.2	90000～95000
1.6	46500～47000	2.5	80000～82000

2. 硫化压力的选择

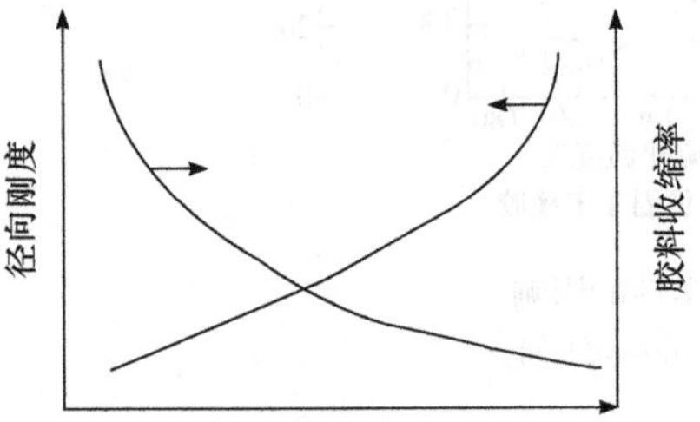

图 11-10　硫化压力与产品的径向刚度和胶料收缩率之间的关系

橡胶硫化压力是保证橡胶制品几何尺寸、结构密度、力学性能的重要因素，同时能保证零件表面光滑无缺陷，达到制品密封、气密的要求。硫化压力的选择以橡胶的弹性和软化温度为依据，对于可塑性大、软化温度低的橡胶，其硫化压力可适当降低。

随着硫化压力的增大，产品的收缩率和产品的径向刚度变化如图 11-10 。从图中可以看到，随着硫化压力的增大，其产品的径向刚度逐渐增大，而胶料的收缩率逐渐减小。目前在国内的减振橡胶行业内，通常采用增加或者降低产品所使用的胶料硬度来调整产品的刚度，而比较先进的橡胶企业普遍采用提高或者降低产品硫化时的胶料硫化压力来调整产品的径向刚度。

随着硫化压力的不断增大，橡胶分子链之间的距离逐渐减小，使得硫化交联效率提高，从而引起胶料的交联密度增大，这一微观变化导致了拉伸强度逐渐增大、扯断伸长率逐渐减小、撕裂强度逐渐降低、胶料的压缩永久变形显著减小。

硫化压力一般根据胶料性能(可塑性)、产品结构(厚度大小/复杂程度)和工艺条件(如贴胶、擦胶、注压硫化工艺、模压硫化工艺等)进行确定。一般产品厚度大、层数多和结构复杂时，需要较高的硫化压力。

11.5.3　硫磺用量

硫磺用量越大，硫化速度越快，硫化程度也越高。但硫磺在橡胶中的溶解度有限，过量的硫磺会由胶料表面析出，俗称喷硫。为了减少喷硫现象，要求在尽可能低的温度下，或者至少在硫磺的熔点以下加硫。根据橡胶制品的使用要求，硫磺在软质橡胶中的用量一般不超过 3%，在半硬质胶中用量一般为 20%左右，在硬质胶中的用量可高达 40%以上。

11.5.4　硫化介质

硫化介质是加热硫化过程中用来传递热量的物质，如饱和蒸气、热空气、过热水、热水、红外线、γ 射线等。硫化介质在某些场合下可兼作热媒(表 11-3)。

表 11-3 不同硫化工艺方法采用的硫化介质和热媒

硫化工艺方法	硫化介质	热媒	硫化工艺方法	硫化介质	热媒
模型硫化	金属(模具)	饱和蒸气、电热	水胎过热水硫化	水胎	过热水
直接蒸气硫化	饱和蒸气	饱和蒸气	热空气硫化	热空气	热空气

根据硫化介质及加热硫化方式的不同，加热硫化可分为直接硫化、间接硫化和混气硫化三种：①直接硫化，将制品直接置入热水或蒸气介质中硫化；②间接硫化，将制品置于热空气中硫化，一般用于某些外观要求严格的制品，如胶鞋等；③混气硫化，先采用空气硫化，而后改用直接蒸气硫化。此法既可以克服蒸气硫化影响制品外观的缺点，也可以克服由于热空气传热慢，而硫化时间长和易老化的缺点。

11.5.5 硫化方法

硫化方法有冷硫化、室温硫化和热硫化三种。冷硫化可用于薄膜制品的硫化；室温硫化用于室温和常压硫化过程，如使用室温硫化胶浆(混炼胶溶液)进行自行车内胎接头、修补等；热硫化是橡胶制品硫化的主要方法，大多数橡胶制品采用热硫化。热硫化根据硫化设备可以分为平板硫化、注压硫化、硫化罐硫化、个体硫化机硫化、共熔盐硫化、沸腾床硫化、微波硫化、高能辐射硫化等。在此介绍主要的几种硫化方法。

1. 平板硫化

平板硫化是将半成品或胶料的模型置于加压的上下两个平板间进行硫化的方法，平板采用蒸气或电加热。平板硫化主要用于硫化各种模型制品，也可硫化传动带、运输带和工业胶板等。

平板硫化法大多采用平板硫化机硫化。平板硫化机的主要功能是提供硫化所需的压力和温度，压力由液压系统通过液压缸产生，温度由加热介质提供。平板硫化机按工作层数可有单层和双层之分，按液压系统工作介质则可有油压和水压之分。

2. 注压硫化

注压硫化是在平板硫化和塑料注射成型的基础上发展起来的，注压硫化工艺的流程为：胶料预热塑化→注射→硫化→出模→修边。

注压硫化与模压硫化最明显的区别在于模压硫化胶料是以冷的状态充入模腔的，而注压硫化则是将胶料加热混合，并在接近硫化温度下注入模腔。因而，在注压过程中，加热模板所提供的热量只用于维持硫化，它能很快将胶料加热到190～220℃。而在模压硫化过程中，加热模板所提供的热量首先用于预热胶料，由于橡胶的导热性能差，如果制品很厚，热量传导到制品中心需要较长的时间。采用高温硫化可在一定程度上缩短操作时间，但往往导致靠近热板的制品边缘出现焦烧。因此，采用注压硫化法可以生产出尺寸稳定、力学性能优异的高质量产品；可以省去半成品准备、起模和制品修边等工序，减少硫化时间，缩短成型周期，实现自动化操作，提高生产效率，有利于大批量生产；可以减少胶料用量，降低成本，减少废品，提高经济效益。注压硫化适用于模型制品、胶鞋、胶辊和轮胎等制品。

3. 其他

(1)微波硫化。微波硫化主要用于厚橡胶制品的预热和硫化。微波技术是 20 世纪 20 年代发展起来的新型技术，70 年代初期人们把微波应用于橡胶连续硫化和预热。

热硫化时热由制品表面向内层传导，由于橡胶导热性差，当硫化断面较厚的制品时，需要一定的时间才能使中心部位的温度与表层达到一致。在制品厚度大于 5 mm 时，每增加 1 mm，硫化时间约增加 1 min。要提高热硫化的生产效率，一般采用升高硫化温度的方法，但如果硫化温度过高，在中心部位达到正硫化时，制品表层已处于过硫状态，将使制品性能变差。所以，厚橡胶制品一般采取低温长时间硫化。

厚制品的硫化时间主要取决于使制品内部达到正硫化温度的传热时间，内外层温度梯度越大，传热时间越长。如何减小温度梯度是减少硫化时间的关键。采用微波预热半成品，依靠橡胶微观分子的高频振动摩擦生热，形成自内而外的加热通道，可以在很短的时间内使胶料内部温度接近表层温度，从而大幅度缩短硫化时间。

微波加热效率与橡胶极性和胶料组成有关，与交变电场的电压和频率成正比。极性大的橡胶微波加热效率高，根据橡胶介电损耗的大小，橡胶微波加热效率从高到低的顺序为：硅橡胶、氯丁橡胶、丁腈橡胶、异戊橡胶、丁苯橡胶、三元乙丙橡胶、天然橡胶、丁基橡胶。非极性橡胶的微波加热效率可以通过增加电场频率来提高，但不经济。所以，通常选用适当的配合剂或与极性橡胶并用等方法来提高非极性橡胶的微波加热效率。在配合剂中，由于填料的用量大，故其影响也大，微波加热效率从高到低依次为：高耐磨炭黑(HAF)、快压出炉黑(FEF)、乙炔炭黑(ACET)、槽法炭黑(MPC)、炉法炭黑(SRF)、白炭黑、陶土、重质碳酸钙。

(2)高能辐射硫化。高能辐射硫化是通过高能射线离子激活橡胶分子，产生自由基，使橡胶高分子交联形成三维网状结构。这种硫化方法可以不加或少加硫化体系，反应在常温下进行。

辐射硫化是一种新型橡胶改性和加工手段，与化学硫化相比，辐射硫化具有快速、灵活、节能和环境污染小等特点，可改善橡胶的化学稳定性和耐热性，在改善某些橡胶性能方面具有化学硫化无法比拟的优势。

并非所有的橡胶在高能射线作用下都可以产生交联，一些橡胶可能以交联为主，另一些橡胶则可能以裂解为主或交联与裂解兼有，这与橡胶的结构有关。以交联为主的橡胶有天然橡胶、丁苯橡胶、顺丁橡胶、氯丁橡胶、丁腈橡胶、乙丙橡胶、甲基硅橡胶、苯基硅橡胶、氯磺化聚乙烯等。以裂解为主的橡胶主要有聚异丁烯橡胶、丁基橡胶、聚硫橡胶、氟橡胶等。在配合剂中，对橡胶辐射硫化有加速作用的是 ZnO、陶土、碳酸钙、瓦斯炭黑和灯烟炭黑；有减缓作用的是硫磺和二硫化四甲基秋兰姆(TMTD)；基本无影响的是二苯胍(促进剂 D)和硫醇基苯并噻唑(促进剂 M)。如果选用适当的敏化剂，如在天然橡胶中加入敏化剂双马来酰亚胺(10%以下)，则可以大大提高辐射硫化速率，并减少辐射剂量。

习题与思考题

1. 简述硫化对橡胶性能的影响。
2. 配方一样时分别加工厚的大轮胎和薄的小轮胎，应如何选择硫化温度和硫化时间？为什么？
3. 分别绘出无硫化促进剂和有硫化促进剂的天然橡胶、乙丙橡胶和丁苯橡胶等三种类型的橡胶的硫化曲线示意图，在图中标出整个硫化时间所分的四个阶段，并具体说明各阶段的硫化情况。

4. 某配方中的丁苯橡胶在 120℃硫化时到达正硫化时间为 120 min，为提高生产效率，现欲缩短硫化时间到 60 min，此时应如何选择硫化温度？

5. 简述饱和蒸气硫化介质不适用于哪些情况的橡胶硫化。

6. 简述橡胶硫磺硫化中活性剂的作用，并举例说明。

第 12 章　合成纤维的纺丝加工

合成纤维通常由线型高分子量合成树脂经熔融纺丝或溶液纺丝制成。合成纤维中通常加有少量消光剂、防静电剂及油剂等。消光剂可以消除合成纤维的光泽，一般为白色颜料如钛白粉、锌白粉等。油剂能够增加纤维的柔性和饱和性。合成纤维的产品及分类见图 12-1。

- 合成纤维
  - 杂链纤维
    - 聚酯类
    - 聚酯胺类
    - 聚氨酯弹性纤维
    - 其他：聚脲、聚甲醛、聚酰亚胺、聚四氟乙烯、聚苯并咪唑等
  - 碳链纤维
    - 聚丙烯腈类
    - 聚乙烯醇类
    - 聚烯烃类
    - 含氯类
    - 含氟类
    - 其他：碳纤维等

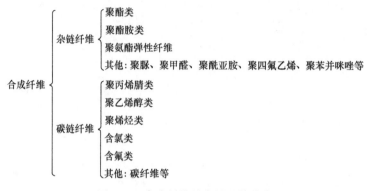

图 12-1　合成纤维的产品及其分类

上述各类中还可进一步分成几个小类，如聚酰胺类纤维中有脂肪族、脂环族及芳香族三小类，每小类还可分成很多个产品。在众多的合成纤维中最主要的是聚酯、聚酰胺及聚丙烯腈三类，其次是聚乙烯醇、聚烯烃及含氯类纤维。而聚酰亚胺及聚四氟乙烯纤维等虽然目前产量不大，因其具有耐高温特性，在国民经济中占有特殊地位，主要用于航天航空等高科技领域。

12.1　成纤高分子材料的结构与特性

高分子材料若能纺丝加工成有用的纤维，必须具有一定的结构和特性。

12.1.1　成纤高分子材料的性质

合成纤维纺丝成型的整个过程就是将高分子制成具有纤维基本结构及其综合性能的纺织纤维，成纤高分子材料需要具备如下性质。

(1) 高分子长链为线型，具有尽可能少的支链，无交联。因为线型高分子能沿着纤维纵轴方向有序地排列，可获得强度较高的纤维。

(2) 高分子应具有适当高的分子量，且分子量分布较窄。若分子量太低，则不能成纤，性能也差；分子量太高，则性能提高得不多，反而会造成纺丝加工困难。

(3) 成纤高分子材料的分子结构规整，易于结晶，最好能形成部分结晶的结构。晶态部分可使高分子的取向态较为稳定，晶体的复杂结构、缺陷部分及无定形区域可使高分子纺成的纤维具有一定的弹性和较好的染色性等。

(4) 成纤高分子中含有极性基团，可增加分子间的作用力，提高纤维的力学性能。

(5)结晶高分子的熔点和软化点应比允许的使用温度高得多，而非结晶高分子的玻璃化转变温度应高于使用温度。

(6)成纤高分子材料需要具有一定的热稳定性，易于加工成纤，并具有实用价值。

12.1.2 纤维的主要性能指标

评价纤维质量的主要性能指标有线密度、断裂强度、断裂伸长率和初始模量等。

1. 线密度

线密度(纤度)是表征纤维粗细程度的指标，有质量单位和长度单位两种表示方法。

质量单位：表示纤维粗细的质量单位有旦尼尔(简称旦，符号D)和特克斯(简称特，符号tex)两种。旦尼尔是指9000 m长的纤维在公定回潮率下的质量克数。纤维越细，旦数越小。例如150 D长度9000 m的涤纶纤维的质量是150 g。特克斯是指1000 m长的纤维在公定回潮率下的质量克数。特克斯是公制单位，旦虽然不是公制单位但最常用。

长度单位：表示纤维粗细的质量单位有公制支数(简称公支)和英制支数(简称英支)两种。公支表示在公定回潮率下每克纤维的长度米数。英支表示在公定回潮率下每磅纤维的长度米数。对于同一种纤维，支数越高，纤维越细。例如，60公支的涤纶纤维指1 g涤纶纤维长度为60 m。

由于纤维长丝与纱线形状不规则，且纱线表面有毛羽(伸出的纤维短毛)，因此天然纤维或化学纤维很少用直径表示其细度，多使用纤度表示。特克斯(tex)、旦数(D)和公支数(N)、英支数(S)的换算关系是：

$$1\ \mathrm{D} \times 1\ \mathrm{N}=9000 \tag{12-1}$$

$$1\ \mathrm{tex}=1\ \mathrm{D}/9 \tag{12-2}$$

$$1\ \mathrm{tex}=10\ \mathrm{dtex} \tag{12-3}$$

$$1\ \mathrm{D} \times 0.111=1\ \mathrm{tex} \tag{12-4}$$

$$1\ \mathrm{D} \times 1.111=1\ \mathrm{dtex} \tag{12-5}$$

$$1\ \mathrm{D} \times 1\ \mathrm{S}=5315 \tag{12-6}$$

2. 断裂强度

断裂强度是指纤维在连续增加的负荷作用下，直至断裂所能承受的最大负荷与纤维的线密度之比。断裂强度高，则纤维在加工过程中不易断头、绕辊，纱线和织物牢度高；但断裂强度太高，纤维刚性增加，手感变硬。

3. 断裂伸长率

断裂伸长率是指纤维在伸长至断裂时的长度比原来长度增加的百分数。断裂伸长率大，纤维的手感柔软，在纺织加工时，毛丝、断头少；但断裂伸长率过大，织物容易变形。

4. 初始模量

模量是抵抗外力作用下形变能力的量度。纤维的初始模量表征纤维对小形变的抵抗能力，是指纤维受拉伸的伸长为原长的1%时所需的应力。

纤维的初始模量越大，越不易变形。在合成纤维中，涤纶的初始模量最大，腈纶次之，锦纶较小，故涤纶织物挺括，不易起皱，而锦纶织物易起皱，保形性差。

12.2　纤维的纺丝成型

用石油、天然气、煤炭等矿产资源及农副产品为原料，经过一系列的化学反应制备成高分子化合物，再经过纺丝加工而得到合成纤维。纺丝过程是将高分子熔体或用其他溶剂溶解的高分子黏性溶液用齿轮泵定量供料，在牵引的作用下，通过喷丝头的小口，经凝固或冷凝成纤维。

纤维的纺丝成型是通过纺丝液在纺丝过程中的流动完成的，包括纺丝液在喷丝毛细孔中的流动；纺丝流体的内应力松弛和流场的转化，即剪切向拉伸转化；纺丝条的拉伸流动；纤维的固化。化学纤维的生产工艺流程主要包括纺丝熔体和溶液的制备、纺丝及初生纤维的后加工。

纤维纺丝成型的方法很多，主要有两大类：熔融纺丝法和溶液纺丝法，在溶液纺丝法中，根据凝固方式的不同，又可分为湿法纺丝和干法纺丝两种。此外，还有静电纺丝等一些较新的其他纺丝方法。

12.2.1　熔融纺丝

熔融纺丝是以高分子熔体为原料，采用熔融纺丝机进行纺丝的一种成型方法。凡是加热能熔融或转变成黏流态而不发生显著降解的高分子，都能采用熔融纺丝法进行纺丝。这种方法适用于能熔化、易流动而不易分解的高分子，如聚酯纤维、聚酰胺纤维、聚烯烃纤维等。

1. 熔融纺丝工艺过程

熔融纺丝在熔融纺丝机中进行，其工艺过程如图 12-2 所示。首先将高分子熔融，然后通过喷丝泵将熔体压入喷丝头，接着熔体从喷丝头流出形成细丝，最后经冷凝形成纤维。例如，涤纶纤维采用螺杆挤出机熔融纺丝的工艺过程如图 12-3 所示。

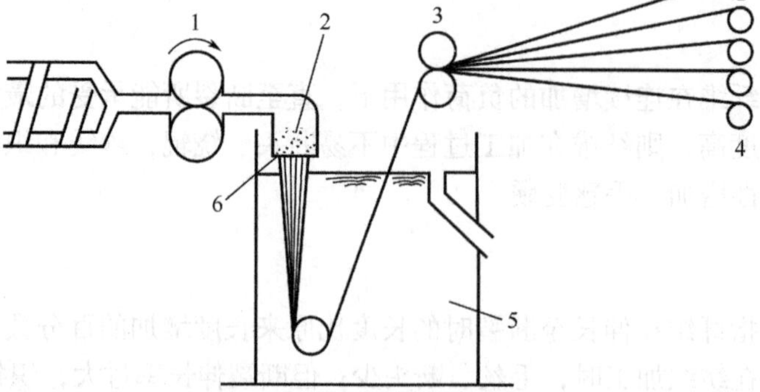

图 12-2　熔融纺丝工艺过程

1. 齿轮泵；2. 过滤填料；3. 导丝；4. 卷绕辊；5. 骤冷浴；6. 喷丝板

熔融纺丝的工艺过程简单，纤维强度高，不使用其他溶剂，纺丝速率快（800～1000 m/min）。适用熔融纺丝的高分子种类比较多，如聚酰胺、聚酯等。

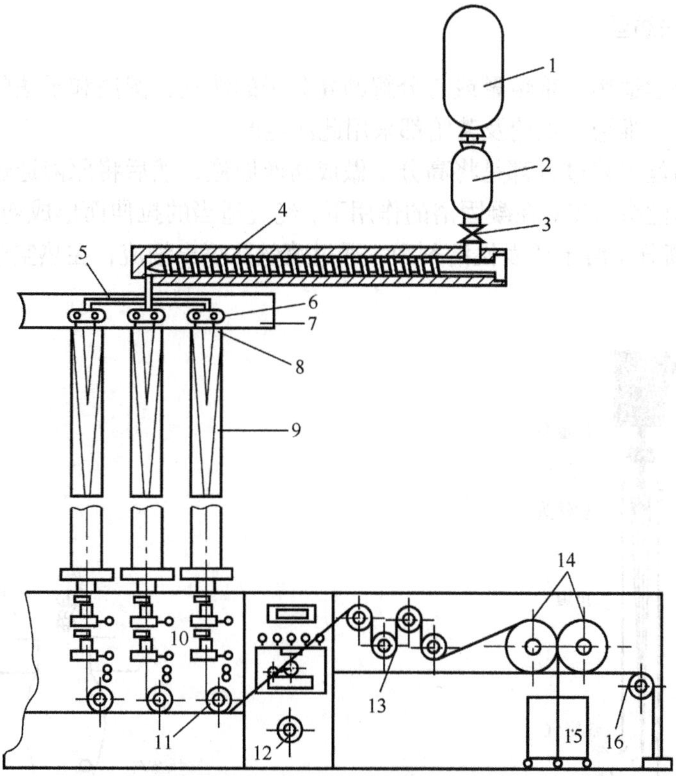

图 12-3　涤纶纤维采用螺杆挤出机熔融纺丝的工艺过程

1. 大料斗；2. 小料斗；3. 进料筒；4. 螺杆挤出机；5. 熔体导管；6. 计量泵；7. 纺丝箱体；8. 喷丝头组件；9. 纺丝套筒；10. 给油盘；11. 卷绕辊；12,16. 废丝辊；13. 牵引辊；14. 喂入轮；15. 盛丝桶

熔融纺丝设备主要由螺杆挤出机、纺丝组件、纺丝泵、纺丝吹风窗及纺丝冷却套管等组成。

2. 熔融纺丝工艺的影响因素

熔融纺丝的主要工艺参数包括挤出温度、高分子通过喷丝板各孔的流速、卷绕速率或落丝速度、纺丝线的冷却条件、纺程长度、喷丝孔形状和尺寸及间距等。

(1)温度。温度对纤维性能有重要影响。熔融纺丝时温度太高，纺丝液黏度低，形成自重引力大于喷丝头拉伸，易造成细丝屈服黏结的现象。

(2)冷却速度。冷却慢时，细丝冷凝时间长，经不起拉伸、易发生断头；冷却快时，细丝易出现“夹心”，导致纤维强度降低。

(3)喷丝速率和卷绕速率。细丝从口模挤出后，会产生离模膨胀现象，从而使挤出物尺寸和形状发生改变；同时细丝从口模挤出后若不引出，会造成堵塞。因此，需要连续而均匀地将细丝牵引卷绕起来，卷绕速率必须稳定且与喷丝速率相匹配，一般卷绕速率略大于喷丝速率，以便消除离模膨胀引起的尺寸变化，并对细丝进行适度的拉伸取向。

(4)给湿及油剂处理。对于吸水性大、吸水后尺寸变化大的高分子，如聚酰胺等，需要进行给湿处理，使喷出的细丝在一定的湿度环境中预先吸收一定的水分，以便尺寸稳定。同时需要在纺丝和卷绕筒管之间用油剂处理，在其表面形成一层油膜，改善纤维平滑性，降低丝束的摩擦系数，增强可纺性，提高纺丝效率，保护纤维的质量。

12.2.2　干法和湿法纺丝

干法和湿法纺丝适用于难熔融或易分解的高分子的纺丝，湿法和干法的差别只是纤维凝固方式不同。腈纶、维纶、氨纶及芳纶都采用此法生产。

干法和湿法纺丝工艺过程都是将高分子做成纺丝原液，然后将原液通过过滤脱泡后，经计量泵把原液从喷丝头挤出，在凝固浴的作用下，经过适当的拉伸而形成初生纤维（图 12-4）。图 12-5 是将高分子溶于挥发性溶剂中，通过喷丝孔喷出细流，在热空气中形成纤维的纺丝方法。

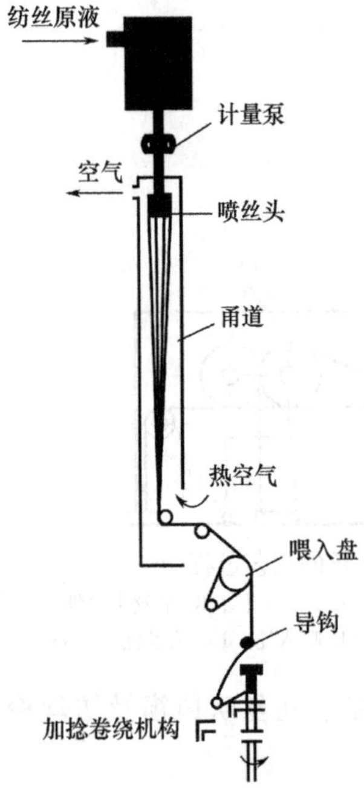

图 12-4　干法纺丝的工艺过程

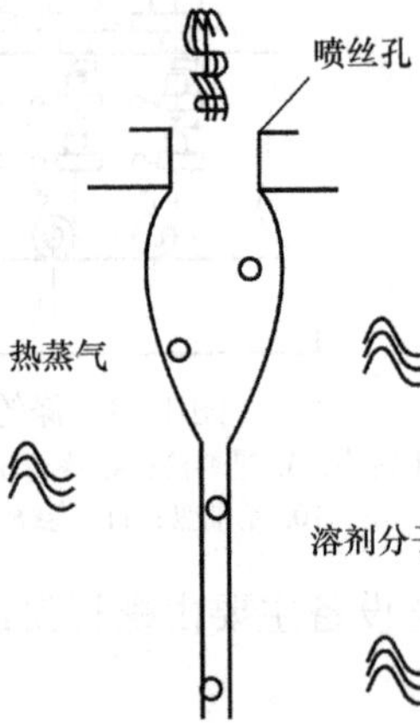

图 12-5　在热空气中形成纤维的干法纺丝

一般，分解温度低于熔点或加热时容易变色，但能溶解在适当溶剂中的高分子适用于干法纺丝。对于既能用干法纺丝又能用湿法纺丝成型的纤维，如聚丙烯腈纤维、聚氯乙烯纤维、聚乙烯醇、聚氨酯等纤维，干法纺丝更适合于纺长丝。

熔融纺丝、干法纺丝、湿法纺丝三种方法的对比见表 12-1。

表 12-1　熔融纺丝、干法纺丝、湿法纺丝三种纺丝法比较

性质	纺丝方法		
	熔融纺丝	干法纺丝	湿法纺丝
纺丝液状态	熔体	溶液	溶液或乳液
纺丝液浓度/%	100	18～45	12～16
纺丝液黏度/(Pa · s)	100～1000	$2\times10\sim4\times10^2$	$2\sim2\times10^2$
喷丝头孔数/个	1～30000	10～4000	24～160000

续表

性质	纺丝方法		
	熔融纺丝	干法纺丝	湿法纺丝
喷丝孔直径/mm	0.2～0.8	0.03～0.2	0.07～0.1
凝固介质	冷却空气，不回收	热空气，再生	凝固浴，回收、再生
凝固机理	冷却	溶剂挥发	脱溶剂(或伴有化学反应)
卷取速度/(m/min)	20～7000	100～1500	18～380

12.2.3　其他纺丝方法

纤维成型除了熔融纺丝、干法纺丝、湿法纺丝三种常用方法之外，还有如下几种纺丝方法。

1. 冻胶纺丝

冻胶纺丝也称凝胶纺丝，是一种通过冻胶态中间物质制得高强度纤维的新型纺丝方法。

冻胶纺丝通常采用干湿法纺丝工艺，使挤出细流先通过气隙，然后进入凝固浴。因此与普通干湿法纺丝的区别，主要不在于纺丝工艺，而在于挤出细流在凝固浴中的状态不同。

冻胶纺丝的所有工艺控制都是为了减少纤维宏观和微观的缺陷，得到结晶结构接近理想的纤维，使分子链几乎完全沿纤维轴取向。

与干法、湿法纺丝相比，冻胶纺丝采用超高分子量原料，为半稀溶液(2%～10%)；固化过程主要是冷却过程，溶剂基本不扩散；拉伸比大(大于 20)；产品高强度高模量。

2. 液晶纺丝

液晶纺丝是一种利用具有刚性分子结构的高分子在适当的溶液浓度和温度下，可以形成各向异性溶液或熔体，从而制得高取向度和高结晶度的高强纤维的纺丝方法。

在纤维制造过程中，各向异性溶液或熔体的液晶区在剪切和拉伸流动下易于取向，同时各向异性高分子材料在冷却过程中会发生相变而形成高结晶性的固体，从而可以得到高取向度和高结晶度的高强纤维。

溶致性高分子的液晶纺丝通常采用干湿法纺丝工艺，热致性高分子的液晶纺丝可采用熔融纺丝工艺。

3. 相分离纺丝

相分离纺丝法与冻胶纺丝法类似，采用高分子溶液作为纺丝原液，只是纺丝线的固化是改变温度的结果，而不是改变溶液的组成。相分离纺丝法根据高分子在溶剂中不同温度下溶解度不同的原理，使高分子溶液极速降温，从而导致高分子与溶剂发生相分离而固化。

相分离纺丝法的临界相分离温度高于室温而低于挤出温度。所得初生纤维经过拉伸和萃取溶剂后得到成品纤维。

相分离纺丝法的优点是：纺丝速度快，生产能力大(100～1600 m/min)；纺丝原液浓度可以较低，而形成细旦纤维(一般把 0.9～1.4 dtex 的纤维称为细旦纤维)；可纺制填充物粒径高于纤维直径的纤维。缺点是需要合理选择溶剂及回收溶剂。

4. 乳液纺丝

乳液纺丝是将成纤高分子分散在分散介质中，构成乳液或悬浊液进行纺丝的方法。

乳液纺丝法适用于一些熔点高于分解温度，且无合适溶剂的高分子的纺丝。20 世纪 50 年代就被用来生产聚四氟乙烯纤维。

乳液纺丝法的工艺过程与湿法纺丝类似。将粉末状的高分子颗粒分散在某种成纤载体中，配制成乳液，载体通常是另一种高分子的溶液，这种高分子溶液易被纺成纤维，并能在高温下破坏分解。在进行高温处理时，载体分解，高熔点的高分子粒子被烧结或熔融而连续化形成纤维。为了提高纤维强度，在进行烧结时通常进行一定的拉伸。

乳液纺丝法适用于生产聚四氟乙烯纤维、陶瓷纤维、碳化硅纤维、氧化硅纤维、维氯纶(氯乙烯在 PVA 水溶液中进行乳液聚合后进行纺丝)等。

5. 静电纺丝

静电纺丝是一种对高分子溶液或熔体施加高电压进行纺丝的方法。

静电纺丝的装置(图 12-6)包括定量供给溶液或熔体的装置(计量泵)，形成细流的装置(喷丝模口)及纤维接受装置。静电纺丝本质上属于一种干法纺丝。

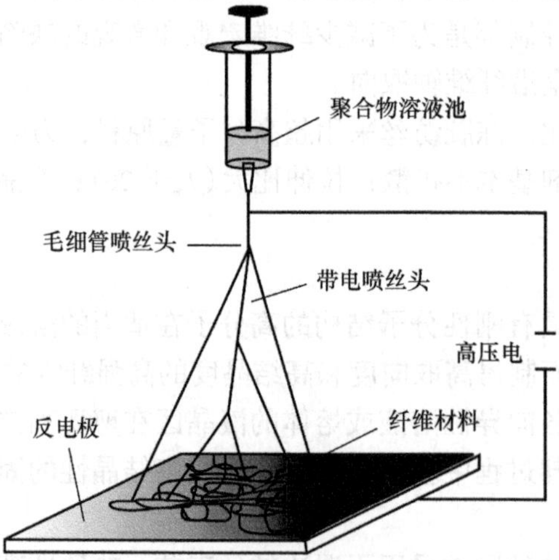

图 12-6　静电纺丝的装置

6. 无喷头熔池纺丝

无喷头熔池纺丝是将丝条拉出，经冷却固化后形成纤维的方法。

由于大多数高分子的热稳定性不是很好，一般从未加保护的熔体表面自然拉出纤维的过程较难成功。但研究表明，将高分子熔体表面遮蔽起来，如采用保温隔膜，则纺丝过程可以稳定地进行。

熔池纺丝法可以生产与普通熔融纺丝性质类似的纤维，但纤维的变异系数较大。采用熔池纺丝法可以较为容易地生产双组分复合纤维，将芯层高分子熔体从皮层高分子熔体表面下方拉出。

习题与思考题

1. 简述干法纺丝、湿法纺丝、熔融纺丝的加工原理和影响因素。
2. 简述静电纺丝法的加工过程和制品。

第 13 章　高分子复合材料成型加工

13.1　高分子复合材料的组成与性能

高分子复合材料狭义上是指高分子与另外不同组成、不同形状、不同性质的物质复合而成的多相材料，大致可分为结构复合材料和功能复合材料两种。广义上的高分子复合材料则还包含了高分子共混体系，统称为高分子合金。高分子复合材料的最大优点是取各种材料之长，可以根据应用目的选取高分子材料和其他具有特殊性质的材料，制成满足需要的复合材料。

13.1.1　高分子复合材料概述

单一的高分子材料、陶瓷、金属都有难以克服的弱点，往往很难满足生产和科学技术对材料性能的要求，因而发展了复合材料。复合材料根据基体材料不同分为高分子复合材料、金属基复合材料和无机非金属基复合材料。其中，高分子复合材料占了复合材料总量的 90%。高分子复合材料是以有机高分子为黏结材料，以粒料、纤维或片状材料为增强填料组合而成的多相固体材料，又称树脂基复合材料或聚合物基复合材料。复合赋予了材料优异的物理力学性能。高分子复合材料是材料中发展最迅速、应用最广泛的一类复合材料，可以根据需要制成满足各种性能的复合材料，如高强度、质轻、耐温、耐腐蚀、绝热、绝缘等特殊性质的材料。例如，玻璃钢就是由热固性树脂和纤维增强材料组成的高强度复合材料制品，它的比强度甚至超过合金钢，故俗称玻璃钢(fiber glass-reinforced plastics，FRP 或 GRP)。几种材料的密度和拉伸强度见表 13-1。

表 13-1　几种材料的密度和拉伸强度

材料种类	密度/(g/cm^3)	拉伸强度/MPa	比强度/(10^3 cm)
高级合金钢	8.0	1280	1600
A3 钢	7.85	400	510
LY_{12} 铝合金	2.8	420	1500
玻纤增强环氧树脂	1.73	500	2890
玻纤增强聚酯树脂	1.80	290	1610
玻纤增强酚醛树脂	1.80	290	1610
玻纤增强 DAP 树脂	1.65	360	2180
芳纶纤维增强环氧树脂	1.28	1420	11094
碳纤维增强环氧树脂	1.55	1550	10000

高分子复合材料的优点是密度低、绝缘性强、耐化学腐蚀、电性能优良，不足之处在于

弹性模量低、耐温性差、易老化。

13.1.2　高分子复合材料的组成

高分子复合材料由基体材料树脂和增强填料两部分组成，复合材料的使用性能取决于树脂和填料的类型。

1. 树脂

广义地讲，未制成制品之前的高分子都可称为树脂。树脂作为高分子复合材料的基体材料，构成复合材料的连续相。基体树脂主要是起黏合作用的胶黏剂，如不饱和聚酯树脂、环氧树脂、酚醛树脂、聚酰亚胺等热固性树脂及苯乙烯、聚丙烯等热塑性树脂。

树脂要求具有良好的综合性能，对填料具有强大的黏附力。例如，聚酰亚胺基复合材料是一种高耐磨、耐高温、长寿命、抗疲劳的自润滑复合材料，在电子和航空航天等领域均有重要的应用。

高分子复合材料的种类很多，分类方法也很多，按高分子基体材料可以分为热塑性树脂复合材料和热固性树脂复合材料两大类。按增强填料可以分为长纤维铺层(包括缠绕)、编织物增强的树脂基复合材料、短纤维增强塑料、与金属多层复合材料、高分子合金、无机粉体填充塑料(橡胶)等。目前用得最多的是不饱和聚酯和环氧树脂复合材料。

2. 填料

增强填料是复合材料中不构成连续相的材料。增强填料一般为高强度、高模量、耐温的纤维及织物，常用的增强材料有玻璃纤维、芳纶纤维、碳纤维、硼纤维、超高分子量聚乙烯纤维、陶瓷纤维及以上纤维的织物，还有纸张、棉布、石棉和金属等。

(1)玻璃纤维。玻璃纤维类增强填料主要是玻璃纤维和玻璃纤维织物，复合时一般需加入偶联剂以增强玻璃纤维与树脂间的黏结。优点是绝缘性好、耐热性强、抗腐蚀性好，机械强度高(最大的特征是拉伸强度大)，价格便宜。但缺点是性脆，耐磨性较差。玻璃钢制品多用于军工、空间、防弹盔甲及运动器械。

(2)芳纶纤维。例如，凯夫拉是美国杜邦(DuPont)公司研制的一种芳纶纤维材料，材料原名为“聚对苯二甲酰对苯二胺”，化学式的重复单位为$\left[CO—C_6H_4—CONH—C_6H_4—NH \right]$，接在苯环上的酰胺基团为对位结构(间位结构为另一种商品名为 Nomex 的产品，俗称防火纤维)。在军事上被称为“装甲卫士”，已广泛应用于坦克、装甲车、防弹衣，还用于核动力航空母舰、导弹驱逐舰及光纤保护膜。

(3)碳纤维。碳纤维是一种含碳量在 90%以上的高强度、高模量纤维，耐高温居所有化纤之首。碳纤维复合材料是制造航空航天等高技术器材的优良材料。碳纤维增强环氧树脂复合材料的比强度及比模量在现有工程材料中是最高的。碳纤维也可用于体育及娱乐用品，如高尔夫球棒、网球拍、羽毛球拍、钓鱼竿等。

(4)硼纤维。硼纤维在已有的增强纤维中具有独特的性能，尤其是它的压缩强度是其拉伸强度的 2 倍(6900 MPa)，硼纤维与环氧树脂的复合材料主要用作飞机的零部件，采用硼纤维增强环氧树脂带材还可以对飞机金属机体进行修补。硼纤维与碳纤维混杂结构具有很高的刚性，可使热膨胀系数趋近零，能适应宇宙中苛刻环境的变化需要，可用作航天器的结构零件。此外，硼纤维还具有吸收中子的能力，可适用于核废料搬运及储存容器。

(5) 超高分子量聚乙烯纤维。超高分子量聚乙烯纤维(ultra high molecular weight polyethylene fiber，UHMWPEF)，又称高强高模聚乙烯纤维，是目前世界上比强度和比模量最高的纤维，是由分子量 100 万～500 万的聚乙烯所纺出的纤维。其比强度高、比模量高，比强度是同等截面钢丝的十多倍，比模量仅次于特级碳纤维；冲击吸收能比对位芳酰胺纤维高近一倍，耐磨性好，摩擦系数小，但应力下熔点只有 145～160℃。用于防弹衣、防弹头盔、军用设施和设备的防弹装甲、雷达防护外壳罩、导弹罩、航空航天等军事领域，以及降落伞、船帆、缆绳、滑雪板、自行车等体育器材。

(6) 陶瓷纤维。例如，氮化硅晶须是一种重要的陶瓷纤维材料，它是一种超硬物质，具有润滑性、耐磨损，耐高温氧化、抗冷热冲击，常用来制造复合材料，用作轴承、汽轮机叶片等机械构件。

(7) 其他。其他增强填料主要是纸张、棉布和石棉等。纸张可以起增强和装饰的作用，例如，理化板就是一种将酚醛树脂浸渗于牛皮纸或者木纤维里，通过层压成型在高温高压中进行硬化制得的热固性酚醛树脂板。棉布的增强效果不如玻璃纤维，但比纸张的增强效果好。石棉具有良好的耐火性、耐腐蚀性、电绝缘性和绝热性，常用作防火、绝缘和保温的复合材料。

13.1.3　高分子复合材料的性能

高分子复合材料的性能一般比单一树脂材料的性能好，材料的性能具有自设计性。

1. 比强度、比模量大

高分子复合材料的一个突出特性是轻质、高强。玻璃纤维复合材料具有较高的比强度、比模量，而碳纤维、硼纤维、有机纤维增强的高分子复合材料的比强度相当于钛合金的 3～5 倍，比模量相当于金属材料的 4 倍之多。

2. 耐疲劳性好

高分子复合材料的耐疲劳性好，这是由于高分子复合材料中纤维和基体的界面能阻止裂纹的扩散。大多数金属材料的疲劳强度极限为其拉伸极限的 30%～50%，而碳纤维、聚酯复合材料的疲劳强度极限为其拉伸强度的 70%～80%。

3. 减震性好

高分子复合材料的减震性好，阻尼性好。受力结构的自振频率除与本身形状有关外，还与结构材料比模量的平方根成正比，即复合材料比模量高，自振频率也高。同时，高分子复合材料界面具有吸振能力，能使材料获得阻尼振动。例如，轻合金梁需 9 s 才能停止振动，而碳纤维复合材料梁只需 2.5 s 就会停止同样大小的振动。

4. 各向异性及性能可设计性

高分子复合材料还有一个特点是各向异性及性能的可设计性。因此，可以根据工程结构的载荷分布及使用条件的不同，选取相应的材料及成型工艺进行设计来满足需求。

5. 材料与结构的统一性

在制造高分子复合材料的同时，也就获得了制件，即可一次成型，而且结构形状复杂的大型制件也可以一次成型，这对于一般工程塑料是难以实现的。

6. 过载时安全性好

高分子复合材料中有大量增强纤维，当材料过载而有少数纤维断裂时，载荷会迅速重新分配到未破坏的纤维上，使整个构件在短期内不至于失去承载能力，因此，过载时破损安全性好。

7. 其他

高分子复合材料还具有很好的加工性能，良好的耐化学腐蚀性能、摩擦性能、电绝缘性能及特殊的光学、电学、磁学性能。但高分子复合材料也存在一些缺点，如材料工艺的稳定性差、材料性能的分散性大、长效耐高温性不好、抗冲击性能低、横向强度和层间剪切强度都不够好等。

13.2　高分子复合材料成型工艺

高分子复合材料成型工艺随着高分子复合材料应用领域的拓宽得到迅速发展，原有的成型工艺日臻完善，新的成型方法不断涌现，目前高分子复合材料的成型方法已有 20 多种，并成功地用于工业生产。例如：①手糊成型——湿法铺层成型；②喷射成型；③树脂传递模塑成型(RTM 技术)；④袋压法成型；⑤真空袋压成型；⑥热压罐成型；⑦液压釜法成型；⑧热膨胀模塑法成型；⑨夹层结构成型；⑩模压料生产工艺；⑪ZMC 模压料注射技术；⑫模压成型；⑬层合板生产技术；⑭卷制管成型；⑮纤维缠绕制品成型；⑯连续制板生产工艺；⑰浇铸成型；⑱拉挤成型；⑲连续缠绕制管工艺；⑳编织复合材料制造技术；㉑热塑性片状模塑料制造技术及冷模冲压成型；㉒注射成型；㉓挤出成型；㉔离心浇铸制管成型；㉕其他成型技术。

视所选用的树脂基体材料的不同，上述方法分别适用于热固性和热塑性高分子复合材料的生产，有些工艺两者都适用。

13.2.1　高分子复合材料成型概述

与其他材料加工工艺相比，高分子复合材料成型工艺具有如下特点：①材料制造与制品成型同时完成。一般情况下，高分子复合材料的生产过程，也就是高分子材料制品的成型过程。材料的性能必须根据制品的使用要求进行设计，因此在选择材料、设计配比、确定纤维铺层和成型方法时，都必须满足制品的物化性能、结构形状和外观质量等要求。②制品成型比较简便。一般热固性高分子复合材料的树脂基体成型前是流动液体，增强材料是柔软纤维或织物，因此，用这些材料生产高分子复合材料制品所需工序及设备要比其他材料简单得多，对于某些制品仅需一套模具便能生产。

1. 高分子复合材料的成型方法

高分子复合材料及其制件的成型方法种类繁多，一般根据产品的外形、结构与使用要求，结合材料的工艺性来确定。成型加工工艺、工艺条件及其控制、成型加工设备都将对高分子材料的混合程度、取向程度、流变性能、结晶性能等产生影响，进而影响高分子复合材料的使用性能。因此，成型加工工艺和成型加工设备的选择很重要。

高分子复合材料的成型方法可分为三大类：

(1) 对模成型，包括模压成型、传递模塑、注射成型、冷压成型、结构反应注射成型。

(2) 接触成型，包括手糊成型、喷射成型、真空袋成型、压力袋成型、高压釜成型等。

(3) 其他成型，包括纤维缠绕法、拉挤成型法、连续板材成型法、离心铸型法等。

2. 高分子复合材料的成型要素

高分子复合材料的成型三要素为赋型、浸渍、固化。

(1) 赋型。高分子复合材料的赋型方法与塑料、橡胶的一般成型方法一样，关键是如何让增强材料分布均匀。

(2) 浸渍。将树脂浸涂到纤维或纤维织物上，用基体树脂置换增强材料间的空气，脱泡，润湿，浸渍。

(3) 固化。加入交联剂，确定固化时间、温度、压力等固化工艺，通过化学交联反应实现固化。

13.2.2　高分子复合材料的手糊成型

手糊成型是通过手工在预先涂好脱模剂的模具上，先涂上或喷上一层按配方混合好的树脂，然后铺上一层增强材料，排挤气泡后再重复上述操作直至达到要求的厚度，最后经固化脱模，必要时再经过加工和修饰工序制得成品。

作为玻璃纤维及其织物胶黏剂的树脂，要求配制成黏度为 0.4～0.9 Pa · s 的树脂胶液，该胶液最好能常温固化，固化过程不排出低分子物，毒性小。目前使用的树脂主要为常温固化的不饱和聚酯树脂和环氧树脂。

制造模具的材料可选用木材、石蜡、石膏、水泥、玻璃钢、金属及可溶性盐、河沙等。模具结构分为阳模、阴模、对模等多种形式。阳模操作方便，但只能保证制件内表面光洁，阴模则只能保证制件外表面光洁，而对模可获得内外表面都光洁的制件。

为便于制品脱模并得到表面完好、尺寸准确的制品，以及不使模具受损，手糊成型常使用脱模剂。例如，使用凡士林等油膏类物质和聚乙烯醇溶液、硅油等液体物质作为脱模剂，也可以用玻璃纸、聚酯膜等薄膜类物质作为脱模材料。

手糊成型通常还包括袋压法、热压釜法、柔性柱塞法等低压成型法(图 13-1～图 13-4)。这几种方法都较人工所施压力大而均匀，故制品质量有所提高。例如，袋压法有效压力为 0.14～0.35 MPa；热压釜法不仅压力可以更高一些，而且可以加热；柔性柱塞法以柔性柱塞代替橡皮袋，压力范围达 0.35～0.70 MPa，模具中有蒸气通道可供加热。由于有一定的压力，这几种方法所使用的模具皆采用金属制成。手糊成型工艺流程图见图 13-5。

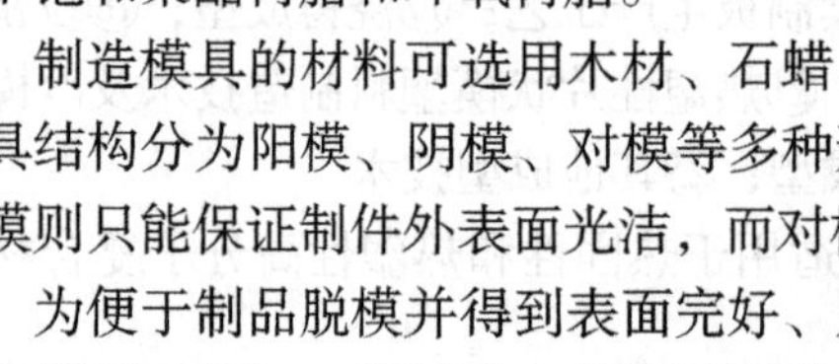

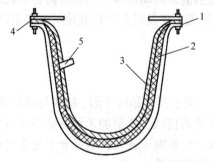

图 13-1　真空袋压法示意图

1. 阴模；2. 铺叠物；3. 橡皮袋；4. 夹具；5. 抽气口

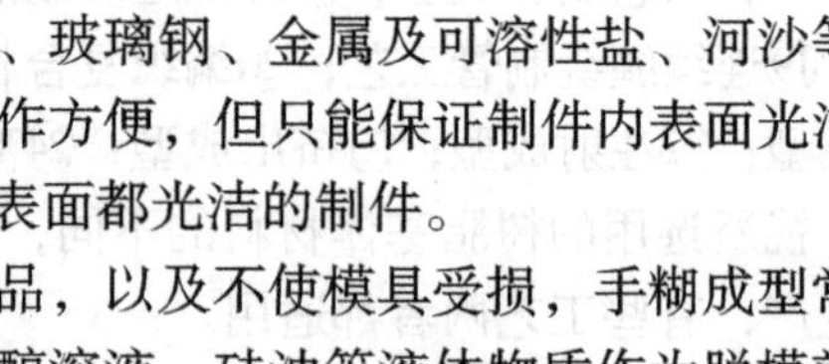

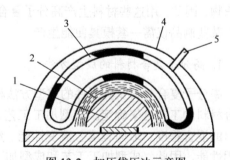

图 13-2　加压袋压法示意图

1. 阳模；2. 铺叠物；3. 橡皮袋；4. 扣罩；5. 进气口

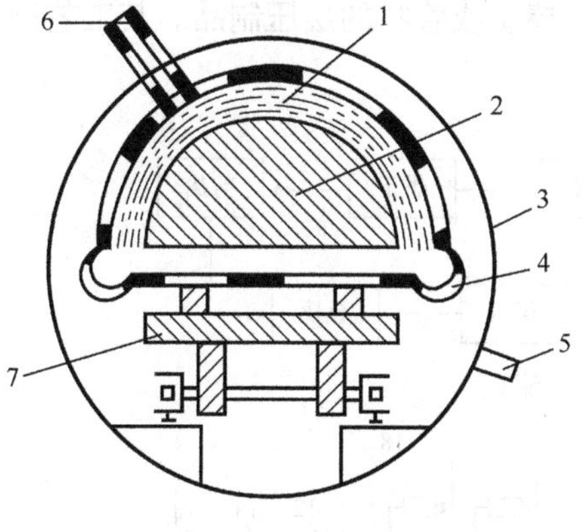

图 13-3 热压釜法示意图

1. 铺叠物；2. 阳模；3. 热压釜；4. 橡皮袋；5. 进气口；6. 抽气口；7. 小车

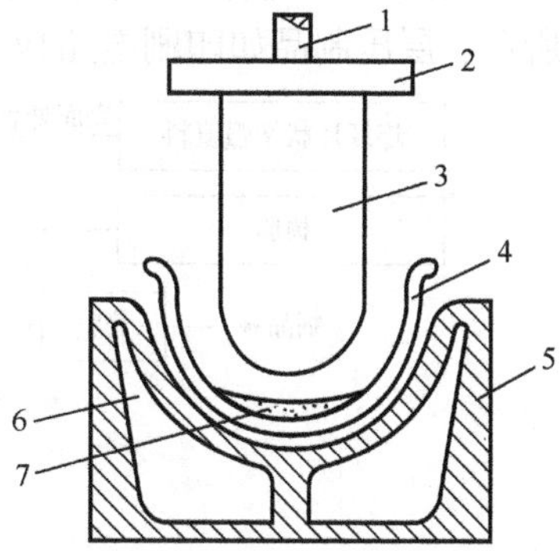

图 13-4 柔性柱塞法示意图

1. 压机柱塞；2. 压机压板；3. 柔性柱塞；4. 玻璃布或毡；5. 阴模；6. 蒸气通道；7. 树脂

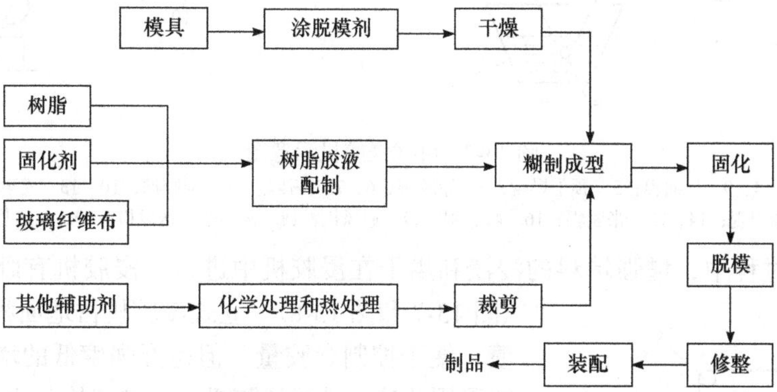

图 13-5 手糊成型工艺流程图

手糊成型法的特点是不需要复杂的设备，所用设备及操作均较简单，投资少，不受尺寸、长短限制，可现场施工，特别适合于一些对光洁度、精确度要求不高的大型制品的制造。缺点是生产效率低、产品质量不稳定，制品强度和尺寸的精确度较差，而且劳动条件差。

手糊成型工艺条件：①模具形式有三种：阴模、阳模、对模；②脱模剂有三大类：薄膜型、溶液型、油蜡型；③玻璃布脱蜡：经化学处理或热处理；④涂脱模剂后须干燥，因水分影响树脂固化；⑤糊制的温度和湿度对硬度影响很大；⑥固化及热处理：热处理一般在烘房内进行，对于不饱和聚酯固化及热处理温度为 60～80℃，环氧树脂为 80～100℃。

13.2.3 高分子复合材料的压制成型

压制成型指主要依靠外压的作用实现物料成型的一次成型技术。压制成型可以分为层压成型和模压成型。层压成型适用于复合材料的高压和低压压制成型，模压成型适用于热固性塑料的模压成型、橡胶的模压成型和增强复合材料的模压成型。

1. 层压成型

层压成型是制取复合材料的一种高压成型法，此法多用片状连续材料(纸、棉布、玻璃布)作为增强填料，以热固性酚醛树脂、芳烃甲醛树脂、氨基树脂、环氧树脂及有机硅树脂为胶黏剂，增强填料浸渍树脂溶液后经干燥而成为覆胶材料，再通过剪裁、叠合成层或卷制，在加热、加压的条件下，使树脂交联固化成型为片状、棒状或管状的层压制品。其工艺过程如图 13-6 所示。层压制品如印刷电路板、复合地板等。

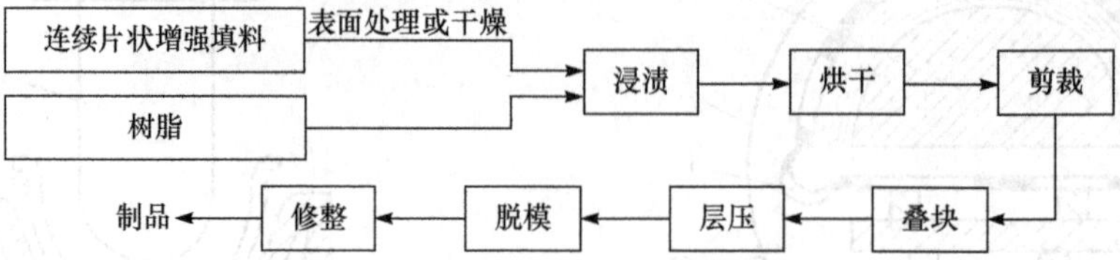

图 13-6　层压成型工艺流程

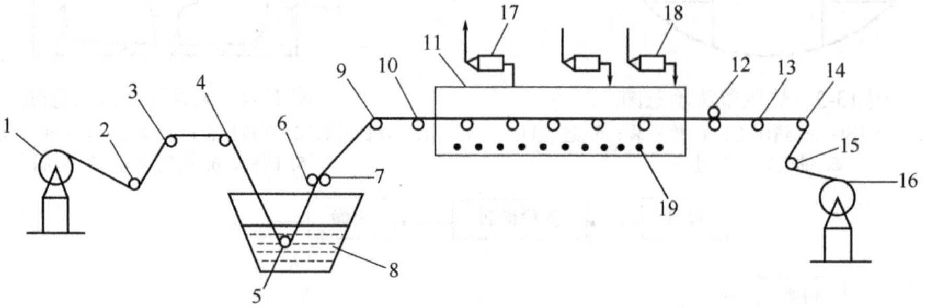

图 13-7　卧式浸胶机示意图

1. 原材料卷辊；2、4、9. 导向辊；3. 预干燥辊；5. 涂胶辊；6、7. 挤压辊；8. 浸胶槽；10、13. 支承辊；11. 干燥室；12. 牵引辊；14、15. 张紧辊；16. 收卷辊；17. 通风机；18. 预热空气送风机；19. 加热蒸气管

上述成型过程中，增强填料的浸渍和烘干在浸胶机中进行。浸胶机有卧式和立式两种（图 13-7 和图 13-8）。立式浸胶机占地面积小，可多次浸渍，便于控制含胶量，但是湿强度低的增强填料如纸不能采用此法；卧式浸胶机的优缺点恰与立式浸胶机相反。

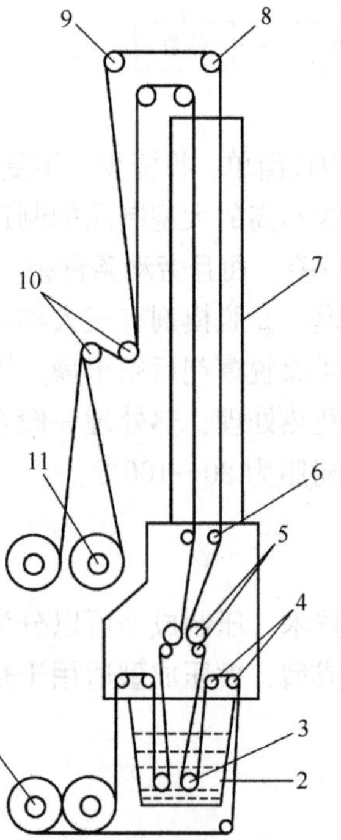

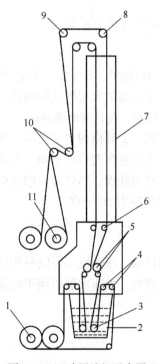

图 13-8　立式浸胶机示意图

1. 原材料卷辊；2. 浸胶槽；3. 涂胶辊；4. 导向辊；5. 挤压辊；6、8、9. 导向辊；7. 干燥室；10. 张紧辊；11. 浸胶材料收卷辊

浸胶必须使增强填料被树脂液充分而又均匀地浸渍，要达到规定的含胶量。影响浸胶质量的主要因素包括树脂液的浓度、黏度、浸渍时间。因此在浸渍过程中，增强填料的张紧程度、与树脂液的接触时间、挤压辊的夹紧程度都很重要。

增强填料浸渍后连续进入干燥室以除去树脂液中含有的溶剂及其他挥发性物质，并控制树脂的流动程度。烘干过程主要控制温度、温度分布、停留时间等工艺条件。

增强填料通过浸渍和烘干后所得的浸胶材料是制造层压制品的半成品，其指标包括树脂含量、挥发分含量和不溶性树脂含量。不溶性树脂含量表示浸胶材料上的树脂在烘干过程中固化的程度，反映了浸胶材料在热压时的软化温度、流动性等工艺特性。这些指标均直接影响层压制品的质量。

浸胶材料层压成型是在多层压机上完成的，多采用下压式多层液压机。热压前需按层压制品的大小选用剪裁为适当尺寸的浸胶材料，并根据制品要求的厚度或质量计算所需浸胶材料的张数，逐层叠放后，再于最上和最下两面放置 2～4 张表面层用的浸胶材料。表面层浸胶材料含树脂量较高、流动性较大，因而可使层压制品表面光洁、美观。

层压制品的模具是两块光洁度很高的金属板。常用的模板是镀铬钢板、镀铬铜板或不锈钢板。为使制品便于与模板分离，模板上应预先涂以润滑剂或衬上玻璃纸，将装好上下模板的坯料逐层放入多层压机的各层热压板上，随后闭合热压板即可升温、加压。热压的主要目的是使树脂熔融流动，更均匀地浸入到增强填料中去，并加快树脂的硬化成型。

温度、压力和时间是层压成型的三个重要的工艺条件。温度的高低首先取决于树脂的类型和固化速度，此外还受浸胶材料含胶量、树脂中挥发物、不溶性树脂含量和层压制品厚度的影响。层压过程中，温度和压力的控制分为五个阶段(图 13-9)。

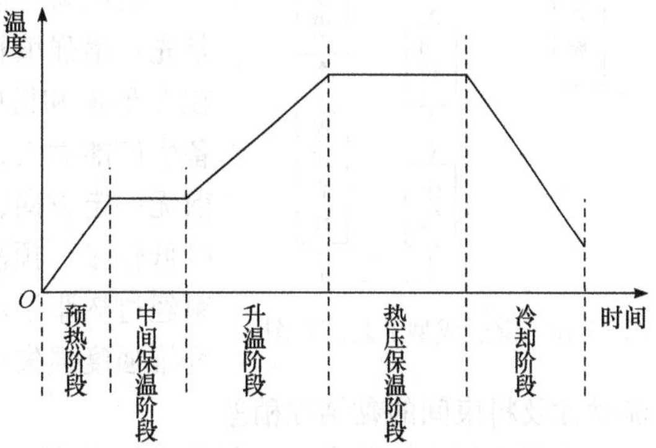

图 13-9　层压工艺温度曲线

第一阶段为预热阶段。板坯的温度由室温升至树脂开始交联反应的温度，使树脂开始熔化，并进一步渗入增强填料中，同时排出部分挥发物。此时的压力为最高压力的 1/3～1/2。

第二阶段为中间保温阶段。树脂在较低的反应速率下进行交联固化反应，直至溢料不能拉成丝，然后开始升温升压。

第三阶段为升温阶段。将温度和压力升至最高，加快交联反应。此时树脂的流动性已显著下降，高温高压不会造成胶料流失。升温时为了避免在层压制品中产生缺陷如气道、裂缝、分层等，除了控制升温速度不要过快之外，还需加足压力。

第四阶段为热压保温阶段。在规定的温度和压力下，保持一定时间，使树脂充分交联固化。

第五阶段为冷却阶段。树脂在充分交联后，使温度逐渐降低，进行降温冷却。在压机上逐渐冷却到一定温度再出料是为了避免冷却过速造成层压制品的翘曲变形。

层压压力在五个阶段各不相同，第一、第二两阶段的压力较低，当树脂的流动性下降到一定程度时，才可在第三阶段升温和加足压力。

层压时间取决于树脂的类型、硬化特征及制品的厚度。通常制品越厚，所需层压时间越长。

层压板主要用于绝缘材料、建筑材料，以及用以制造机械零件、受力构件等。层压板使用性能主要取决于树脂和填料的类型，例如，纸填充的氨基树脂层压板色浅、美观，适宜作建筑装饰板；纸填充的酚醛树脂层压板适宜作绝缘材料，布填充的层压板则强度大，适宜作机械零件；玻璃布填充的酚醛树脂、环氧树脂、有机硅树脂等的层压板可用作绝缘材料、耐腐蚀材料和结构零件等。

2. 模压成型

高分子复合材料模压成型沿用了塑料模压成型的工艺，即将模压料在金属对模中于一定温度和压力下成型。模压料是以树脂浸渍填料再经烘干及切割后制成的中间产物。复合材料模压料可按填料的物理形态区分为粉粒状模压料、纤维模压料、毡状模压料、碎屑模压料、

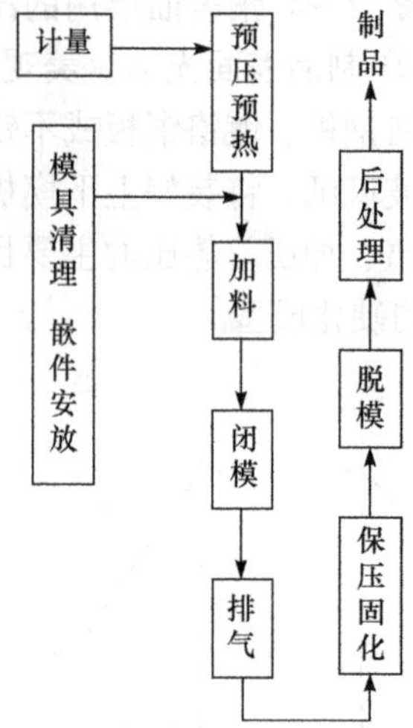

图 13-10　模压成型工艺流程图

片状模压料、织物模压料等。作为增强复合材料的原料，以短玻璃纤维模压料和碎屑模压料应用最广泛。此外，织物模压料可用于生产有特殊性能要求的制品，尤其是三向织物的应用显著地改善了复合材料的力学性能。模压料也可按树脂类型分类，主要有酚醛、环氧、氨基、环氧-酚醛及聚酯等模压料。高分子复合材料模压成型的工艺过程如图 13-10 所示。

模压料一般可采用预混法和预浸法两种形式制备。预混法是先将增强填料(玻璃纤维需切成 15～30 mm 的短纤维)与树脂在 Z 形捏和机中混合、搅拌均匀，再经撕松、烘干。预混法设备生产能力大，对于玻璃短纤维模压料，所得模压料中纤维松散无一定方向，压制时流动性能较好，但比容较大且纤维强度降低较多。预浸法仅用于生产纤维模压料，该法是将玻璃纤维束经过树脂浸渍、烘干后再切短。预浸法所得纤维模压料中的纤维强度损失小，纤维成束状，比较紧密，其缺点是模压料的流动性及料束间的黏结性稍差。

模压成型生产效率高，制品尺寸准确、表面光洁，可一次成型形状不太复杂的制件，不需繁杂的后加工。模压成型的主要缺点是压模的设计和制造较复杂、价格高昂，且一般仅适宜制取中小型制品。不饱和聚酯可在较低温度和压力下模压成型，故便于制造大型制品，近年来发展很快，以下重点介绍聚酯模压料的生产及其压制工艺。

聚酯模压料由糊及增强填料组成。糊常包含不饱和聚酯树脂、交联剂、引发剂、增稠剂等物料。目前最通用的树脂-交联剂体系是顺酐型不饱和聚酯-苯乙烯体系。引发剂可用过氧化二苯甲酰，若为提高糊的使用及储存稳定性，可选用较稳定的引发剂，如过氧苯甲酸叔丁酯、过氧化二异丙苯，以及加入少量阻聚剂对苯二酚。增稠剂是为了解决浸渍填料时要求聚酯树脂黏度低，但模压成型时又要求坯料黏度尽量高这一矛盾而加入的。模压成型时坯料黏度高，能减少树脂流失，便于模压操作及降低制品收缩率。最常用的增稠剂为 MgO 和 $Mg(OH)_2$，还可使用其他碱土金属的氧化物和氢氧化物及复合增稠剂[MgO、$Mg(OH)_2$ 与金属锂盐或与有机酸类化合物的混合物]。

聚酯模压料按外形的不同可分为两种：一种是用预混法制成的，模压料成块团状，故称为块状模压料或料团(简称 BMC)；另一种是用浸毡法制成的，模压料成片状，故称为片状模压料(简称 SMC)。BMC 的成型方法与热固性塑料的模压成型相似，适于生产形状较复杂的电器制品。SMC 的模压成型是将模塑料裁剪成所需的形状，确定加料层数，揭去两面薄膜，叠合后放置在模具上，成型过程与热固性塑料的模压成型相似。SMC 生产过程示意图如图 13-11 所示。糊料连续注入不断前移的两层玻璃毡之间，同时浸入玻璃毡。玻璃毡的两面又衬以聚乙烯薄膜，经过挤压辊和加热器，最后卷成圆筒。生产 SMC 的主要优点是过程连续、省劳力、周期短、成本低。

聚酯模压料的模压原则上和普通热固性塑料的模压一致，但是由于增强填料形态与一般粉状填料不同，故此种物料在模压成型过程中表现出下列特点：流动性较差，且易产生树脂与纤维在制品中分布不均匀；在模具狭窄处及薄截面处易产生纤维的流动取向；比容较大，因而压缩比较大；模压料团组分分布的不均匀性较一般粉粒状模压料大，故易造成制品各部分的性能不一致。

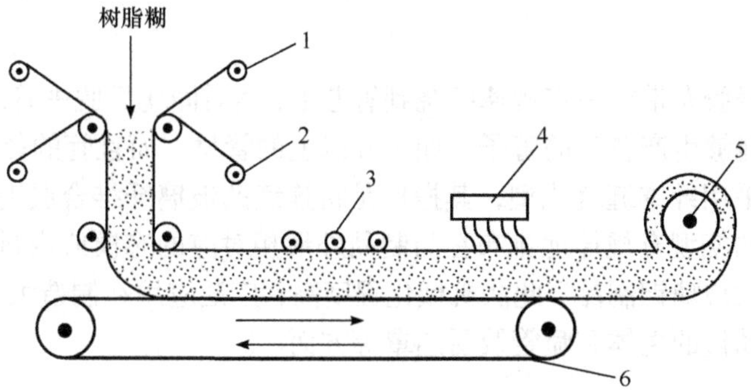

图 13-11　聚酯片状模压料生产过程示意图

1. 玻璃纤维毡卷辊；2. 聚乙烯薄膜卷辊；3. 挤压辊；4. 加热器；5. 收卷辊；6. 传送带

随着汽车工业在我国的迅猛发展，节能、高速、美观、环保、乘坐舒适及安全可靠等要求对汽车越来越重要，为了降低汽车成本和自身重量，汽车中越来越多的金属件由高分子复合材料件代替。其中，汽车中约 90%的零部件是采用模压成型，模具产业超过 50%的产品是汽车模具。

13.2.4　高分子复合材料的卷绕及缠绕成型

1. 卷绕成型

卷绕成型主要用以获得管状层合制品，这类制品广泛用作电工绝缘材料、化工管道材料及轻质结构材料。卷管工艺可参见图 13-12。胶布自胶布卷牵引出，经张紧辊和导向辊后在已加热的前支承辊上受热软化至发黏，随后卷到包好底布的管芯上去，当卷至要求的厚度时，割断胶布，将卷好的管坯连同管芯一同取下送入加热炉进行固化，然后取出管芯即得层合管。

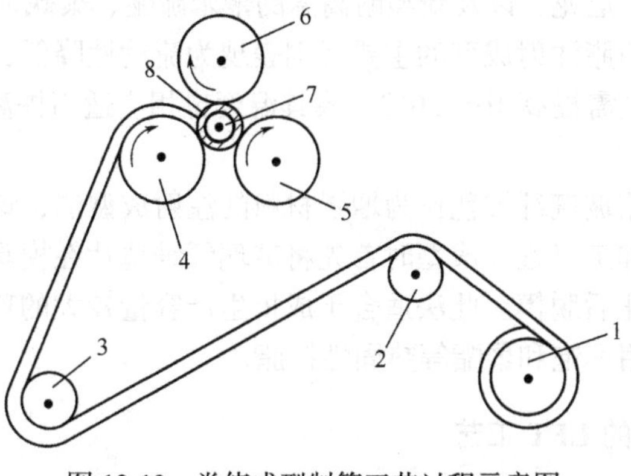

图 13-12　卷绕成型制管工艺过程示意图

1. 胶布卷；2. 张紧辊；3. 导向辊；4. 前支承辊；5. 后支承辊；6. 大压辊；7. 管芯；8. 管坯

层合管的填料多用平纹布(棉布、玻璃布)，因平纹布不易走形。树脂常用酚醛树脂及环氧树脂。卷管所用浸胶布比起层压时所用浸胶布要求含树脂量稍高，不溶性树脂含量较少，其原因在于卷管时所施加的压力一般仅有 0.5 MPa 左右，远小于层压时的压力，且固化时不再受压，若不控制较高的树脂含量和较低的不溶性树脂含量，则会影响层间的黏结。

卷管时的主要工艺参数是前支承辊的温度和浸胶布所承受的压力和张力。固化时的主要工艺参数是固化温度和时间。这些工艺参数主要取决于所用树脂的类型，也受增强填料种类及制品壁厚的影响。

2. 缠绕成型

缠绕成型是将浸胶布带按一定规律缠绕到管芯上，然后固化后脱去管芯以制取层合管材。缠管工艺的特点是能够生产较长的管子，如 3 m 以上的管材，而且管的径向强度较高。

缠绕成型主要采用纤维缠绕成型，其操作是将连续的玻璃纤维合股毛纱浸渍树脂胶黏剂后，按照各种预定的绕型有规律地排布在与制品外形相对应的芯模或内衬上，然后加热硬化制成一定结构形状的玻璃钢制品。此法机械化程度高，广泛应用在制造大型储罐、化工管道、压力容器、火箭发动机的壳体和喷管及雷达罩等方面。

13.2.5　高分子复合材料的注射成型

高分子复合材料(主要指粉粒状填料及玻璃短纤维填料增强的材料)也可以使用注射模塑成型。注射模塑的模压料一般要求制成颗粒状。玻璃短纤维填充的颗粒料的制法有两种，即长纤维法和短纤维法。长纤维法如同制取塑料包覆电线，将连续多股经干燥的无捻玻璃纤维束置于塑料挤出机的包覆机头中，通过塑料熔体然后一起引出，经冷却后切成一定长度，即得颗粒料，颗粒的长度一般为 3～15 mm。长纤维法的特点是模压料中纤维长度与颗粒长度相等，且玻璃纤维受损伤较轻，故制品力学性能较好，但此法有纤维头表露在颗粒料端部的情况，因而注射成型时必须采用混合效果优良的螺杆式注塑机。

短纤维法是以长度 4～6 mm 的短切玻璃纤维与树脂在挤出机中造粒。短切玻璃纤维可与树脂在混合机中预混合或直接在挤出机料斗中混合。短纤维法制颗粒料过程中玻璃纤维损伤较大，劳动条件差，而且所得模压料较松散。一种改进的方法是首先用长纤维法造粒后再用排气式挤出机回挤一次，此法提高了颗粒料的密度和均匀性，避免了前述两种方法的缺点。

目前应用注塑模料成型的复合材料主要是玻璃纤维增强的聚乙烯、聚丙烯、聚碳酸酯、聚对苯二甲酸乙二醇酯、尼龙，以及新型耐高温的聚苯硫醚、聚砜、聚苯醚等热塑性塑料。

与未增强的热塑性树脂注射成型的主要区别表现为流动性降低，因而要求注射压力要稍微高些；注塑机料筒温度需提高 10～20℃，模具温度也相应适当提高。缺点是注塑机及模具的磨损较严重。

此外，还有一种使用玻璃纤维毡作为增强材料的注射成型法，该法包含片材预浸渍和注塑成型或压塑成型两个加工过程。成型时首先将玻璃纤维毡片在模具中铺展，闭模后再用注塑机注入树脂，冷却固化后脱模。此法适合于成批生产容量较大的玻璃钢容器，如储罐、浴盆等，此种方法还可采用不饱和聚酯等热固性树脂。

13.2.6　高分子复合材料的 LFT 工艺

长纤维增强热塑性复合材料(long-fiber reinforce thermoplastic，LFT)是指长度超过 10 mm 的增强纤维和热塑性高分子进行混合并加工而成的制品。与短纤维增强热塑性复合材料相比，具有优异的力学性能(图 13-13)。

LFT 是纤维增强高分子复合材料领域的一种新型高级轻量化材料，具有可设计性、低密度、高比强度、高比模量和抗冲击性强等特点，逐步成为制作汽车零部件的主流材料(图 13-14)。

LFT 工艺通常分为两类：长纤维增强热塑性颗粒材料(long-fiber reinforce thermoplastic granules，LFT-G)工艺和一步法直接生产长纤维增强热塑性复合材料(long-fiber reinforce thermoplastic direct，LFT-D)工艺。LFT-D-ILC 工艺为长纤维增强热塑性材料在线模压成型工

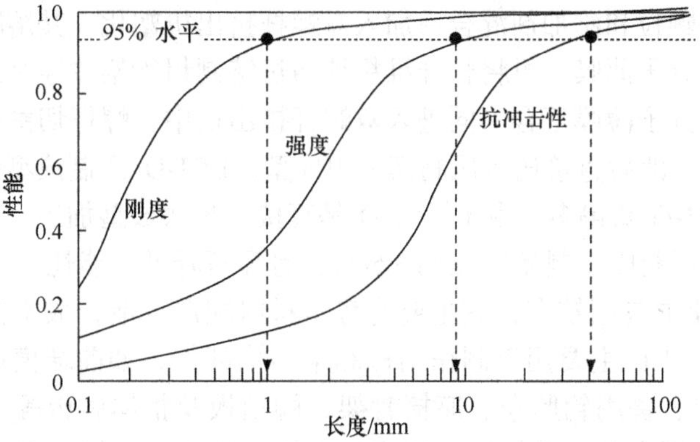

图 13-13　玻纤长度对 LFT 力学性能的影响
复合纤维直径 10 μm

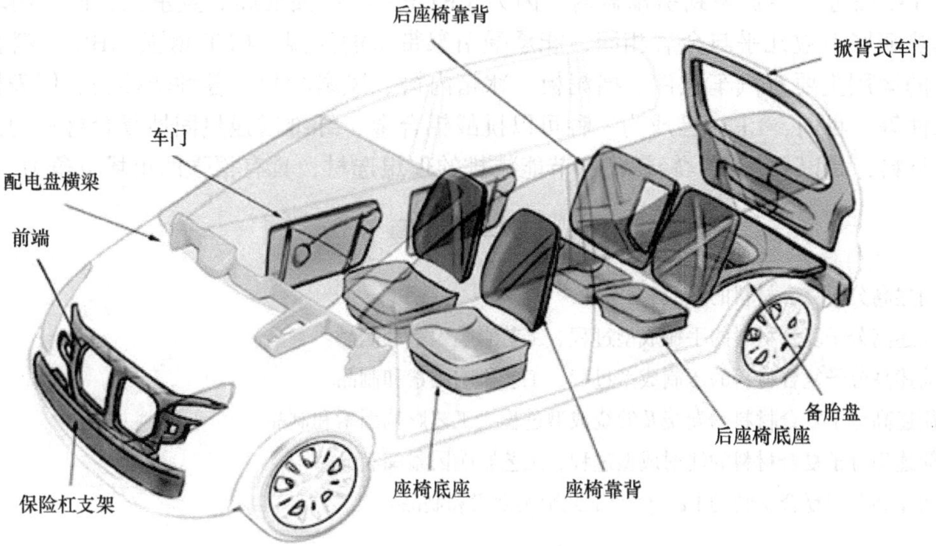

图 13-14　LFT 在汽车上的应用部位

艺(long fiber reinforced thermoplastics-direct processing-in line compounding)。

1. LFT-G 工艺

LFT-G 工艺是短玻纤热塑性颗粒材料(fiberglass reinforced thermoplastics, FRTP)技术创新的成果。早期的 FRTP 粒料长度虽然可达 4～6 mm，但经过混炼、切粒、塑化、注塑等工艺流程后，在制品中纤维的最终长度往往小于 1 mm，仅能作为填充剂增加制品的刚性，而对拉伸强度、抗冲击性能的提高十分有限。

LFT-G 工艺与 GMT 工艺相似，包含长颗粒的成型和复合材料的注塑成型或压塑成型两个加工过程。LFT-G 粒料的直径约为 3 mm，长度有 12～15 mm 和 25 mm 左右两种，分别适用于注塑成型和压塑成型。

2. LFT-D 工艺

LFT-D 工艺是继 GMT 工艺或 LFT-G 工艺之后发展的一种新的长纤维增强热塑性复合材料一步法直接生产制品的成型加工技术，近年来最受关注，发展潜力最大。LFT-D 工艺过程是将高分子基体树脂颗粒和添加剂混合后加入双螺杆挤出机塑化，其熔融物通过一个薄膜模头形成类似瀑布的高分子薄膜。再将长纤维粗纱通过特制粗纱架并经过预热后分散引入高分子薄膜的顶端，与高分子薄膜汇合一同进入双螺杆挤出机中，螺杆切割粗纱并将其柔和地混合到预熔的高分子中，然后直接送入压制模具中成型。LFT-D 压制成型制品的抗冲击性能比 GMT 稍低，但比 LFT-G 高得多。由于 LFT-D 是直接一步法成型加工，因此成本比两步法工艺的 GMT 或 LFT-G 压制成型制品低 20%～50%，且显著降低了能耗。

LFT 在汽车行业中应用较多，其主要优势是材料配混灵活，成本低、性能好、密度较低。在汽车行业中，LFT 主要用于制作结构和半结构部件，如前端模块、保险杠大梁、仪表盘骨架、电池托架、备用轮胎仓、座椅骨架、脚踏板及整体底板等。例如，长纤维增强聚丙烯(LFT-PP)用作轿车的发动机罩、仪表板骨架、蓄电池托架、座椅骨架、轿车前端模块、保险杠、行李架、备胎盘、挡泥板、风扇叶片、发动机底盘、车顶棚衬架等；长纤维增强的 PA 被进一步扩展到引擎盖内，因为 LFT-PA 不仅硬度高、重量低，而且高玻纤含量使其热膨胀系数几乎与金属相同，能承受引擎带来的高温；LFT 增强 ABS 材料在汽车行业上的运用主要有汽车配件、挡泥板、冰箱内衬、风扇叶片、各种转接头、仪表板及车内装饰件等。目前，LFT 已成为一种可以挑战铝合金、纤维增强热固性复合材料的汽车轻量化新材料，是以塑代钢、轻量化、节能减排的理想选材，具有很强的市场竞争力。

习题与思考题

1. 简述高分子复合材料的组成。
2. 简述高分子复合材料的手糊成型过程、工艺影响因素和制品。
3. 简述高分子复合材料的压制成型过程、工艺影响因素和制品。
4. 简述高分子复合材料的卷绕及缠绕成型过程、工艺影响因素和制品。
5. 简述高分子复合材料的注射成型过程、工艺影响因素和制品。
6. 简述高分子复合材料的 LFT 生产工艺影响因素和制品。

第 14 章　高分子材料的增材制造

14.1　增材制造概述

增材制造(additive manufacturing, AM)俗称 3D 打印，是近年来快速发展的先进制造技术，其优势在于三维结构的快速和自由制造，可直接通过软件设计结构并通过数字化建模软件成型，被广泛应用于新产品开发、单件小批量制造。近三十年来，AM 技术快速发展，快速原型制造(rapid prototyping)、三维打印(3D printing)、实体自由制造(solid free-form fabrication)等各种名称分别从不同侧面反映了这一技术的特点。

14.1.1　增材制造原理

增材制造是融合了计算机辅助设计、材料加工与成型技术，以数字模型文件为基础，通过软件与数控系统将专用的金属材料、非金属材料及高分子材料，按照挤压、烧结、熔融、光固化、喷射等方式逐层堆积，制造出实体物品的制造技术。不同于传统的加工工艺，增材制造是一种“自下而上”通过材料累加的制造方法，从无到有生成制品。这使得过去受到传统制造方式约束而无法实现的复杂结构件的制造变为可能。增材制造技术的优势在于：

(1)数字化智能成型制造。不需要传统的刀具、夹具、模具及多道加工工序，借助建模软件将产品结构数字化，在一台设备上就可以快速精密地制造出任意复杂形状的零件，从而实现了零件“自由制造”，有利于个性化定制。解决了许多复杂结构零件的成型难题，并且能简化工艺流程、减少加工工序、缩短加工周期。

(2)制造过程快速。能够满足航空、武器等装备的低研制成本、短周期需求。通过高能束流增材制造技术，可以节省材料，减少数控加工时间，同时无需模具，从根本上解决了传统制造受制于模具的缺陷。从而能够将研制成本尤其是首件、小批量的研制成本大大降低。

(3)添加式和数字化驱动成型方式。直接采用计算机辅助设计模型驱动打印成型，如同使用打印机一样方便快捷，有助于促进设计生产过程从平面思维向立体思维的转变。采用增材制造技术，可实现三维设计、三维检验与优化，甚至三维直接制造，可以直接面向零件的三维属性进行设计与生产，大大简化了设计流程，从而促进产品的技术更新与性能优化。增材制造“自下而上”的堆积成型方式对于实现非匀质材料、功能梯度的器件更有优势。

(4)突出的经济效益。利用增材制造技术能够改造现有的技术形态，促进多产品、小批量、快成型的现代制造技术发展，能够实现“设计即生产”，可以更快捷地回应市场和科研需求。例如，增材制造蜡模、砂型，大大提高了生产效率和产品质量。

(5)广泛的应用领域。非常适合于新产品开发、单件及小批量复杂零件或个性化产品的快速制造。增材制造技术不仅在制造业具有广泛的应用，而且在生物医疗、文化艺术及建筑等领域也有广阔的应用前景，如航空航天系统的空间站、微型卫星、飞机，生物医疗领域用的个性化牙齿矫正器与助听器等三维模型或体外医疗器械。

增材制造目前尚待完善和发展，还存在缺陷和局限。首先，部分材料使用成本高、工时长。其次，增材制造不具备大规模生产上的优势，高效低成本的大规模传统制造业更胜一筹。最大的问题在于使用材料产品单一，材料研发难度大，材料种类限制了增材制造的发展。所以，目前增材制造尚不能代替传统制造业。传统的制造技术如注塑法可以较低的成本大量制造高分子产品，而三维打印技术则可以更快、更有弹性及更低成本的办法生产数量相对较少的产品。

增材制造的应用领域非常广泛：①机械制造，制造飞机部件、自行车、步枪、赛车部件、汽车自动变速箱的壳体等；②医疗行业，制作假牙，制作股骨头、膝盖等骨关节和人体器官；③建筑行业，制作建筑模型，快速、成本低、环保、精美，同时节约大量材料。

增材制造原材料根据材料的化学组成，可分为高分子材料、金属材料和陶瓷材料。

14.1.2 增材制造用高分子材料

高分子材料是增材制造原材料中用量最大、应用范围最广、成型方式最多的材料，主要包括高分子丝材、光敏树脂、高分子粉末和高分子凝胶四种形式。在增材制造的各种工艺中，作为增材制造技术的物质基础，原材料对制品的成型和使用性能有着决定性影响，打印材料的发展决定了增材制造技术的发展前景。

1. 高分子丝材

高分子丝材主要适用于熔融沉积成型(FDM)技术，目前主要有聚乳酸(PLA)、丙烯腈-丁二烯-苯乙烯共聚物(ABS)、聚碳酸酯(PC)、聚丙烯(PP)、聚苯砜(PPSF)、聚对苯二甲酸乙二醇酯-1,4-环乙烷二甲醇酯(PETG)等。聚乙烯醇(PVA)是常用的水溶性支撑材料，剥离效果非常好，在打印复杂、镂空或精细制件时使用该材料较便捷。

1) PLA

PLA 是一种新型的可生物降解的热塑性树脂，利用从可再生植物(如玉米)中提取的淀粉原料经发酵制成乳酸，再通过化学方法转化成聚乳酸。PLA 最终能降解生成二氧化碳和水，不会对人体及环境带来危害，是一种生物相容性好、环境友好型材料。由于 PLA 材料环保、气味小，适合室内使用。此外，PLA 还具有优良的力学性能、热塑性、成纤性、透明性、可降解性和生物相容性，同时其较低的收缩率也使得在打印大尺寸模型时，即使不加热热床也不会发生翘边现象，是增材制造早期使用得最好的原材料。采用结构简单的开放式打印机也能打印较为巨大的零件，这使得 PLA 成为最廉价的入门 3D 打印机的主力耗材。利用 PLA 可以获得半透明结构的打印零件，比不透明的亚光 ABS 打印件更具美感。

作为生物塑料，PLA 的缺点也同样明显，主要表现在当温度超过 50℃时会发生变形甚至发生软化。因此，制品力学性能较差，韧性和抗冲击强度明显不如 ABS，熔点强度低，不宜做太薄或者承重的部件，成型困难，且打印的制品脆性较大。未经改性的 PLA 丝材在打印过程中，喷头处会因熔体强度下降产生漏料现象，粘在成型件上形成毛边，影响打印制件的表面质量。

采用 PLA 混合料针对 PLA 增韧改性，制品使用温度可达到 100℃，可提高打印部件的精度。增韧改性后的 PLA 丝料用于打印时一般热床温度为 55～80℃，材料收缩率小、成型产品尺寸稳定、表面光洁、不易翘曲、打印过程流畅、无气味，适合大多数 FDM 型 3D 打印机。

2) ABS

ABS 丝材具有良好的绝缘性能、抗腐蚀性能、耐低温性能及良好的热熔性和易挤出性，是 FDM 中最早使用也是最常使用的热塑性工程塑料。该材料打印温度为 210～240℃。ABS 丝材除了具有表面易着色、耐冲击性能好等优点外，还具有成型性能好、制品强度高、韧性好等优点。ABS 综合了丁二烯、苯乙烯和丙烯腈各自的优良性能，具有易加工、制品尺寸稳定、表面光泽性好等特点，容易涂装、着色，还可以进行表面喷镀、电镀、焊接、热压和粘接等二次加工，广泛应用于机械、汽车、电子电器、仪器仪表、纺织、玩具和建筑等领域，其打印产品质量稳定，制品强度高，韧性好。然而，ABS 也存在制品易收缩变形、表面易发生层间剥离及翘曲等不足。这种材料遇冷收缩特性明显，在温度场不均匀的情况下，可能会从加热板上局部脱落，造成翘曲、开裂等质量问题，此外其打印时可能产生强烈的气味。

为了改善 ABS 制品的成型质量，可对 ABS 原料进行各种改性。①ABS 中加入填料进行共混改性。例如，含有 10%碳纤维增强的 ABS 丝材，其拉伸强度较普通 ABS 丝材提高了 30%以上，拉伸弹性模量较普通 ABS 丝材提高了近 60%。②采用热塑性弹性体苯乙烯-丁二烯-苯乙烯(SBS)对 ABS 进行熔融共混改性，改性后的丝材具有较好的流动性和熔体强度。③利用短切玻璃纤维填充 ABS，提高 ABS 的强度和硬度、显著降低 ABS 制品的收缩率，同时加入增韧剂和增容剂，提高复合 ABS/短切玻纤丝的韧性。总之，对 ABS 的共混掺杂改性可以赋予材料多种特殊性能。

3) PC

PC 是分子链中含有碳酸酯基的一种性能优良的热塑性工程树脂，具有无味、无毒、强度高、抗冲击性能好、收缩率低等优点，此外还具有良好的阻燃特性和抗污染特性。PC 丝材的强度比 ABS 丝材高 60%左右，具备超强的工程材料属性。为避免加热时双酚 A 析出危害人体，可采用不含双酚 A 的 PC 原料用作增材制造。

PC 的主要性能缺陷是耐水解稳定性不够高，且耐有机化学品性、耐刮痕性较差，长期暴露于紫外线中会发黄且颜色单一，着色难。

4) PP

PP 是一种热塑性树脂，通常为半透明无色固体，无臭无毒，密度小，质量轻。由于结构规整而高度结晶化，熔点可达 164～170℃，耐热、耐腐蚀且表面刚度和抗划痕特性很好。缺点是耐低温冲击性差，较易老化，但可通过改性予以克服，适合制备透明度较好的 3D 打印制品。

5) PPSF

PPSF 丝材在所有热塑性材料中强度最高、耐热性最好、抗腐蚀性最强，也适用于 FDM 技术。PPSF 的耐热温度为 207～230℃，适合高温工作环境。

6) PETG

PETG 具有优异的光学性能、高光泽表面及良好的注塑加工性能，还具有无毒、环保等优良特性。PETG 不仅能解决 PLA 丝材韧性不足的问题，还能克服 ABS 丝材易收缩、打印产品尺寸稳定性不佳等不足。

2. 光敏树脂

光敏树脂是指通过照射一定波长的紫外光即可引发聚合反应，从而实现固化的一类高分子材料。光敏树脂在光固化立体成型(stereo lithography apparatus，SLA)、数字光处理(digital light processing，DLP)、三维印刷成型(three dimensional printing，3DP)等成型技术中都有广泛的应用。与一般固化材料相比，光敏树脂的表干性能好，成型后制品表面平滑光洁，产品分辨率高，细节展示出色，质量甚至超过注塑产品。这些突出的优势令其成为高端、艺术类3D 打印制品的首选材料。然而，光敏树脂成本偏高，且机械强度、耐热和耐候性大多低于FDM 用的工程塑料耗材，在一定程度上影响了材料的应用。

光敏树脂可替代传统的工程塑料 ABS 制作具有高强度、耐高温、防水等功能的零件，应用于汽车及航空等领域所需要的耐高温的重要部件。结合了陶瓷材料的光敏树脂，既可以像其他光敏树脂一样，在 SLA 打印机中通过紫外光固化工艺成型，又可以像陶坯那样放进窑炉里通过高温煅烧变成 100%的瓷器，制品不仅具有瓷器所特有的表面光泽度，还具有光固化3D 打印所赋予的高分辨率细节。

光敏树脂的性能直接影响制造产品的精度及性能，作为 SLA 技术应用的光敏树脂在成型精度、成型速度、一次固化程度、溶胀系数、黏度、成本等性能指标方面有更高的要求。根据光固化机理的不同，3D 打印光敏树脂可分为自由基固化型、阳离子固化型和混合固化型。早期 SLA 光敏树脂主要是自由基型光敏树脂。1995 年后，光敏树脂主要是自由基-阳离子混杂型光敏树脂，由丙烯酸酯树脂、乙烯基醚、环氧预聚物及单体等组成。对于混合体系，自由基聚合在紫外光辐照停止后立即停止，而阳离子聚合在停止辐照后继续反应。因此，当两体系结合时，产生光引发协同固化效应，最终产物的体积收缩率可显著降低，性能也可实现互补。

3. 高分子粉末

高分子粉末由于所需烧结能量小、烧结工艺简单、原型质量好，在选择性激光烧结(selected laser sintering，SLS)成型中被广泛应用。SLS 成型要求高分子粉末具有粉末结块温度低、收缩小、内应力小、强度高、流动性好等特点。目前，常用的高分子粉末有聚苯乙烯、尼龙、尼龙与玻璃微球的混合物、聚碳酸酯、聚丙烯、蜡粉等。一些热固性树脂如环氧树脂、不饱和聚酯、酚醛树脂等由于具有强度高、耐火性好等优点，也适用于 SLS 成型工艺。例如，尼龙粉末材料 SLS 成型制作的各种零件具有较好的精度和表面粗糙度。

1)热塑性高分子粉末

热塑性高分子分为非结晶和结晶两种，其中非结晶高分子包括 PC、通用型聚苯乙烯(PS)、高抗冲聚苯乙烯(HIPS)等，结晶高分子有尼龙(PA)、PP、高密度聚乙烯(HDPE)、聚醚醚酮(PEEK)等。非结晶高分子和结晶高分子具有不同的激光烧结激励。

2)热固性高分子粉末

热固性高分子以热固性树脂为主要成分，配合以各种必要的添加剂通过交联固化过程成型成制品。例如，环氧树脂、不饱和聚酯、酚醛树脂、氨基树脂、聚氨酯树脂、有机硅树脂、芳杂环树脂等，具有高强度、耐火性等特点，非常适合采用 3D 打印的粉末激光烧结成型工艺。例如，环氧基热固性树脂材料可 3D 打印成建筑结构件用在轻质建筑中。

3)高分子复合材料粉末

高分子复合材料粉末可以提高 SLS 成型件的某些性能，以及增加 SLS 材料的种类。这些复合材料主要包括非结晶高分子复合材料和结晶高分子复合材料。

4. 高分子凝胶

高分子凝胶是高分子通过化学交联或物理交联形成的充满溶剂(一般为水)的网状高分子，如海藻酸钠、纤维素、动植物胶、蛋白质和聚丙烯酸等高分子凝胶材料。利用高分子凝胶进行 3D 打印的制品可广泛用于构建组织工程支架，如耳朵、肾脏、血管、皮肤和骨头等人体器官。例如，以 PLA 和聚乙二醇为原料，采用 SLA 技术制备的 3D 水凝胶支架、24 面体的多孔支架和非多孔支架，具有较高的力学性能和良好的空隙连接性，细胞在支架上可以黏附分化；以聚乙二醇双丙烯酸酯(PEG-DA)为原料，利用 SLA 技术制备的具有多内腔结构的水凝胶神经导管支架，适合体内移植；以 PEG-DA/海藻酸盐复合原料制备的主动脉水凝胶支架，弹性模量可在 5.3～74.6 kPa 调节，可用来制备较大、精度较高的瓣膜。凝胶类 3D 打印材料在人类医学治疗和健康方面有着独特作用。

目前，一种常用的细胞打印技术是以双键封端的 PEG[如 PEG-DA 或甲基丙烯酸酯封端的 PEG(PEG-DMA)]水溶液与含有细胞的培养液混合，形成可光固化高分子/细胞混合溶液，然后通过立体印刷技术，打印成型包覆细胞的 3D 水凝胶。例如，以天然的牛骨支撑体外软骨缺损模型，以 PEG-DMA/软骨细胞混合溶液为生物墨水，在紫外光照射下，在软骨缺损部位进行原位打印，打印成型的 PEG 水凝胶的压缩模量与天然关节软骨接近，打印后软骨细胞能在水凝胶支架内均匀分布，而且细胞存活率要比生物墨水先沉淀后再进行光照聚合的成型方法高。该方法是应用于体外的原位生物打印技术，是进行组织缺损原位修复的重要手段之一。

14.1.3　增材制造关键技术

增材制造技术使用的能源有激光、电子束、紫外光等，采用的材料有高分子树脂、金属、陶瓷等，根据其采用的成型方法和使用的成型材料，以及依靠的凝结热源不同，增材制造主要分为四类：分层实体制造(LOM)技术，光固化立体成型(SLA)技术，选择性激光烧结成型(SLS)技术，熔融沉积成型(FDM)技术。

增材制造技术的核心是将所需成型工件的复杂 3D 型体通过切片处理转化为简单的 2D 截面的组合，分为制品的三维建模、切片设计、打印成型、后处理四个阶段(图 14-1)。成型过程为：①利用增材制造装备中的软件，沿工件模型的高度方向对模型进行分层切片，得到各层截面的 2D 轮廓图。②增材制造装备按照这些轮廓图分层沉积材料，成型系列 2D 截面薄片层。③增材制造装备使片层与片层之间相互黏结，将片层顺序堆积成 3D 工件实体。3D 打印机的基本结构与传统打印机基本一样，都是由控制组件、机械组件、打印头、耗材和介质等架构组成的。

1. 三维建模

3D 打印是一种制造方式，其关键在于制造的对象，也就是所设计的模型，设计模型的过程就是建模。

三维建模包括两种方法：一种是根据零件数据信息，如二维尺寸图等，运用三维 CAD 软件直接绘制出零件的三维数字模型，这种方法称为正向工程[图 14-2(a)]；另一种方法是对已知的零件样品或模型，利用三维测量仪器得到零件的三维数字模型，即逆向工程[图 14-2(b)]。这两种建模方法中，手动建模是通过计算机建模软件建模，常用到的软件有 3D-MAX、Maya、Z-Brush 等；3D 扫描建模是通过 3D 扫描仪将所需要的物体(现成的模型，如动物模型、人物或微缩建筑等）扫描下来生成数字文件。

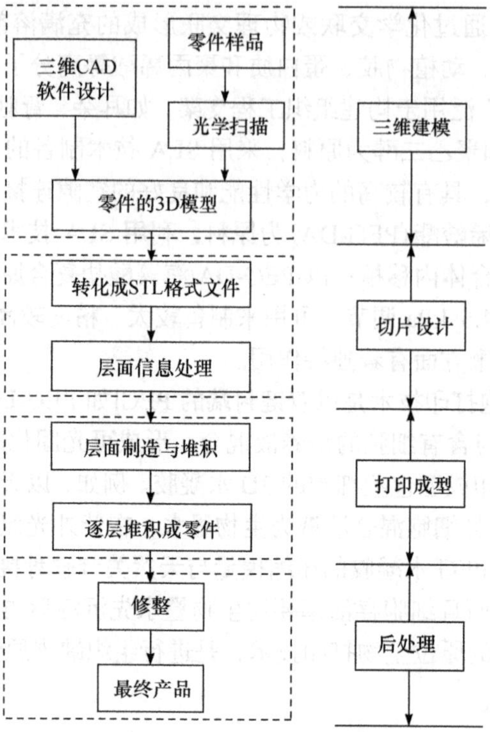

图 14-1　增材制造工艺流程示意图

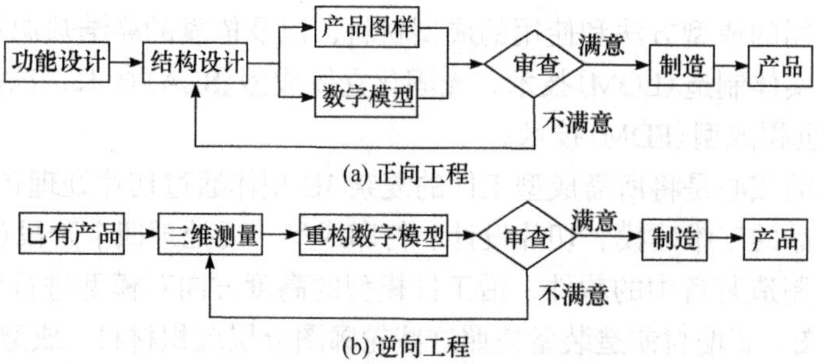

图 14-2　正向工程（传统设计）及逆向工程的流程示意图

2. 切片设计

设计过程是将建成的三维模型“分区”成逐层的截面，即切片，从而指导打印机逐层打印。切片相当于将已经建好的 3D 数字模型转化为 3D 打印机可识别的行走路径及耗材挤出量，所以这一步非常关键。先将模型加载到软件中，点击模型切片，切片完后，将文件发送给 3D 打印机。

设计软件和打印机之间协作的标准文件格式是 STL（stereo lithography，立体光刻）。一个 STL 文件使用三角面来近似模拟物体的表面。三角面越小其生成的表面分辨率越高。PLY 是一种通过扫描产生三维文件的扫描器，其生成的 VRML 或者 WRL 文件经常被用作全彩打印的输入文件。

切片设计就是将前期采用正向工程或逆向工程得到的数字模型通过三维 CAD 软件转化

为 STL 格式的数据文件。利用切片软件对模型进行离散处理，即分层切片，并将各层的信息存储为打印设备的路径文件。

3. 打印成型

打印过程是将数字文件转变为真实可触的物体。打印机通过读取文件中的横截面信息，用液体状、粉状或片状的材料将这些截面逐层地打印出来，再将各层截面以各种方式黏合起来从而制造出一个实体。这种技术的特点在于其几乎可以制造出任何形状的物品。

打印机打出的 *Z* 方向的截面厚度及 *X-Y* 平面方向的分辨率是以 dpi(像素/英寸)或者微米来计算的。一般厚度为 100 μm，即 0.1 mm，也有部分打印机可以打印出 16 μm 的薄层，而平面方向则可以打印出跟激光打印机相近的分辨率。打印出来的“墨水滴”的直径通常为 50～100 μm。用传统方法制造一个模型通常需要数小时到数天，而用三维打印技术则可以将时间缩短为数小时，当然这取决于打印机的性能及模型的尺寸和复杂程度。

打印成型的最关键设备是 3D 打印机。打开建好的文件，点击开始打印。屏幕上记录打印进度、打印所需时间、耗材总量等。打印机喷头温度开始升高，打印机开始打印。一般三维打印机的分辨率对大多数应用来说已经足够，要获得更高分辨率的物品可以通过如下方法：先用当前的三维打印机打印出稍大一点的物体，再稍微经过表面打磨即可得到表面光滑的“高分辨率”物品。有些技术可以同时使用多种材料进行打印，有些技术在打印的过程中会用到支撑物，例如，在打印一些有倒挂状的物体时需要用到易于除去的物质(如可溶物)作为支撑物。

1)材料单元的控制技术

增材制造的精度取决于材料增加的层厚及增材单元的尺寸和精度控制。增材制造与切削制造的最大不同是材料需要一个逐层累加的系统，因此再涂层是材料累加的必要工序，再涂层的厚度直接决定了零件在累加方向的精度和表面粗糙度，增材单元的控制直接决定了制件的最小特征制造能力和制件精度。例如，采用激光束或电子束在材料上逐点形成增材单元进行材料累加制造的材料直接成型中，激光熔化的微小熔池的尺寸和外界气氛控制，直接影响制造精度和制件性能。

未来将发展两个关键技术：一是在材料制造中控制激光光斑更细小，采取逐点扫描方式使增材单元达到微纳米级，提高制件精度；二是光固化成型技术的平面投影技术，投影控制单元随着液晶技术的发展，分辨率逐步提高，增材单元更小，可实现高精度和高效率制造，制造精度达到微纳米级。

2)设备的再涂层技术

由于再涂层的工艺方法直接决定了零件在累加方向的精度和质量，因此，增材制造的自动化涂层是材料累加的必要工序之一。目前，分层厚度向 0.01 mm 发展，而如何控制更小的层厚及其稳定性是提高制件精度和降低表面粗糙度的关键。

3)高效制造技术

增材制造正在向大尺寸构件制造技术发展，需要高效、高质量的制造技术支撑。目前制作时间过长，如何实现多激光束同步制造、提高制造效率、保证同步增材组织之间的一致性和制造结合区域的质量非常关键。

为实现大尺寸零件的高效制造，可以采取增材制造多加工单元的集成技术。例如，对于大尺寸零件，采用多激光束(4～6 个激光源)同步加工，提高成型加工效率。

4) 复合制造技术

随着零件性能要求的提高，复合材料或梯度材料零件成为迫切需要发展的产品。增材制造具有微量单元的堆积过程，每个堆积单元可通过不断变化材料实现一个零件中不同材料的复合，实现控形和控性的制造。

此外，为提高效率，增材制造与传统切割制造结合，发展材料累加制造与材料去除制造复合制造技术方法也是该领域发展的方向。

4. 后处理

后处理包括对已打印的零件进行打磨、去支撑、抛光等，以及组装上色、精加工等。制作一些比较大规模的模型时，先将各零件分别打印，再用胶水将其粘贴到一起，最后为组装好的模型上色。

14.2 分层实体制造

分层实体制造(laminated object manufacturing，LOM)成型又称为狭义的叠层制备技术，该技术利用薄片材料(如纸、塑料薄膜等)、激光、热熔胶来制作叠层结构。该系统主要包括计算机、数控系统、原材料存储与运送部件、热黏压部件、激光切割系统、可升降工作台等部分。激光切割器沿着工件截面轮廓线对薄膜进行切割，热黏压部件逐层地把成型区域的薄膜黏合在一起，直至工件完全成型。

14.2.1 分层实体制造成型原理

LOM 工艺根据零件分层得到的轮廓信息用激光切割薄材，将所获得的层片通过热压装置与下面已切割层黏结，然后将新的一层再叠加在上面，依次黏结成三维实体。LOM 工艺原理见图 14-3。加工时，热压辊热压片材，使之与下面已成型的工件黏结；用 CO_2 激光器在刚黏结的新层上切割出零件截面轮廓和工件外框，并在截面轮廓与外框之间多余的区域内切割出上下对齐的网格；激光切割完成后，工作台带动已成型的工件下降，与带状片材(料带)分离；供料机构转动收料轴和供料轴，带动料带移动，使新层移到加工区域；工作台上升到加工平面；热压辊进行热压，工件的层数增加一层，高度增加一个料厚；再在新层上切割截面轮廓。如此反复直至零件的所有截面黏结、切割完，得到分层制造的实体零件。LOM 工艺主要用于制作实心体大件。LOM 主要特点是设备和材料价格较低，制作效率高，制件强度较高、精度较高。

LOM 成型工艺的优点是：

(1) 只需在片材上切割出零件截面的轮廓，而不用扫描整个截面，成型厚壁零件的速度较快，制作效率高，易于制造大型零件。

(2) 成型精度较高(<0.15 mm)。

(3) 工件外框与截面轮廓之间的多余材料在加工中起到了支撑作用，所有 LOM 工艺无需额外添加支撑。

LOM 工艺是渐趋淘汰的快速成型工艺，缺点是：

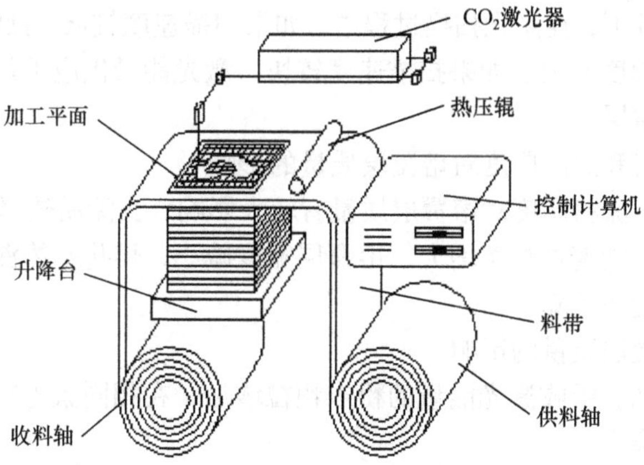

图 14-3　LOM 工艺原理示意图

(1)不适宜做薄壁和中空结构件。

(2)制品原型精度低，表面比较粗糙，工件表面有明显的台阶纹，成型后要进行打磨。

(3)易吸湿膨胀，成型后要尽快进行表面防潮处理。

(4)工件拉伸强度差，缺少弹性。

(5)材料利用率很低，运行费用较高。

14.2.2　分层实体制造成型原料

分层实体制造中的成型材料为涂有热熔胶的薄层材料，层与层之间的黏结靠热熔胶保证。LOM 材料一般由薄片材料和热熔胶两部分组成。

1)薄片材料

根据对原型件性能要求的不同，薄片材料可分为：纸片材、金属片材、陶瓷片材、塑料薄膜和复合材料片材。对基体薄片材料有如下性能要求：①抗湿性好，要求足够的湿强度；②良好的浸润性；③足够的拉伸强度；④收缩率小；⑤剥离性能好。

2)热熔胶

用于 LOM 的热熔胶按基体树脂划分，主要有乙烯-醋酸乙烯酯共聚物型热熔胶、聚酯类热熔胶、尼龙类热熔胶或其混合物。热熔胶要求有如下性能：①良好的热熔冷固性能(室温下固化)；②在反复熔融—固化条件下其物理化学性能稳定；③熔融状态下与薄片材料有较好的涂挂性和涂匀性；④足够的黏结强度；⑤良好的废料分离性能。

14.2.3　分层实体制造成型工艺影响因素

1)激光功率对熔覆层质量的影响

激光功率和熔覆材料熔化量呈正比关系，随着激光功率的增大，熔覆材料熔化量增大，因此气孔产生的概率随之增大，涂层深度也随之增大，周围的熔覆材料液体不断从气孔流入，气孔较少或消除，裂纹减小。如果涂层深度达到极限深度，随着功率的增大，基材表面温度迅速升高，熔覆层变形和裂纹现象就不可避免了。激光功率对熔覆层质量影响很大，要想尽量避免气孔和开裂现象，要选择合适的激光功率。

2)扫描速度对熔覆层质量的影响

当扫描速度达到极限速度时，激光束只能熔化熔覆材料粉末，几乎不能熔化基体。在保持其他参数不变的条件下，在激光扫描过程中，如果扫描速度较低，预涂层材料表面易烧损，导致材料表面的粗糙程度变大。如果扫描速度较快，激光能量供应不足，短时间内涂层材料熔不透，很难形成熔覆层。

3)材料的供给方式和涂层厚度对熔覆层质量的影响

采用预涂粉末法，涂粉厚度对熔覆层质量有较大影响，当涂粉较厚时，功率应较大。

采用同步送粉法，随着送粉率增大，熔覆层宽度减小、熔化基体深度减小、厚度增加、表面粗糙度增大、透光率下降。

4)光斑尺寸对熔覆层质量的影响

随着光斑直径增加，吸收激光能量的粉末颗粒增加，在相同激光功率条件下熔覆层宽度增加，熔覆层厚度下降。

14.3　光固化立体成型

光固化立体成型也称为立体光刻，为容器内光聚合成型工艺。采用特定波长与强度的激光聚焦到光固化材料表面，使之由点到线、由线到面顺序凝固，完成一个层面的绘图作业，然后升降台在垂直方向移动一个层片的高度，再固化另一个层面，这样层层叠加构成一个三维实体。在当前应用较多的几种快速成型工艺方法中，光固化立体成型由于具有成型过程自动化程度高、制品表面质量好、尺寸精度高等特点，得到广泛应用。在概念设计的交流、单件小批量精密铸造、产品模型、快速工模具及直接面向产品的模具等诸多方面广泛应用于航空、汽车、电器及医疗等行业。

14.3.1　光固化立体成型原理

采用计算机控制下的特定波长与强度的紫外激光聚焦到液态光敏树脂表面，按预定零件各分层截面的轮廓为轨迹对液态光敏树脂逐点扫描，被扫描的树脂薄层产生光聚合反应固化形成零件的一个截面，再敷上一层新的液态树脂进行扫描加工，如此重复由点到线、由线到面、顺序凝固、逐层固化，层层叠加构成三维实体。光聚合成型方式可分为上光束扫描式和下光束扫描式两种。

光固化立体成型原理为(图 14-4)：①高分子单体与预聚体组成光引发剂；②在紫外光(波长范围 205～405nm)等特定波长光的作用下引发聚合反应，固化液体或胶状树脂；③树脂固化后循环往复，实现材料的堆积。SLA 成型制品实例见图 14-5。值得注意的是，根据光固化材料的成型原理，树脂在成型时易发生收缩，导致固化速度慢、材料强度不高等问题。

SLA 快速成型工艺的优点为：

(1)是最早出现的快速原型制造工艺，成熟度高。

(2)由 CAD 数字模型直接制成原型，原材料的利用率高，加工速度快，产品生产周期短，无需切削工具与模具。

(3)可以加工结构外形复杂或使用传统手段难以成型的原型和模具。

(4)成型精度高(在 0.1 mm 左右)，表面质量好。

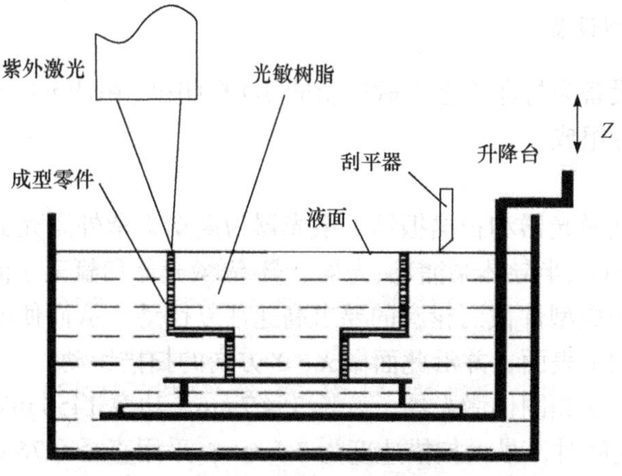

图 14-4　SLA 工艺示意图

图 14-5　SLA 成型制品实例

SLA 快速成型工艺的缺点为：

(1)系统造价高昂，使用和维护成本过高。

(2)工作环境要求苛刻。耗材为液态树脂，大多具有气味和毒性，同时为防止提前发生光聚合反应，需要避光保护。

(3)光敏高分子成型后，强度、耐热性和对光照射的抵抗力较差，易老化，难以长时间保存。

(4)后处理相对烦琐。打印出的工件需用工业酒精和丙酮进行清洗，并进行二次固化。在很多情况下，经光固化成型后的原型树脂并未完全被激光固化，为提高模型的使用性能和尺寸稳定性，通常需要二次固化。

14.3.2　光固化立体成型原料和设备

1. 光固化立体成型原料

用于光固化立体成型的材料为液态光敏树脂，该材料具有以下优点：固化快；不需要加热；可配成无溶剂产品；节省能量；可使用单组分，无配置问题，使用周期长；可以实现自动化操作及固化，提高生产的自动化程度，从而提高生产效率和经济效益。

光敏树脂一般为 UV 树脂，由高分子单体、预聚体与紫外光引发剂组成，在一定波长紫外光(250～300 nm)的照射下引发聚合反应，完成固化。作为 SLA 技术应用的光敏树脂，在成型精度、成型速度、一次固化程度、溶胀系数、黏度、成本等性能指标方面有较高的要求。

2. 光固化立体成型设备

光固化立体成型设备为打印液态光敏树脂的 3D 打印机，由激光扫描系统、液盒和打印机操作系统及软件三部分组成。

1) 激光扫描系统

激光扫描系统包括激光器和扫描振镜。激光器为高功率紫外激光器，发射高能量紫外激光束，如固体 Nd：YVO_4(半导体泵浦)激光器、氦-镉激光器和氩离子激光器。扫描振镜根据控制系统的指令，按照成型件截面轮廓的要求高速往复摆动，从而使激光器发出的激光束反射至液盒中光敏树脂的上表面，并沿此面做 X、Y 方向的扫描运动。

激光器通常采用 3 倍频固体激光器，波长 354.7 nm，功率 1450 mW。扫描系统采用直径 0.13 mm 的光斑成型轮廓时，最大扫描速度为 3.5 m/s；采用直径 0.76 mm 的光斑填充时，最大扫描速度为 25 m/s。近年来随着技术的发展，紫外线发生器由点光源逐渐演化为面光源，通过成像投影的方式进行打印，可以制作与大型液晶屏尺寸同等大小的制品，通过进行面固化大大提高成型效率。

2) 液盒

液盒主要用于盛装液态光敏树脂，有许多小孔的工作台浸没在液盒中，并可根据印刷过程沿高度方向做往复上下移动。此外，采用动态掩模可以进行掩模投影式成型。

3) 打印机操作系统及软件

打印机操作系统及软件主要用于建模、切片和信息处理。

14.3.3 光固化立体成型工艺

1. 光固化立体成型工艺过程

激光固化成型过程开始时，工作台的上表面处于液面下，两面间距称为分层厚度(通常为 0.10 mm 左右)，该层液态光敏树脂被激光束扫描而固化，并形成所需第一层固态截面轮廓薄片层，然后工作台下降一个分层厚度，液盒中的液态光敏树脂流过已固化的截面轮廓层，刮刀按照设定的分层厚度做往复运动，刮去多余的液态树脂，再对新铺上的一层液态树脂进行激光束扫描固化，形成第二层所需固态截面轮廓薄片层，新固化的一层能牢固地黏结在前一层上。如此重复，直至整个工件成型完毕。固化反应发生在打印树脂与透光玻璃板的交界面上，打印的过程看上去就像从液体里“拉”出了打印制件一样。

光固化立体成型分为以下三个工艺过程。

(1) 前处理。建立 CAD 模型；数据转换；确定摆放方位；施加支撑；切片分层。

(2) 原型制作。启动光固化立体成型设备；启动原型制作控制软件；读入数据；叠层制作。

(3) 后处理。剥离除去废料和支撑结构；后固化。

2. 光固化立体成型工艺影响因素

光固化立体成型工艺影响因素主要是激光的参数、光敏树脂的固化收缩率和层厚等。

1) 几何数据处理

在成型过程开始前，必须对实体的三维 CAD 模型进行 STL 格式化及切片分层处理，以便得到加工所需的一系列的截面轮廓信息，在进行数据处理时会有误差，可用直接分层和自适应分层来提高精度。

随着切片厚度的增加，样品尺寸偏差的绝对值呈现先下降后上升趋势，而表面粗糙度呈现增大趋势；切片厚度的大小对于样品的打印时间、尺寸偏差和表面粗糙度的影响规律比较明显。其中，打印时间与切片厚度几乎呈反比例函数关系。

2) 光敏树脂的固化收缩率

液态光敏树脂受紫外光照射后进行固化会产生收缩，收缩会在工件内产生内应力，层内之间、层与层之间应力分布不均，易导致工件翘曲变形。可通过成型工艺和树脂配方两方面来改进。

3) 树脂涂层厚度

层厚要与聚合深度相等，在成型过程中要保证每一层铺涂的树脂厚度一致。当聚合深度小于厚度时，层与层之间黏结不好，甚至会发生分层；当聚合深度大于层厚时，发生过固化，而产生较大的残余应力，引起翘曲变形，影响成型精度。在扫描面积相同时，固化层越厚，固化体积越大，层间应力也越大，因此要尽量减小单层固化深度，以减小固化体积。

4) 光斑直径、激光功率(10～1450 mW)、扫描速度

光斑直径和扫描速度也会影响制品质量。激光功率对制品的打印时间和尺寸精度基本没有影响，但对表面质量有一定影响。

14.4　选择性激光烧结成型

选择性激光烧结成型通常包括选择性激光烧结(selected laser sintering，SLS)和选择性激光熔化(selected laser melting，SLM)，使用激光作为热源来烧结粉末材料(通常是尼龙/聚酰胺)，类似于直接金属激光烧结，但在 SLM 中材料完全熔化而不是烧结。SLS 和 SLM 是相对较新的技术，主要用于快速原型制作和零部件的小批量生产。

14.4.1　选择性激光烧结成型原理

选择性激光烧结成型属于粉末床烧结成型工艺，利用粉末材料在高强度的激光照射下烧结的原理，根据 CAD 生成的三维实体模型，由计算机控制层层堆积成型。通过分层软件分层获得二维数据驱动控制激光束，有选择性地对铺好的各种粉末材料进行烧结，加工出要求形状的薄层，逐层累积形成实体模型，最后去掉未烧结的松散的粉末，获得原型制件(图 14-6)。

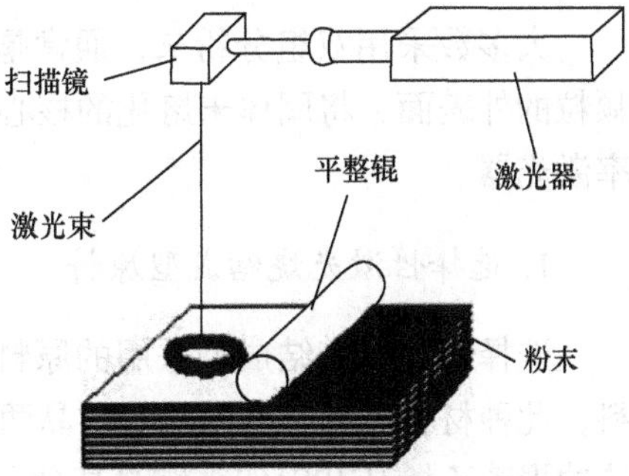

图 14-6　SLS 工艺原理示意图

SLS 技术同样使用层叠堆积成型，首先铺一层粉末材料，将材料预热到接近熔化点，再使用激光在该层截面上扫描，使粉末温度升至熔化点，然后烧结形成黏结，接着不断重复铺粉、烧结的过程，直至完成整个模型成型。特点是可以采用多种材料适应不同的应用要求，固体粉材可以作为自然支撑，可以直接制造零部件，但能量消耗非常大，成型精度有待进一步提高。

SLM 与 SLS 的不同之处在于：SLS 成型时，粉末半固态液相烧结，粉粒表层熔化并

保留其固相核心；SLM 成型时，粉末完全熔化。SLM 成型方式虽然有时仍然采用与 SLS 成型相同的“烧结”表述，但实际成型机制已转变为粉末完全熔化机制，因此成型性能显著提高。

采用选择性激光烧结成型工艺可制造耐热、抗化学腐蚀的汽车蛇形管、密封垫等柔性零件以及航空航天领域的零部件，适合制造特别复杂的嵌套零部件。

选择性激光烧结成型工艺的优点：

(1)可选材料种类多，价格较低。只要材料加热后黏度较低，基本就可以选用，包括高分子、金属、陶瓷等多种粉末材料。

(2)工艺比较简单。该工艺按材料的不同可以直接生产复杂形状的原型、型腔模三维构件等。

(3)不需要支撑结构。未烧结的粉末即可作为支撑结构。

(4)材料利用率高，因为不存在支撑结构和底座，所有材料均可利用。

(5)精度高。制品精度受材料种类和粉末颗粒的大小等因素影响，精度一般在 0.05～2.5mm 之间。

(6)制品变形率小。

选择性激光烧结成型工艺的缺点：

(1)表面粗糙。这是由于原材料为粉状，原型建造是由材料粉层经过加热熔化实现逐层黏结的。

(2)成型大尺寸零件时容易发生翘曲变形。

(3)加工时间长。加工前要预热，零件构建后要冷却后才能从粉末缸中取出。

(4)由于使用了大功率激光器，除了本身的设备，还需要很多辅助保护工艺，整体技术难度大，制造和维护成本非常高。

14.4.2　选择性激光烧结成型原料和设备

大多数采用双组分粉末，通常是涂覆粉末或粉末混合物。在单组分粉末中，激光仅熔化颗粒的外表面，将固体未熔化的核心彼此熔合并熔合到前一层。SLS 使用的关键设备是高功率激光器。

1. 选择性激光烧结成型原料

选择性激光烧结成型采用的原料是塑料粉末，应用最多的高分子材料是热塑性高分子材料，此种材料又分为非结晶和结晶两种。其中，非结晶高分子材料包括 PC、通用型 PS、高抗冲聚苯乙烯(HIPS)等。结晶高分子材料主要有 PA、PP 等。

1)非结晶高分子材料

与结晶高分子材料不同，非结晶高分子材料内的原子排列不具有长程有序和周期性，熔化时没有明显的熔点，而是存在一个转化温度范围。在成型过程中，当非结晶高分子材料被激光加热到玻璃化转变温度 T_g 时，大分子链段运动开始活跃，粉末颗粒之间黏结成型，致使液相流动性降低，因此其预热温度不能超过 T_g。

2)结晶高分子材料

与非结晶材料不同，结晶高分子材料在成型过程中存在固定的熔点，不是随着温度的变化而缓慢软化，而是当温度高于熔点之后迅速由固态变为黏流体状态。由于结晶高分子材料在温度达到熔点以上时熔融黏结度非常低，成型速率较快，成型件已接近完全致密，所以致密度不是影响制件性能的主要因素。但是，可以通过添加无机填料来提高烧结件的性能。

一般直接激光烧结，不做后续处理。例如，阻燃聚酰胺粉特别适合制作航空航天领域的零件；聚醚共聚酰胺粉适合制作类橡胶的柔韧弹性件。聚醚醚酮粉制作的动态机械元件工作温度可达 180℃，制作的静态机械元件工作温度可达 240℃，制作的电气元器件工作温度高达 260℃。聚醚醚酮具有优良的耐磨性、生物兼容性和超强抗菌性，因此适合制作要求特别高的工件。例如，在医疗领域中取代不锈钢和钛合金，在航天航空、摩托车运动领域中制作轻结构件和阻燃件。通用型聚苯乙烯粉高温下气化时残余灰分含量极低，适合制作熔模铸造、石膏型铸造、陶瓷型铸造和真空铸造的母模。

与熔融沉积成型比较，选择性激光烧结成型工艺加工需要升温和冷却，成型时间较长，打印出的产品表面常出现疏松多孔的状态，且有内应力，容易变形，就纯高分子打印而言，不如熔融沉积成型常用。

2. 选择性激光烧结成型设备

选择性激光烧结成型设备由机械系统、光学系统和计算机控制系统组成。机械系统和光学系统在计算机控制系统的控制下协调工作。

1) 供粉系统

成型机的供粉系统由供料仓、升降装置和铺粉辊筒组成，每一层烧结完后进行粉末的重新覆盖。有上供粉和下供粉两种结构形式。

2) 激光器

激光器为 CO_2 激光器或 Nd：YAG 激光器，形成照射的红外激光束。由于成品密度取决于峰值激光功率，而不是激光持续时间，因此通常使用脉冲激光。

3) 激光扫描系统

扫描系统为 X-Y 扫描振镜。激光扫描系统有振镜扫描式和激光头扫描式两种。在振镜扫描式激光扫描系统中，一个振镜的扫描范围有限，当成型件和对应的工作台较大时采用多个振镜组合；在激光头扫描式激光扫描系统中，伺服电机驱动 X-Y 工作台，使激光头沿 X、Y 方向运动，实现激光束扫描功能，成型工作范围无振镜扫描范围的限制。激光扫描系统控制激光束对粉末进行升温熔化烧结，这一过程影响打印产品的力学性能和精度。

4) 工作缸

工作缸是粉末烧结加工的场所，并进行粉末的预热处理。

5) 打印机操作系统及软件

打印机操作系统及软件是增材制造设备均有的构造，在设计上或有不同，但基本作用相同。

14.4.3 选择性激光烧结成型工艺

1. 选择性激光烧结成型工艺过程

先使用高功率激光器将塑料粉末熔融成具有所需三维形状的块。激光通过扫描由粉末床表面上的部件的3D数字描述(如来自CAD文件或扫描数据)产生的横截面来选择性地熔化粉末材料。扫描每个横截面后，将粉末床降低一个分层厚度，在顶部施加新的材料层，并重复该过程直到部件完成。

常用下供粉结构的成型工艺过程为：①供粉缸中的活塞向上移动一个分层厚度。②供粉缸上的铺粉辊沿水平方向自左向右运动，在工作台上铺一层粉末。③工作台上方的加热系统将工作台上的粉末预热至低于烧结点/熔化点的温度。④激光器发出的激光束经计算机控制的振镜反射后，按照成型件截面轮廓的信息，对工作台上的粉末进行选区扫描，使粉末的温度升至熔化点，于是粉末表层熔化，粉末相互黏结，逐步得到成型件的一层截面片。在非烧结区的粉末仍呈松散状，作为成型件和下一层粉末的支撑。⑤一层成型完成后，成型缸活塞带动工作台下降一个分层厚度，再进行下一层的铺粉和烧结，如此循环，最终烧结成3D工件。

上供粉式成型机的供粉系统设置在成型机上方，通过步进电机驱动的槽形辊的转动，控制粉斗中的粉末下落至工作台上，再用铺粉辊进行铺粉。这种成型机的成型室处于密闭状态，可通过真空泵抽真空和通入保护气体，防止正在烧结成型的工件氧化。

成型工艺流程为：三维建模→生成文件→成型→后处理→产品。

2. 选择性激光烧结成型工艺影响因素

影响选择性激光烧结成型制品质量的烧结参数很多，如粉末材料的物性、烧结温度和预热温度、扫描速度、激光功率、扫描间距及扫描层厚等。激光的参数如激光的功率、扫描间距、扫描路径、扫描速度、扫描层厚、振镜的开关延时等都对产品的质量有影响，要根据具体加工件进行设置。

1)粉末材料的物性

材料的制备方法极大地影响高分子粉末材料的球形度、表面形貌、粒径及分布等物理性质。适用于该成型工艺的高分子粉末材料的制备方法主要有物理法和化学法。

(1)物理法。采用物理方式制备高分子粉末材料，典型制备方法包括：机械粉碎法、球磨法、诱导成球法、溶剂沉淀法等。

机械粉碎法是高分子粉末材料最常用、最经济的制备方法。通过机械机构与颗粒间的高速度、高频率相互作用力细化高分子材料，但该方法制备的粉末形状不规则、粒径尺寸分布宽、流动性差。

球磨法通过球体之间的碰撞对高分子粒料进行研磨，所得粉末的形状更加规整，具有良好的流动性，但球磨法存在操作复杂、生产效率低的问题。

诱导成球法是将形状不规则的粉末置于由分散介质和表面活性剂等组成的分散液体中，在体系升温和保温过程中，熔融状态的粉末在表面张力作用下收缩成球，最终得到球形度较高的高分子粉末。

溶剂沉淀法是在一定温度或压力下，将高分子溶解在溶剂中得到高分子饱和溶液，并通过降温或者加入沉淀剂，降低高分子在饱和溶液中的溶解度，得到高分子粉末析出物。

(2)化学法。化学法主要是利用高分子材料与相容剂和填料之间的化学反应，制备出粒径可控的高分子粉末，如熔融反应挤出法、聚合法等。

熔融反应挤出法是将螺杆和料筒组成的塑化挤压系统作为连续反应器，在螺杆转动下，实现高分子材料、相容剂和填料等各原料间的混合、塑化、反应、挤出，得到反应改性高分子。

聚合法是将低分子量的单体通过聚合反应转化成高分子量的高分子。该方法可以通过对聚合反应过程的控制，获得粒径尺寸分布、球形度等可控的粉末材料。采用聚合法制得的高分子粉末材料具有粒径小、球形度高的特点，可以提高 SLS 成型时的铺粉效率与堆积密度，减少成型时间，提高成型件的力学性能。

2)烧结温度和预热温度

成型加工过程中，烧结温度是极为重要的一环。烧结温度不均匀、调控差，均会导致成型件性能下降，增加成型耗时量，或无法实施成型过程。烧结温度在成型过程中的影响主要是粉末床温度和铺层厚度相互作用的结果。合理设置粉末床温度，降低粉末在成型过程中对环境温度敏感性，制件翘曲概率就会减小。

铺层厚度主要影响温度在粉末间的均匀性，烧结的层厚越小，制品的精度越高，表面的光洁度越好。一般建议层厚在 0.2 mm 左右。层厚过小会导致铺粉失败，层厚过大，粉末间的温度场分布均匀性低，在激光烧结时粉末颗粒黏结度不同，会导致成型件力学性能降低。

铺粉层厚对于 X、Y 平面上的尺寸精度影响最大，而在 Z 方向上，粉末床温度影响最大。如果预热粉末床温度场分布不均，将导致成型件中心与边缘区域烧结存在显著差异。粉末预热的温度直接决定了烧结的深度和密度。预热温度低，熔化颗粒无法充分流动融合，会留下大量空隙，降低烧结温度和密度；预热温度过高，会造成加工过程中材料降解，降低烧结的深度和密度。

3)扫描速度

扫描速度越慢、扫描间隙越小，激光能量密度越高，烧结件的致密度就越高，但翘曲程度增大，成型件的尺寸精度降低。扫描速度对 X、Z 方向尺寸影响最大，扫描间距对 X、Z 方向尺寸精度的影响大于 Y 方向。

较低的扫描速度可以保证粉末材料的充分熔化，获得理想的烧结致密度，但扫描速度过低，材料熔化区获得的激光能量过多，容易引起“爆破飞溅”现象，出现烧结表面“疤痕”，且熔化区内易出现材料炭化，从而降低烧结表面的质量。

4)激光功率密度

激光功率密度由激光功率和光斑大小决定。在固态粉末选域激光烧结中，激光功率密度和扫描速度决定了激光能对粉末的加热温度和时间。

激光功率是成型件致密度的重要影响因素之一，功率越高，成型件的致密度也越高，但超过一定数值后，会出现过烧导致制件翘曲和材料碳化失效现象。合理调控激光功率，可以提高尺寸精度，减少成型件翘曲与收缩。烧结成型件的尺寸精度随着激光功率的增大而减小。

如果激光功率密度低而扫描速度快，粉末加热温度低、时间短，粉末不能烧结，制造出的原型或零件强度低或根本不能成型。如果激光功率密度高而扫描速度低，会引起粉末气化，烧结密度不会增加，烧结表面凹凸不平，影响颗粒之间、层与层之间的连接。

不合适的激光功率密度和扫描速度会使零件内部组织和性能不均匀，影响零件质量。

5）激光束扫描间距和扫描层厚

激光扫描间距是指相邻两激光扫描行之间的距离。激光扫描间距的大小影响烧结粉末的总能量分布，并对粉末烧结质量有重要影响。为保证加工层面之间与扫描件之间的牢固粘接，采用的扫描间距不宜过大。

扫描层厚度也是激光烧结成型的一个重要参数，与烧结质量密切相关。扫描层厚度必须小于激光束的烧结深度，使当前烧结的新层与已烧结层能牢固地粘连在一起，形成致密的烧结体，但过小的扫描层厚度会增加烧结应力，损坏已烧结层面，烧结效果反而降低。因此，扫描层厚选择必须适当，才能保证获得较好的烧结质量。

6）激光扫描方式

激光扫描方式也是影响成型件尺寸精度的主要因素之一，原因是激光扫描方式决定了激光能量密度的大小与分布。

平行扫描是一种常见的扫描方式，分为平行长边扫描和平行短边扫描。常用的扫描路径有很大的缺陷，原型尺寸有多大，同一方向的扫描线就得有多长。这不利于扫描过程中制件沿扫描方向的自由收缩，且使得沿扫描方向残余应力最大。

分形结构是一种具有自相似性的图形，可以采用几级图形作为扫描路径。分形扫描路径都是小折线，激光束扫描方向不断改变，使得刚刚烧结的部分沿扫描方向能够自由收缩，能有效降低薄层中残余应力，提高烧结件的力学强度。

14.5　熔融沉积成型

熔融沉积成型（fused deposition modelling，FDM）是一种将各种热熔性的丝状材料加热熔化成型的方法，是 3D 打印技术的一种，又称为熔丝成型（fused filament modeling，FFM）或熔丝制造（fused filament fabrication，FFF）。成型加工时热熔性材料的温度始终稍高于固化温度，而成型部位的温度稍低于固化温度。

14.5.1　熔融沉积成型原理

熔融沉积成型属于材料挤压成型工艺，通俗来讲就是利用高温将材料熔化成液态，通过打印头挤出后固化，最后在立体空间上排列形成立体实物。采用热熔喷头，使半流动状态热塑性材料细丝按 CAD 分层数据控制的路径挤压并沉积在指定的位置凝固成型，从底部开始逐层沉积、凝固后形成整个部件原型或零件（图 14-7）。加热喷头在计算机的控制下，可根据截面轮廓的信息，作 *X-Y* 平面运动和高度 *Z* 方向运动。丝状热塑性材料由供丝机送到喷头，并在喷头中加热至熔融态，然后被选择性地涂覆在工作台上，快速冷却后形成截面轮廓。一层截面完成后，喷头上升一截面层的高度，再进行下一层的涂覆，如此循环，最终形成三维产品。FDM 成型制品实例见图 14-8。FDM 是最简单也是最常见的 3D 打印技术，通常应用于桌面级 3D 打印设备。

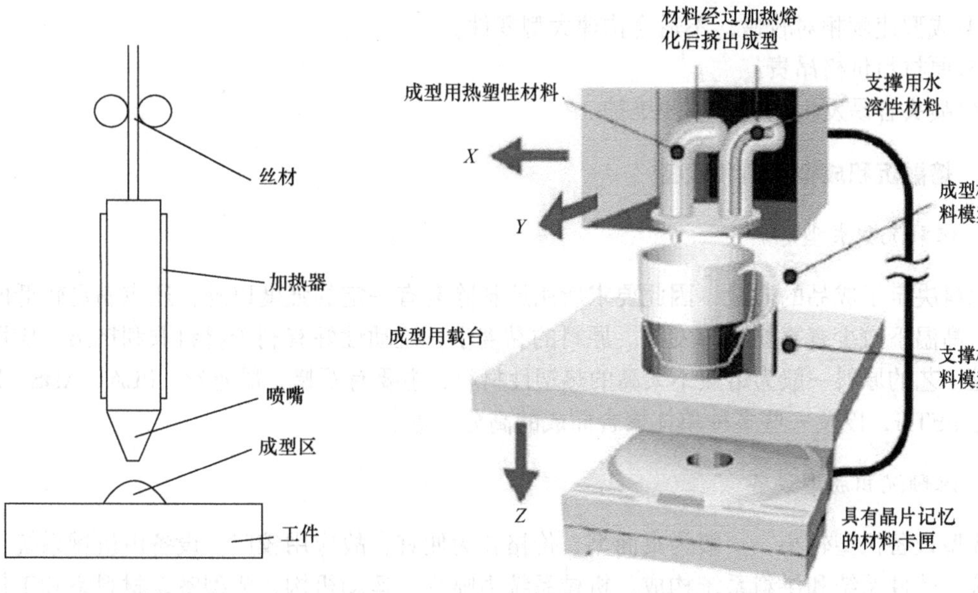

(a) 工艺简图　(b) 工艺过程示意图

图 14-7　熔融沉积成型工艺示意图

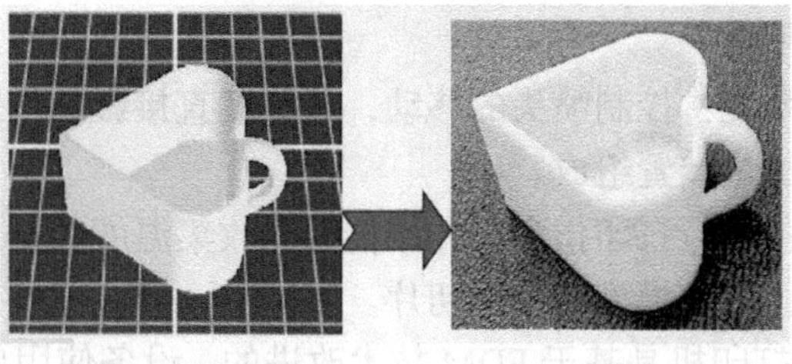

(a) 三维模型　(b) 打印成品

图 14-8　熔融沉积成型制品实例

FDM 快速成型工艺的优点为：

(1) 成本低。熔融沉积成型技术用液化器代替了激光器，设备费用低；原材料的利用率高，且没有毒气或化学物质的污染，使得成型成本大大降低。

(2) 后处理简单。采用水溶性支撑材料，去除支架结构简单易行，可快速构建复杂的内腔、中空零件及一次成型的装配结构件。

(3) 原材料以卷轴丝的形式提供，易于搬运和快速更换。

(4) 可选用多种材料，如 ABS、PC、PPSF 及医用 ABS 等。

(5) 原材料在成型过程中无化学变化，制件的翘曲变形小。

(6) 用蜡成型的原型零件可以直接用于熔模铸造。

(7) 无异味、粉尘、噪声等污染，适合于办公室设计环境使用。

(8) 材料强度、韧性优良，可以装配进行功能测试。

FDM 成型工艺的缺点为：

(1) 成型件表面粗糙，需后续抛光处理，原型的表面有较明显的条纹（“层效应”）。

(2) 与截面垂直的方向强度小。

(3) 需要设计和制作支撑结构。

(4) 成型速度相对较慢，不适合构建大型零件。

(5) 原材料价格昂贵。

(6) 喷头容易发生堵塞，不便维护。

14.5.2　熔融沉积成型原料和设备

1. 熔融沉积成型原料

原料决定了成品的质量，因此要求所用原料除需有一定的强度以外，还应满足较低的收缩率，高温下较少有害物质挥发等。原料的黏度小、流动性好有利于材料顺利挤出。应用于该成型工艺的原料一般为熔点不太高的热塑性材料，主要有石蜡、尼龙丝、PLA、ABS、PC、PPSF、PETG，以及一些多种单体聚合而成的高分子等。

2. 熔融沉积成型设备

成型设备机型较小，一般为桌面型，价格较为便宜，故应用较广。设备由机械系统、控制系统、软件系统和供料系统构成。机械系统由喷头、运动机构、成型室、材料室和工作台等构成。控制系统主要控制喷头的运动及成型温度。软件系统主要用于建模和信息处理。设备构造如下：

(1) 外框：固定打印平台。

(2) 步进电机和传动系统：控制喷头的移动，其精度直接影响打印的精度。

(3) 喷头：由喷嘴和加热装置组成。

(4) 打印机操作系统：执行打印指令，并用传感器收集温度数据。

(5) 计算机软件部分：完成模型的数据切片。

工业级熔体微分 3D 打印机是基于 FDM 技术改进的，设备使用单螺杆塑化结构，可加入颗粒粒料进行模型制备工作。不需要制成卷线材，所以制造成本可控，并且通过熔融共混方式，可加入不同的复合材料进行加工制造，这样不仅拓宽了 FDM 的原材料种类，同时也拓宽了 FDM 的 3D 制品的应用领域。

14.5.3　熔融沉积成型工艺

1. 熔融沉积成型工艺过程

熔融沉积成型工艺过程是先用 CAD 软件建构出物体的 3D 立体模型图，将物体模型图输入到 FDM 的装置。FDM 装置的喷嘴就会根据模型图一层一层移动，同时加热头会注入热塑性材料。

将热塑性材料实心长丝缠绕在供料辊上，通过电动机驱动输送到加热的打印喷嘴处，打印喷嘴将其熔化成为可流动态。在计算机的控制下，喷嘴沿着模型图的表面移动，将热塑性材料挤压出来，喷涂在打印基板上面，凝固形成单层的二维片状图层。单层打印完成后，打印平台下降一定高度进行下一层制品的打印工作。如此往复，直至整个模型打印完成。成型后的制品需静置一段时间让其完全冷却后方可取出。

可使用两种材料执行打印工作，分别是用于构成成品的建模材料和用作支架的支撑材料，通过喷嘴垂直升降，材料层层堆积凝固后，就能由下而上形成一个 3D 打印模型的实体。打印完成的实体需进行后处理，剥除固定在零件或模型外部的支撑材料或用特殊溶液将其溶解，即可得到成品。

工艺流程为：设计三维 CAD 实体模型→CAD 模型的近似处理→对 STL 文件进行分层处理→熔融沉积成型→后处理。

近似处理：用一系列相连的小三角形平面来逼近曲面，得到 STL 格式的三维近似模型文件。

分层处理：通过软件将 STL 格式的三维 CAD 模型转化为快速成型制造系统可接受的层片模型。

后处理：去除支撑部分，对部分实体进行表面处理。

2. 熔融沉积成型工艺影响因素

通过调整原料塑化温度(如聚烯烃树脂丝为106℃，聚酰胺丝为155℃，ABS丝为240℃)、层高、出丝直径、打印路径规划、填充率、支撑等打印参数来控制成型效率及制品精度。其中，喷头温度、成型室温度、打印速度是重要的打印工艺参数。同时，打印轮廓宽度、打印格栅角度、打印格栅宽度、打印格栅间距、打印层厚、打印堆叠方向也是重要的影响因素。

1) 原料性能

先将原材料加工成丝材，丝材采用挤出成型的加工方法，通常经过原料干燥、挤出成型、制品定型和冷却、牵引和热处理以及切割或卷取等工艺过程。以 ABS 为例，ABS 丝材的制备工艺包括以下几个步骤：①干燥。受潮的 ABS 颗粒在挤出时易形成气泡，在 80～85℃之间干燥 5～12 h 较适宜。②混料。将纤维材料、无机粉体或其他特殊材料与 ABS 混合均匀，可采用高速混合机或剪切型搅拌罐，混合温度在 200℃左右。③挤出造粒。混合后的材料可能仍存在不均匀的情况，因此，一般用双螺杆挤出机进行挤出造粒，以提高材料的混合均匀性。为进一步提升均匀性，可进行重复造粒过程。④挤出收卷。将混合均匀的材料颗粒投入单螺杆挤出机挤出丝材，这时需要注意控制好丝材的直径，以满足 3D 打印机的工艺要求。

FDM 系统所用的材料为热塑性材料，在整个工艺过程中，材料要经历固体—熔体—固体共两次相变，材料在凝固过程中的热收缩和分子取向收缩会产生内应力，这将导致翘曲变形及脱层现象。为了消除内应力引起的翘曲变形现象，可先在垫层上成型与造型相同、底面略大的薄层底座，然后在底座上造型。

2) 喷嘴温度和环境温度

喷嘴温度决定了材料的黏结性能、堆积性能、丝材流量及挤出丝宽度。热塑性高分子的快速成型温度一般在材料的 T_g～T_f或 T_m之间，此时处于材料的类橡胶态。温度过高，不能及时冷却和固化，打印出来的制品会软塌，不易定型；温度过低，材料没有足够的温度软化，无法与已经打印的原料结合，打印出来的制品会比较粗糙、强度低，容易分层断裂或造成喷嘴堵塞。所以，要依据材料的特性设置加热温度，以保证加工的精度。例如，原料采用 ABS 丝材时，选用 200℃的喷嘴温度、30 mm/s 的打印速度、90℃的环境温度对打印质量有益，温度过高会使得 ABS 烧焦断丝。

环境温度会影响成型件的热应力大小，温度过高，虽然有助于减少热应力，但零件表面易起皱；温度太低，零件热应力增大，零件易翘曲，容易导致层间黏结不牢固，发生开裂。

3) 打印速度与挤出速度

打印速度是指扫描界面轮廓或填充网格的速度。挤出速度是指喷头内熔融状态的丝从喷嘴中挤出的速度。在快速成型过程中，二者相互影响，且存在一个合理的匹配范围。打印速度比挤出速度快，则材料填充不足，会出现断丝现象；相反，打印速度比挤出速度慢，则熔丝会堆积在喷头上造成成型材料分布不均匀，表面有疙瘩，影响成型件质量。一般打印速度在 80 mm/s 以下。

4) 成型时间

每层的成型时间与打印速度、层面积及形状有关。在加工小截面制件时，由于一层的成型时间太短，前一层来不及固化成型，下一层继续堆砌，容易造成坍塌和拉丝；在加工大截面制件时，前一层完全冷却才开始堆积下一层，造成制件有开裂倾向。以上情况可通过合理调节喷头打印速度以适应冷却速度的方法来避免。小截面制件还可以通过在成型面上吹冷风加速固化的方法进行调节。

5) 分层厚度

分层厚度是指将三维数据模型进行切片时层与层之间的高度，也是 FDM 系统在堆积填充实体时每层的厚度。在制作有斜面的零件时，在成型后的实体表面产生台阶现象，影响成型件的精度和表面粗糙度。减小分层厚度，可以减少这种现象，但是需要加工的层数增多，导致成型时间增长。成型时，应根据产品精度要求，合理选择分层厚度。

分层厚度一般为 0.1～0.2 mm，层厚越小加工精度越高，加工时间越长。较大的打印层厚和较大的填充密度对打印制品的尺寸精度有益，而较小的层厚和较大的填充密度对打印制品的表面平整度有益。

6) 扫描方式

制品打印的堆叠方向是影响性能的重要因素，当堆叠方向平行于拉伸方向时，其拉伸强度较低。打印时，每层内部的格栅形状和间距对打印制品的性能和成本有较大影响。

7) 后处理的误差

成型完毕后，需要对制件进行剥离支撑结构、修补、打磨、抛光和表面处理等。在处理过程中需要注意以下问题：去除支撑的过程中避免破坏制件，因此，在设计成型件时要考虑其支撑方式，一般支撑间距为 3 mm，应尽量选择支撑较少且便于去除的成型角度；成型后的工件存在残余应力，这将导致后续的小范围翘曲变形，应设法消除残余应力；制件完成后，对其进行修补、打磨、抛光或是表面涂覆，以便达到所要求的表面精度等要求，处理不当会影响原型的尺寸及形状精度，产生后处理误差，需格外注意。

习题与思考题

1. 简述高分子增材制造所用材料的特点。
2. 简述高分子熔融沉积快速成型的工艺过程、所采用设备和工艺影响因素。
3. 简述高分子光固化快速成型的工艺过程、所采用设备和工艺影响因素。
4. 简述高分子选择性激光烧结快速成型的工艺过程、所采用设备和工艺影响因素。
5. 简述高分子增材制造的研究进展和发展趋势。

参 考 文 献

陈耀庭. 1982. 橡胶加工工艺. 北京: 化学工业出版社.

成都科技大学. 1983. 塑料成型工艺学. 北京: 中国轻工业出版社.

贺英, 颜世锋, 尹静波, 等. 2007. 涂料树脂化学. 北京: 化学工业出版社.

贺英. 2013. 高分子合成和成型加工工艺. 北京: 化学工业出版社.

李克友, 张菊华, 向福如. 1999. 高分子合成原理及工艺学. 北京: 科学出版社.

李泽青. 2005. 塑料热成型. 北京: 化学工业出版社.

林启昭. 1995. 高分子复合材料及其应用. 北京: 中国铁道出版社.

卢秉恒, 李涤尘. 2013. 增材制造 3D 打印技术发展. 机械制造与自动化, 42(4): 1-4.

米德尔曼 S. 1984. 聚合物加工基础. 赵得禄, 徐振淼译. 北京: 科学出版社.

唐颂超. 2013. 高分子材料成型加工. 北京: 中国轻工业出版社.

王贵恒. 1982. 高分子材料成型加工原理. 北京: 化学工业出版社.

张海, 赵素合. 1997. 橡胶及塑料加工工艺. 北京: 化学工业出版社.

赵德仁. 1981. 高聚物合成工艺学. 北京: 化学工业出版社.

赵素合, 张丽叶, 毛立新. 2006. 聚合物加工工程. 北京: 中国轻工业出版社.

周达飞, 唐颂超. 2000. 高分子材料成型加工. 北京: 中国轻工业出版社.

Barhoumi N, Maazouz A, Jaziri M. 2013. Polyamide from lactams by reactive rotational molding via anionic ring-opening polymerization: Optimization of processing parameters. Express Polymer Letters, 7(1): 76-87.

Bush S F. 2000. Scale, order and complexity in polymer processing. Proceedings of the Institution of Mechanical Engineers Part E-Journal of Process Mechanical Engineering, 214(E4): 217-232.

Godinho J S, Cunha A, Crawford R J. 2000. Prediction of mechanical properties of polyethylene mouldings based on laminate theory and thermomechanical indices. Plastics Rubber and Composites, 29(7): 329-339.

Huda M S, Schmidt W F, Misra M, et al. 2013. Effect of fiber surface treatment of poultry feather fibers on the properties of their polymer matrix composites. Journal of Applied Polymer Science, 128(2): 1117-1124.

Kong X, Barriere T, Gelin J C. 2012. Determination of critical and optimal powder loadings for 316L fine stainless steel feedstocks for micro-powder injection molding. Journal of Materials Processing Technology, 212(11): 2173-2182.

Liu D, Bahr R A, Tentzeris M M. 2020. Additive Manufacturing AiP Designs and Applications. Hoboken: John Wiley & Sons, Inc.

Liu S J, Fu K H. 2008. Effect of enhancing fins on the heating/cooling efficiency of rotational molding and the molded product qualities. Polymer Testing, 27(2): 209-220.

Sakai T. 2001. Polymer processing technology in the 21st century from the viewpoint of the Japanese plastics industry-Global trends and initiatives. International Polymer Processing, 16(1): 3-13.

Zhao J, Lu X, Lin M, et al. 2006. Effects of rheological properties of polymer blends on micro mold filling behavior. Materials Research Innovations, 10(4): 111.